现代物理基础丛书　73

物理学中的群论
（第三版）
—— 李代数篇

马中骐　著

科学出版社

北　京

内 容 简 介

《物理学中的群论》第三版分两篇出版,本书是李代数篇,但仍包含有限群的基本知识.本书从物理问题中提炼出群的概念和群的线性表示理论,通过有限群群代数的不可约基介绍杨算符和置换群的表示理论,引入标量场、矢量场、张量场和旋量场的概念及其函数变换算符,以转动群为基础解释李群和李代数的基本知识和半单李代数的分类,在介绍单纯李代数不可约表示理论的基础上,推广盖尔范德方法,讲解单纯李代数最高权表示生成元、表示矩阵元的计算和状态基波函数的计算.书中附有习题,与本书配套的《群论习题精解》涵盖了习题解答.

本书适合作为粒子物理、核物理和原子物理等专业研究生的群论教材或参考书,也可供青年理论物理学家自学群论参考.

图书在版编目(CIP)数据

物理学中的群论.李代数篇/马中骐著. —3 版. —北京：科学出版社,2015
(现代物理基础丛书；73)
ISBN 978-7-03-045882-7

I. ①物… Ⅱ. ①马… Ⅲ. ①群论–应用–物理学 Ⅳ. ①O411.1

中国版本图书馆 CIP 数据核字 (2015) 第 234450 号

责任编辑:刘凤娟/责任校对:蒋 萍
责任印制:赵 博/封面设计:陈 敬

科 学 出 版 社 出版
北京东黄城根北街 16 号
邮政编码: 100717
http://www.sciencep.com

北京天宇星印刷厂印刷

科学出版社发行 各地新华书店经销

*

2006 年 12 月第 二 版 开本：720×1000 1/16
2015 年 10 月第 三 版 印张：17 1/2
2025 年 2 月第二十一次印刷 字数：336 000

定价: 78.00 元
(如有印装质量问题,我社负责调换)

第三版前言

对称性研究在物理学各个领域都起着越来越重要的作用. 群论是研究系统对称性质的有效工具, 因此群论方法已成为物理工作者必备的基础知识. 群论课程是许多物理专业或理论化学专业研究生的必修课或选修课.

作为"中国科学院研究生教学丛书"之一,《物理学中的群论》由北京的科学出版社于 1998 年出版. 经过几年的教学实践和改进, 又于 2006 年出版了第二版, 已有 11 次印刷. 该教材是按照 120 学时的教学计划来写作的. 随着近年教学改革的进展, 各院校教学计划都有相当大的变化. 群论课程的教学时间一般都有较大的压缩. 据作者了解, 目前各院校的群论课程一般在 60 学时左右, 原来教材很难适应形势的变化. 很多朋友建议重写一本精读教材, 以适应新形势的需要.

针对缩短的教学时间, 教学安排应该更有针对性. 在内容的选择上, 应该根据读者的不同专业有所取舍. 粒子物理、核物理和原子物理等专业的研究生, 需要知道各种单纯李代数不可约表示及其波函数的具体计算方法, 但对晶格对称性的细节需要较少. 凝聚态物理、固体物理和光学等专业的研究生, 则对有限群和晶格对称理论更重视一些, 对李代数理论虽需要有一般性的了解, 但可能不太关注具体的计算细节. 在一些朋友和研究生的建议下, 作者决定把《物理学中的群论》第三版分两篇出版, 分别适用于不同专业的教学需要. 本书是《李代数篇》, 从群和表示理论的基础知识讲起, 包括有限群的基本内容, 但更偏重于李代数的基本知识和最高权表示的计算方法, 篇幅略多于《物理学中的群论》第二版正文的一半. 书中还包括作者近年群论研究中的新体会, 如 4.4.4 节关于球谐多项式的计算, 5.2.4 节推广的盖尔范德方法, 5.4.6 节 n 个电子系统反对称波函数的计算等. 如果每学时按 45 分钟计算, 预计 70 学时的教学时间可以完成课程教学. 建议使用本书作为教材的教师, 根据学生的具体情况, 可再做适当增删. 有些内容, 如 4.3.4 节 SU(2) 群群上的积分、4.6.2 节的后半部分关于典型李群的具体讨论、5.1.3 节最高权表示的一些数学结果等内容, 可安排学生自学参考, 不一定都在课堂上讲授. 如果教学时间不够, 从 5.4 节开始的内容, 可以根据需要, 有选择地讲解. 本书适合粒子物理等专业研究生的群论教学. 已经出版的《有限群篇》, 虽也包含李代数的基本知识, 但删去本书第 5 章单纯李代数最高权表示的具体计算, 加强有限群理论的篇章, 增加晶格对称理论的内容, 适合凝聚态物理等专业研究生的群论教学.

既然是重新撰写群论教材, 本书尽量融入近十年作者在教学和科研上的新成果和新体会. 本书坚持原有的特点, 从物理中提出问题, 抽象成数学概念, 提炼出具体计算方法, 培养学生独立解决物理学中数学问题的能力. 作者希望本书能更适合当前群论教学的需要.

在立意写作本书和具体写作过程中, 作者得到了阮东教授、刘玉鑫教授、李康教授、傅宏忱教授、苏刚教授、龚新高教授、王凡教授、管习文教授、王剑华教授、仝殿民教授、王美山教授、阎凤利教授、高亭教授、薛迅教授、侯喜文教授、董世海教授、金柏琪教授、顾晓艳教授、刘小明教授等的鼓励和支持, 得到了夫人李现女士的全力支持和协助, 一并在此表示感谢. 作者感谢中国科学院大学把本书纳入中国科学院大学研究生教材系列, 资助本书由科学出版社出版.

马中骐

2014 年于北京

目　　录

《现代物理基础丛书》已出版书目

第 1 章　群的基本概念

群论是研究系统对称性质的有力工具. 本章首先从系统对称性质的研究中, 概括出群的基本概念. 通过物理中常见的对称变换群的例子, 使读者对群有较具体的认识. 然后, 引入群的各种子集的概念、群的同构与同态的概念和群的直接乘积的概念.

1.1　对　　称

对称是一个人们十分熟悉的用语. 世界处在既对称又不严格对称的矛盾统一之中. 房屋布局的对称给人一种舒服的感觉, 但过分的严格对称又会给人死板的感觉. 科学理论的和谐美, 其中很大程度上表现为对称的美. 在现代科学研究中, 对称性的研究起着越来越重要的作用.

我们常说, 斜三角形很不对称, 等腰三角形比较对称, 正三角形对称多了, 圆比它们都更对称. 但是, 对称性的高低究竟是如何描写的呢?

对称的概念是和变换密切联系在一起的, **所谓系统的对称性就是指它对某种变换保持不变的性质.** 保持系统不变的变换越多, 系统的对称性就越高. 只有恒等变换, 也就是不变的变换, 才保持斜三角形不变. 等腰三角形对底边的垂直平分面反射保持不变, 而正三角形对三边的垂直平分面反射都保持不变, 还对通过中心垂直三角形所在平面的轴转动 $\pm 2\pi/3$ 角的变换保持不变. 圆对任一直径的垂直平分面的反射都保持不变, 也对通过圆心垂直圆所在平面的轴转动任何角度的变换保持不变. 因为保持圆不变的变换最多, 所以它的对称性最高.

量子系统的物理特征由系统的哈密顿量 (Hamiltonian) 决定, 量子系统的对称性则由保持系统哈密顿量不变的变换集合来描写. 例如, N 个粒子构成的孤立系统的哈密顿量为

$$H = -\frac{\hbar^2}{2} \sum_{j=1}^{N} m_j^{-1} \nabla_j^2 + \sum_{i<j} U(|\boldsymbol{r}_i - \boldsymbol{r}_j|). \tag{1.1}$$

其中, $\boldsymbol{r}_j$ 和 m_j 是第 j 个粒子的坐标矢量和质量, ∇_j^2 是关于 $\boldsymbol{r}_j$ 的拉普拉斯 (Laplace) 算符, U 是两个粒子间的二体相互作用势, 它只是粒子间距离的函数. 拉普拉斯算符是对坐标分量的二阶微商之和, 它对系统平移、转动和反演都保持不变. 作用势只依赖于粒子间的相对坐标绝对值, 也对这些变换保持不变. 若粒子是全同

粒子, 哈密顿量还对粒子间的任意置换保持不变. 这个量子系统的对称性质就用系统对这些变换的不变性来描述.

保持系统不变的变换称为系统的对称变换, 对称变换的集合描写系统的全部对称性质. 根据系统的对称性质, 通过群论方法研究, 可以直接得到系统许多精确的、与细节无关的重要性质.

1.2   群及其乘法表

1.2.1   群的定义

系统的对称性质由对称变换的集合来描写. 我们先来研究系统对称变换集合的共同性质. 按照物理中的惯例, 两个变换的乘积 RS 定义为先做 S 变换, 再做 R 变换. 显然, 相继做两次对称变换仍是系统的对称变换, 三个对称变换的乘积满足结合律. 不变的变换称为恒等变换 E, 它也是一个对称变换, 并与任何一个对称变换 R 的乘积仍是该变换 R. 对称变换的逆变换也是系统的一个对称变换. 上述性质是系统对称变换集合的共同性质, 与系统的具体性质无关. 把对称变换集合的这些共同性质归纳出来, 得到群 (group) 的定义.

定义 1.1   在**规定了元素的 "乘积" 法则**后, 元素的集合 G 如果满足下面四个条件, 则称为群.

(1) 集合对乘积的**封闭性**. 集合中任意两元素的乘积仍属此集合:

$$RS \in \mathrm{G}, \quad \forall R \text{ 和 } S \in \mathrm{G}. \tag{1.2}$$

(2) 乘积满足**结合律**:

$$R(ST) = (RS)T, \quad \forall R, S \text{ 和 } T \in \mathrm{G}. \tag{1.3}$$

(3) 集合中**存在恒元** E, 用它左乘集合中的任意元素, 保持该元素不变:

$$E \in \mathrm{G}, \quad ER = R, \quad \forall R \in \mathrm{G}. \tag{1.4}$$

(4) 任何元素 R 的**逆** R^{-1} **存在**于集合中, 满足

$$\forall R \in \mathrm{G}, \quad \exists R^{-1} \in \mathrm{G}, \quad \text{使 } R^{-1}R = E. \tag{1.5}$$

作为数学中群的定义, **群的元素可以是任何客体, 元素的乘积法则也可任意规定**. 一旦确定了元素的集合和元素的乘积规则, 满足上述四个条件的集合就称为群. 系统对称变换的集合, 对于变换的乘积规则, 满足群的四个条件, 因而构成群, 称为**系统的对称变换群**. 在物理中常见的群大多是线性变换群、线性算符群或矩阵群.

如果没有特别说明, 当元素是线性变换或线性算符时, 元素的乘积规则都定义为相继做两次变换; 当元素是矩阵时, 元素的乘积则取通常的矩阵乘积.

在群的定义中, 群元素是什么客体并不重要, 重要的是它们的乘积规则, 也就是它们以什么方式构成群. 如果两个群, 它们的元素之间可用某种适当给定的方式一一对应起来, 而且元素的乘积仍以此同一方式一一对应, **常称对应关系对元素乘积保持不变**, 那么, 从群论观点看, 这两个群完全相同. 具有这种对应关系的两个群称为同构 (isomorphism).

定义 1.2 若群 G′ 和 G 的所有元素间都按某种规则存在一一对应关系, 它们的乘积也按同一规则一一对应, 则称两群同构. 用符号表示, 若 R 和 $S \in$ G, R' 和 $S' \in$ G′, $R' \longleftrightarrow R$, $S' \longleftrightarrow S$, 必有 $R'S' \longleftrightarrow RS$, 则 G′ ≈ G, 其中符号 " $\longleftrightarrow$ " 代表一一对应, " ≈ " 代表同构.

互相同构的群, 它们群的性质完全相同. 研究清楚一个群的性质, 也就了解了所有与它同构的群的性质. 在群同构的定义里, 元素之间的对应规则没有什么限制. 但如果选择的规则不适当, 使元素的乘积不再按此规则一一对应, 并不等于说, 这两个群就不同构. 只要对某一种对应规则, 两个群符合群同构的定义, 它们就是同构的.

从群的定义出发, 可以证明, 恒元和逆元也满足

$$RE = R, \quad RR^{-1} = E. \tag{1.6}$$

第二个式子表明元素与其逆元是相互的. 由此易证群中恒元是唯一的, 即若 $E'R = R$, 则 $E' = E$. 群中任一元素的逆元是唯一的, 即若 $SR = E$, 则 $S = R^{-1}$. 于是, 恒元的逆元是恒元, 和 $(RS)^{-1} = S^{-1}R^{-1}$. 作为逻辑练习, 习题第 1 题让读者证明这些结论. 证明中除群的定义外, 不能用以前熟悉的任何运算规则, 因为它们不一定适合群元素的运算. 下面我们认为这些结论已经证明, 可以应用了.

一般说来, 群元素乘积不能对易, $RS \neq SR$. 元素乘积都可以对易的群称为阿贝尔 (Abel) 群. **若群中至少有一对元素的乘积不能对易, 就称为非阿贝尔群.** 元素数目有限的群称为有限群, 元素的数目 g 称为有限群的阶 (order). 元素数目无限的群称为无限群, 如果无限群的元素可用一组连续变化的参数描写, 则称为连续群.

把群的子集, 即群中部分元素的集合 $\mathcal{R} = \{R_1, R_2, \cdots, R_m\}$, 看成一个整体, 称为复元素. 作为集合, 复元素不关心所包含元素的排列次序, 且重复的元素只取一次. 两复元素相等的充要条件是它们包含的元素相同, 即 $\mathcal{R} = \mathcal{S}$ 的充要条件是 $\mathcal{R} \subset \mathcal{S}$ 和 $\mathcal{S} \subset \mathcal{R}$. 普通元素和复元素相乘仍是复元素. $T\mathcal{R}$ 是由元素 TR_j 的集合构成的复元素, 而 $\mathcal{R}T$ 则由元素 R_jT 的集合构成. 设 $\mathcal{S} = \{S_1, S_2, \cdots, S_n\}$, 两复元素的乘积 $\mathcal{R}\mathcal{S}$ 是所有形如 R_jS_k 的元素集合构成的复元素. 上面出现的元素乘

积, 如 TR_j, R_jT 和 R_jS_k, 均按群元素的乘积规则相乘. 复元素的乘积满足结合律. 如果复元素的集合, 按照复元素的乘积规则, 符合群的四个条件, 也构成群.

定理 1.1(重排定理)　设 T 是群 $G = \{E,\ R,\ S,\ \cdots\}$ 中的任一确定元素, 则下面三个集合与原群 G 相同:

$$TG = \{T,\ TR,\ TS,\ \cdots\},$$
$$GT = \{T,\ RT,\ ST,\ \cdots\},$$
$$G^{-1} = \{E,\ R^{-1},\ S^{-1},\ \cdots\}.$$

用复元素符号表达为

$$TG = GT = G^{-1} = G. \tag{1.7}$$

证明　以 $TG = G$ 为例证明. 对群 G 任何元素 R, 有 $TR \in G$, 因而 $TG \subset G$. 反之, 因为 $R = T(T^{-1}R)$, 而 $T^{-1}R \in G$, 所以 $G \subset TG$. 证完.

对于有限群, 群元素数目有限, 因此有可能把元素的乘积全部排列出来, 构成一个表, 称为群的乘法表 (multiplication table), 简称群表. 为了确定起见, 对于 $RS = T$, 今后称 R 为**左乘元素**, S 为**右乘元素**, 而 T 为**乘积元素**. 乘法表由下法建立: 在表的最左面一列, 把全部群元素列出来, 作为左乘元素, 在表的最上面一行, 也把全部群元素列出来, 作为右乘元素, 元素的排列次序可以任意选定, 但常**让左乘元素和右乘元素的排列次序相同, 恒元排在第一位**. 表的内容有 $g \times g$ 格, 每一格填入它所在行最左面一列的元素 R (左乘元素) 和它所在列最上面一行的元素 S (右乘元素) 的乘积 RS. 因为恒元与任何元素相乘还是该元素, 如果把恒元排在表中第一个位置, 则**乘法表内容中第一行和右乘元素相同, 第一列和左乘元素相同**. 由重排定理, **乘法表乘积元素中每一行 (或列) 都不会有重复元素**. 乘法表完全描写了有限群的性质.

我们先来看二阶群和三阶群的乘法表. 当把第一列和第一行按左乘元素和右乘元素填完后, 重排定理已完全确定了表中各位置的填充, 如表 1.1 和表 1.2 所示. 因**此准确到同构, 二阶群只有一种, 三阶群也只有一种**.

表 1.1　二阶群的乘法表

C_2	e	σ
e	e	σ
σ	σ	e

在二阶群中, 可让 e 代表恒等变换, σ 代表空间反演变换, 则这是对空间反演不变的系统的对称变换群, 常记为 V_2. 也可让 e 代表数 1, σ 代表数 -1, 按普通的数乘积, 它们也构成二阶群, 记为 C_2. 这两个群是同构的, $V_2 \approx C_2$. 对三阶群有 $\omega^2 = \omega'$ 和 $\omega^3 = e$.

表 1.2 三阶群的乘法表

C_3	e	ω	ω'
e	e	ω	ω'
ω	ω	ω'	e
ω'	ω'	e	ω

按右手螺旋法则, 绕沿空间 $\hat{n}(\theta,\varphi)$ 方向的轴转动 ω 角的变换记为 $R(\hat{n},\omega)$, 其中 θ 和 φ 是 $\hat{n}$ 方向的极角和方位角, 尖角 $\wedge$ 表单位矢量. 设 $R = R(\hat{n}, 2\pi/N)$, R 及其幂次的集合

$$C_N = \{E,\ R,\ R^2,\ \cdots,\ R^{N-1}\}, \quad R^N = E, \quad R^{-1} = R^{N-1}, \tag{1.8}$$

定义元素乘积为相继做变换, 则此集合满足群的定义, 构成群. 一般说来, 由一个元素 R 及其幂次构成的有限群称为**由 R 生成的循环群**, R 称为循环群的生成元. C_N 是 N 阶循环群, 生成元 R 常记为 C_N, 称为 N 次固有转动, 或简称 N 次转动. 此转动轴常称为 N 次固有转动轴, 简称 N 次轴.

N 次转动和空间反演 σ 的乘积记为 S_N, $S_N = \sigma C_N = C_N \sigma$, 称为 N 次非固有转动. 由 S_N 及其幂次构成的循环群记为 $\overline{C}_N$, 此转动轴称为 N 次非固有转动轴. C_N 群的阶是 N, $\overline{C}_N$ 群的阶, 根据 N 是偶数或奇数, 分别是 N 或 $2N$.

循环群中元素乘积可以对易, 因而循环群是阿贝尔群. 循环群生成元的选择不是唯一的, 如循环群 C_N 中, C_N 和 C_N^{N-1} 都可作生成元. 循环群的乘法表有共同的特点, 当表中元素按生成元的幂次排列时, 表的每一行都可由前一行向左移动一格得到, 而最左面的元素移到最右面去.

现在来研究四阶群的乘法表. 四阶循环群 C_4 的乘法表如表 1.3 所示, 其中 R 的自乘和 T 的自乘都不等于恒元, 它们的四次幂才是恒元. 如果四阶群中所有元素的自乘都是恒元, 由于重排定理, 这样的四阶群乘法表只能如表 1.4 所示. 设 σ, τ 和 ρ 分别是空间反演、时间反演和时空全反演, 则此群称为四阶反演群 V_4. 也由于重排定理, 四阶群中除恒元外的任一元素的三次幂不能等于恒元. 因此, **准确到同构, 四阶群只有两种**: 如果群中所有元素自乘都是恒元, 它就与 V_4 群同构; 否则, 它就与 C_4 群同构.

表 1.3 四阶循环群 C_4 的乘法表

C_4	E	R	S	T
E	E	R	S	T
R	R	S	T	E
S	S	T	E	R
T	T	E	R	S

表 1.4　四阶反演群 V_4 的乘法表

V_4	e	σ	τ	ρ
e	e	σ	τ	ρ
σ	σ	e	ρ	τ
τ	τ	ρ	e	σ
ρ	ρ	τ	σ	e

1.2.2　子群

群 G 的子集 H, **如果按照原来的元素乘积规则,** 也满足群的四个条件, 则称为群 G 的子群 (subgroup). 注意, 乘积规则是群的最重要的性质, 如果给子集元素重新定义新的乘积规则, 那它就与原群脱离了关系, 即使此子集构成群, 也不能称为原群的子群. 任何群都有两个**平庸的子群: 恒元和整个群.** 但通常更关心非平庸子群.

既然有限群的元素数目是有限的, 那么有限群任一元素的自乘, 当幂次足够高时必然会有重复. 由群中恒元唯一性知, 有限群任一元素的自乘若干次后必可得到恒元. 若 $R^n = E$, n 是 R 自乘得到恒元的最低幂次, 则 n 称为元素 R 的阶, R 生成的循环群称为元素 R 的周期. 元素的周期构成子群, 称为循环子群 (cyclic subgroup). 阶数为 n 的循环子群, 通常就记为 C_n, 必要时用撇来加以区分. **恒元的阶为 1, 其他元素的阶都大于 1.** 不同元素的周期也可有重复或重合. 请注意不要混淆群的阶和元素的阶这两个不同的概念, 只有循环群生成元的阶才等于该群的阶.

如何来判定一个子集是否构成子群? 既然子集元素满足原群的元素乘积规则, 结合律是显然满足的. 如果子集对元素乘积封闭, 则它必定包含子集中任一元素的周期, 对有限群来说, 元素 R 的周期包含了恒元和逆元 R^{-1}, 因此**对有限群, 检验子集是否满足封闭性就可以判定子集是否构成子群.** 当然对无限群, 判定子群还必须检验恒元和逆元是否在子集中. **不含恒元的子集肯定不是子群,** 这是否定子集为子群的一个最简单判据.

有限群中任一元素 R 的周期构成群中一个子群. 若此子群尚未充满整个群, 则在子群外再任取群中一元素 S, 由 R 和 S 所有可能的乘积构成一个更大的子群. 若它还没有充满整个群, 则再取第三个、第四个元素加入上述乘积, 最后总能充满整个有限群, 即群中所有元素都可表为若干个元素的乘积. 适当选择这些元素, 使有限群中所有元素都可表为尽可能少的若干个元素的乘积, 这些元素称为有限群的生成元, 生成元不能表成其他生成元的乘积. **有限群生成元的数目称为有限群的秩.**

1.2.3　正 N 边形对称群

把正 N 边形放在 xy 平面上, 中心和原点重合, 一个顶点在正 x 轴上. 保持正

N 边形不变的变换有两类. z 轴是 N 次固有转动轴, 绕 z 轴转动 $2\pi/N$ 角的变换
记为 T, 则有 N 个对称变换 $T^n(1 \leqslant n \leqslant N)$, 其中 $T^N = E$. 在 xy 平面上, 当 N
是偶数时, 两相对顶点的连线和两对边中点的连线都是二次固有转动轴, 当 N 是
奇数时, 顶点和对边中点的连线都是二次固有转动轴, 绕它们转动 π 角的变换都保
持正 N 边形不变. 这样的二次转动轴共有 N 个, 它们与 x 轴的夹角分别为 $j\pi/N$
角, 对应的对称变换记为 S_j, $0 \leqslant j \leqslant N-1$. 由这 $2N$ 个元素 T^m 和 S_j 的集合构
成正 N 边形对称群 D_N (dihedral group).

　　研究 D_N 群元素的乘积规则. T 的周期是 N 阶循环群, 现在关键是要计算 TS_j
等于什么. 既然这些变换都不移动原点, 那么再有两点就完全确定了平面图形的位
置. 设与 S_j 相应的二次轴上有点 A, 它在变换 S_j 中保持不变, 而在变换 T 中逆时
针转动了 $2\pi/N$ 角, 设转到 B 点. 相应地, 原先的 B 点, 经 S_j 变到与二次轴对称
的位置 C, 再经 T 变换, 恰好转到 A 点 (图 1.1). 可见 TS_j 是绕 $\angle AOB$ 的角平分
线转动 π 角的变换, 因为此角平分线与原二次轴夹角为 π/N, 所以

$$TS_j = S_{j+1}, \quad j \bmod N, \tag{1.9}$$

$j \bmod N$ 是一种常用的数学符号, 它把取值相差 N 的两个 j 看成相同的, 即
$S_{j+N} = S_j$.

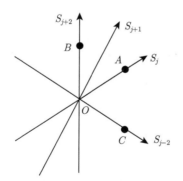

图 1.1　$TS_j = S_{j+1}$ 的计算示意图

　　注意到 S_j 的阶是 2, 由式 (1.9) 可推得群中所有元素的乘积规则:

$$\begin{aligned} T^N = S_j^2 = E, & \quad T^m S_j = S_{j+m}, \\ T^m = S_{j+m}S_j = S_j S_{j-m}, & \quad S_j T^m = S_{j-m}, \end{aligned} \quad j \text{ 和 } m \bmod N. \tag{1.10}$$

D_N 群的生成元可取为 T 和 S_0, 而 $S_m = T^m S_0$. 式 (1.10) 用公式给出了有限群
的元素乘积规则. 当群的阶数较高时, 公式法比乘法表更方便. 阶数较低时采用乘
法表更直观. 例如, 由式 (1.10) 可以列出正三角形对称群 D_3 的乘法表, 如表 1.5
所示.

表 1.5   正三角形对称群 D_3 的乘法表

	E	T	T^2	S_0	S_1	S_2
E	E	T	T^2	S_1	S_2	S_3
T	T	T^2	E	S_2	S_3	S_1
T^2	T^2	E	T	S_3	S_1	S_2
S_1	S_1	S_3	S_2	E	T^2	T
S_2	S_2	S_1	S_3	T	E	T^2
S_3	S_3	S_2	S_1	T^2	T	E

对六阶群, 若有一个元素的阶为 6, 则此群为循环群 C_6. 习题第 4 题中请大家证明: 准确到同构, 六阶群只有循环群 C_6 和正三角形对称群 D_3. 对于给定的六阶群, 如何判断它与哪个群同构呢? 如果六阶群中阶数等于 2 的元素多于一个, 它就与 D_3 群同构; 反之, 如果群中存在阶数大于 3 的元素 (自乘三次还未出现恒元), 则它就与 C_6 群同构.

虽然不存在正二边形, 但还是可以定义 D_2 群, 取 $T = T_z$, $S_0 = T_x$ 和 $S_1 = T_y$, 它们分别是绕坐标轴转动 π 角的变换, 则

$$D_2 = \{E,\, T_x,\, T_y,\, T_z\}, \quad T_x^2 = T_y^2 = T_z^2 = E, \quad T_x T_y = T_z. \tag{1.11}$$

显然, D_2 群和四阶反演群 V_4 同构.

1.2.4   置换群

研究 n 个全同粒子体系的置换对称性, n 个客体排列次序的变换称为置换 (permutation). 设原来排在第 j 位置的客体, 经过置换 R 后排到了第 r_j 位置, 用一个 $2 \times n$ 矩阵来描写这一置换 R,

$$R = \begin{pmatrix} 1 & 2 & \cdots & n \\ r_1 & r_2 & \cdots & r_n \end{pmatrix}. \tag{1.12}$$

对一个给定的置换, 式 (1.12) 中各列的排列次序是无关紧要的, 重要的是每一列上下两个数字的对应关系, 也就是各客体在变换前后所处位置的关系. 因此式 (1.12) 中各列次序可以任意交换. 例如,

$$R = \begin{pmatrix} 1 & 2 & 3 & 4 & 5 \\ 3 & 4 & 5 & 2 & 1 \end{pmatrix} = \begin{pmatrix} 5 & 4 & 1 & 2 & 3 \\ 1 & 2 & 3 & 4 & 5 \end{pmatrix}. \tag{1.13}$$

今后, 常把以数字标记的客体间的置换, 简单地说成数字间的置换. 这样的说法通常不会引起混淆.

两个置换的乘积定义为相继做两次置换. 例如, 乘积 SR, 客体先按 R 置换重新排列, 然后在此新排列的基础上再做 S 置换. 在做 S 置换时, 把新排列中第 j 位

置的客体移到第 s_j 位置去, 而不管这第 j 位置的客体在 R 置换之前排在什么位置. 这正是全同粒子体系的实际情况. 粒子经过置换以后, 只知道目前粒子排在什么位置, 而 "忘却" 了变换前它排在什么位置. 按照这一观念, 在具体计算两个置换乘积 SR 时, 可以先改变 R 各列的排列次序, 使 R 的第二行和 S 的第一行排列一样, 然后用 R 的第一行代替 S 的第一行, 就得到乘积置换 SR. 也可以先改变 S 各列的排列次序, 使 S 的第一行和 R 的第二行排列一样, 然后用 S 的第二行代替 R 的第二行, 也得到乘积置换 SR. 两种方法的计算结果是完全相同的. 例如,

$$S = \begin{pmatrix} 1 & 2 & 3 & 4 & 5 \\ 3 & 1 & 2 & 4 & 5 \end{pmatrix} = \begin{pmatrix} 3 & 4 & 5 & 2 & 1 \\ 2 & 4 & 5 & 1 & 3 \end{pmatrix},$$

$$SR = \begin{pmatrix} 1 & 2 & 3 & 4 & 5 \\ 3 & 1 & 2 & 4 & 5 \end{pmatrix} \begin{pmatrix} 5 & 4 & 1 & 2 & 3 \\ 1 & 2 & 3 & 4 & 5 \end{pmatrix} = \begin{pmatrix} 5 & 4 & 1 & 2 & 3 \\ 3 & 1 & 2 & 4 & 5 \end{pmatrix}. \tag{1.14}$$

或

$$SR = \begin{pmatrix} 3 & 4 & 5 & 2 & 1 \\ 2 & 4 & 5 & 1 & 3 \end{pmatrix} \begin{pmatrix} 1 & 2 & 3 & 4 & 5 \\ 3 & 4 & 5 & 2 & 1 \end{pmatrix} = \begin{pmatrix} 1 & 2 & 3 & 4 & 5 \\ 2 & 4 & 5 & 1 & 3 \end{pmatrix}, \tag{1.15}$$

我们看到, 式 (1.14) 和式 (1.15) 给出的结果, 每一列上下的数字关系都是相同的, 就是说它们是相等的. 例如, 第 4 位置的客体经变换 R 排到了第 2 位置, 再经过 S 变换, 从第 2 位置变到第 1 位置, 而式 (1.14) 和式 (1.15) 给出的结果中, 数字 4 下方填的数字都是 1.

置换变换虽用矩阵来描写, 但置换的乘积并不服从通常的矩阵乘积规则. 作为变换的乘积, 两个置换的乘积仍是一个置换, 置换乘积满足结合律, 但不满足交换律. 所有客体位置不变的置换是恒等变换 E, 它的上下两行数字完全相同.

$$E = \begin{pmatrix} 1 & 2 & 3 & \cdots & n \\ 1 & 2 & 3 & \cdots & n \end{pmatrix}. \tag{1.16}$$

E 与任何置换 R 相乘仍得置换 R, 故 E 是恒元. 把置换上下两行交换得逆置换. 例如,

$$R^{-1} = \begin{pmatrix} r_1 & r_2 & \cdots & r_n \\ 1 & 2 & \cdots & n \end{pmatrix}, \tag{1.17}$$

$$R^{-1}R = \begin{pmatrix} r_1 & r_2 & \cdots & r_n \\ 1 & 2 & \cdots & n \end{pmatrix} \begin{pmatrix} 1 & 2 & \cdots & n \\ r_1 & r_2 & \cdots & r_n \end{pmatrix} = E.$$

n 个客体共有 $n!$ 个不同的置换. 按照上述置换乘积规则, n 个客体的所有置换的集合满足群的四个条件, 构成群, 称为 n 个客体置换群, 记为 S_n. S_n 群的阶数为

$g = n!$. 在文献中对置换及其乘积有不同的定义, 读者看书时要注意书中采用的定义.

轮换 (cycle) 是一类特殊的置换. 如果在一个置换中, 有 $(n - \ell)$ 个客体保持不变, 而余下的 ℓ 个客体顺序变换, 即第 a_1 位置的客体排到第 a_2 位置, 第 a_2 位置的客体排到第 a_3 位置, 以此类推, 最后第 a_ℓ 位置的客体排到第 a_1 位置, 形成一个循环, 则这样的置换称为轮换, ℓ 称为**轮换长度**. 轮换常用一行的矩阵来描写

$$(a_1 \ a_2 \ \cdots \ a_\ell) = \begin{pmatrix} a_1 & a_2 & \cdots & a_{\ell-1} & a_\ell & b_1 & \cdots & b_{n-\ell} \\ a_2 & a_3 & \cdots & a_\ell & a_1 & b_1 & \cdots & b_{n-\ell} \end{pmatrix}. \tag{1.18}$$

在用行矩阵描写轮换时, 数字的排列次序不能改变, 但允许数字顺序变换

$$(q \ a \ b \ c \ \cdots \ p) = (a \ b \ c \ \cdots \ p \ q) = (b \ c \ \cdots \ p \ q \ a). \tag{1.19}$$

例如,

$$(1 \ 2 \ 3) = (2 \ 3 \ 1) = (3 \ 1 \ 2) = \begin{pmatrix} 1 & 2 & 3 \\ 2 & 3 & 1 \end{pmatrix}$$

$$\neq (2 \ 1 \ 3) = (1 \ 3 \ 2) = (3 \ 2 \ 1) = \begin{pmatrix} 1 & 2 & 3 \\ 3 & 1 & 2 \end{pmatrix} = (1 \ 2 \ 3)^{-1}.$$

长度为 1 的轮换是恒等变换, 长度为 2 的轮换称为**对换** (transposition). 显然对换满足

$$(a \ b) = (b \ a), \quad (a \ b)(a \ b) = E. \tag{1.20}$$

推而广之, 长度为 ℓ 的轮换, 它的 ℓ 次自乘等于恒元, 即它的阶数为 ℓ.

两个没有公共客体的轮换, 乘积次序可以交换. 对一给定的置换 R, 任选一数 a_1, 设经过置换 R, 第 a_1 位置的客体变到第 a_2 位置, 第 a_2 位置的客体变到第 a_3 位置, 以此类推, 在此客体链中总会有某客体, 如第 a_ℓ 位置的客体变到第 a_1 位置, 形成一个循环, 则置换 R 包含一个长度为 ℓ 的轮换 $(a_1 \ a_2 \ \cdots a_\ell)$. 然后, 再在余下的数中任选一数 b_1, 如上法找出它的客体链, 确定 R 中包含的另一个轮换. 两轮换没有公共客体, 因而乘积次序可以交换. 把这做法继续下去, 总能穷尽全部 n 个数, 从而把置换 R 分解为若干个没有公共客体的轮换乘积. 这些轮换的乘积次序可以互相交换. 在这意义上说, **任何置换都可以唯一地分解为若干个没有公共客体的轮换乘积.** 例如, 式 (1.14) 中用到的两个置换 R 和 S 可分别分解为

$$R = (1 \ 3 \ 5)(2 \ 4) = (2 \ 4)(1 \ 3 \ 5),$$
$$S = (1 \ 3 \ 2)(4)(5) = (1 \ 3 \ 2).$$

把一置换分解为没有公共客体的轮换乘积时, 各轮换长度 ℓ_i 的集合, 称为该置换的**轮换结构**. 例如, 上式中 R 的轮换结构是 $(3\ 2)$, S 的轮换结构是 $(3,1,1) \equiv (3,1^2)$. 在表达一个置换的轮换结构时, 轮换长度 ℓ_i 的排列次序可以任意. 相同的轮换长度可用幂次方式给出. 一般说来, n 个客体的任一置换 R 的轮换结构可表为

$$(\ell_1, \ell_2, \cdots), \quad \sum_i \ell_i = n. \tag{1.21}$$

把一个正整数 n 分解为若干个正整数 l_i 之和, 这样的正整数 l_i 的集合称为 n 的一组配分数 (partition). **置换的轮换结构是由一组配分数来描写的.**

虽然每一置换都可分解为没有公共客体的轮换乘积, 但在计算两个置换乘积时, 我们必须计算两个有公共客体的轮换乘积问题. 通常认为, 只有把置换化为没有公共客体的轮换乘积时, 才算把置换化到了最简形式.

先讨论只有一个公共客体的轮换乘积的计算方法. 例如,

$$(a\,b\,c\,d)(d\,e\,f) = \begin{pmatrix} a & b & c & e & f & d \\ b & c & d & e & f & a \end{pmatrix} \begin{pmatrix} a & b & c & d & e & f \\ a & b & c & e & f & d \end{pmatrix}$$

$$= \begin{pmatrix} a & b & c & d & e & f \\ b & c & d & e & f & a \end{pmatrix} = (a\,b\,c\,d\,e\,f).$$

推而广之

$$(a\,b\,\cdots\,d)(d\,e\,\cdots\,f) = (a\,b\,\cdots\,d\,e\,\cdots\,f). \tag{1.22}$$

这公式可以做如下两种理解. 从左面向右面看, 式 (1.22) 提供有一个公共客体的两轮换的乘积规则: 先按式 (1.19), 在每个轮换内部, 把公共客体顺序变到最右面或最左面的位置, 然后按式 (1.22) 把两个轮换"接"起来. 从右面向左面看, 式 (1.22) 提供把一个轮换分解为有一个公共客体的两轮换乘积的规则: **在轮换中任一客体的位置, 如 d 处, 把轮换"切断"成两个轮换的乘积, 并让 d 同时出现在两个轮换中.**

按照这样的理解, 很容易利用式 (1.22) 计算有任意多个公共客体的轮换乘积问题. 其基本思想就是先把轮换切断, 使每一对轮换乘积都只包含一个公共客体, 从而可用式 (1.22) 接起来. 例如, 有两个公共客体的轮换乘积可用下法计算:

$$(a_1 \cdots a_i\,c\,a_{i+1} \cdots a_j\,d)(d\,b_1 \cdots b_r\,c\,b_{r+1} \cdots b_s)$$
$$= (a_1 \cdots a_i\,c)(c\,a_{i+1} \cdots a_j\,d)(d\,b_1 \cdots b_r\,c)(c\,b_{r+1} \cdots b_s)$$
$$= (a_1 \cdots a_i\,c)(a_{i+1} \cdots a_j\,d\,c)(c\,d\,b_1 \cdots b_r)(c\,b_{r+1} \cdots b_s)$$
$$= (a_1 \cdots a_i\,c)(a_{i+1} \cdots a_j\,d)(d\,c)(c\,d)(d\,b_1 \cdots b_r)(c\,b_{r+1} \cdots b_s)$$
$$= (a_1 \cdots a_i\,c)(a_{i+1} \cdots a_j\,d)(d\,b_1 \cdots b_r)(c\,b_{r+1} \cdots b_s)$$
$$= (a_1 \cdots a_i\,c\,b_{r+1} \cdots b_s)(a_{i+1} \cdots a_j\,d\,b_1 \cdots b_r).$$

可以用置换的乘积规则计算正三角形对称群的乘法表. 把三角形的三个顶点看成三个客体, 记为 1, 2, 3, 正三角形的每个对称变换就是把三个客体重新排列. 这样, 6 个对称变换分别表成下面 6 个置换,

$$E = \begin{pmatrix} 1 & 2 & 3 \\ 1 & 2 & 3 \end{pmatrix}, \quad T = \begin{pmatrix} 1 & 2 & 3 \\ 3 & 1 & 2 \end{pmatrix}, \quad T^2 = \begin{pmatrix} 1 & 2 & 3 \\ 2 & 3 & 1 \end{pmatrix},$$
$$S_1 = \begin{pmatrix} 1 & 2 & 3 \\ 1 & 3 & 2 \end{pmatrix}, \quad S_2 = \begin{pmatrix} 1 & 2 & 3 \\ 3 & 2 & 1 \end{pmatrix}, \quad S_3 = \begin{pmatrix} 1 & 2 & 3 \\ 2 & 1 & 3 \end{pmatrix}. \tag{1.23}$$

通过这 6 个置换的乘积, 也可以得到乘法表 1.5. 例如,

$$TS_1 = \begin{pmatrix} 1 & 2 & 3 \\ 3 & 1 & 2 \end{pmatrix} \begin{pmatrix} 1 & 2 & 3 \\ 1 & 3 & 2 \end{pmatrix} = (1\,3\,2)(2\,3) = (1\,3) = S_2.$$

因为这 6 个置换包含了 3 个客体的全部置换, 构成三个客体置换群 S_3, 所以 S_3 群和 D_3 群同构: $S_3 \approx D_3$.

1.3　群的各种子集

1.3.1　陪集和不变子群

设群 G 阶为 g, 有子群 H, 阶为 h,

$$H = \{S_1, S_2, S_3, \cdots, S_h\}, \quad S_1 = E.$$

任取群 G 中不属于子群 H 的元素 R_j, 把它左乘或右乘到子群 H 上, 得到群 G 的两个子集

$$\begin{aligned} R_jH &= \{R_j, R_jS_2, R_jS_3, \cdots, R_jS_h\}, \\ HR_j &= \{R_j, S_2R_j, S_3R_j, \cdots, S_hR_j\}, \end{aligned} \quad R_j \in G, \quad R_j \overline{\in} H. \tag{1.24}$$

R_jH 称为子群 H 的左陪集 (left coset), HR_j 称为右陪集 (right coset).

陪集和子群没有公共元素. 以左陪集为例, 用反证法证明. 设 $R_jS_\mu = S_\nu$, 用 S_μ^{-1} 右乘, 得 $R_j = S_\nu S_\mu^{-1} \in H$, 与假设矛盾. 因此陪集不包含恒元, 陪集一定不是群 G 的子群.

陪集中没有重复元素, 因而陪集也包含 h 个不同的元素. 以左陪集为例, 若 $R_jS_\mu = R_jS_\nu$, 用 R_j^{-1} 左乘后必有 $S_\mu = S_\nu$.

若 H 和 R_jH 的并还没有充满整个群 G, 则再选 G 中不属于 H 和 R_jH 的元素 R_k 构造新的左陪集 R_kH. 同理可证, R_kH 也包含 h 个不同的元素, 它们都不属

于 H 和 R_jH. 事实上, **两个有公共元素的左陪集必全同**, 因为若 $R_j S_\mu = R_k S_\nu$, 则

$$R_k = R_j \left(S_\mu S_\nu^{-1} \right), \quad R_k \text{H} = R_j \left(S_\mu S_\nu^{-1} \right) \text{H} = R_j \text{H}.$$

后式用到了重排定理. 用上法继续做下去, 群 G 一定可分解为子群 H 和若干个左陪集 R_jH 之并, 这些子集间都没有公共元素, 每个子集包含 h 个不同元素. 因此, **群 G 的阶数 g 一定是子群 H 阶数 h 的整数倍.**

$$\text{G} = \text{H} \cup R_2 \text{H} \cup R_3 \text{H} \cup \cdots \cup R_d \text{H}, \quad g = dh. \tag{1.25}$$

d 称为子群 H 的指数 (index), 它等于子群的左陪集数加 1. **如果群 G 的一个子集包含的元素数目不是群 G 阶数 g 的约数, 则此子集一定不构成子群.** 这也是判定一个子集不是子群的简单方法. 根据这一方法, **阶数为素数的群不会有非平庸子群, 因而一定是循环群.**

群 G 中两元素 R 和 T 属同一左陪集的充要条件是 $R^{-1}T \in$ H. 因为如果此条件成立, 则 $T = RS_\mu$, 而 $R = RE$, 它们同属左陪集RH; 反之, 若 $T \in R$H, 则 $T = RS_\mu$, $R^{-1}T = S_\mu \in$ H.

上述性质同样适用于右陪集. 群 G 一定可分解为子群 H 和 $(d-1)$ 个右陪集 HR_j 之并, 这些子集间都没有公共元素, 每个子集包含 h 个不同元素, 两个有公共元素的右陪集必全同, 群 G 中两元素 R 和 T 属同一右陪集的充要条件是 $TR^{-1} \in$ H.

用群 G 中子群 H 外一个元素 R_j, 左乘和右乘子群 H, 得到的左陪集 R_jH 和右陪集 HR_j 不一定相同. 若子群 H 的所有左陪集都与对应的右陪集相等,

$$R_j \text{H} = \text{H} R_j, \quad 即 \quad R_j S_\mu = S_\nu R_j, \tag{1.26}$$

则此子群称为不变子群 (invariant subgroup), 或称正规子群 (normal subgroup). 注意, 此定义并不要求不变子群的元素 S_μ 和群 G 中所有其他元素 R_j 对易. 当然, **阿贝尔群的所有子群都是不变子群. 指数为 2 的子群必为不变子群**, 因为它只有一个陪集, 左右陪集只能相等.

不变子群 H 及其所有陪集, 作为复元素的集合, 按复元素的乘积, 满足群的四个条件, 构成群, 称为群 G 关于不变子群 H 的商群 (quotient group), 记为 G/H. 商群的恒元是子群 H, 阶数是子群的指数 d. 在证明上述复元素的集合满足群的四个条件过程中, 用到了不变子群的定义式 (1.26),

$$R_j \text{H} R_k \text{H} = R_j R_k \text{HH} = (R_j R_k) \text{H},$$

$$\text{H} R_j \text{H} = R_j \text{HH} = R_j \text{H},$$

$$R_j^{-1} \text{H} R_j \text{H} = R_j^{-1} R_j \text{HH} = \text{H}.$$

因此不能由一般子群及其陪集定义商群.

从群的乘法表上很容易找到子群的陪集. 事实上, 乘法表里与子群元素有关的各列中, 每一行的元素分别构成子群或左陪集, 而与子群元素有关的各行中, 每一列的元素分别构成子群或右陪集. 例如, 从表 1.5 读出, D_3 群的子群 $\{E, S_1\}$ 有两个左陪集: $\{T, S_2\}$ 和 $\{T^2, S_3\}$, 右陪集也有两个: $\{T, S_3\}$ 和 $\{T^2, S_2\}$. 左右陪集不对应相等, 因而此子群不是不变子群. 另一子群 $\{E, T, T^2\}$ 的指数为 2, 它是不变子群, 陪集是 $\{S_1, S_2, S_3\}$.

设 H 是群 G 的非平庸不变子群, 若群 G 不包含比 H 阶数更高的非平庸不变子群, 则 H 称为群 G 的极大不变子群. 指数为 2 的不变子群当然是极大不变子群. 置换群 S_n 有一个指数为 2 的极大不变子群, 称为交变子群 (alternating subgroup), 常记为 S'_n. 现在来研究这一子群.

在轮换每一客体处都切断, 则长度为 ℓ 的轮换分解为 $\ell - 1$ 个对换的乘积

$$(a\,b\,c\,\cdots\,p\,q) = (a\,b)\,(b\,c)\cdots(p\,q).$$

当然, 这些对换有公共客体, 而且这种分解不是唯一的. 例如,

$$E = (a\,b)\,(a\,b)\,(b\,c)\,(b\,c) = (a\,b)\,(a\,c)\,(a\,b)\,(b\,c).$$

同理, 任何置换都可以分解为若干个对换的乘积. 这种分解虽然不是唯一的, 但容易证明, 它包含对换个数的偶奇性与分解方式无关. 为了证明这一命题, 借用范德蒙德 (Vandermonde) 行列式:

$$D(x_1, x_2, \cdots, x_n) = \begin{vmatrix} 1 & 1 & \cdots & 1 \\ x_1 & x_2 & \cdots & x_n \\ x_1^2 & x_2^2 & \cdots & x_n^2 \\ \vdots & \vdots & & \vdots \\ x_1^{n-1} & x_2^{n-1} & \cdots & x_n^{n-1} \end{vmatrix} = \prod_{i>j} (x_i - x_j),$$

把 n 个 x_j 做置换 R, 行列式只能保持不变或改变符号, 是否改变符号完全由 R 本身决定. 但把 x_j 做任何对换, 行列式一定改变符号. 当把 R 分解为对换乘积时, 包含对换的偶奇性决定了行列式是否改号. 因此在给定 R 的分解中包含对换个数的偶奇性是完全确定的.

当把置换分解为对换乘积时, 对换数目是偶数的置换称为**偶置换**, 对换数目是奇数的置换称为**奇置换**. 长度为奇数的轮换是偶置换, 长度为偶数的轮换是奇置换. 两个偶置换的乘积或两个奇置换的乘积是偶置换, 一个偶置换和一个奇置换的乘积

是奇置换. 恒元是偶置换. 常引入**置换宇称** (permutation parity) $\delta(R)$ 的概念来区分 R 是偶置换还是奇置换:

$$\delta(R) = \begin{cases} 1, & R \text{ 是偶置换}, \\ -1, & R \text{ 是奇置换}. \end{cases} \quad (1.27)$$

两个置换相乘时, 它们的置换宇称也对应相乘. 当 $n > 1$ 时, 置换群 S_n 中所有偶置换的集合构成置换群的一个指数为 2 的不变子群, 称为**交变子群**, 奇置换的集合是它的陪集, 商群是二阶群.

1.3.2 共轭元素和类

对群 G 中任意元素 S, 元素 $R' = SRS^{-1}$ 和 R 称为互相共轭 (conjugate) 的元素. 共轭关系是相互的, 与同一元素共轭的元素也互相共轭:

$$R' = SRS^{-1}, \quad R'' = TRT^{-1} = (TS^{-1}) R' (TS^{-1})^{-1}.$$

所有互相共轭的元素的集合称为类 (class), 记为

$$\mathcal{C}_\alpha = \{R_1, R_2, \cdots, R_{n(\alpha)}\} = \{R_k | R_k = SR_jS^{-1}, S \in \text{G}\}, \quad (1.28)$$

$n(\alpha)$ 是类 $\mathcal{C}_\alpha$ 中所包含的元素数目. 显然, 恒元本身自成一类, 常记为 $\mathcal{C}_1 = E$. 阿贝尔群每个元素自成一类. 两个类不会有公共元素, 因而除恒元外, 类不是子群. 设 g_c 是群 G 包含的类数, 则

$$\sum_{\alpha=1}^{g_c} n(\alpha) = g. \quad (1.29)$$

对群 G 中任意给定的元素 $S \in \text{G}$, 当 R_j 取遍类中所有元素时, SR_jS^{-1} 互相共轭, 且不会有重复元素, 故有

$$S\mathcal{C}_\alpha S^{-1} = \mathcal{C}_\alpha, \quad S\mathcal{C}_\alpha = \mathcal{C}_\alpha S. \quad (1.30)$$

这说明, **类 $\mathcal{C}_\alpha$ 作为复元素, 可以和群 G 任意元素 S 对易.** 反之, 对类 $\mathcal{C}_\alpha$ 中固定的元素 R_j, 让 S 取遍群 G 中所有元素, SR_jS^{-1} 会有重复的元素, 而且可证类中每一个元素 R_k 的重复次数 $m(\alpha)$ 都相同 (习题第 17 题), 可见**类 $\mathcal{C}_\alpha$ 中包含的元素数目 $n(\alpha) = g/m(\alpha)$ 是群 G 阶数 g 的因子.**

类 $\mathcal{C}_\alpha$ 中各元素的逆元也必定互相共轭:

$$R_k = SR_jS^{-1}, \quad R_k^{-1} = SR_j^{-1}S^{-1}. \quad (1.31)$$

因此 R_j^{-1} 的集合也构成类, 记为 $\mathcal{C}_\alpha^{-1}$. $\mathcal{C}_\alpha$ 和 $\mathcal{C}_\alpha^{-1}$ 称为相逆 (reciprocal) 类, 它们包含的元素数目 $n(\alpha)$ 相同. 若 $\mathcal{C}_\alpha$ 中有元素与其逆元共轭, 则 $\mathcal{C}_\alpha$ 与其相逆类 $\mathcal{C}_\alpha^{-1}$ 重合, 这样的类称为自逆 (self reciprocal) 类.

互相共轭的元素存在某种共同的性质, 这就是互相共轭元素的集合称为类的原因. 例如, 若 $R^n = E$, 则 $(SRS^{-1})^n = SR^nS^{-1} = E$, **同类元素的阶必相同. 但阶数相同的元素不一定属于同一类**. 尽管如此, 在寻找类时, 我们只需在阶数相同的元素中去判别它们是否共轭. TS 和 ST 是共轭的, 因为 $(ST) = S(TS)S^{-1}$. 反之, 互相共轭的元素一定可表达成某两元素的不同次序的乘积, 因为若 $R' = S(RS^{-1})$, 则 $R = (RS^{-1})S$. 如果群表中取左乘元素和右乘元素的排列次序相同, 则在群表中关于对角线对称的两元素互相共轭, 互相共轭的元素也一定会在乘法表关于对角线对称的位置出现. **在阶数相同的元素中, 根据它们是否在群表对称位置出现, 就可以确定它们是否属群 G 的同一类**. 这是计算有限群类的重要方法.

保持空间一个固定点 O (常取为原点) 不变的若干固有转动的集合构成的有限群称为固有点群 (proper point group). 设固有点群 G 中包含沿 $\hat{n}$ 方向和沿 $\hat{m}$ 方向两个 N 次固有转动轴, 生成元分别为 $R = R(\hat{n}, 2\pi/N)$ 和 $R' = R(\hat{m}, 2\pi/N)$, G 又包含把 $\hat{n}$ 方向转到 $\hat{m}$ 方向的转动 S, 则元素乘积 SRS^{-1} 是先把 $\hat{m}$ 方向转到 $\hat{n}$ 方向, 然后绕 $\hat{n}$ 方向转动 $2\pi/N$ 角, 最后又把 $\hat{n}$ 方向转回到 $\hat{m}$ 方向. 这样, 转动 SRS^{-1} 保持 $\hat{m}$ 方向不变, 它就是绕 $\hat{m}$ 方向的 N 次转动 R', 即

$$S\hat{n} = \hat{m}, \quad SR(\hat{n}, 2\pi/N)S^{-1} = R(\hat{m}, 2\pi/N). \tag{1.32}$$

这两个转动轴称为等价轴. **绕等价轴转动相同角度的变换互相共轭**. 等价轴一定是同次轴. 不同次的转动轴不可能通过对称群中的元素联系起来. 转动不同角度的元素当然不共轭. **绕两个次数不相同的转动轴的转动, 即使转动角度 (不为零) 相同也一定不共轭**. 若一个 N 次轴的正反两个方向可以通过对称群中的元素联系起来, 则此轴称为双向轴, 或非极性轴. **绕双向轴转动正负相同角度的变换互相共轭**. 二次轴不需要规定轴的方向.

由不变子群的定义式 (1.26) 知, 不变子群必须包含子群中每个元素的共轭元素, 即**不变子群是由群 G 中若干个完整的类组成**. 寻找群的类和不变子群是分析有限群性质的关键步骤. 对有限群, 首先根据群表确定每个元素的阶数, 在阶数相同元素中判断它们是否共轭, 从而找出所有的类, 然后把若干类并起来, 判断此子集是否构成子群. 若它是子群, 则它也是不变子群. 判断的方法, 首先检查此子集是否满足子群的必要条件: 子群包含恒元, 子群的元素数目是群阶数的约数, 子群完整地包含每一元素的周期. 只有在这些条件都满足后, 才进一步利用群表检验子集的封闭性是否满足.

由 R 生成的循环群 C_N 是阿贝尔群, 它的每个元素都自成一类, C_N 群的类数

g_c 等于群的阶数 N. 除恒元是自逆类外, 只有当 N 是偶数时, $R^{N/2}$ 是自逆类, 其他类都不是自逆类. 当 N 是素数时, C_N 群不存在非平庸子群. 若 N 可分解因子, $N = nm$, 则由 R^n 和 R^m 分别生成的循环子群 C_m 和 C_n 都是 C_N 群的不变子群.

D_N 群包含一个称为主轴的 N 次轴和在垂直平面均匀分布的 N 个二次轴. N 次轴的生成元记为 T, N 个二次轴生成元分别记为 S_j, 乘法规则已由式 (1.10) 给出. 二次转动使 N 次轴成为双向轴. N 是奇数时, N 次转动使所有二次轴互相等价. N 是偶数时, N 次转动使二次轴分成两组, 分别互相等价. 因此, D_{2n+1} 群包含 $n + 2$ 个自逆类:

$$\{E\}, \quad \{T^m, T^{-m}\}, \quad \{S_0, S_1, \cdots, S_{2n+1}\}, \quad 1 \leqslant m \leqslant n. \tag{1.33}$$

D_{2n+1} 群包含的不变子群就是由 T 的幂次生成的一些循环子群, 包括 C_{2n+1} 群. D_{2n} 群包含 $n + 3$ 个自逆类:

$$\begin{aligned} &\{E\}, \quad \{T^m, T^{-m}\}, \quad \{T^n\}, \quad 1 \leqslant m \leqslant n - 1, \\ &\{S_0, S_2, \cdots, S_{2n-2}\}, \quad \{S_1, S_3, \cdots, S_{2n-1}\}. \end{aligned} \tag{1.34}$$

作为正 N 边形的对称变换, 后两个类包含的元素, 几何意义是不同的. 它们都是系统的二次转动, 但 S_{2m} 是关于相对顶点连线的转动, 而 S_{2m+1} 是关于对边中点连线的转动. D_{2n} 群包含的不变子群, 除由 T 的幂次构成的一些循环子群外, 还有如下两个不变子群:

$$\begin{aligned} D_n &= \{E, T^2, T^4, \cdots, T^{2n-2}, S_0, S_2, \cdots, S_{2n-2}\}, \\ D'_n &= \{E, T^2, T^4, \cdots, T^{2n-2}, S_1, S_3, \cdots, S_{2n-1}\}. \end{aligned}$$

例如, D_5 群只包含一个非平庸的不变子群:

$$C_5 = \{E, T, T^2, T^3, T^4\}.$$

D_6 群包含 5 个非平庸不变子群:

$$\begin{aligned} C_2 &= \{E, T^3\}, \quad C_3 = \{E, T^2, T^4\}, \quad C_6 = \{E, T, T^2, T^3, T^4, T^5\}, \\ D_3 &= \{E, T^2, T^4, S_0, S_2, S_4\}, \quad D'_3 = \{E, T^2, T^4, S_1, S_3, S_5\}. \end{aligned}$$

现在讨论置换群的类. 从另一角度来理解两置换乘积的公式 (1.14) 和公式 (1.15). 式 (1.15) 告诉我们, 当把 S 从左面乘到 R 上, 其结果是把 R 置换的第二行数字做 S 置换, 而式 (1.14) 告诉我们, 当把 R 从右面乘到 S 上, 其结果是把 S 置换的第一行数字做 R^{-1} 置换. 结合起来, 共轭元素 SRS^{-1} 把描写 R 置换的两行数字同时做 S 置换. 特别当 R 是一个轮换时, 有

$$S(a\ b\ c\ \cdots\ d)S^{-1} = (s_a\ s_b\ s_c\ \cdots\ s_d). \tag{1.35}$$

共轭变换不改变轮换的长度, 只改变轮换涉及的客体编号. 因此, 置换群中有相同轮换结构的元素互相共轭, 它们的集合构成置换群的类. **置换群的类是由轮换结构 (1.21) 来描写的.** 式 (1.35) 还可做另一种理解. 把式 (1.35) 的 S^{-1} 移到等式右面,

$$S(a\,b\,c\,\cdots\,d) = (s_a\,s_b\,s_c\,\cdots\,s_d)S. \tag{1.36}$$

此式说明, 当 S 从轮换左面移到轮换右面时, 轮换中的客体做 S 置换; 反之, 当 S 从轮换右面移到轮换左面时, 轮换中的客体做 S^{-1} 置换. 把轮换换成任意置换, 这结论也成立. 利用式 (1.36) 还可以讨论置换群的秩.

任何置换都可表为对换的乘积, 而任何对换又都可表为**相邻客体对换** $P_a = (a\ a+1)$ 的乘积. P_a 满足

$$\begin{aligned}
&P_a^2 = E,\\
&P_aP_b = P_bP_a, \quad |a-b| \geqslant 2,\\
&P_aP_{a+1}P_a = (a\ a+2) = P_{a+1}P_aP_{a+1},
\end{aligned} \tag{1.37}$$

$$\begin{aligned}
(a\ d) = (d\ a) &= P_{a-1}P_{a-2}\cdots P_{d+1}P_dP_{d+1}\cdots P_{a-2}P_{a-1},\\
&= P_dP_{d+1}\cdots P_{a-2}P_{a-1}P_{a-2}\cdots P_{d+1}P_d, \quad d < a.
\end{aligned} \tag{1.38}$$

引入长度为 n 的轮换 W

$$W = (1\ 2\ \cdots\ n), \quad W^{-1} = W^{n-1}, \tag{1.39}$$

则

$$P_a = WP_{a-1}W^{-1} = W^{a-1}P_1W^{-a+1}. \tag{1.40}$$

因此, W 和 P_1 是置换群的生成元, 置换群的秩为 2.

1.3.3　群的同态关系

我们已经介绍过群的同构关系. 两个同构的群, 元素之间存在一一对应的关系, 而且这种对应关系对元素乘积保持不变. 尽管这两个群可以有完全不同的物理或几何背景, 但从群论观点看, 它们的性质完全相同, 一个群完全描写了另一个群. 如果这种对应关系不是一一对应, 而是一多对应, 而且对应关系仍对群元素乘积保持不变, 那么称为一个群同态 (homomorphism) 于另一个群. 本节我们将研究群的同态关系是如何建立起来的, 一个群反映了同态的群的哪些性质, 什么性质被掩盖了.

定义 1.3　若群 G′ 和 G 的所有元素间都按某种规则存在一多对应关系, 即 G 中任一元素都唯一地对应 G′ 中一个元素, G′ 中任一元素至少对应 G 中一个元素, 也可以对应 G 中若干个元素, 而且群元素的乘积也按同一规则一多对应, 则称两群同态. 用符号表示, 若 R 和 $S \in$ G, R' 和 $S' \in$ G′, $R' \longleftarrow R, S' \longleftarrow S$, 必有

$R'S' \longleftarrow RS$, 则 $G' \sim G$, 其中符号 " $\longleftarrow$ " 代表一多对应, " $\sim$ " 代表同态, 写在左面的群 G' 的元素一多对应于写在右面的群 G 的元素.

两个群元素间的对应关系不是唯一的. 只要在两个群元素间存在一种一多对应关系, 而且这种对应关系对群元素乘积保持不变, 这两个群就同态. 若 $G' \sim G$, 则群 G' 只反映了群 G 的部分性质, 下面定理将精确地告诉我们群 G' 反映了群 G 的哪部分性质.

定理 1.2 若 $G' \sim G$, 则与 G' 恒元相对应的 G 中元素的集合 H 构成群 G 的不变子群, 与 G' 其他每一个元素相对应的 G 中元素的集合构成 H 的陪集, 群 G' 与群 G 关于 H 的商群同构, $G' \approx G/H$, H 称为同态对应的核.

证明 证明过程主要用到与群 G 元素对应的 G' 元素是唯一确定的. 先证明与 G' 恒元 E' 相对应的 G 中元素的集合 H 构成群 G 的子群, 再证明它是不变子群, 最后, 证明与 G' 其他元素 R' 相对应的 G 中元素的集合构成 H 的陪集 RH. 由此, G' 与商群 G/H 同构是显然的.

设所有与 G' 中恒元 E' 对应的 G 中元素构成子集 H, H = $\{S_1,\ S_2, \cdots,\ S_h\}$. 由于 $E'E' = E'$, $S_\mu S_\nu$ 仍对应 E', 故属于子集 H, 即子集 H 对元素乘积封闭. 将 G 中恒元 E 对应 G' 中的元素记为 T', 则 ES_μ 对应 $T'E' = T'$, 但 $ES_\mu = S_\mu$ 对应 E'. 因为 G 中元素对应的 G' 中元素是唯一的, 所以 $T' = E'$, 即恒元 E 属于子集 H. 将 G 中任意元素 R 及其逆元 R^{-1} 对应的 G' 中元素分别记为 R' 和 P', 则 $R^{-1}R = E$ 既对应 $P'R'$ 又对应 E', 即 $P'R' = E'$, 由逆元唯一性知, $P' = R'^{-1}$. G 中互逆的元素对应 G' 中的元素也互逆, 因而 S_μ 的逆元 S_μ^{-1} 也对应 G' 中恒元 E', 也属于 H. 子集 H 满足群的四个条件, 故是 G 的子群. 又因为 $RS_\mu R^{-1}$ 对应 G' 中元素 $R'E'R'^{-1} = E'$, 所以 H 是 G 的不变子群.

H 陪集 RH 的元素都对应 G' 中元素 $R'E' = R'$. 反之, 将与 G' 中 R' 对应的 G 中任意元素记为 R_μ, 则因 $R'^{-1}R' = E'$, $R^{-1}R_\mu$ 对应 G' 中的恒元, 故 $R^{-1}R_\mu \in$ H, 即 R 和 R_μ 同属陪集 RH. 这样, 我们证明了商群 G/H 的每一个复元素 H 或 RH 分别与 G' 中元素 E' 或 R' 存在一一对应关系, 它们的乘积也以同一规则一一对应, 因此 $G/H \approx G'$. 证完.

定理 1.2 说明, 当 $G' \sim G$ 时, G' **反映了 G 中商群 G/H 的性质, 但同态对应的核 H 内部元素的差别没有被反映出来**. 下面命题在群论中经常遇到, 现在用定理形式给出.

定理 1.3 设 G 是一已知群, G' 是一个定义了乘积规则又对此乘积规则封闭的集合, 若群 G 中任一元素 R 都按某种规则唯一地对应集合 G' 中一个元素 R', G' 中任一元素 R' 至少对应 G 中一个元素 R, 而且这种一一对应或一多对应的关系对元素乘积保持不变, 则集合 G' 构成群, 且与已知群 G 同构或同态.

证明 此定理只需证明集合 G' 构成群, 然后由定义可知它同构或同态于群

G. 证明方法仍是用与群 G 中元素对应的 G' 元素的唯一性. 下面按一多对应情况来证明, 一一对应情况的证明是完全一样的.

集合 G' 对元素乘积的封闭性已由定理的假设条件给出. 设 $R' \longleftarrow R, S' \longleftarrow S$ 和 $T' \longleftarrow T$, 则 $R'S' \longleftarrow RS, S'T' \longleftarrow ST$, 且 $(R'S')T' \longleftarrow (RS)T, R'(S'T') \longleftarrow R(ST)$, 由 $(RS)T = R(ST)$ 得 $(R'S')T' = R'(S'T')$, 集合 G' 的元素乘积满足结合律. 同理, 由 $E' \longleftarrow E, R' \longleftarrow R$ 和 $E'R' \longleftarrow ER = R$ 得 $E'R' = R'$, 集合 G' 包含恒元 E'. 又设 $P' \longleftarrow R^{-1}, P'R' \longleftarrow R^{-1}R = E$, 则 $P'R' = E'$, P' 是 R' 的逆元, 存在于集合 G' 中. 证完.

1.3.4　群的直接乘积

定义 1.4　设群 H_1 和 H_2 是群 G 的两个子群

$$H_1 = \{R_1, R_2, \cdots, R_{h_1}\}, \quad H_2 = \{S_1, S_2, \cdots, S_{h_2}\}, \tag{1.41}$$

满足:

(1) 除恒元 $R_1 = S_1 = E$ 外, 子群 H_1 和 H_2 无公共元素;

(2) 分属两子群的元素乘积可以对易, 即若 $R_j \in H_1, S_\mu \in H_2$, 则 $R_j S_\mu = S_\mu R_j$;

(3) 群 G 是所有形如 $R_j S_\mu$ 的元素构成的集合.

则群 G 称为群 H_1 和 H_2 的直接乘积, 简称直乘, 记为 $G = H_1 \otimes H_2$. 群 H_1 和群 H_2 都是群 G 的不变子群.

集合 $\{R_j S_\mu\}$ 中不会有重复元素. 因为若有 $R_j S_\mu = R_k S_\nu$, 则 $R_k^{-1} R_j = S_\nu S_\mu^{-1}$, 它们分属两个子群, 故只能等于公共的恒元 E, 即 $R_j = R_k$ 和 $S_\mu = S_\nu$. 因此, 直乘群 G 的阶等于两子群的阶数乘积, $g = h_1 h_2$.

在实际问题中, 经常遇到的情况是由式 (1.41) 给出的两个群 H_1 和 H_2 分别作用于两个不同的对象上, 因而分属两群的元素乘积可以对易:

$$R_j S_\mu = S_\mu R_j. \tag{1.42}$$

设两群的恒元分别为 R_1 和 S_1. 重新定义两个同构的群 $H_1 S_1$ 和 $R_1 H_2$. 补上的恒元不影响两群元素的乘积规则, 但使两群有了公共的恒元 $R_1 S_1$. 定义集合

$$G = \{R_j S_\mu | R_j \in H_1, S_\mu \in H_2\}. \tag{1.43}$$

在原来的元素乘积定义下, 由式 (1.42), 集合 G 显然满足群的四个条件, 因而构成群, 称为群 H_1 和 H_2 的直接乘积.

保持原点不变的若干固有转动和非固有转动的集合构成的有限群称为非固有点群 (improper point group). 非固有点群必定也包含若干固有转动元素, 因为至少恒元是固有转动元素. 注意任何非固有转动都可表为一个固有转动和空间反演 σ

的乘积, 而 σ 可与任何转动变换对易, 且平方为恒元. 因此, **两个固有转动的乘积或两个非固有转动的乘积是固有转动, 一个非固有转动和一个固有转动的乘积则是非固有转动.**

设非固有点群 G 包含的所有固有转动元素的集合为 H, 因为满足乘积封闭性, H 是群 G 的子群. 既然两个非固有转动元素的乘积是固有转动元素, G 中所有非固有转动元素只能属于子群 H 的同一个陪集, 因而子群 H 的指数为 2, 它是群 G 的不变子群, 称为群 G 的子固有点群. 非固有点群分为两类. **包含空间反演变换 σ 的非固有点群称为 I 型非固有点群, 不包含 σ 的非固有点群称为 P 型非固有点群.**

I 型非固有点群 G 中, 子固有点群 H 的陪集可表为 σH, 因而群 G 是子群 H 和二阶反演群 V_2 的直乘

$$G = H \otimes V_2, \quad V_2 = \{E, \sigma\}. \tag{1.44}$$

设 P 型非固有点群 G 中固有转动元素记为 R_k, 非固有转动元素记为 S_j, 则 σS_j 是固有转动变换, 但与原来的固有转动元素 R_k 不重复. 因为如若 $\sigma S_j = R_k$, 则 $\sigma = R_k S_j^{-1} \in G$, 与假设矛盾. 这样, 由 σS_j 和 R_k 的集合构成新的固有点群 G′, 并与原非固有点群 G 同构.

一个相反的问题是: 怎样由固有点群构造 P 型非固有点群? 设固有点群 G′ 含有指数为 2 的不变子群 H, 保持子群元素不变, 把陪集元素都乘以 σ, 就构成 P 型非固有点群 G. 群 G 和群 G′ 同构, 它们包含共同的指数为 2 的不变子群 H.

最后, 介绍一下熊夫利 (Schönflies) 符号体系中下标的含义. 把非固有点群中一个次数最高的转动轴指向 z 轴正向, 称为主轴. 绕 z 轴转动 π 角后再做空间反演, 就是对 xy 平面的反射, 记为 P_s. 只要非固有点群中包含有 P_s, 一律以下标 h (horizontal) 标记. 非固有转动群 $\overline{C}_2$ 记为 C_s 是唯一的例外. 沿 z 轴方向的非固有转动群 $\overline{C}_N$, $N = 1$ 时记为 C_i, N 是其他奇数 $2n+1$ 时记为 $C_{(2n+1)i}$, $N = 2$ 时记为 C_s, $N = 4n$ 时记为 S_{4n}, $N = 4n+2$ 时记为 $C_{(2n+1)h}$. 在非固有点群不包含 P_s 的条件下, 如果它包含的在 xy 平面的二次转动轴, 既有固有的也有非固有的, 则用下标 d 标记; 如果它包含的在 xy 平面的二次转动轴都是非固有的, 则用下标 v 标记. 在 xy 平面的非固有二次转动, 就是对包含 z 轴的平面 (铅垂平面) 的反射变换, 下标 v 就是 "铅垂" 的英文缩写 (vertical). 在用下标 d 标记的非固有点群中, 这样的铅垂平面的位置, 正好平分在 xy 平面内两相邻固有二次转动轴的夹角. 事实上, 如果系统对某铅垂平面的反射保持不变, 而此铅垂平面和 xy 平面的交线又是系统的固有二次转动轴, 则 xy 平面就变成对称平面, 该非固有点群就该用下标 h 标记. 按照熊夫利符号, 列出若干 I 型和 P 型非固有点群:

$$
\begin{aligned}
&\mathrm{C}_i \approx \mathrm{C}_1 \otimes \mathrm{V}_2, && \mathrm{C}_{(2n)h} \approx \mathrm{C}_{2n} \otimes \mathrm{V}_2,\\
&\mathrm{C}_{(2n+1)i} \approx \mathrm{C}_{(2n+1)} \otimes \mathrm{V}_2, && \mathrm{D}_{(2n)h} \approx \mathrm{D}_{2n} \otimes \mathrm{V}_2,\\
&\mathrm{D}_{(2n+1)d} \approx \mathrm{D}_{(2n+1)} \otimes \mathrm{V}_2,\\
&\mathrm{S}_{4n} \approx \mathrm{C}_{4n}, \quad 子群 \ \ \mathrm{C}_{2n}, && \mathrm{C}_{(2n+1)h} \approx \mathrm{C}_{4n+2}, \quad 子群 \ \ \mathrm{C}_{2n+1},\\
&\mathrm{C}_s \approx \mathrm{C}_2, \quad 子群 \ \ \mathrm{C}_1, && \mathrm{C}_{Nv} \approx \mathrm{D}_N, \quad 子群 \ \ \mathrm{C}_N,\\
&\mathrm{D}_{(2n)d} \approx \mathrm{D}_{4n}, \quad 子群 \ \ \mathrm{D}_{2n}, && \mathrm{D}_{(2n+1)h} \approx \mathrm{D}_{4n+2}, \quad 子群 \ \ \mathrm{D}_{2n+1}.
\end{aligned}
\tag{1.45}
$$

1.4　正四面体和立方体对称变换群

正多面体是三维空间具有较大对称性的几何图形, 把它的中心放在坐标原点, 它的对称变换就都保持原点不变. 对称变换的集合称为正多面体点群. 对称变换中的固有转动变换集合也构成群, 称为正多面体固有点群.

本书只讨论正四面体、正八面体和立方体的固有点群, 它们的示意图如图 1.2 所示. 建立直角坐标系, 原点在立方体的中心, 坐标轴指向三个侧面的中心, 在 xy 平面上方的四个顶点, 按逆时针取向, 顺序记为 A_1, A_2, A_3 和 A_4, 其中 A_1 在第一卦限. 在 xy 平面下方的四个顶点分别记为 B_j, 对原点对称的两顶点有相同的下标. 立方体六个侧面的中心及其连线和面构成正八面体, 而正八面体八个侧面的中心及其连线和面也构成立方体, 这种关系的两图形称为对偶图形, 它们有着完全相同的对称变换群. 立方体中不相邻的顶点 A_1, A_3, B_2 和 B_4 及其连线和面构成正四面体. 正四面体是自对偶图形. 正四面体的固有点群 T 是立方体固有点群 O 的子群.

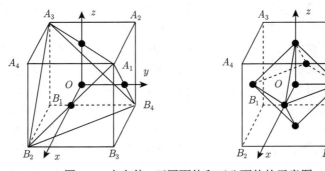

图 1.2　立方体、正四面体和正八面体的示意图

从图 1.2 可以看出, 三个坐标轴是立方体的四次固有转动轴, 但对正四面体来说, 它们只是二次轴. 用 T_μ, $\mu = x$, y, z, 代表绕三个坐标轴正向转动 $\pi/2$ 角的变换, T_μ^2 才属于 T 群. 立方体四根对角线方向是三次固有转动轴, 分别以指向正四面体顶点方向为正向, 绕这些轴转动 $2\pi/3$ 角的变换分别记为 R_j. 用坐标轴单位矢

量表出三次转动轴的方向如下.

$$\begin{aligned}
R_1 &: \text{由} B_1 \text{指向} A_1, \quad (\boldsymbol{e}_x + \boldsymbol{e}_y + \boldsymbol{e}_z)/\sqrt{3}, \\
R_2 &: \text{由} A_2 \text{指向} B_2, \quad (\boldsymbol{e}_x - \boldsymbol{e}_y - \boldsymbol{e}_z)/\sqrt{3}, \\
R_3 &: \text{由} B_3 \text{指向} A_3, \quad (-\boldsymbol{e}_x - \boldsymbol{e}_y + \boldsymbol{e}_z)/\sqrt{3}, \\
R_4 &: \text{由} A_4 \text{指向} B_4, \quad (-\boldsymbol{e}_x + \boldsymbol{e}_y - \boldsymbol{e}_z)/\sqrt{3}.
\end{aligned} \tag{1.46}$$

R_j 及其逆元 R_j^2, $1 \leqslant j \leqslant 4$, 都同时属于 T 群和 O 群. 此外, 连接立方体相对棱中点的连线是立方体的六个二次固有转动轴, 绕这些轴转动 π 角的变换记为 S_k, $1 \leqslant k \leqslant 6$. 二次转动轴的具体取向如下.

$$\begin{aligned}
S_1 &: (\boldsymbol{e}_x + \boldsymbol{e}_y)/\sqrt{2}, \quad S_2 : (\boldsymbol{e}_x - \boldsymbol{e}_y)/\sqrt{2}, \\
S_3 &: (\boldsymbol{e}_y + \boldsymbol{e}_z)/\sqrt{2}, \quad S_4 : (\boldsymbol{e}_y - \boldsymbol{e}_z)/\sqrt{2}, \\
S_5 &: (\boldsymbol{e}_x + \boldsymbol{e}_z)/\sqrt{2}, \quad S_6 : (\boldsymbol{e}_x - \boldsymbol{e}_z)/\sqrt{2}.
\end{aligned} \tag{1.47}$$

它们不属于 T 群, 只属于 O 群. O 群包含三个互相垂直的四次轴、四个三次轴和六个二次轴, 共有 24 个元素. 四个三次轴围绕四次轴对称分布, 每个二次轴都平分两相邻的四次轴, 也平分两相邻的三次轴. O 群所有同次轴都是双向轴, 且互相等价. 因此 O 群包含 5 个类: $C_1 = \{E\}$, $C_2 = \{S_k; 1 \leqslant k \leqslant 6\}$, $C_3 = \{R_j^{\pm 1}; 1 \leqslant j \leqslant 4\}$, $C_4 = \{T_\mu^{\pm 1}; \mu = x, y, z\}$ 和 $C_5 = \{T_\mu^2; \mu = x, y, z\}$. T 群是 O 群的指数为 2 的不变子群, 它由 C_1, C_3 和 C_5 三个类组成, 共 12 个元素. 注意在 T 群中二次轴和三次轴仍分别互相等价, 但三次轴是极性轴, 因而 C_3 类分成两个类. 由 C_1 和 C_5 构成的 D_2 群是 T 群和 O 群共同的不变子群, 商群分别是 C_3 群和 D_3 群.

O 群和置换群 S_4 的类和不变子群的结构完全相同, 可以证明它们是同构的. 元素的具体对应关系为

$$\begin{aligned}
T_z &\leftrightarrow (1\,2\,3\,4), \quad R_1 \leftrightarrow (3\,2\,1), \quad R_2^2 \leftrightarrow (4\,3\,2), \\
R_3 &\leftrightarrow (1\,4\,3), \quad R_4^2 \leftrightarrow (2\,1\,4), \quad S_5 \leftrightarrow (3\,4), \\
S_3 &\leftrightarrow (4\,1), \quad S_6 \leftrightarrow (1\,2), \quad S_4 \leftrightarrow (2\,3), \\
T_x &\leftrightarrow (1\,2\,4\,3), \quad T_y \leftrightarrow (2\,3\,1\,4), \\
S_1 &\leftrightarrow (2\,4), \quad S_2 \leftrightarrow (1\,3).
\end{aligned} \tag{1.48}$$

此外, 元素的幂次关系显然是一一对应的.

作为指数为 2 的不变子群, 式 (1.48) 也给出了 T 群和四阶置换群 S_4 的交变子群 S_4' 间的同构关系

$$O \approx S_4, \quad T \approx S_4'. \tag{1.49}$$

由此对应关系 (1.48) 可以很容易地计算出 O 群和 T 群的乘法表. 由 T 群和 O 群得到的 I 型非固有点群是 T_h 和 O_h. O 群关于指数为 2 的不变子群 T 得到的 P 型非固有点群是 T_d.

习　题　1

1. 设 E 是群 G 的恒元, R 和 S 是群 G 中的任意元素, R^{-1} 和 S^{-1} 分别是 R 和 S 的逆元, 证明: (1) $RR^{-1} = E$; (2) $RE = R$; (3) 若 $TR = R$, 则 $T = E$; (4) 若 $TR = E$, 则 $T = R^{-1}$; (5) (RS) 的逆元为 $S^{-1}R^{-1}$.

2. 证明以乘法作为"乘积"的所有正实数构成的群和以"加法"作为乘积的所有实数构成的群同构.

3. 证明每个元素的平方都等于恒元的群一定是阿贝尔群.

4. 准确到同构, 证明 6 阶群 G 只有两种: 循环群 C_6 和正三角形对称群 D_3.

5. 设群 G 的阶数 $g = 2n$, n 是大于 2 的素数, 准确到同构, 证明群 G 只有两种: 循环群 C_{2n} 和正 n 边形对称群 D_n.

6. 试把下列置换化为无公共客体的轮换乘积:

(1) $(1\ 2)(2\ 3)(1\ 2)$;　　(2) $(1\ 2\ 3)(1\ 3\ 4)(3\ 2\ 1)$;　　(3) $(1\ 2\ 3\ 4)^{-1}$;

(4) $(1\ 2\ 4\ 5)(4\ 3\ 2\ 6)$;　　(5) $(1\ 2\ 3)(4\ 2\ 6)(3\ 4\ 5\ 6)$.

7. 试写出长度为 5 的轮换 $R = (a\ b\ c\ d\ e)$ 的各次幂次 R^m.

8. 设 H_1 和 H_2 是群 G 的两个子群, 证明 H_1 和 H_2 的公共元素的集合也构成群 G 的子群.

9. 设集合 G 包含元素数目为 5, 6 或 7, 所有元素的平方都是恒元, 证明此集合不构成群.

10. 举例说明群 G 的不变子群的不变子群不一定是群 G 的不变子群. 反之, 证明若群 G 的不变子群完整地属于子群 H, 则它也是子群 H 的不变子群.

11. 量子力学中常用的泡利 (Pauli) 矩阵 σ_a 定义如下:

$$\sigma_1 = \begin{pmatrix} 0 & 1 \\ 1 & 0 \end{pmatrix}, \quad \sigma_2 = \begin{pmatrix} 0 & -i \\ i & 0 \end{pmatrix}, \quad \sigma_3 = \begin{pmatrix} 1 & 0 \\ 0 & -1 \end{pmatrix},$$

$$\sigma_a\sigma_b = \delta_{ab}\mathbf{1} + i\sum_{d=1}^{3} \epsilon_{abd}\sigma_d, \quad \text{如} \quad \sigma_a^2 = \mathbf{1}, \quad \sigma_1\sigma_2 = i\sigma_3,$$

其中, ϵ_{abd} 是三阶完全反对称张量. 证明由 σ_1 和 σ_2 的所有可能乘积和幂次的集合构成群, 列出此群的乘法表, 指出此群的阶数、各元素的阶数、群所包含的类和不变子群、不变子群的商群与什么群同构. 建立同构关系, 证明此群和正方形固有对称群 D_4 同构.

12. 证明由 $i\sigma_1$ 和 $i\sigma_2$ 的所有可能乘积和幂次的集合构成群, 列出此群的乘法表, 指出此群的阶数、各元素的阶数、群包含的各类和不变子群、不变子群的商群与什么群同构. 说明此群与 D_4 群不同构.

13. 准确到同构, 证明 8 阶群 G 只有五种: 循环群 C_8、正方形固有对称群 D_4、四元数群 Q_8 (见第 12 题)、$C_{4h} = C_4 \otimes V_2$ 和 $D_{2h} = D_2 \otimes V_2$.

14. 准确到同构, 证明 9 阶群 G 只有两种: 循环群 C_9 和直乘群 $C_3 \otimes C_3$.

15. 证明群 G 两个类作为复元素的乘积, 必由若干个整类构成, 即作为乘积的集合, 包含集合中每个元素的共轭元素.

16. 试研究立方体固有点群 O 关于不变子群 D_2 的商群与什么群同构.

17. 设有限群 G 的阶数为 g, $\mathcal{C}_\alpha$ 是群 G 中的一个类, 含 $n(\alpha)$ 个元素, S_j 和 S_k 是类 $\mathcal{C}_\alpha$ 中任意两个元素 (可以相同), 证明 G 中满足条件 $S_j = PS_kP^{-1}$ 的元素 P 的数目等于 $m(\alpha) = g/n(\alpha)$.

18. 群 G 由 12 个元素组成, 它的乘法表如下表所示.

(1) 找出群 G 各元素的逆元;

(2) 指出哪些元素可与群中任一元素乘积对易;

(3) 列出各元素的周期和阶;

(4) 找出群 G 各类包含的元素;

(5) 找出群 G 包含哪些不变子群, 列出它们的陪集, 并指出它们的商群与什么群同构;

(6) 判断群 G 是否与正四面体对称群 T 或与正六边形对称群 D_6 同构.

	E	A	B	C	D	F	I	J	K	L	M	N
E	E	A	B	C	D	F	I	J	K	L	M	N
A	A	E	F	I	J	B	C	D	M	N	K	L
B	B	F	A	K	L	E	M	N	I	J	C	D
C	C	I	L	A	K	N	E	M	J	F	D	B
D	D	J	K	L	A	M	N	E	F	I	B	C
F	F	B	E	M	N	A	K	L	C	D	I	J
I	I	C	N	E	M	L	A	K	D	B	J	F
J	J	D	M	N	E	K	L	A	B	C	F	I
K	K	M	J	F	I	D	B	C	N	E	L	A
L	L	N	I	J	F	C	D	B	E	M	A	K
M	M	K	D	B	C	J	F	I	L	A	N	E
N	N	L	C	D	B	I	J	F	A	K	E	M

第 2 章　群的线性表示理论

　　群的线性表示理论是群论能在物理和其他领域得到广泛应用的基础. 本章首先引入群的线性表示的定义, 介绍等价表示和不可约表示的概念; 然后, 通过几个基本定理, 掌握群的不等价不可约表示的重要性质, 并就若干个典型例子, 说明如何寻找有限群所有不等价不可约表示和计算可约表示的约化方法, 介绍群论方法在物理中应用的基本步骤; 最后, 引入幂等元的概念来研究有限群群空间的不可约基.

2.1　群的线性表示

2.1.1　线性表示的定义

　　从群论观点看, 两个同构的群, 群的性质完全相同. 由于矩阵群比较容易研究, 如能找到一个矩阵群和给定群同构, 那么研究清楚此矩阵群的性质, 也就完全掌握了给定群的性质. 如果矩阵群只是同态于给定群, 那么矩阵群只反映给定群的部分性质, 但对研究给定群的性质也有帮助. **与给定群同构或同态的矩阵群称为该群的线性表示**.

　　定义 2.1　若行列式不为零的 $m \times m$ 矩阵集合构成的群 $D(G)$ 与给定群 G 同构或同态, 则 $D(G)$ 称为群 G 的一个 m 维线性表示, 简称表示 (representation). 在 $D(G)$ 中, 与 G 中元素 R 对应的矩阵 $D(R)$, 称为元素 R 在表示 $D(G)$ 中的表示矩阵, $D(R)$ 的矩阵迹 $\chi(R) =$ Tr $D(R)$ 称为元素 R 在表示 $D(G)$ 中的**特征标** (character).

　　规定表示矩阵的行列式不为零, 是为了排除表示矩阵与零矩阵直和的平庸情况. 在此规定下, 恒元的表示矩阵是单位矩阵, $D(E) = \mathbf{1}$, 互逆元素的表示矩阵互为逆矩阵, $D(R^{-1}) = D(R)^{-1}$. 若 $D(G)$ 与群 G 同构, 则 $D(G)$ 称为群 G 的真实 (faithful) 表示, 若同态, 则称为非真实表示. 非真实表示描写了群 G 关于同态对应核的商群的性质.

　　让群中所有元素都对应 1, $D(R) = 1$, 得到的表示称为**恒等表示**, 也称平庸表示. 任何群都有恒等表示. 矩阵群本身是自己的一个表示, 称为**自身表示**. 表示矩阵都是实矩阵的表示称为实表示. 表示矩阵都是幺正矩阵的表示称为**幺正表示**. 表示矩阵都是实正交矩阵的表示称为**实正交表示**. 如不作特殊说明, 本书只讨论群的有限维表示. 文献 (Ma and Gu, 2004) 第四章第 25 题举例说明了无穷维幺正表示的研究方法.

2.1.2 群代数和有限群的正则表示

先引入**群函数和群代数**的概念. 所谓函数关系就是自变量和因变量之间的一种确定的对应关系. 过去我们接触的函数, 自变量往往是坐标等连续变量, 它在称为定义域的连续区域内连续变化. 但是作为函数的自变量, 并不一定要是连续变量. 例如, 以群元素作为自变量也可以建立适当的函数关系.

如果对于群 G 的每一个元素 R, 都有一个确定的数 $F(R)$ (实数或复数) 与之对应, 这样的以群元素作为自变量的函数称为**群函数**, 常记为 $F(G)$. 对有限群, 群函数只有 g 个取值, 因此有限群线性无关的群函数数目等于群的阶数 g. 作为群的函数, 还可以是矢量函数, 矩阵函数等.

群 G 的每一个线性表示 $D(G)$ 都是群 G 的一个矩阵函数. 表示矩阵的每一个矩阵元素 $D_{\mu\nu}(R)$ 是群 G 的一个群函数. 特征标 $\chi(R)$ 也是一个群函数, 但由于共轭元素的特征标相同:

$$D(SRS^{-1}) = D(S)D(R)D(S)^{-1}, \quad \chi(SRS^{-1}) = \chi(R). \tag{2.1}$$

特征标 $\chi(R)$ 实际上是**类函数**.

在群的定义中, 没有研究过群元素的加法运算. 现在引入群元素加法的概念. 所谓 $R + S$ 就是把两元素加在一起, 不要问它们加起来等于什么, 只是从原则上规定群元素加法必须满足加法的一些基本公理, 也就是加法的交换律和群元素与数相乘的线性性质:

$$c_1 R + c_2 S = c_2 S + c_1 R, \quad c_1 R + c_2 R = (c_1 + c_2)R,$$
$$c_3 (c_1 R + c_2 S) = c_3 c_1 R + c_3 c_2 S. \tag{2.2}$$

把有限群的群元素看成线性无关的, 以群元素 R 作为基, 它们的所有复线性组合构成一个线性空间 $\mathcal{L}$, 称为群空间. 群空间的维数就是群的阶数 g. 群元素的任何线性组合都是群空间的一个矢量. 例如,

$$X = \sum_{R \in G} R F_1(R), \quad Y = \sum_{S \in G} S F_2(S). \tag{2.3}$$

群空间的矢量也要满足线性空间矢量的一般性质, 如数和矢量相乘的线性性质, 两矢量相加减时, 它们的对应分量相加减等. 群空间矢量基的选择也不是唯一的. **以群元素作为基称为自然基**. 在自然基中, 群空间矢量的分量 $F_1(R)$ 是一个群函数, 因此群空间的矢量和群函数之间有一一对应的关系. 把矢量的分量排成 $g \times 1$ 列矩阵, 称为在取自然基时群空间矢量的列矩阵形式. 在群空间中, 任取 g 个线性无

关的矢量 e_S 作为群空间新的基, 则矢量的列矩阵形式 ϕ_S 要按一定的规则作线性组合.

$$e_S = \sum_{R \in G} R M_{RS}, \quad \det M \neq 0,$$
$$X = \sum_{R \in G} R F_1(R) = \sum_{S \in G} e_S \phi_S, \tag{2.4}$$
$$F_1(R) = \sum_{S \in G} M_{RS} \phi_S, \quad \phi_S = \sum_{R \in G} (M^{-1})_{SR} F_1(R).$$

另一方面, 在线性空间 $\mathcal{L}$ 中只定义了矢量的加减法和矢量与数的乘法. 现在在线性空间再引入矢量乘法的概念. 定义矢量乘法满足分配律, 而且两矢量相乘还是该线性空间的一个矢量, 即**线性空间关于乘法是封闭的**:

$$XY \in \mathcal{L}, \quad Z(X+Y) = ZX + ZY, \quad \forall X, Y, Z \in \mathcal{L}. \tag{2.5}$$

这样的线性空间称为代数. 在群空间中这样定义矢量的乘法: **数与数作普通数的乘法, 群元素与群元素按群元素的乘积规则相乘,**

$$XY = \left\{ \sum_{R \in G} F_1(R) R \right\} \left\{ \sum_{S \in G} F_2(S) S \right\} = \sum_{R \in G} \sum_{S \in G} \{ F_1(R) F_2(S) \} (RS)$$
$$= \sum_{T \in G} \left\{ \sum_{R \in G} F_1(R) F_2(R^{-1}T) \right\} T = \sum_{T \in G} \left\{ \sum_{S \in G} F_1(TS^{-1}) F_2(S) \right\} T.$$

这样的乘法满足式 (2.5), 从而使群空间变成代数, 称为**群代数**. 今后我们仍用线性空间的符号 $\mathcal{L}$ 来标记群代数.

群元素左乘或右乘到群代数的矢量上, 使矢量按一定规则变成群代数中的另一个矢量. 因此, **在群代数中群元素既是矢量又是线性算符**. 把作为算符的 S 左乘到作为矢量基的 R 上, 得到群代数中的一个矢量, 可以写成矢量基的线性组合, 组合系数排列起来构成算符 S 在矢量基 R 中的矩阵形式 $D(S)$:

$$SR = T = \sum_{P \in G} P D_{PR}(S). \tag{2.6}$$

但是, 按照群元素的乘积规则, S 左乘到 R 上得到另一个群元素 T. 就是说, 式 (2.6) 的求和式实际只有一项, 矩阵 $D(S)$ 的每一列只有一个矩阵元素不为 0, 而为 1:

$$D_{PR}(S) = \begin{cases} 1, & P = SR, \\ 0, & P \neq SR. \end{cases} \tag{2.7}$$

由于重排定理, $D(S)$ 的每一行也只有一个矩阵元素不为零.

因为矩阵 $D(S)$ 是线性算符 S 在群代数自然基中的矩阵形式, 式 (2.6) 给出 $D(S)$ 和 S 间的一个一一对应的关系. 按惯例, 算符乘积定义为两算符的相继作用,矩阵按矩阵乘积规则相乘, 则算符的乘积和矩阵的乘积仍按式 (2.6) 一一对应. **这种算符与其矩阵形式间的一一对应或一多对应关系, 一定在乘积中保持不变**. 在群论中经常遇到这类问题. 这里证明一次, 以后再遇到就不再证明.

$$T(SR) = \sum_{P \in G} TP \, D_{PR}(S) = \sum_{Q \in G} Q \left\{ \sum_{P \in G} D_{QP}(T) D_{PR}(S) \right\},$$
$$(TS)R = \sum_{Q \in G} Q \, D_{QR}(TS).$$

由于结合律, 两式子的左边相等, 因而

$$D(T)D(S) = D(TS) \longleftrightarrow TS.$$

证完. 根据定理 1.3, 此矩阵 $D(S)$ 的集合构成群 $D(G)$, 且同构于群 G, 称为群 G 的正则 (regular) 表示. 正则表示是真实表示. 每个有限群都有正则表示, 表示的维数等于有限群的阶数 g. 由式 (2.7) 知, **除恒元外, 元素 S 在正则表示中的特征标都为零**,

$$\chi(S) = \mathrm{Tr}\, D(S) = \begin{cases} g, & S = E, \\ 0, & S \neq E. \end{cases} \tag{2.8}$$

过去我们习惯于用自然数标记矩阵的行和列, 这不是必要的. 其实只要足以区分行 (列) 的任何指标都可以用来标记矩阵的行 (列). 正则表示是一个典型的例子, 它用群元素来标记矩阵的行 (列). 元素 S 在正则表示中的矩阵形式由乘法表中第 S 行的乘积元素决定. **元素 S 的表示矩阵第 R 列不为零的矩阵元素所在行, 就是乘法表 S 行中 R 列的乘积元素标记的行**.

在群代数中, 作为算符的群元素 S, 不仅可以从左面作用到矢量上, 也可以从右面作用到矢量上. 当然, 对非阿贝尔群来说, 左乘和右乘群元素的结果是不一样的, 而且两个算符的乘积, 对左乘和右乘群元素来说也是不一样的. 例如, 先左乘 S, 再左乘 T, 其结果是左乘 TS, 但先右乘 S, 再右乘 T, 其结果是右乘 ST. 虽然左乘算符的集合和右乘算符的集合, 根据不同的乘积规则可以分别构成群, 分别记为 G 和 $\tilde{G}$, 但如果把它们的相同元素一一对应, 则它们的乘积不再按原规则一一对应. 只有把 G 中元素 R 和 $\tilde{G}$ 中元素 R^{-1} 一一对应, 元素的乘积才按原规则一一对应. $\tilde{G}$ 称为群 G 的内禀群 (intrinsic group). 为了使右乘算符的矩阵形式的集合也构成原群的线性表示, 可以把算符的矩阵形式取转置, 也就是下式中按列指标求和:

$$RS = \sum_{P \in G} \overline{D}_{RP}(S) \, P. \tag{2.9}$$

式 (2.9) 给出的群元素 S 和矩阵 $\overline{D}(S)$ 间的一一对应关系, 使元素的乘积按同一规

则一一对应,

$$(RS)T = \sum_{P \in G} \overline{D}_{RP}(S)PT = \sum_{Q \in G} \left\{ \sum_{P \in G} \overline{D}_{RP}(S)\overline{D}_{PQ}(T) \right\} Q$$
$$= R(ST) = \sum_{Q \in G} \overline{D}_{RQ}(ST)Q,$$

即 $\overline{D}(ST) = \overline{D}(S)\overline{D}(T)$. 由式 (2.9) 可以计算得表示矩阵 $\overline{D}(S)$

$$\overline{D}_{RP}(S) = \begin{cases} 1, & P = RS, \\ 0, & P \neq RS. \end{cases} \tag{2.10}$$

这个矩阵也用群元素来标记行 (列). 元素 S 在此表示中的矩阵形式由乘法表中第 S 列的乘积元素决定. 由式 (2.10) 知, 除恒元外, 元素 S 在此表示中的特征标也都为零, 即 $\overline{\chi}(S)$ 也满足式 (2.8).

2.1.3 类算符

设群 G 阶数为 g, 包含 g_c 个类, 第 α 个类是

$$C_\alpha = \left\{ S_1,\ S_2,\ \ldots,\ S_{n(\alpha)} \right\} = \left\{ S_k | S_k = TS_jT^{-1},\ T \in G \right\}. \tag{2.11}$$

定义类算符

$$C_\alpha = \sum_{S_k \in \mathcal{C}_\alpha} S_k. \tag{2.12}$$

根据第 1 章习题第 17 题, 对类中任一元素 $S_j \in \mathcal{C}_\alpha$, 有

$$\sum_{T \in G} TS_jT^{-1} = \frac{g}{n(\alpha)} C_\alpha. \tag{2.13}$$

对于群中任一元素 T, 因为 TS_jT^{-1} 不会重复, 有

$$TC_\alpha T^{-1} = C_\alpha, \quad TC_\alpha = C_\alpha T, \quad T \in G. \tag{2.14}$$

即**类算符和群中任一元素 T 对易** (见式 (1.30)). 反之, **群空间中能与任何群元素对易的矢量 t 一定是类算符的线性组合**

$$t = RtR^{-1} = \frac{1}{g} \sum_{R \in G} RtR^{-1} = \sum_\alpha f(\alpha) C_\alpha. \tag{2.15}$$

因此两个类算符的乘积一定是类算符的线性组合,

$$C_\alpha C_\beta = \sum_{\gamma=1}^{g_c} f(\alpha,\beta,\gamma) C_\gamma, \quad f(\alpha,\beta,\gamma) = f(\beta,\alpha,\gamma). \tag{2.16}$$

2.2 标量函数的变换算符

标量的概念是与变换相联系的, 物理中通常说的标量是对三维空间转动变换来说的. 有一些物理量, 如质量, 温度, 电势等, 它们在转动变换中保持不变, 称为标量. 标量用一个数字就可以把它完全描述. **标量的空间分布称为标量场**. 标量场用标量函数 $\psi(x)$ 来描写, 它是空间坐标的函数. 描写系统状态的坐标可以很多, 如 N 个粒子系统需用 $3N$ 个坐标来描写. 为书写简单起见, 用一个字母 x 描写系统的全部坐标.

当系统 (标量场) 发生变换 (平移, 转动等) 时, 描写系统的标量函数如何变化? 这里所谓的变换, 可以狭义地理解为系统的平移和转动等空间变换, 也可以广义地理解为更一般的变换, 如系统内部空间的变换. 下面的讨论原则上适用于任何变换, 但为确定起见, 姑且把它理解为空间转动变换. 描写转动通常有两种不同的观点, **一种是本书采用的系统转动的观点, 另一种是坐标系转动的观点, 两种变换互为逆变换**.

设经过变换 R 后, 在 x 点的场变到 x' 点, 则变换后标量场在 x' 点的值应该等于变换前标量场在 x 点的值. 因此, 变换前后描写系统的标量函数形式必须发生相应的变化, 才能使它们在函数值上有上述的联系. 用标量函数 $\psi(x)$ 和 $\psi'(x)$ 描写变换前后标量场的分布, 则

$$
\begin{aligned}
x &\xrightarrow{R} x' = Rx, \quad x = R^{-1}x', \\
\psi(x) &\xrightarrow{R} \psi'(x') = \psi(x) = \psi(R^{-1}x').
\end{aligned}
\tag{2.17}
$$

由于自变量要取遍定义域的所有数值, 符号上采用 x' 或 x 都是一样的. 函数 ψ' 描写变换 R 后的标量场. 采用 ψ' 的符号, 看不清它对变换 R 的依赖. 为了明显地表达出新函数形式与变换 R 的关系, 引入算符 P_R :

$$
P_R\psi \equiv \psi', \quad P_R\psi(x) = \psi'(x) = \psi(R^{-1}x).
\tag{2.18}
$$

P_R 是一个算符, 它把变换前的标量函数 ψ 变成新的标量函数 ψ'. ψ 和 $P_R\psi$ 是两种不同的函数形式, 式 (2.18) 给出了两个函数在函数值上的联系, 同时也给出了变换算符 P_R 对任意函数 $\psi(x)$ 的作用规则: **只要把原来函数 ψ 的自变量 x 换成 $R^{-1}x$, 再把它看成 x 的函数, 就得到新的函数形式 $P_R\psi$**. P_R 显然是线性算符,

$$
\begin{aligned}
P_R\{a\psi(x) + b\phi(x)\} &= a\psi(R^{-1}x) + b\phi(R^{-1}x) \\
&= aP_R\psi(x) + bP_R\phi(x).
\end{aligned}
\tag{2.19}
$$

P_R 称为**标量函数变换算符**. 式 (2.18) 可以看成标量函数的定义, 所有标量函数都必须满足这一变换规则.

算符 P_R 与变换 R 间有一一对应的关系:

$$x \xrightarrow{R} x' = Rx,$$
$$\psi(x) \xrightarrow{R} \psi'(x) = P_R\psi(x) = \psi(R^{-1}x).$$

它们的乘积仍按同一规则一一对应:

$$x' \xrightarrow{S} x'' = Sx' = (SR)x,$$
$$P_R\psi(x) = \psi'(x) \xrightarrow{S} \psi''(x) = P_S\psi'(x) = P_SP_R\psi(x),$$
$$x \xrightarrow{SR} x'' = (SR)x,$$
$$\psi(x) \xrightarrow{SR} P_{SR}\psi(x) = \psi[(SR)^{-1}x].$$

因为

$$P_S\psi'(x) = \psi'(S^{-1}x) = P_R\psi(S^{-1}x) = \psi[R^{-1}(S^{-1}x)] = \psi[(SR)^{-1}x],$$

所以 $P_SP_R = P_{SR}$. 如果变换 R 的集合构成群 G, 则 P_R 的集合 P_G 构成与 G 同构的群. 有时把群 P_G 称为群 G 的线性实现. 以后, 线性算符群 P_G 和群 G 不再严格区分, 都称为对称变换群.

这里值得强调一下初学者很容易犯的一个错误. **式 (2.18) 是两个函数在函数值上的联系, 这两个函数是不同的.** P_R 作用在 ψ 上变成新函数 ψ', 再做 S 变换时, P_S 算符必须作用在这新函数 ψ' 上, 而不能作用在老函数 ψ 上,

$$P_S\left[P_R\psi(x)\right] \neq P_S\psi(R^{-1}x) = \psi(S^{-1}R^{-1}x). \tag{2.20}$$

下面通过两个例子来说明如何计算标量函数变换算符 P_R. 第一个例子是在一维空间的系统做平移变换

$$x \xrightarrow{T(a)} x' = T(a)x = x + a, \qquad x = T(a)^{-1}x' = x' - a,$$

则平移变换中的标量函数变换算符 $P_{T(a)}$ 为

$$P_{T(a)}\psi(x) = \psi[T(a)^{-1}x] = \psi(x - a)$$
$$= \sum_{n=0}^{\infty} \frac{(-a)^n}{n!}\frac{\mathrm{d}^n}{\mathrm{d}x^n}\psi(x) = \exp\left\{-a\frac{\mathrm{d}}{\mathrm{d}x}\right\}\psi(x),$$
$$P_{T(a)} = \exp\left\{-a\frac{\mathrm{d}}{\mathrm{d}x}\right\} = \exp\left\{(-\mathrm{i}a)\left(-\mathrm{i}\frac{\mathrm{d}}{\mathrm{d}x}\right)\right\} = \exp\left\{(-\mathrm{i}a)\hat{p}_x\right\}. \tag{2.21}$$

$P_{T(a)}$ 可以表达为沿 x 方向动量算符 $\hat{p}_x$ 的指数函数形式, 这里取 $\hbar = 1$.

第二个例子是系统在平面上做转动变换. 在二维空间建立定坐标系 K 和固定在系统上的动坐标系 K'. 随着系统绕垂直此平面的 z 轴转动 ω 角, 记为 $R(\omega)$, K' 系从与 K 系重合的位置转到图 2.1 中用 x' 和 y' 标记的直角坐标系位置. 系统中在 P 位置的点转到 P' 位置, P 点在 K 系的坐标为 (x, y), P' 点在 K 系的坐标为 (x', y'), 但在 K' 系的坐标仍是 (x, y).

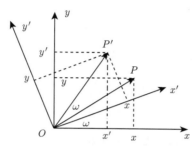

图 2.1　系统绕 z 轴的转动变换

从图中容易看出, 在转动 $R(\omega)$ 作用下, 坐标变换关系为

$$x' = x \cos\omega - y \sin\omega, \quad y' = x \sin\omega + y \cos\omega. \tag{2.22}$$

其逆变换是 $R(-\omega)$. 关于坐标 x 和 y 的二次齐次多项式有三个独立的函数基,

$$\psi_1(x, y) = x^2, \quad \psi_2(x, y) = xy, \quad \psi_3(x, y) = y^2.$$

构成的三维函数空间, 对转动变换 $R(\omega)$ 保持不变, 也就是对其算符形式 $P_{R(\omega)}$ 保持不变:

$$
\begin{aligned}
P_{R(\omega)}\psi_1(x, y) &= \psi_1[R^{-1}(x, y)] = (x \cos\omega + y \sin\omega)^2 \\
&= \psi_1(x, y) \cos^2\omega + \psi_2(x, y) \sin(2\omega) + \psi_3(x, y) \sin^2\omega, \\
P_{R(\omega)}\psi_2(x, y) &= \psi_2[R^{-1}(x, y)] = (x \cos\omega + y \sin\omega)(-x \sin\omega + y \cos\omega) \\
&= -\psi_1(x, y) \sin\omega \cos\omega + \psi_2(x, y) \cos(2\omega) + \psi_3(x, y) \sin\omega \cos\omega, \\
P_{R(\omega)}\psi_3(x, y) &= \psi_3[R^{-1}(x, y)] = (-x \sin\omega + y \cos\omega)^2 \\
&= \psi_1(x, y) \sin^2\omega - \psi_2(x, y) \sin(2\omega) + \psi_3(x, y) \cos^2\omega.
\end{aligned}
$$

算符 $P_{R(\omega)}$ 在这个不变函数空间中的作用可用一个三维矩阵来描写:

$$
P_{R(\omega)}\psi_\mu(x, y) = \psi_\mu[R^{-1}(x, y)] = \sum_\nu \psi_\nu(x, y) D_{\nu\mu}(\omega),
$$

$$
D(\omega) = \begin{pmatrix}
\cos^2\omega & -\sin\omega \cos\omega & \sin^2\omega \\
\sin(2\omega) & \cos(2\omega) & -\sin(2\omega) \\
\sin^2\omega & \sin\omega \cos\omega & \cos^2\omega
\end{pmatrix}. \tag{2.23}
$$

$D(\omega)$ 不是实正交矩阵. 读者容易检验, 只要把基 $\psi_2(x,y)$ 换成 $\sqrt{2}xy$, P_R 的矩阵形式 $D(\omega)$ 就会变成实正交矩阵.

现在讨论线性算符 $L(x)$ 在变换 R 中的变换规律. 线性算符 $L(x)$ 代表系统状态的一种特定变换, 波函数描写系统的状态, 因而也跟着做相应的变换. 设 $L(x)$ 使系统从状态 A 变成状态 B, 表现在波函数上, $L(x)$ 作用在函数 $\psi_A(x)$ 上得到函数 $\psi_B(x)$:

$$\psi_B(x) = L(x)\psi_A(x).$$

在变换 R 后, 描述两状态的函数形式发生变化:

$$\psi_A(x) \xrightarrow{R} \psi'_A(x') = P_R\psi_A(x'),$$
$$\psi_B(x) \xrightarrow{R} \psi'_B(x') = P_R\psi_B(x').$$

联系此两确定状态的算符形式也必须跟着发生变化, 以确保它仍是这两特定状态之间的变换算符:

$$L(x) \xrightarrow{R} L'(x'), \quad \psi'_B(x') = L'(x')\psi'_A(x').$$

这里的自变量符号 x' 可用任何其他变量符号来代替, 也可以用 x 来代替,

$$L'(x)\left\{P_R\psi_A(x)\right\} = P_R\psi_B(x) = P_R\left\{L(x)\psi_A(x)\right\}.$$

因为 $\psi_A(x)$ 是任意函数, 所以

$$L'(x)P_R = P_RL(x), \quad L'(x) = P_RL(x)P_R^{-1}. \tag{2.24}$$

这个公式也可以做更直接的理解: 在 $L(x)$ 的右面有可能还有波函数, P_R^{-1} 的作用是抵消 P_R 对右面波函数的作用.

$$P_R\left[L(x)\psi(x)\right] = \left[P_RL(x)P_R^{-1}\right]\ \left[P_R\psi(x)\right] = L'(x)\psi'(x).$$

在式 (2.24) 中, P_R 是从左面乘, 形式上似乎与线性代数中算符的矩阵形式所做的相似变换 $D'(R) = S^{-1}D(R)S$ 不一样, 但实质是一致的, 因为在线性代数中矢量分量按 S^{-1} 变换:

$$\begin{aligned}
&\underline{b} = D(R)\underline{a}, &&\underline{a}' = S^{-1}\underline{a}, &&D'(R) = S^{-1}D(R)S,\\
&\psi_B(x) = L(x)\psi_A(x), &&\psi'_A(x) = P_R\psi_A(x), &&L'(x) = P_RL(x)P_R^{-1}.
\end{aligned} \tag{2.25}$$

量子力学中物理量用线性厄米算符来描写, 在变换中按式 (2.24) 变换. 系统哈密顿量 $H(x)$ 也应做此变换

$$H(x) \xrightarrow{R} P_RH(x)P_R^{-1}. \tag{2.26}$$

如果 R 是系统的对称变换, 则哈密顿量在变换中保持不变,

$$H(x) = P_R H(x) P_R^{-1}, \quad [H(x),\ P_R] = 0, \tag{2.27}$$

即对称变换算符 P_R 与哈密顿量 $H(x)$ 可以对易.

设能级 E 是 m 重简并, 有 m 个线性无关的本征函数:

$$H(x)\psi_\mu(x) = E\psi_\mu(x), \quad \mu = 1,\ 2,\ \cdots,\ m, \tag{2.28}$$

$\psi_\mu(x)$ 的所有复线性组合构成一个 m 维线性空间, 在这个空间中的所有函数都是能量为 E 的本征函数, $\psi_\mu(x)$ 是这个空间的一组函数基. 反之, 能量为 E 的本征函数都属此空间, 都可表为 $\psi_\mu(x)$ 的线性组合. 由式 (2.27) 得

$$H(x)\left[P_R\psi_\mu(x)\right] = P_R H(x)\psi_\mu(x) = E\left[P_R\psi_\mu(x)\right]. \tag{2.29}$$

哈密顿量的本征函数 $\psi_\mu(x)$ 经对称变换 P_R 作用后, 仍是哈密顿量同一能级的本征函数, 仍属此函数空间, 即此 m 维线性空间对 P_R 的作用保持不变, $P_R\psi_\mu(x)$ 可按函数基 $\psi_\nu(x)$ 展开. 把组合系数排成矩阵 $D(R)$, 它就是对称变换算符 P_R 在基 ψ_μ 中的矩阵形式

$$P_R\psi_\mu(x) = \sum_{\nu=1}^{m} \psi_\nu(x) D_{\nu\mu}(R). \tag{2.30}$$

矩阵 $D(R)$ 和算符 P_R 通过式 (2.30) 建立起一一对应或一多对应的关系. 可知它们的乘积也按同一规则对应, 因而矩阵 $D(R)$ 的集合构成群 $D(G)$, 它同构或同态于对称变换群 P_G 和 G:

$$D(G) \sim P_G \approx G. \tag{2.31}$$

$D(G)$ 是群 G 的一个 m 维线性表示, 它描写了哈密顿量本征函数在对称变换中的变换规律. 这是物理中应用线性表示理论的一个相当普遍的例子. **系统的对称变换群 G 同构于线性算符群 P_G, 而 P_G 作用在不变函数空间的基上, 得到群 G 的线性表示. 线性表示描写不变函数空间中函数的变换规律.** 为了用群论方法研究系统的对称性质, 首先要找到对称变换群的全部线性表示.

注意式 (2.18) 和式 (2.30) 的区别. 式 (2.18) 两边的函数宗量是不同的, 它代表变换前后的两个函数在函数值上的联系, 只要是标量函数都应满足式 (2.18) 的变换规则. 而式 (2.30) 两边的函数宗量是相同的, 它代表函数 $P_R\psi_\mu$ 按函数基 ψ_ν 的展开式, 这是函数之间的组合关系. 一般标量函数并不满足此关系, 只有当 ψ_μ 架设的函数空间对算符 P_G 不变时, 才有式 (2.30) 成立.

在量子力学中, 波函数的内积定义为

$$\langle\psi(x)|\phi(x)\rangle = \int \psi(x)^*\phi(x)\mathrm{d}x,$$

对转动、平移等空间变换, 由 x 到 $R^{-1}x$ 的雅可比 (Jacobi) 行列式为 1, 则

$$\langle P_R\psi(x)|P_R\phi(x)\rangle = \int \psi(R^{-1}x)^*\phi(R^{-1}x)\mathrm{d}x = \langle \psi(x)|\phi(x)\rangle. \tag{2.32}$$

因此, P_R 算符是幺正算符, 在 P_R 变换下厄米算符的厄米性保持不变. 如果取函数基 ψ_μ 是正交归一的, 则线性表示 $D(\mathrm{G})$ 就是幺正表示. 在实际物理问题中有一个重要的例外, 就是洛伦兹 (Lorentz) 变换算符 P_A 不是幺正算符. 这是因为内积定义式 (2.32) 中的坐标积分关于洛伦兹变换的雅可比行列式不为 1. 此时即使把函数基选成正交归一的, 洛伦兹群的线性表示也不是幺正表示.

2.3   等价表示和表示的幺正性

2.3.1   等价表示

在具体寻找群的所有线性表示之前, 先要把此问题作适当的简化. 表示是一个矩阵群, 它所作用的线性空间称为**表示空间**. 正则表示的表示空间就是群代数. 在给定的不变函数空间中, 线性变换群 P_G 作用在基 $\psi_\mu(x)$ 上, 得到一个线性表示. 这个线性函数空间就是表示空间, P_R 及其矩阵形式 $D(R)$ 描写此空间函数的变换性质.

表示空间中基的选择不是唯一的. 当基作线性组合时,

$$\phi_\mu(x) = \sum_\nu \psi_\nu(x)X_{\nu\mu}, \tag{2.33}$$

P_R 的矩阵形式做相似变换

$$P_R\psi_\mu(x) = \sum_\rho \psi_\rho(x)D_{\rho\mu}(R), \quad P_R\phi_\nu(x) = \sum_\lambda \phi_\lambda(x)\overline{D}_{\lambda\nu}(R),$$
$$\overline{D}(R) = X^{-1}D(R)X, \tag{2.34}$$

从而得到一个新的线性表示 $\overline{D}(\mathrm{G})$. 这两个表示的对应表示矩阵 $D(R)$ 和 $\overline{D}(R)$, **是同一个线性变换** P_R **在同一个表示空间中的矩阵形式, 只是因为函数基选择的不同, 使表现形式有所不同. 它们通过同一个相似变换** X **联系起来.** 这样两个表示称为**等价表示**. 从给定的表示, 任选非奇相似变换, 就可得到无穷多个内容上没有实质区别的等价表示.

定义 2.2   如果群 G 所有元素 R 在两个表示 $D(\mathrm{G})$ 和 $\overline{D}(\mathrm{G})$ 中的表示矩阵存在同一相似变换关系 (2.34), 这样两个表示称为等价 (equivalent) 表示, 记为 $D(\mathrm{G}) \simeq \overline{D}(\mathrm{G})$.

两个等价表示维数相等, 相似变换矩阵 X 也是同维的非奇矩阵, **与群元素无关**. 等价于同一表示的两表示互相等价. 等价表示没有实质性的区别. 寻找群 G 所有表示的问题简化为寻找群 G 所有不等价表示的问题.

如何判别两表示是否等价? 任意元素在两个等价表示中的特征标相等

$$\chi(R) = \text{Tr} \, D(R) = \text{Tr} \, \overline{D}(R) = \overline{\chi}(R). \tag{2.35}$$

以后将证明, **对有限群, 每个元素在两表示中的特征标对应相等, 是两表示等价的充要条件**. 由于特征标是数, 不是矩阵, 而且只是类的函数, 用特征标是否相等来检验两表示等价会比检验相似变换关系 (2.34) 要容易得多.

2.3.2 表示的幺正性

等价表示没有实质性的区别. 但在一系列等价的表示中, 选什么样的表示作为代表最为方便呢? 下面的定理就是回答这个问题的.

定理 2.1   有限群的线性表示等价于幺正表示, 而且两个等价的幺正表示一定可以通过幺正的相似变换相联系.

这个定理的证明并不难, 就是对有限群的任意一个给定表示, 如何找到一个相似变换, 把它化为幺正表示, 然后, 对两个等价的幺正表示, 如何找到幺正的相似变换把它们联系起来. 定理 2.1 的重点在于指出: **有限群的任何表示都存在等价的幺正表示, 而且等价的幺正表示之间, 都存在幺正的相似变换**. 这样, 今后对有限群, **就只需要讨论幺正表示和幺正的相似变换, 以简化计算.** 但是作为把表示幺正化的方法, 定理证明所给出的方法并不实用, 太繁了. 在实际物理问题里, 如果算符 P_R 是幺正的, 只要选取正交归一的 (函数) 基, 表示就是幺正的. 物理中重要的例外就是洛伦兹变换群, 它是连续群, P_R 算符不是幺正的. 以后会知道, 除恒等表示外, 洛伦兹变换群不存在有限维幺正表示.

因此, 这里省略了定理的证明, 只是强调在定理的证明过程中用到了有限群群函数对群元素求平均的概念, 而且这平均值对左乘或右乘群元素 S 保持不变:

$$\overline{F} = \frac{1}{g} \sum_{R \in G} F(R) = \frac{1}{g} \sum_{R \in G} F(SR) = \frac{1}{g} \sum_{R \in G} F(RS). \tag{2.36}$$

要把这个定理推广到连续群, **关键是要把对群元素求平均推广成对群元素的积分, 这样的积分必须收敛, 而且对左乘或右乘群元素 S 保持不变.**

如果原先的表示是实表示, 则定理 2.1 的全部证明都可在实数范围内进行. 这样, 定理 2.1 可改写成下面的推论.

推论   有限群实表示等价于实正交表示, 两个等价的实正交表示一定可以通过实正交相似变换相联系.

2.4　有限群的不等价不可约表示

本节是表示理论中最重要的一节. 在本节中, 先介绍不可约表示的概念及其基本性质, 然后研究有限群不等价不可约表示的重要性质.

2.4.1　不可约表示

定义 2.3　如果群 G 表示 $D(G)$ 的每一个表示矩阵 $D(R)$ 都能通过同一个相似变换 X　化成同一形式的阶梯矩阵:

$$X^{-1}D(R)X = \begin{pmatrix} D^{(1)}(R) & M(R) \\ 0 & D^{(2)}(R) \end{pmatrix}, \tag{2.37}$$

则此表示称为可约表示, 否则称为不可约表示 (irreducible). 容易证明, 式 (2.37) 中两个子矩阵 $D^{(1)}(R)$ 和 $D^{(2)}(R)$ 的集合分别构成群 G 的线性表示. 元素在可约表示中的特征标等于在子表示中的特征标之和

$$\chi(R) = \chi^{(1)}(R) + \chi^{(2)}(R). \tag{2.38}$$

可约表示的定义表明, 可约表示的表示空间存在着非平庸的不变子空间, "非平庸" 指此子空间不是零空间或全空间. 反之, 如果表示空间存在非平庸的不变子空间, 则可选择表示空间的基, 分别属于此不变子空间及其相补的子空间, 在此新基下, 每个表示矩阵 $D(R)$ 就取相同形式的阶梯矩阵. 因此, 表示可约性的一个等价的定义是, **在表示空间中存在非平庸不变子空间的表示称为可约表示, 否则是不可约表示.**

如果 $D(G)$ 的表示空间存在两个互补的不变子空间, 可在两个子空间中分别取一组基, 构成整个表示空间的一组完备基, 在这组基下, $D(R)$ 都取同一形式的方块矩阵

$$X^{-1}D(R)X = \begin{pmatrix} D^{(1)}(R) & 0 \\ 0 & D^{(2)}(R) \end{pmatrix} = D^{(1)}(R) \oplus D^{(2)}(R). \tag{2.39}$$

这表示称为**完全可约表示**, 表示的这种形式称为已约 (reduced) 表示. 有时, 表示空间虽存在非平庸的不变子空间, 但不管如何选择, 与它相补的子空间都不是不变的. 这样的表示仍是可约表示, 但称为不能完全约化的可约表示. 在实际物理问题中遇到的不能完全约化的可约表示的典型例子是平移群的如下表示. 一维空间平移变换 $T(a)$ 的集合构成一阶平移群 $\mathcal{T}$:

$$x \xrightarrow{T(a)} x' = x + a, \quad T(a)T(b) = T(a+b).$$

平移群是阿贝尔连续群, 存在如下二维不能完全约化的可约表示:

$$D(a) = \begin{pmatrix} 1 & a \\ 0 & 1 \end{pmatrix}, \quad D(a)D(b) = D(a+b). \tag{2.40}$$

对有限群, 表示 $D(G)$ 等价于幺正表示. 如果表示空间存在非平庸的不变子空间, 则幺正表示 $D(G)$ 的每一个表示矩阵 $D(R)$ 都可通过同一个幺正相似变换 X, 化为相同形式的幺正的阶梯矩阵 $\overline{D}(R)$, 如式 (2.37) 所示. 例如, 对幺正算符 P_R, 它在表示空间的矩阵形式是 $D(R)$, 若基是正交归一的, 则 $D(R)$ 是幺正的. 若选表示空间的一组新的正交归一基, 它们分属于此不变子空间及其补空间, 则相似变换是幺正的, 变换后的阶梯矩阵 $\overline{D}(R)$ 也是幺正的. 既然 $\overline{D}(R)$ 是幺正的, 它的列矩阵是互相正交归一的, $D^{(1)}(R)$ 就是幺正矩阵. 同时, $\overline{D}(R)$ 和 $D^{(1)}(R)$ 的行矩阵也分别是正交归一的, 因而 $M(R)$ 只能是零矩阵. 这就是说, **有限群的可约表示一定是完全可约的.**

对有限群, 表示 $D(G)$ 的性质完全由两个子表示的性质表达出来. 反过来说, 把若干个不可约表示直和起来, 就构成一个已完全约化的可约表示. 这样的可约表示没有给出任何新的性质: 它的表示空间是若干个不可约表示的表示空间的直和, 空间中的矢量可唯一地分解为分属各子空间的矢量之和, 分别按各不可约表示变换. 因此, 寻找群所有不等价表示的问题进一步简化为寻找群的所有不等价不可约表示的问题.

群论的基本任务就是如何判别表示的等价性和不可约性, 找出给定群的所有不等价不可约表示, 以及如何把可约表示约化为不可约表示的直和.

2.4.2 舒尔定理

舒尔 (Schur) 定理是群表示理论中最基本的定理, 它适用于所有的群, 揭示出群的不等价不可约表示的基本特征.

定理 2.2 (舒尔定理二) 设 $D^{(1)}(G)$ 和 $D^{(2)}(G)$ 是群 G 的两个不等价不可约表示, 维数分别为 m_1 和 m_2, X 是一个 $m_1 \times m_2$ 矩阵, 如果对每一个元素 R 都满足

$$D^{(1)}(R)X = XD^{(2)}(R), \quad \sum_{\rho} D^{(1)}_{\nu\rho}(R)X_{\rho\mu} = \sum_{\rho} X_{\nu\rho}D^{(2)}_{\rho\mu}(R), \tag{2.41}$$

则 $X = 0$.

证明 不可约表示的表示空间不存在非平庸的不变子空间. 如果在表示空间中找到低于表示维数的不变子空间, 它必是零空间. 下面对不同情况证明 X 矩阵的列 (或行) 矩阵构成的空间是零空间.

(1) $m_1 > m_2$. 把 X 矩阵各列看成列矩阵, 有 m_2 个列矩阵, $(X_{\cdot\mu})_\lambda = X_{\lambda\mu}$, 而式 (2.41) 可看成 $D^{(1)}(R)$ 作用在这些列矩阵上, 得到列矩阵的线性组合:

$$D^{(1)}(R)\underline{X_{\cdot\mu}} = \sum_\rho \underline{X_{\cdot\rho}}D^{(2)}(R)_{\rho\mu}, \qquad (2.42)$$

即 m_2 个列矩阵 $\underline{X_{\cdot\mu}}$ 架设了关于 $D^{(1)}(G)$ 不变的子空间, 维数不高于 m_2, 因而它必为零空间.

(2) $m_1 = m_2$. 若 $\det X \neq 0$, 则存在逆矩阵 X^{-1}, 式 (2.41) 表明两表示等价, 与假设矛盾. 若 $\det X = 0$, 则 X 的列矩阵线性相关, 它只能架设起维数低于 m_1 的子空间. 而式 (2.41) 又说明这子空间对 $D^{(1)}(G)$ 保持不变, 因而只能是零空间.

(3) $m_1 < m_2$. 把式 (2.41) 取转置, $D^{(2)}(R)^T X^T = X^T D^{(1)}(R)^T$. 用反证法. 如果 $X^T \neq 0$, 则上述证明表明 $D^{(2)}(R)^T$ 作用的空间存在不变子空间, 取此子空间及其相补子空间的基作为新的基, 把 $D^{(2)}(R)^T$ 化为

$$Y^{-1}D^{(2)}(R)^T Y = \begin{pmatrix} D_1(R) & M(R) \\ 0 & D_2(R) \end{pmatrix},$$

此式取转置, 说明 $D^{(2)}(G)$ 的表示空间存在不变子空间, 与假设矛盾. 证完.

推论 1(舒尔定理一)　　与不可约表示 $D(G)$ 的所有表示矩阵 $D(R)$ 对易的矩阵必为常数矩阵, 即若 $D(R)X = XD(R)$, 则 $X = \lambda\mathbf{1}$, λ 为常数.

证明　　取 X 的任一本征值 λ, 令 $Y = X - \lambda\mathbf{1}$, 则 $\det Y = 0$, 且 $D(R)Y = YD(R)$, 按定理 2.2 情况 (2) 的证明方法, 可得 $Y = 0$, 即 $X = \lambda\mathbf{1}$. 证完.

有限群的可约表示一定是完全可约的, 因而可找到非常数矩阵与所有表示矩阵对易, 故有下面推论.

推论 2　　有限群表示不可约的充要条件是不可能找到非常数矩阵与所有表示矩阵对易.

2.4.3　正交关系

群 G 表示 $D(G)$ 的每一个表示矩阵元素 $D_{\mu\nu}(R)$ 都是群 G 的一个群函数, 把群函数 $D_{\mu\nu}(G)$ 排列成 $g \times 1$ 列矩阵, 对应群空间中以群元素为基的一个矢量. 这里讨论有限群群空间中这些矢量间的正交关系. 群空间两函数 $F_1(G)$ 和 $F_2(G)$ 的内积, 即群空间两矢量的点乘定义为

$$\sum_{R \in G} F_1(R)^* F_2(R),$$

内积为零就是两矢量正交, 同一矢量的点乘称为矢量模的平方.

定理 2.3 有限群 G 的不等价不可约幺正表示 $D^i(G)$ 和 $D^j(G)$ 的矩阵元素, 作为群空间矢量, 满足正交关系:

$$\sum_{R\in G} D^i_{\mu\rho}(R)^* D^j_{\nu\lambda}(R) = \frac{g}{m_j}\delta_{ij}\delta_{\mu\nu}\delta_{\rho\lambda}, \tag{2.43}$$

其中, g 是群 G 的阶, m_j 是表示 D^j 的维数, 当 $i = j$ 时, $D^i(R) = D^j(R)$.

证明 取 $m_i \times m_j$ 矩阵 $Y(\mu\nu)$, 它只有第 μ 行第 ν 列元素不为零,

$$Y(\mu\nu)_{\rho\lambda} = \delta_{\mu\rho}\delta_{\nu\lambda}.$$

再定义 $m_i \times m_j$ 矩阵 $X(\mu\nu)$:

$$X(\mu\nu) = \sum_{R\in G} D^i(R)^{-1} Y(\mu\nu) D^j(R),$$

$$X(\mu\nu)_{\rho\lambda} = \sum_{R\in G} D^i_{\mu\rho}(R)^* D^j_{\nu\lambda}(R). \tag{2.44}$$

$X(\mu\nu)_{\rho\lambda}$ 正好等于式 (2.43) 的左边. 另一方面, $X(\mu\nu)$ 满足

$$X(\mu\nu)D^j(S) = \sum_{R\in G} D^i(S)D^i(RS)^{-1} Y(\mu\nu) D^j(RS) = D^i(S)X(\mu\nu).$$

这里用到群函数关于群元素求和对右乘群元素保持不变的性质.

当 $i \neq j$ 时, 由定理 2.2, $X(\mu\nu) = 0$. 当 $i = j$ 时, 由定理 2.2 的推论 1, $X(\mu\nu)_{\rho\lambda} = C(\mu\nu)\delta_{\rho\lambda}$, $C(\mu\nu)$ 是依赖于 $Y(\mu\nu)$ 的常数. 代入式 (2.44), 两边取 $i = j$, $\rho = \lambda$, 并对 λ 求和,

$$m_j C(\mu\nu) = \sum_{R\in G}\sum_{\lambda} D^j_{\lambda\mu}(R^{-1})D^j_{\nu\lambda}(R) = \sum_{R\in G} D^j_{\nu\mu}(RR^{-1}) = g\delta_{\mu\nu}.$$

由此得式 (2.43). 证完.

定理 2.3 指出, 有限群 G 不等价不可约幺正表示的矩阵元素, 作为群空间的矢量互相正交. 表示做相似变换时, 矩阵元素作线性组合. 因此, 这里的幺正性条件可以去掉, 只要群 G 的两表示是不等价不可约的, 它们的矩阵元素对应的矢量就是互相正交的. 定理 2.3 还指出, 有限群 G 同一不可约幺正表示的 m_j^2 个矩阵元素作为群空间的矢量也互相正交, 且它们的模平方都等于 g/m_j. 这后一个性质必须限制不可约表示是幺正的, 否则相似变换引起的矩阵元素间的线性组合会破坏对应群空间矢量的正交性. **要把这一定理推广到无限群去, 关键要解决群函数无穷求和的问题.**

正交的矢量必线性无关, 有限群群空间最多有 g 个线性无关的矢量. 现在群 G 每个不等价不可约表示提供 m_j^2 个线性无关的矢量, 这就限制了有限群不等价不可约表示的个数.

推论 1　有限群不等价不可约表示维数平方和不大于群的阶数, 即

$$\sum_j m_j^2 \leqslant g. \tag{2.45}$$

在式 (2.43) 中取 $\mu = \rho$, $\nu = \lambda$, 并对 μ 和 ν 求和, 得

$$\sum_{R \in G} \chi^i(R)^* \chi^j(R) = g\delta_{ij}. \tag{2.46}$$

推论 2　有限群不等价不可约表示的特征标, 作为群空间的矢量互相正交.

同类元素的特征标相同. 特征标实际是类的函数. 类似群空间, 可以建立类空间, 不等价不可约表示的特征标提供了类空间线性无关的矢量. 设群 G 有 g_c 个类, 第 α 个类 $\mathcal{C}_\alpha$ 包含 $n(\alpha)$ 个元素. 如果 $R \in \mathcal{C}_\alpha$, 则 $\chi^j(R)$ 可记为 χ^j_α. 将不可约表示的特征标 χ^j_α 乘上因子 $[n(\alpha)/g]^{1/2}$, 看成类空间的矢量, 式 (2.46) 说明这些矢量是正交归一的:

$$\sum_{\alpha=1}^{g_c} [n(\alpha)/g]^{1/2} \chi^{i*}_\alpha [n(\alpha)/g]^{1/2} \chi^j_\alpha = \frac{1}{g} \sum_{\alpha=1}^{g_c} n(\alpha) \chi^{i*}_\alpha \chi^j_\alpha = \delta_{ij}. \tag{2.47}$$

推论 3　有限群不等价不可约表示的个数不能大于群的类数, 即

$$\sum_j 1 \leqslant g_c. \tag{2.48}$$

设 $D(G)$ 是群 G 的一个可约表示, 它可以约化为若干个不可约表示 $D^j(G)$ 的直和:

$$X^{-1}D(R)X = \bigoplus_j a_j D^j(R), \quad \chi(R) = \sum_j a_j \chi^j(R), \tag{2.49}$$

其中, $\chi(R)$ 是元素 R 在表示 $D(G)$ 中的特征标. a_j 称为不可约表示 $D^j(G)$ 在表示 $D(G)$ 中的重数. 式 (2.49) 两边乘 $\chi^i(R)^*/g$ 并对 R 求和, 得

$$a_i = \frac{1}{g} \sum_{R \in G} \chi^i(R)^* \chi(R). \tag{2.50}$$

如果找到了群 G 所有不等价不可约表示, 由表示 $D(G)$ 的特征标就可以完全确定在表示 $D(G)$ 中各不可约表示 $D^j(G)$ 的重数 a_j. 如果两个表示约化时各不可约表示的重数 a_j 对应相等, 则两表示等价. 由式 (2.46) 和式 (2.49) 有

$$\sum_{R \in G} |\chi(R)|^2 = g \sum_j a_j^2 \geqslant g. \tag{2.51}$$

当式 (2.49) 中的表示 $D(G)$ 是不可约表示 $D^i(G)$ 时, 得 $a_j = \delta_{ij}$, 此时式 (2.51) 变成等号.

推论 4 有限群两表示等价的充要条件是每个元素在两表示中的特征标对应相等.

推论 5 有限群表示为不可约表示的充要条件是

$$\sum_{R \in G} |\chi(R)|^2 = g. \tag{2.52}$$

2.4.4 表示的完备性

定理 2.3 的推论 1 和推论 3 只给出有限群不等价不可约表示个数和维数的一个上限, 现在来证明那里出现的不等号实际是等号. 证明中用到每个有限群都有正则表示. 根据正则表示的特征标 (2.8) 可以计算在正则表示约化中各不可约表示的重数,

$$a_j = \frac{1}{g} \sum_{R \in G} \chi^j(R)^* \chi(R) = \chi^j(E)^* = m_j, \tag{2.53}$$

即在正则表示的约化中各不可约表示出现的次数等于该表示的维数:

$$X^{-1} D(R) X = \bigoplus_j m_j D^j(R). \tag{2.54}$$

取 R 为恒元, 并把式 (2.54) 取迹, 得

$$g = \chi(E) = \sum_j m_j^2. \tag{2.55}$$

定理 2.4 有限群不等价不可约表示维数平方和等于群的阶数.

推论 1 有限群不等价不可约幺正表示的矩阵元素 $D_{\mu\nu}^j(G)$, 作为群空间的矢量, 构成群空间的正交完备基. 任何群函数 $F(G)$ 都可按它们展开:

$$\begin{aligned} F(R) &= \sum_{j\mu\nu} C_{\mu\nu}^j D_{\mu\nu}^j(R), \\ C_{\mu\nu}^j(R) &= \frac{m_j}{g} \sum_{R \in G} D_{\mu\nu}^j(R)^* F(R). \end{aligned} \tag{2.56}$$

类函数是一种特殊的群函数, 对应同类元素它有相同的函数值. 表示的特征标就是类函数. 把任何类函数先按 $D_{\mu\nu}^j(G)$ 展开:

$$F(R) = F(SRS^{-1}) = \frac{1}{g} \sum_{S \in G} F(SRS^{-1})$$

$$= \sum_{j\mu\nu} \frac{C_{\mu\nu}^j}{g} \sum_{S \in G} \sum_{\rho\lambda} D_{\mu\rho}^j(S) D_{\rho\lambda}^j(R) D_{\nu\lambda}^j(S)^*$$

$$= \sum_j \left(\frac{1}{m_j} \sum_\mu C_{\mu\mu}^j \right) \chi^j(R).$$

既然任何类函数都可以按不等价不可约表示的特征标展开, 可见这些特征标构成类空间的完备基.

推论 2   有限群不等价不可约表示的特征标 $\chi^j(G)$ 构成类空间的正交完备基, 任何类函数都可按它们展开:

$$F(R) = F(SRS^{-1}) = \sum_j C_j \chi^j(R),$$

$$C_j = \frac{1}{g} \sum_{R \in G} \chi^j(R)^* F(R). \tag{2.57}$$

推论 3   有限群不等价不可约表示的个数等于群的类数,

$$\sum_j 1 = g_c. \tag{2.58}$$

把群空间的正交基 $D_{\mu\nu}^j(G)$ 和类空间的正交基 χ_α^j 归一化, 就可得正交归一基, 并用矩阵形式表出:

$$U_{R,j\mu\nu} \equiv \left(\frac{m_j}{g} \right)^{1/2} D_{\mu\nu}^j(R), \quad V_{\alpha,j} \equiv \left[\frac{n(\alpha)}{g} \right]^{1/2} \chi_\alpha^j. \tag{2.59}$$

虽然行列指标比较复杂, 但根据它们可能的取值范围可知, U 是 $g \times g$ 矩阵, V 是 $g_c \times g_c$ 矩阵, 而且等式 (2.43) 和式 (2.47) 正说明它们的列矩阵互相正交归一, 即它们都是幺正矩阵. 写出它们的行矩阵正交归一的关系式

$$\sum_{j\mu\nu} \left(\frac{m_j}{g} \right)^{1/2} D_{\mu\nu}^j(R) \left(\frac{m_j}{g} \right)^{1/2} D_{\mu\nu}^j(S)^*$$

$$= \frac{1}{g} \sum_{j\mu\nu} m(j) D_{\mu\nu}^j(R) D_{\mu\nu}^j(S)^* = \delta_{RS},$$

$$\sum_j \left[\frac{n(\alpha)}{g} \right]^{1/2} \chi_\alpha^j \left[\frac{n(\beta)}{g} \right]^{1/2} \chi_\beta^{j*} = \frac{n(\alpha)}{g} \sum_j \chi_\alpha^j \chi_\beta^{j*} = \delta_{\alpha\beta}. \tag{2.60}$$

这两个公式是群空间的正交基 $D_{\mu\nu}^j(G)$ 和类空间的正交基 χ_α^j 完备性的数学表述. 希望读者熟悉这种指标比较复杂的基的正交性和完备性的数学表述. 这类表述在理论物理中经常遇到.

2.4.5 有限群不可约表示的特征标表

　　群论的主要任务就是对于物理中常见的对称变换群, 寻找它们的所有不等价不可约表示, 并研究可约表示的约化方法. 对有限群, 首先要找它们的所有不等价不可约表示的特征标, 把特征标列成表, 称为有限群的**特征标表**. 然后再选择适当的表象, 找出不可约表示的表示矩阵. 既然群元素都可以表为生成元的乘积, 找出生成元的表示矩阵也就够了. 表象的选择以使用方便为准, 常用的选择原则是**使尽可能多生成元的表示矩阵是对角化的**. 这样的表示常称为不可约表示的标准形式. **对一个非阿贝尔群, 至少在真实表示中, 生成元表示矩阵不可能都是对角化的**.

　　一个有限群 G 的所有不等价不可约表示中, 既有真实表示, 也有非真实表示. 非真实表示同构于群 G 的商群, 而商群的阶数比群 G 的阶数要低, 因而它的不等价不可约表示比较好找. 掌握阶数较低群的所有不等价不可约表示, 有利于研究阶数较高群的不可约表示. 因此找出有限群的所有不变子群及其商群是分析一个有限群的重要步骤.

　　有限群不可约表示的特征标必须满足四个等式, 式 (2.55) 和式 (2.58) 限制该群不等价不可约表示的个数和维数, 式 (2.47) 和式 (2.60) 分别描写特征标表中各行和各列之间的正交归一性. 它们对计算有限群不可约表示的特征标起重要作用. 但是它们只是必要条件, 不是充分条件. 在填写给定群的特征标表时还应注意分析该群本身的结构特点.

　　容易证明, 将一不可约表示的所有表示矩阵都取其复共轭矩阵, 它们的集合也构成原群的不可约表示, 称为原表示的**复共轭表示**. 互为复共轭的表示, 它们的特征标互为复共轭. 如果互为复共轭的两不可约表示互相等价, 则称为**自共轭表示**. 对有限群, 自共轭表示的充要条件是特征标必为实数. 群 G 的两个不可约表示直乘仍是它的一个表示, 特别是**当其中有一个表示是一维表示时, 这样的直乘表示仍是不可约的**. 用这些方法有助于根据已有不可约表示寻找新的不可约表示.

　　应该指出, 寻找物理中常见对称群的所有不等价不可约表示和计算直乘表示的约化问题, 都已经解决, 而且都可以在有关书中查到, 物理工作者的主要任务是把它们应用到具体物理问题中去. 实际问题是多种多样的, 要能灵活运用数学家的计算结果, 理解数学家计算的基本思想也是十分重要的. 下面就一些比较简单的群, 介绍不可约表示特征标表和表示矩阵的一些计算方法, 希望让读者对群表示理论建立起一些直观的概念.

　　N 阶循环群 C_N 的标准形式是

$$C_N = \{E,\ R,\ R^2,\ \cdots,\ R^{N-1}\}, \quad R^N = E. \tag{2.61}$$

循环群是阿贝尔群, 群的阶数等于类数, 因而循环群 C_N 的不可约表示都是一维的,

共有 N 个不等价的一维表示. 表示矩阵必须满足群元素的乘积关系, $D^j(R)^N = D^j(E) = 1$, 解得

$$D^j(R) = \exp\{-\mathrm{i}2\pi j/N\}, \quad 0 \leqslant j \leqslant (N-1). \tag{2.62}$$

对更复杂的点群, 在点群特征标表中, 各类通常用类中一个代表元素表出. 类中包含的元素数目超过 1 时, 元素数目作为系数写在元素符号的前面. 通常用符号 C_N 描写循环群, 而用符号 C_N 描写它的生成元. 在写元素符号时, 绕 z 轴方向的转动用不带撇的符号, 绕其他方向的高次转动用带一撇的符号, 绕 x 方向的二次转动用带一撇的符号, 绕其他方向的二次转动用带两撇的符号.

D_2 群和四阶反演群 V_4 同构, 乘法表由表 1.4 给出, 其中恒元和另一元素的集合都构成不变子群, 按它们商群的表示可算出特征标表, 列于表 2.1. 请注意 D_2 群和 C_4 群特征标表的不同, 虽然它们都满足特征标的四个必要条件.

表 2.1　D_2 群的特征标表

D_2	E	C_2	C_2'	C_2''
A_1	1	1	1	1
A_2	1	1	-1	-1
B_1	1	-1	1	-1
B_2	1	-1	-1	1

D_3 群是最简单的非阿贝尔群, 包含六个元素, 恒元 E 构成一类, 两个三次转动 T 和 T^2 构成一类, 三个二次转动 S_1, S_2 和 S_3 构成一类, 共三个类, 都是自逆类, 乘法表如表 1.5 所示. 三次转动的类表为 $2C_3$, 二次转动的类表为 $3C_2'$. 因为 $1^2 + 1^2 + 2^2 = 6$, 所以 D_3 群有两个一维和一个二维不等价不可约表示. 不变子群 $\{E, T, T^2\}$ 的商群同构于 C_2 群, 由此得 D_3 群的两个一维不等价表示, 记为 D^A 和 D^B. 二维不可约表示记为 D^E, 它的特征标可用多种方法计算. D_3 群的特征标表见表 2.2. 由式 (2.60) 可算出 $\chi^E(C_2') = 0$, 再由式 (2.47) 算得 $\chi^E(C_3) = -1$. $\chi^E(C_2')$ 等于零也可由下面分析得到: 如果 $\chi^E(C_2')$ 不等于零, 则 $D^B \otimes D^E$ 就是与 D^E 不等价的二维不可约表示, 与上面结论矛盾. 把 D_3 群元素看成二维空间的转动或反演, 按照式 (2.22), 用坐标变换的方法写出的元素变换矩阵, 就得到 D_3 群的一组二维不可约表示, 其中只有一个生成元 S_1 的表示矩阵是对角化的:

$$E = \begin{pmatrix} 1 & 0 \\ 0 & 1 \end{pmatrix}, \quad T = \frac{1}{2}\begin{pmatrix} -1 & -\sqrt{3} \\ \sqrt{3} & -1 \end{pmatrix}, \quad T^2 = \frac{1}{2}\begin{pmatrix} -1 & \sqrt{3} \\ -\sqrt{3} & -1 \end{pmatrix},$$

$$S_1 = \begin{pmatrix} 1 & 0 \\ 0 & -1 \end{pmatrix}, \quad S_2 = \frac{1}{2}\begin{pmatrix} -1 & \sqrt{3} \\ \sqrt{3} & 1 \end{pmatrix}, \quad S_3 = \frac{1}{2}\begin{pmatrix} -1 & -\sqrt{3} \\ -\sqrt{3} & 1 \end{pmatrix}.$$

$$\tag{2.63}$$

表 2.2　D_3 群的特征标表

D_3	E	$2C_3$	$3C_2'$
A	1	1	1
B	1	1	-1
E	2	-1	0

C_{2n+1} 群和 C_{2n+2} 群各有 $2n$ 个非自逆类, 也各有 $2n$ 个不等价不可约的非自共轭表示. D_2 群和 D_3 群所有类都是自逆类, 所有不可约表示都是实表示. 一般说来 (习题第 8 题), **有限群包含的自逆类的个数等于它的不等价不可约的自共轭表示的个数.**

2.4.6　自共轭表示和实表示

表示矩阵都是实矩阵的表示称为实表示. 既然等价表示的本质是一样的, 可以把实表示的定义扩充, **等价于实表示的表示也称为实表示.** 实表示当然是自共轭表示. 自共轭表示虽然与其复共轭表示等价, 但不一定存在相似变换使所有表示矩阵都变成实矩阵, 因而不一定是实表示. 非自共轭表示很容易区别. 定理 2.5 给出判别自共轭表示是不是实表示的方法, 证明从略.

定理 2.5　有限群幺正的不可约自共轭表示与其复共轭表示间的相似变换矩阵, 对实表示是对称的, 对非实表示是反对称的.

2.5　分导表示、诱导表示及其应用

2.5.1　分导表示和诱导表示

设群 G 的阶为 g, 它的类 $\mathcal{C}_\alpha$ 中包含 $n(\alpha)$ 个元素, 它的不可约表示记为 $D^j(G)$, 维数为 m_j, 类 $\mathcal{C}_\alpha$ 中元素 S 在此表示的特征标记为 $\chi^j(S)$ 或 χ_α^j. 又设 H= $\{T_1 = E, T_2, \cdots, T_h\}$ 是群 G 的子群, 阶为 h, 指数为 $n = g/h$, 左陪集记为 R_rH, $2 \leqslant r \leqslant n$. 补上 $R_1 = E$, 则群 G 任意元素可表为 $R_r T_t$. 虽然 R_r 的选取不是唯一的, 但假定 R_r 已经选定了. 子群 H 的类 $\overline{\mathcal{C}}_\beta$ 中包含 $\overline{n}(\beta)$ 个元素, H 的不可约表示记为 $\overline{D}^k(H)$, 维数为 $\overline{m}_k$, 类 $\overline{\mathcal{C}}_\beta$ 中元素 T_t 在此表示的特征标记为 $\overline{\chi}^k(T_t)$ 或 $\overline{\chi}_\beta^k$.

把群 G 不可约表示 $D^j(G)$ 中与子群 H 元素有关的表示矩阵 $D^j(T_t)$ 挑出来, 构成子群 H 的一个表示, 称为**群 G 的不可约表示 $D^j(G)$ 关于子群 H 的分导** (subduced) **表示**, 记为 $D^j(H)$. 分导表示一般是可约表示, 可按子群的不可约表示 $\overline{D}^k(H)$ 分解:

$$X^{-1}D^j(T_t)X = \bigoplus_k a_{jk}\overline{D}^k(T_t), \quad m_j = \sum_k a_{jk}\overline{m}_k,$$

$$a_{jk} = \frac{1}{h} \sum_{T_t \in \mathrm{H}} \chi^j(T_t)^* \overline{\chi}^k(T_t) = \frac{1}{h} \sum_{\beta} \overline{n}(\beta) \left(\chi^j_\beta \right)^* \overline{\chi}^k_\beta. \tag{2.64}$$

仍采用上面的符号. 设 $\overline{D}^k(\mathrm{H})$ 表示空间的基为 ψ_μ,

$$T_t \psi_\mu = \sum_\nu \psi_\nu \overline{D}^k_{\nu\mu}(T_t).$$

定义 $\psi_{r\mu} = R_r \psi_\mu$, 其中 $\psi_{1\mu} = \psi_\mu$. 由 $n\overline{m}_k$ 个基 $\psi_{r\mu}$ 架设的空间对群 G 保持不变, 对应群 G 的一个 $n\overline{m}_k$ 维表示 $\Delta^k(\mathrm{G})$. 表示矩阵可以用下面的方法计算. 对群 G 任意元素 S, 逐个取 r, 计算 $SR_r = R_u T_t$, 其中 u 和 t **完全由** S **和** r **决定**.

$$S\psi_{r\mu} = SR_r \psi_\mu = R_u T_t \psi_\mu = \sum_\nu \psi_{u\nu} \overline{D}^k_{\nu\mu}(T_t) \equiv \sum_\nu \psi_{u\nu} \Delta^k_{u\nu, r\mu}(S),$$

得

$$\Delta^k_{u\nu, r\mu}(S) = \overline{D}^k_{\nu\mu}(T_t), \quad \chi^k(S) = \mathrm{Tr}\, \Delta^k(S). \tag{2.65}$$

这表示 $\Delta^k(\mathrm{G})$ 称为**子群 H 的不可约表示 $\overline{D}^k(\mathrm{H})$ 关于群 G 的诱导表示**. 诱导 (induced) 表示一般是可约表示, 可按群 G 的不可约表示 $D^j(\mathrm{G})$ 分解:

$$Y^{-1} \Delta^k(S) Y = \bigoplus_j b_{jk} D^j(S), \quad (g/h)\overline{m}_k = \sum_j b_{jk} m_j$$

$$b_{jk} = \frac{1}{g} \sum_{S \in \mathrm{G}} \chi^j(S)^* \chi^k(S) = \frac{1}{g} \sum_\alpha n(\alpha) \left(\chi^j_\alpha \right)^* \chi^k_\alpha, \tag{2.66}$$

其中, 属类 $\mathcal{C}_\alpha$ 的元素 S 在表示 $\Delta^k(\mathrm{G})$ 中的特征标为 $\chi^k(S) = \chi^k_\alpha$.

定理 2.6(费罗贝尼乌斯 (Frobenius) 定理)　有限群 G 不可约表示 $D^j(\mathrm{G})$ 关于子群 H 的分导表示中包含子群 H 不可约表示 $\overline{D}^k(\mathrm{H})$ 的重数 a_{jk}, 等于子群 H 不可约表示 $\overline{D}^k(\mathrm{H})$ 关于原群 G 的诱导表示中包含群 G 不可约表示 $D^j(\mathrm{G})$ 的重数 b_{jk}, $a_{jk} = b_{jk}$.

2.5.2　D_{2n+1} 群的不可约表示

D_{2n+1} 群包含一个 $2n+1$ 次轴, 称为主轴, 生成元记为 C_{2n+1}. C_{2n+1} 生成的循环子群 C_{2n+1} 是 D_{2n+1} 群的一个指数为 2 的不变子群. 垂直主轴的平面内均匀分布着 $2n+1$ 个等价的二次轴, 构成不变子群 C_{2n+1} 的陪集, 代表元素记为 C_2'. D_{2n+1} 群的生成元可取为 C_{2n+1} 和 C_2'. D_{2n+1} 群包含 $g = 4n+2$ 个元素, $g_c = n+2$ 个自逆类 (见式 (1.33)), 由式 (2.55) 和式 (2.58) 知, D_{2n+1} 群有两个一维和 n 个二维不等价不可约表示, 所有不可约表示都是自共轭表示.

D_{2n+1} 群的两个一维不等价表示是不变子群 C_{2n+1} 的商群表示: D^A 是恒等表示, 所有元素都对应 1; D^B 称为反对称表示, $D^B(C_{2n+1}) = 1$, $D^B(C_2') = -1$.

不变子群 C_{2n+1} 是阿贝尔群, 有 $2n+1$ 个不等价的一维表示, 基分别记为 ψ^j,

$$C_{2n+1}\psi^j = \mathrm{e}^{-\mathrm{i}2j\pi/(2n+1)}\psi^j, \quad 0 \leqslant j \leqslant 2n.$$

研究这些表示关于 D_{2n+1} 群的诱导表示. 扩充表示空间, 定义另一组基 $\phi^j = C_2'\psi^j$. 利用公式 $C_{2n+1}C_2' = C_2'C_{2n+1}^{-1}$, 有

$$C_2'\psi^j = \phi^j, \quad C_2'\phi^j = \psi^j, \quad C_{2n+1}\phi^j = \mathrm{e}^{\mathrm{i}2j\pi/(2n+1)}\phi^j.$$

由此得 D_{2n+1} 群的二维表示, 记为 D^{E_j}:

$$D^{E_j}(C_{2n+1}) = \begin{pmatrix} \mathrm{e}^{-\mathrm{i}2j\pi/(2n+1)} & 0 \\ 0 & \mathrm{e}^{\mathrm{i}2j\pi/(2n+1)} \end{pmatrix}, \quad D^{E_j}(C_2') = \begin{pmatrix} 0 & 1 \\ 1 & 0 \end{pmatrix},$$
$$\chi^j(C_{2n+1}^m) = 2\cos\left[2jm\pi/(2n+1)\right], \quad \chi^j(C_2') = 0.$$

$$(2.67)$$

很明显, 其中有些表示是等价的, 有些表示是可约的.

$$\sigma_1^{-1}D^{E_{2n+1-j}}(R)\sigma_1 = D^{E_j}(R), \quad \sigma_1 = \begin{pmatrix} 0 & 1 \\ 1 & 0 \end{pmatrix},$$
$$X^{-1}D^{E_0}(R)X = \begin{pmatrix} D^A(R) & 0 \\ 0 & D^B(R) \end{pmatrix}, \quad X = \frac{1}{2}\begin{pmatrix} 1 & -\mathrm{i} \\ 1 & \mathrm{i} \end{pmatrix}.$$

$$(2.68)$$

就是说, 只有 n 个表示 D^{E_j}, $1 \leqslant j \leqslant n$ 是 D_{2n+1} 群的二维不等价不可约表示. 这些二维表示可通过相似变换 X 表为另一种常用形式

$$\overline{D}^{E_j}(C_{2n+1}) = \begin{pmatrix} \cos\left(\dfrac{2j\pi}{2n+1}\right) & -\sin\left(\dfrac{2j\pi}{2n+1}\right) \\ \sin\left(\dfrac{2j\pi}{2n+1}\right) & \cos\left(\dfrac{2j\pi}{2n+1}\right) \end{pmatrix}, \quad \overline{D}^{E_j}(C_2') = \begin{pmatrix} 1 & 0 \\ 0 & -1 \end{pmatrix}.$$

$$(2.69)$$

对 D_3 群, 式 (2.69) 和式 (2.63) 相符.

2.5.3 D_{2n} 群的不可约表示

D_{2n} 群包含一个 $2n$ 次轴, 称为主轴, 生成元记为 C_{2n}, C_{2n} 生成的循环子群 C_{2n} 是 D_{2n} 群的一个指数为 2 的不变子群. C_{2n}^2 生成的循环子群 C_n 是 D_{2n} 群的一个指数为 4 的不变子群, 商群同构于 D_2 群. 垂直主轴的平面内均匀分布有 $2n$ 个二次轴, 分成两组, 分别互相等价, 构成两个类, 代表元素为 C_2' 和 $C_2'' = C_{2n}C_2'$. D_{2n} 群的生成元可取为 C_{2n} 和 C_2'. D_{2n} 群的阶 $g = 4n$, 类数 $g_c = n+3$, 所有的类都是自逆类 (见式 (1.34)). 由式 (2.55) 和式 (2.58) 知, D_{2n} 群有四个一维和 $n-1$ 个二维不等价不可约表示, 所有不可约表示都是自共轭表示.

D_{2n} 群的四个一维不等价表示是不变子群 C_n 的商群表示:

$$
\begin{aligned}
D^{A_1}(C_{2n}) = D^{A_2}(C_{2n}) = 1, & \qquad D^{A_1}(C_2') = -D^{A_2}(C_2') = 1, \\
D^{B_1}(C_{2n}) = D^{B_2}(C_{2n}) = -1, & \qquad D^{B_1}(C_2') = -D^{B_2}(C_2') = 1.
\end{aligned}
\tag{2.70}
$$

不变子群 C_{2n} 是阿贝尔群, 有 $2n$ 个不等价的一维表示, 基分别记为 ψ^j,

$$
C_{2n}\psi^j = \mathrm{e}^{-\mathrm{i}j\pi/n}\psi^j, \quad 0 \leqslant j \leqslant 2n - 1.
$$

研究这些表示关于 D_{2n} 群的诱导表示. 扩充表示空间, 定义另一组基 $\phi^j = C_2'\psi^j$. 利用公式 $C_{2n}C_2' = C_2'C_{2n}^{-1}$, 有

$$
C_2'\psi^j = \phi^j, \quad C_2'\phi^j = \psi^j, \quad C_{2n}\phi^j = \mathrm{e}^{\mathrm{i}j\pi/n}\phi^j.
$$

由此得 D_{2n} 群的二维表示, 记为 D^{E_j}:

$$
\begin{aligned}
D^{E_j}(C_{2n}) = \begin{pmatrix} \mathrm{e}^{-\mathrm{i}j\pi/n} & 0 \\ 0 & \mathrm{e}^{\mathrm{i}j\pi/n} \end{pmatrix}, & \quad D^{E_j}(C_2') = \begin{pmatrix} 0 & 1 \\ 1 & 0 \end{pmatrix}, \\
\chi^j(C_{2n}^m) = 2\cos\left(jm\pi/n\right), & \quad \chi^j(C_2') = \chi^j(C_2'') = 0.
\end{aligned}
\tag{2.71}
$$

其中, 有些表示是等价的, 有些表示是可约的.

$$
\begin{aligned}
\sigma_1^{-1}D^{E_{2n-j}}\sigma_1 = D^{E_j}, & \quad \sigma_1 = \begin{pmatrix} 0 & 1 \\ 1 & 0 \end{pmatrix}, \quad X = \frac{1}{2}\begin{pmatrix} 1 & -\mathrm{i} \\ 1 & \mathrm{i} \end{pmatrix}, \\
X^{-1}D^{E_0}X = \begin{pmatrix} D^{A_1} & 0 \\ 0 & D^{A_2} \end{pmatrix}, & \quad X^{-1}D^{E_n}X = \begin{pmatrix} D^{B_1} & 0 \\ 0 & D^{B_2} \end{pmatrix}.
\end{aligned}
\tag{2.72}
$$

就是说, 只有 $n-1$ 个表示 D^{E_j}, $1 \leqslant j \leqslant n-1$, 是 D_{2n} 群的二维不等价不可约表示. 这些二维表示可通过相似变换 X 表为另一种常用形式:

$$
\overline{D}^{E_j}(C_{2n}) = \begin{pmatrix} \cos\left(j\pi/n\right) & -\sin\left(j\pi/n\right) \\ \sin\left(j\pi/n\right) & \cos\left(j\pi/n\right) \end{pmatrix}, \quad \overline{D}^{E_j}(C_2') = \begin{pmatrix} 1 & 0 \\ 0 & -1 \end{pmatrix}. \tag{2.73}
$$

2.6　物 理 应 用

在对各种具体的群进行深入研究之前, 应该强调一下群论方法在物理中的应用问题, 使今后的学习更有目的性.

2.6.1　定态波函数按对称群表示分类

对给定的量子系统, 首先要根据系统的哈密顿量, 确定系统的对称变换群 G. 然后, 通过群论方法, 找到对称群的所有不等价不可约表示, 包括特征标表和在选

定的表象中确定表示矩阵的标准形式. 这是群论本身研究的课题, 也是本书以后各章节主要讲解的问题. 假定系统对称群的所有不等价不可约表示及其标准形式已经选定. 接下来要研究如何用对称群的不可约表示对定态波函数进行分类.

设系统哈密顿量与时间无关, 能级 E 是 m 重简并, 本征函数是标量函数

$$H(x)\psi_\rho(x) = E\psi_\rho(x), \quad 1 \leqslant \rho \leqslant m. \tag{2.74}$$

本征函数的集合架设对称群 G 的一个 m 维不变函数空间 $\mathcal{L}$, 对称变换算符 P_R 作用在函数基上, 仍是此空间的一个函数, 可以表成函数基的线性组合:

$$P_R\psi_\rho(x) = \psi_\rho(R^{-1}x) = \sum_\lambda \psi_\lambda(x)D_{\lambda\rho}(R). \tag{2.75}$$

组合系数排列成 m 维方矩阵 $D(R)$, 它的集合是对称群 G 的一个 m 维表示, 描写本征函数在对称变换 R 中的变换规律, 称为**能级 E 对应的表示**.

在函数空间 $\mathcal{L}$ 中, 函数基的选择有任意性. 量子力学中用一组互相对易的完备力学量来共同确定这组函数基. 这是确定函数基的一种办法. 现在讨论群论方法确定函数基的原则.

对于任意选定的函数基 $\psi_\rho(x)$, 由式 (2.75) 计算出相应的表示 $D(G)$ 及其特征标 $\chi(R)$. 在多数物理问题中, P_R 算符是幺正的, 只要选择正交归一的函数基 $\psi_\rho(x)$, $D(G)$ 就是幺正表示. 一般说来, 这表示是可约的, 形式也不 "标准". 因此先用特征标方法将它约化为标准不可约表示的直和:

$$X^{-1}D(R)X = \bigoplus_j a_j D^j(R), \tag{2.76}$$

$$\chi(R) = \sum_j a_j \chi^j(R), \quad a_j = \frac{1}{g} \sum_{R \in G} \chi^j(R)^* \chi(R). \tag{2.77}$$

a_j 是不可约表示 $D^j(G)$ 在表示 $D(G)$ 中的重数, 可由式 (2.77) 算出. 因此式 (2.76) 的右边是已知的, X 矩阵就可以计算出来.

在具体计算 X 矩阵时, 只要让生成元满足式 (2.76), 其他元素也一定满足此式. 作为标准的不可约表示形式, 常使尽可能多的生成元所对应的表示矩阵是对角化的. 当然, 只要群 G 不是阿贝尔的, 至少对真实表示, 总有一些生成元的表示矩阵是不对角化的. 就表示矩阵 $D^j(R)$ 对角化的生成元 (记为 A) 而言, 式 (2.76) 正是把矩阵 $D(A)$ 对角化的相似变换关系. 计算这些 $D(A)$ 矩阵的本征值和本征矢量, 把本征矢量作为列矩阵就排成相似变换矩阵 X. 本征矢量包含待定参数, X 矩阵要保留这些参数, 有待其他生成元代入式 (2.76) 时来确定. **在代入非对角化的生成元时, 应该把 X^{-1} 移到式 (2.76) 的右面, 以避免计算逆矩阵 X^{-1}.**

在所有生成元都满足式 (2.76) 后, X 矩阵还是没有完全确定. 因为与式 (2.76) 右边的方块矩阵对易的任何矩阵 Y, 右乘到 X 矩阵上, 都可以作为式 (2.76) 的相似变换矩阵. 一般说来, X 还会包含 $\sum_j a_j^2$ 个未定参数. 这些未定参数不应该再保留, 应该按照使 X 矩阵尽量简单等原则选定这些参数, 如使 X 是实正交矩阵等.

由式 (2.76) 可知, X 矩阵的行指标和 $D(R)$ 矩阵的行指标相同, 如记为 ρ, 列指标和等式右面矩阵的列指标相同. 等式右面是方块矩阵, 先由指标 j 和 μ 来区分哪个方块 (表示) 的哪一列, 当 D^j 表示的重数大于 1 时, 还需一个指标 r 来区分重表示 D^j 中哪一个, 即需用三个指标 $j\mu r$ 来共同描写 X 矩阵的列指标. **用几个指标作为一个整体, 共同描写矩阵的行 (或列), 而且一个矩阵的行和列指标用不同的方式来描写**, 这在群论中是常见的事, 在式 (2.59) 已经用过. 希望读者能够习惯这种描写方法. X 矩阵一方面作为相似变换矩阵, 改变算符的矩阵形式, 另一方面又作为组合系数, 把旧的函数基组合成新的函数基. 组合后的新函数基 $\Psi_{\mu r}^j$ 需用三个指标标记, 在对称变换中, 按不可约表示 D^j 变换:

$$
\begin{aligned}
\Psi_{\mu r}^j(x) &= \sum_\rho \psi_\rho(x) X_{\rho, j\mu r}, \\
P_R \Psi_{\mu r}^j(x) &= \sum_\nu \Psi_{\nu r}^j(x) D_{\nu\mu}^j(R).
\end{aligned}
\tag{2.78}
$$

具有这样变换性质的函数基 $\Psi_{\mu r}^j(x)$ 称为**属不可约表示 D^j μ 行的函数**, 这才是按群论方法选定的标准的函数基. 用这方法把定态波函数组合成**属于对称群确定不可约表示确定行的函数**, 也就是用对称群表示对定态波函数进行分类.

属不可约表示 D^j μ 行的函数 $\Psi_{\mu r}^j(x)$, 它的物理意义当然与具体的群有关, 也和表示选取的表象有关. 例如, 通常选取的不可约表示的标准形式, 常使尽可能多的生成元的表示矩阵对角化, 式 (2.78) 也就是这些生成元的共同本征方程. 用量子力学语言来说, 这样选取的函数基就是这些力学量的共同本征函数. 当 $a_j > 1$ 时, 需引入参数 r 以区分 a_j 组属同一不可约表示的函数基 $\Psi_{\mu r}^j(x)$. 这几组函数基, 允许关于 r 做相同的线性组合:

$$
\Phi_{\mu s}^j = \sum_r \Psi_{\mu r}^j Y_{rs},
\tag{2.79}
$$

这组合矩阵 Y 需用其他条件来确定, 如要求形式简单等. 通常认为这种任意性的出现, 反映了对系统对称性的发掘还不够, 即还可能存在更大的对称变换群.

本小节介绍的组合定态波函数的方法, 是群论的基本运算方法, 今后会多次见到各种实例, 还可能以不同的形式出现. 希望读者对此方法给予足够的重视, 深刻领会, 熟练而灵活地运用.

2.6.2 克莱布什 – 戈登级数和系数

设合成系统由两个子系统组成, 子系统有共同的对称变换群 G, 波函数分别按群 G 不可约表示变换

$$P_R\psi_\mu^j(x^{(1)}) = \sum_\rho \psi_\rho^j(x^{(1)})D_{\rho\mu}^j(R), \quad P_R\phi_\nu^k(x^{(2)}) = \sum_\lambda \phi_\lambda^k(x^{(2)})D_{\lambda\nu}^k(R). \quad (2.80)$$

合成系统的波函数是它们的乘积, $\Psi_{\mu\nu}^{jk}(x^{(1)}, x^{(2)}) = \psi_\mu^j(x^{(1)})\phi_\mu^k(x^{(2)})$, 按直乘表示变换

$$P_R \Psi_{\mu\nu}^{jk}(x^{(1)}, x^{(2)}) = \sum_{\rho\lambda} \Psi_{\rho\lambda}^{jk}(x^{(1)}, x^{(2)}) \left[D^j(R) \times D^k(R)\right]_{\rho\lambda,\mu\nu},$$

$$\left[D^j(R) \times D^k(R)\right]_{\rho\lambda,\mu\nu} = D_{\rho\mu}^j(R)D_{\lambda\nu}^k(R). \quad (2.81)$$

用相似变换 C^{jk} 来约化直乘表示:

$$\left(C^{jk}\right)^{-1} \left[D^j(R) \times D^k(R)\right] C^{jk} = \bigoplus_J a_J D^J(R),$$

$$\chi^j(R)\chi^k(R) = \sum_J a_J \chi^J(R). \quad (2.82)$$

等式右面的级数称为克莱布什 (Clebsch)–戈登 (Gordan) 级数, C^{jk} 矩阵称为克莱布什–戈登矩阵, 矩阵元素 $C_{\mu\nu,JMr}^{jk}$ 称为克莱布什–戈登系数, 其中行指标与直乘矩阵的行指标相同, 取 $\mu\nu$; 列指标与约化后的直和表示的列指标相同, 取 JMr. 只在表示 $D^J(G)$ 的重数 a_J 大于 1 时, 才需要引入这附加的指标 r, 以区分这 a_J 个表示 $D^J(G)$. 这些克莱布什–戈登系数把合成系统的波函数 $\Psi_{\mu\nu}^{jk}(x^{(1)}, x^{(2)})$ 组合成属于不可约表示的波函数

$$\Phi_{Mr}^J(x^{(1)}, x^{(2)}) = \sum_{\mu\nu} \Psi_{\mu\nu}^{jk}(x^{(1)}, x^{(2)})C_{\mu\nu,JMr}^{jk},$$

$$P_R\Phi_{Mr}^J(x^{(1)}, x^{(2)}) = \sum_{M'} \Phi_{M'r}^J(x^{(1)}, x^{(2)})D_{M'M}^J(R). \quad (2.83)$$

对给定的群, 克莱布什–戈登系数与选用的不可约表示标准形式有关. 对有限群, 表示是幺正的, 克莱布什–戈登矩阵 C^{jk} 也是幺正的, 而且常常可以选择其中包含的未定参数, 使它是实正交的. 物理中常见的对称群的克莱布什–戈登系数都有专门的书籍列表给出. 通常克莱布什–戈登系数有几种列举方法. 除列表法外, 类似式 (2.83) 那样的展开式也是常用的列举方式. 展开式方法避免了许多等于零的系数, 也比较好用, 但篇幅较大. 只有少数群, 如三维转动群, 克莱布什–戈登系数存在解析公式.

2.6.3　维格纳 – 埃伽定理

下面的定理可以说是群论方法在量子力学中得到广泛应用的基础, 它也解释了为什么要把定态波函数组合成属于对称群确定不可约表示确定行的函数.

定理 2.7(维格纳 (Wigner)–埃伽 (Eckart) 定理)　属幺正线性变换群 $P_{\rm G}$ 的两不等价不可约表示的函数互相正交, 属同一不可约幺正表示不同行的函数也互相正交, 属同一不可约幺正表示同一行的函数的内积与行数无关.

证明　设函数基 ψ_μ^j 和 ϕ_ν^k 分属群 $P_{\rm G}$ 不可约幺正表示 D^j μ 行和 D^k ν 行

$$P_R \psi_\mu^j(x) = \sum_\rho \psi_\rho^j(x) D_{\rho\mu}^j(R), \quad P_R \phi_\nu^k(x) = \sum_\lambda \phi_\lambda^k(x) D_{\lambda\nu}^k(R).$$

令

$$\langle \phi_\nu^k(x) | \psi_\mu^j(x) \rangle = X_{\nu\mu}^{kj}, \tag{2.84}$$

$$
\begin{aligned}
\langle \phi_\nu^k(x) | P_R \psi_\mu^j(x) \rangle &= \sum_\rho \langle \phi_\nu^k(x) | \psi_\rho^j(x) \rangle D_{\rho\mu}^j(R) = \sum_\rho X_{\nu\rho}^{kj} D_{\rho\mu}^j(R) \\
&= \langle P_R^{-1} \phi_\nu^k(x) | \psi_\mu^j(x) \rangle = \sum_\lambda D_{\lambda\nu}^k(R^{-1})^* \langle \phi_\lambda^k(x) | \psi_\mu^j(x) \rangle \\
&= \sum_\lambda D_{\nu\lambda}^k(R) X_{\lambda\mu}^{kj}.
\end{aligned}
$$

由舒尔定理知

$$X_{\nu\mu}^{kj} = \begin{cases} 0, & k \neq j, \\ \delta_{\nu\mu} \langle k \| j \rangle, & k = j. \end{cases}$$

$$\langle \phi_\nu^k(x) | \psi_\mu^j(x) \rangle = \delta_{kj} \delta_{\nu\mu} \langle k \| j \rangle, \tag{2.85}$$

其中, $\langle k \| j \rangle$ 是常数, 它与下标 μ 无关, 称为约化矩阵元. 证完.

属幺正线性变换群 $P_{\rm G}$ 的两不等价不可约幺正表示的函数都互相正交, 因而这里的表示幺正性并不重要. 但在得出属同一不可约幺正表示不同行的函数互相正交时, 表示的幺正性就十分重要.

量子力学中, 物理观测量的计算多数归结为矩阵元的计算, 当把定态波函数组合成属于对称变换群确定不可约表示确定行的函数后, 维格纳 – 埃伽定理使 $m_k m_j$ 个矩阵元 $\langle \phi_\nu^k(x) | \psi_\mu^j(x) \rangle$ 的计算简化为一个矩阵元的计算问题. 在实际问题里, 定态波函数很难严格求解, 波函数的具体形式经常并不知道, 因而连一个矩阵元都不会计算. 但是仅仅根据系统对称性质的分析, 就能知道什么样状态之间的矩阵元为零 (选择定则), 也可以把约化矩阵元看成参数, 通过消去参数, 掌握不同矩阵元 (观测量) 之间的相对关系. 这就是常说的, 通过系统对称性的研究, 掌握系统某些精确的与细节无关的重要性质, 而且可与实验比较.

当力学量算符在对称变换中的变换性质已知时, 维格纳–埃伽定理还可简化力学量矩阵元的计算. 设一组力学量算符 $L_\rho^k(x)$ 在对称变换 P_R 作用下按下式变换

$$P_R L_\rho^k(x) P_R^{-1} = \sum_\lambda L_\lambda^k(x) D_{\lambda\rho}^k(R). \tag{2.86}$$

这组算符常称不可约张量算符, 则

$$P_R L_\rho^k(x) \psi_\mu^j(x) = \sum_{\lambda\tau} L_\lambda^k(x) \psi_\tau^j(x) \left[D^k(R) \times D^j(R) \right]_{\lambda\tau,\rho\mu}. \tag{2.87}$$

既然函数 $L_\rho^k(x)\psi_\mu^j(x)$ 按直乘表示变换, 可用克莱布什–戈登系数把它们组合成属不可约表示 D^J M 行的函数 $F_{Mr}^J(x)$,

$$
\begin{aligned}
F_{Mr}^J(x) &= \sum_{\rho\mu} L_\rho^k(x) \psi_\mu^j(x) C_{\rho\mu,JMr}^{kj}, \\
P_R F_{Mr}^J(x) &= \sum_{M'} F_{M'r}^J(x) D_{M'M}^J(R), \\
L_\rho^k(x)\psi_\mu^j(x) &= \sum_{JMr} F_{Mr}^J(x) \left[\left(C^{kj} \right)^{-1} \right]_{JMr,\rho\mu}.
\end{aligned}
\tag{2.88}
$$

力学量 $L_\rho^k(x)$ 在定态波函数中的 $m_{j'}m_k m_j$ 个矩阵元的计算, 简化为有限几个约化矩阵元的计算:

$$
\begin{aligned}
\langle \phi_\nu^{j'}(x) | L_\rho^k(x) | \psi_\mu^j(x) \rangle &= \sum_{JMr} \langle \phi_\nu^{j'}(x) | F_{Mr}^J(x) \rangle \left[\left(C^{kj} \right)^{-1} \right]_{JMr,\rho\mu} \\
&= \sum_r \langle \phi^{j'} \| L^k \| \psi^j \rangle_r \left[\left(C^{kj} \right)^{-1} \right]_{j'\nu r,\rho\mu}.
\end{aligned}
\tag{2.89}
$$

与对称变换有关的信息通过已知的克莱布什–戈登系数表现出来. 约化矩阵元的个数等于不可约表示 $D^{j'}$ 在直乘表示 $D^k \times D^j$ 的约化中出现的次数.

2.6.4 正则简并和偶然简并

设能级 E 是 m 重简并的, 对应对称变换群 G 的表示 $D(G)$. 若此表示是群 G 的不可约表示, 则此简并称为正则 (normal) 简并; 若是可约表示, 则称为偶然 (accidental) 简并.

现在引入微扰相互作用 $H_1(x)$, 设它和原始哈密顿量 $H_0(x)$ 有相同的对称性, 称为**对称微扰**, 即在对称变换中两个哈密顿量都保持不变:

$$[P_R, H_0(x)] = 0, \quad [P_R, H_1(x)] = 0. \tag{2.90}$$

首先, 用上法把 $H_0(x)$ 的本征波函数组合成属于对称变换群 G 确定不可约表示确定行的函数 $\psi_\mu^j(x)$:

$$P_R \psi_\mu^j(x) = \sum_\nu \psi_\nu^j(x) D_{\nu\mu}^j(R).$$

在 P_R 的作用下, $H_1 \psi_\mu^j(x)$ 具有相同的变换性质

$$P_R \left[H_1(x) \psi_\mu^j(x) \right] = H_1(x) P_R \psi_\mu^j(x) = \sum_\nu \left[H_1(x) \psi_\nu^j(x) \right] D_{\nu\mu}^j(R). \tag{2.91}$$

这一性质称为 "对称微扰不改变波函数的变换性质".

从量子力学知, 能量一级修正由 H_1 在 H_0 本征函数中的矩阵元决定. 对正则简并, 有

$$\langle \psi_\nu^j(x) | H_1(x) | \psi_\mu^j(x) \rangle = \delta_{\nu\mu} \left(\Delta E^j \right). \tag{2.92}$$

能量修正 ΔE^j 与 μ 无关, 能级发生平移但不分裂, 即对称微扰不能解除正则简并. 事实上, 这是一个非微扰的结论, **正则简并的能级在对称微扰的作用下不会分裂.** 这一结论可作如下理解: 让总哈密顿量随参数 λ 连续变化, $H = H_0 + \lambda H_1$. 当 λ 由 0 到 1 连续变化时, H 的本征函数也由 ψ_μ^j 出发连续变化, 所有的相关量都只能做连续变化, 不能做不连续的跳跃. 由于在连续变化过程中对称性始终保持, 波函数必定属于群 G 的一定表示. 定理 2.7 指出: 属不等价不可约表示的波函数是互相正交的, 因而波函数不能突然跳跃到与原波函数正交的函数中去, 波函数所属表示不会变化. 就是说, 在参数 λ 连续变化过程中, 哈密顿量本征函数所属的不可约表示不变, 能级的简并度也不变. 由于哈密顿量和对称变换算符 P_R 对易, 属同一不可约表示的哈密顿量本征函数, 它们的本征值必定相同, 因而正则简并的能级不会分裂.

对偶然简并, 先假定能级对应的可约表示中包含的各不可约表示互不等价. 属同一不可约表示各行的函数, 能级移动相同, 能级不会分裂, 但属两个不等价不可约表示的函数, 能级移动一般不相等, 于是能级分裂了. 在对称微扰下, 偶然简并的能级可以分裂, 但最多分裂到正则简并, 而且用对称群不可约表示标记的原始波函数是好的零级波函数. 若偶然简并对应的表示包含重表示, 则属这些相重不可约表示的函数的任意组合仍属同一个不可约表示, 如式 (2.79) 所示. 确定这些组波函数的组合, 群论就无能为力了. 此时 H_1 在这些组波函数间的矩阵未必对角化. 尽管如此, 定理 2.7 说明, 可按计算方便, 任意选取确定的 μ, 计算这 $a_j \times a_j$ 矩阵

$$\langle \psi_{\mu r}^j(x) | H_1(x) \psi_{\mu s}^j(x) \rangle = \left(\Delta E^j \right)_{rs}, \tag{2.93}$$

其中, r 和 s 取 1 至表示重数 a_j. 把此矩阵对角化, 就得到好的零级波函数和能量的一级修正. 与不用对称性选取零级波函数的一般方法相比较, 群论方法使 $(a_j m_j)^2$ 个矩阵元的计算问题, 简化为 a_j^2 个矩阵元的计算问题, 还是大大减少了工作量.

通常认为, 如果群 G 包括了系统哈密顿量 H 的全部对称变换, 能级只能是正则简并. 偶然简并与系统尚未发现的对称性有关. 四川大学的邹鹏程教授和他的学生撰文 (邹和黄, 1995) 证明了这一结论.

如果 H_1 的对称群 G′ 是 H_0 对称群 G 的子群, G′ 就是 H_0 和 H_1 的共同对称群. 用 G′ 代替 G, 前面的讨论仍然适用, 在微扰 H_1 的作用下, 能级最多分裂到关于 G′ 的正则简并. 要注意的是, 即使 H_0 的能级关于 G 是正则简并的, 关于 G′ 仍可能是偶然简并.

2.7 有限群群代数的不可约基

2.7.1 D_3 群的不可约基

有限群的群代数 $\mathcal{L}$ 对左乘和右乘群元素都保持不变. 以前常取群元素为基, 称为自然基. 在自然基中, 对左乘和右乘群元素, 群代数分别对应两组等价的正则表示, 如式 (2.6) 和式 (2.9) 所示. 舒尔定理指出: 有限群的不等价不可约表示的矩阵元素也构成群代数中一组正交且完备的矢量 (定理 2.4 推论 1), 它们也可取作群代数中的新基:

$$\phi_{\mu\nu}^j = \frac{m_j}{g} \sum_{R \in G} D_{\mu\nu}^j(R)^* R, \tag{2.94}$$

其中 m_j 是有限群 G 不可约表示 $D^j(G)$ 的维数, g 是群 G 的阶数, 选择归一化系数是为了以后方便. 利用不可约表示矩阵元素的正交关系 (2.43), 可以直接证明 (习题第 13 题), 这组基 $\phi_{\mu\nu}^j$ 在左乘和右乘群元素时按不可约表示 $D^j(G)$ 变化,

$$S\phi_{\mu\nu}^j = \sum_{\rho} \phi_{\rho\nu}^j D_{\rho\mu}^j(S), \quad \phi_{\mu\nu}^j S = \sum_{\rho} D_{\nu\rho}^j(S)\phi_{\mu\rho}^j. \tag{2.95}$$

也就是说, 新的基 $\phi_{\mu\nu}^j$ 把正则表示完全约化了. 新基还满足 "传递关系"

$$\phi_{\mu\rho}^i \phi_{\tau\nu}^j = \delta_{ij}\delta_{\rho\tau}\phi_{\mu\nu}^j. \tag{2.96}$$

由传递关系可以把不可约表示的表示矩阵用基统一地表达出来. 事实上, 用 $\phi_{\nu\lambda}^j$ 左乘式 (2.95) 的左式得

$$\phi_{\nu\lambda}^j S \phi_{\mu\nu}^j = D_{\lambda\mu}^j(S)\phi_{\nu\nu}^j. \tag{2.97}$$

满足式 (2.95) 和式 (2.96) 的基 $\phi_{\mu\nu}^j$ 称为群代数的不可约基.

设哈密顿量 $H(x)$ 的能级 E 是 m 重简并的, 本征函数记为 $\psi_\rho(x)$. 按群论方法, 需要把这函数基 $\psi_\rho(x)$ 组合成属于对称群 G 不可约表示的基. 2.6 节已经详细讨论了这种组合的计算方法. 但是, 如果对称群 G 的不可约基 $\phi_{\mu\nu}^j$ 已经知道, 把其中的群元素 R 换成函数变换算符 P_R, 作为投影算符作用在函数基上, 只要 $\phi_{\mu\nu}^j \psi_\rho(x)$ 不为零, $\phi_{\mu\nu}^j \psi_\rho(x)$ 就是属不可约表示的函数基, 从而简化了计算.

$$P_S \left[\phi_{\mu\nu}^j \psi_\rho(x)\right] = \sum_{\tau} \left[\phi_{\tau\nu}^j \psi_\rho(x)\right] D_{\tau\mu}^j(S). \tag{2.98}$$

D_3 群包含六个元素, 三个类, 乘法表由表 1.5 给出, 特征标表由表 2.2 给出. 表示 A 是恒等表示, 所有元素都对应数 1. 表示 B 是反对称表示, 元素 E, T 和 T^2 对应数 1, 其余元素对应数 -1. 二维表示 D^E 的标准形式由式 (2.63) 给出. 因为 D_3 群所有不等价不可约表示都已经知道, 所以不可约基就可以直接由式 (2.94) 计算出来:

$$
\begin{aligned}
\phi^A &= (E + T + T^2 + S_0 + S_1 + S_2)/6, \\
\phi^B &= (E + T + T^2 - S_0 - S_1 - S_2)/6, \\
\phi^E_{11} &= (2E - T - T^2 + 2S_0 - S_1 - S_2)/6, \\
\phi^E_{22} &= (2E - T - T^2 - 2S_0 + S_1 + S_2)/6, \\
\phi^E_{12} &= (-T + T^2 + S_1 - S_2)/(2\sqrt{3}), \\
\phi^E_{21} &= (T - T^2 + S_1 - S_2)/(2\sqrt{3}).
\end{aligned}
\tag{2.99}
$$

2.7.2　O 群和 T 群的不可约基

O 群有 24 个元素, 五个自逆类, 由 $1^2 + 1^2 + 2^2 + 3^2 + 3^2 = 24$ 知, 它有两个一维, 一个二维和两个三维不等价不可约表示, 都是自共轭表示. O 群有两个不变子群, 子群 T 的指数为 2, 商群与 C_2 群同构, 它给出了 O 群两个一维表示. 表示 D^A 是恒等表示, 所有元素都对应 1. D^B 是反对称表示, 子群 T 元素对应 1, 陪集元素对应 -1. 另一个不变子群由恒元和三个绕坐标轴向转动 π 角元素构成, 记为 D_2, 指数为 6. 因为商群没有 6 阶元素, 它同构于 D_3 群. D_2 群也是子群 T 的不变子群. 根据 $O \approx S_4$, 容易建立商群和 D_3 的具体同构关系, 并给出 O 群二维表示 D^E 的表示矩阵:

$$
\begin{aligned}
D_2 &= \{E,\ T_x^2,\ T_y^2,\ T_z^2\} \iff D^E(E) = \begin{pmatrix} 1 & 0 \\ 0 & 1 \end{pmatrix}, \\
R_1 D_2 &= \{R_1,\ R_2,\ R_3,\ R_4\} \iff D^E(T) = \frac{1}{2}\begin{pmatrix} -1 & -\sqrt{3} \\ \sqrt{3} & -1 \end{pmatrix}, \\
R_1^2 D_2 &= \{R_1^2,\ R_2^2,\ R_3^2,\ R_4^2\} \iff D^E(T^2) = \frac{1}{2}\begin{pmatrix} -1 & \sqrt{3} \\ -\sqrt{3} & -1 \end{pmatrix}, \\
S_1 D_2 &= \{S_1,\ S_2,\ T_z,\ T_z^3\} \iff D^E(S_1) = \begin{pmatrix} 1 & 0 \\ 0 & -1 \end{pmatrix}, \\
S_5 D_2 &= \{S_5,\ S_6,\ T_y,\ T_y^3\} \iff D^E(S_2) = \frac{1}{2}\begin{pmatrix} -1 & \sqrt{3} \\ \sqrt{3} & 1 \end{pmatrix}, \\
S_3 D_2 &= \{S_3,\ S_4,\ T_x,\ T_x^3\} \iff D^E(S_3) = \frac{1}{2}\begin{pmatrix} -1 & -\sqrt{3} \\ -\sqrt{3} & 1 \end{pmatrix},
\end{aligned}
\tag{2.100}
$$

其中, 用到 $R_1 S_1 \leftrightarrow (3\ 2\ 1)(2\ 4) = (1\ 3\ 2\ 4) \leftrightarrow T_y^3$, 对应乘积 $TS_1 = S_2$. O 群的三维不可约表示 D^{T_1} 的表示矩阵可用类似式 (2.22) 的方法, 即计算坐标变换矩阵的方法定出,

$$D^{T_1}(T_z) = \begin{pmatrix} 0 & -1 & 0 \\ 1 & 0 & 0 \\ 0 & 0 & 1 \end{pmatrix}, \qquad D^{T_1}(R_1) = \begin{pmatrix} 0 & 0 & 1 \\ 1 & 0 & 0 \\ 0 & 1 & 0 \end{pmatrix}. \qquad (2.101)$$

再由元素的乘积关系、共轭关系和幂次关系计算其他元素的表示矩阵:

$$\begin{aligned}
&S_5 = R_1 T_z, && T_x = S_5 T_z S_5, && T_y = T_z T_x T_z^3, && S_1 = R_1 S_5 R_1^2, \\
&S_3 = T_z S_5 T_z^3, && S_6 = T_z S_3 T_z^3, && S_4 = T_z S_6 T_z^3, && S_2 = T_z S_1 T_z^3, \\
&R_2^2 = T_z R_1 T_z^3 && R_3 = T_z R_2^2 T_z^3, && R_4^2 = T_z R_3 T_z^3.
\end{aligned}$$

另一个三维不可约表示 D^{T_2} 是 D^{T_1} 和 D^B 的直乘. 由此可算出 O 群特征标表, 列于表 2.3, 并由公式 (2.94) 可以计算出 O 群群代数的不可约基.

表 2.3 O 群的特征标表

O	E	$3C_4^2$	$8C_3'$	$6C_4$	$6C_2''$
A	1	1	1	1	1
B	1	1	1	-1	-1
E	2	2	-1	0	0
T_1	3	-1	0	1	-1
T_2	3	-1	0	-1	1

T 群是 O 群的子群, 有 12 个元素, 四个类, 其中两个是自逆类, 由 $1^2 + 1^2 + 1^2 + 3^2 = 12$ 知, T 群有三个一维和一个三维不等价不可约表示. T 群有不变子群 D_2, 它的指数为 3, 商群同构于 C_3 群. 商群给出了 T 群三个不等价的一维表示, 其中两个表示是非自共轭表示. 三维不可约表示 D^T 可由 O 群不可约表示 $D^{T_1}(O)$ 的分导表示得到. T 群特征标表列于表 2.4, 并由公式 (2.94) 可以计算出 T 群群代数的不可约基.

表 2.4 T 群的特征标表

T	E	$3C_2$	$4C_3'$	$4C_3'^2$
A	1	1	1	1
E	1	1	ω	ω^2
E'	1	1	ω^2	ω
T	3	-1	0	0

注: $\omega = \mathrm{e}^{-\mathrm{i}2\pi/3}$

<h1 style="text-align:center">习　题　2</h1>

1. 设 G 是一个非阿贝尔群, $D(G)$ 是群 G 的一个不可约真实表示, 元素 R 的表示矩阵为 $D(R)$. 现让群 G 元素 R 分别与下列矩阵对应, 问此矩阵的集合是否构成 G 的表示? 若是表示, 是否真实表示? $(1)D(R)^\dagger$; $(2)D(R)^T$; $(3)D(R^{-1})$; $(4)D(R)^*$; $(5)\ D(R^{-1})^\dagger$; $(6)\det D(R)$; $(7)\ \mathrm{Tr}\, D(R)$. 例如, 第 (1) 小题, 设 $R \longleftrightarrow D(R)^\dagger$, 问 $D(R)^\dagger$ 的集合 $D(\mathrm{G})^\dagger$ 是否构成群 G 的表示?

2. 证明有限群任何一维表示的表示矩阵模为 1.

3. 证明无限的阿贝尔群的有限维不可约表示都是一维的.

4. 试计算正四面体固有对称群 T 的所有类算符及其乘积系数 $f(\alpha,\beta,\gamma)$ (见式 (2.16)).

5. 证明有限群两个等价的不可约幺正表示之间的相似变换矩阵, 如果限制其行列式为 1, 必为幺正矩阵.

6. 证明除恒等表示外, 有限群任一不可约表示的特征标对群元素求和为零.

7. 设有限群 G 的类 $\mathcal{C}_\alpha$ 包含 $n(\alpha)$ 个元素, 对应的类算符是 C_α (见式 (2.12)), $D^j(\mathrm{G})$ 是群 G 的不可约表示, 维数为 m_j, 类 $\mathcal{C}_\alpha$ 在此表示中的特征标为 χ_α^j. 试证明类算符在此不可约表示中的表示矩阵是常数矩阵: $D^j(\mathsf{C}_\alpha)=w\mathbf{1}$, 并计算此常数 w.

8. 证明有限群包含的非自逆类个数等于不等价不可约的非自共轭表示的个数, 因此自逆类的个数等于不等价不可约的自共轭表示的个数.

9. 若有限群 G 等于两子群的直乘, $G=H_1\otimes H_2$, 证明群 G 的不等价不可约表示都可表为两子群不等价不可约表示的直乘.

10. 计算 T 群三维不可约表示 D^T 自直乘约化的相似变换矩阵 X:

$$X^{-1}\left\{D^T(R)\times D^T(R)\right\}X=\sum_j a_j D^j(R).$$

11. 试计算第 1 章习题第 19 题给出的群的特征标表.

12. 设 D_3 群元素是在二维空间中的坐标变换

$$\begin{pmatrix} x' \\ y' \end{pmatrix}=R\begin{pmatrix} x \\ y \end{pmatrix},\quad R\in D_3,$$

取生成元 T 和 S_1 它们的变换矩阵正是它们在二维表示 $D^E(\mathrm{D}_3)$ 中的表示矩阵

$$T=D^E(T)=\frac{1}{2}\begin{pmatrix} -1 & -\sqrt{3} \\ \sqrt{3} & -1 \end{pmatrix},\quad S_1=D^E(S_1)=\begin{pmatrix} 1 & 0 \\ 0 & -1 \end{pmatrix}.$$

已知下列函数基架设的四维函数空间对 D_3 群保持不变:

$$\psi_1(x,y)=x^3,\quad \psi_2(x,y)=x^2y,\quad \psi_3(x,y)=xy^2,\quad \psi_4(x,y)=y^3,$$

试计算 D_3 群在此空间关于这组函数基的线性表示, 即计算 D_3 群生成元在此表示中的表示矩阵. 然后, 把此表示约化为 D_3 群不可约表示的直和, 把此函数基组合为分属各不等价不可约表示的函数基.

13. 利用不可约表示矩阵元素的正交关系 (2.43), 证明式 (2.95) 和式 (2.96).
14. 计算 T 群群代数的不可约基.
15. 计算 O 群群代数的不可约基.

第 3 章 置换群的不等价不可约表示

本章用幂等元和杨算符方法计算置换群的不等价不可约表示.

3.1 原始幂等元和杨算符

如果一个有限群的不等价不可约表示已经找到, 则可以通过式 (2.94) 计算有限群群代数的不可约基. 现在讨论一个相反的问题: 对一些比较复杂的有限群, 如置换群 S_n, 能不能通过群代数的不可约基, 反过来计算它的不等价不可约表示? 为此, 先引入群代数中的一些新概念.

3.1.1 理想和幂等元

在有限群群代数 $\mathcal{L}$ 中, 对左乘群元素保持不变的子空间称为左理想 (left ideal), 在左理想中选定适当的基后, 由左乘群元素就可以计算出左理想所对应的表示. 如果左理想对应的表示是不可约表示, 则称**最小左理想** (minimal). 同样对右乘群元素保持不变的子空间称为右理想, 如果右理想对应的表示是不可约表示, 则称**最小右理想**.

如果两个左理想对应的表示等价, 称为**等价的左理想**. 对等价的左理想, 可以适当选择基, 使对应表示相同. 把此两左理想的基一一对应起来, 这种对应关系对左乘群元素就保持不变. 反之, 如果两左理想的矢量间存在对左乘群元素保持不变的一一对应关系, 则此两左理想等价. 同样可以定义等价的右理想.

式 (2.95) 指出, 对于固定的 j 和 ν, m_j 个基 $\phi_{\mu\nu}^j$ 架设最小左理想, 记为 $\mathcal{L}_\nu^j = \mathcal{L}\phi_{\mu\nu}^j$, 对应不可约表示 $D^j(\mathrm{G})$. m_j 个最小左理想 $\mathcal{L}_\nu^j$ 互相等价. 对于固定的 j 和 μ, m_j 个基 $\phi_{\mu\nu}^j$ 架设最小右理想, 记为 $\mathcal{R}_\mu^j = \phi_{\mu\nu}^j \mathcal{L}$, 也对应不可约表示 $D^j(\mathrm{G})$. m_j 个最小右理想 $\mathcal{R}_\mu^j$ 互相等价.

群代数 $\mathcal{L}$ 中的投影算符 $e^2 = e \in \mathcal{L}$ 称为幂等元 (idempotent). 满足下式的 n 个矢量 e_a 称为**互相正交的幂等元**:

$$e_a e_b = \delta_{ab} e_a. \tag{3.1}$$

对给定的幂等元 e_a, 所有 $r e_a$ 的集合构成左理想, $\mathcal{L}_a = \mathcal{L} e_a$, 称为由 e_a 生成的左理想. 设 $t \in \mathcal{L}_a$, 则 $t = r e_a$, 有

$$t e_a = r e_a^2 = r e_a = t. \tag{3.2}$$

满足 $te_a = 0$ 的所有 $t \in \mathcal{L}$ 的集合也构成左理想 $\mathcal{L}'_a$, 它是和 $\mathcal{L}_a$ 互补的左理想, $\mathcal{L}_a \oplus \mathcal{L}'_a = \mathcal{L}$. $\mathcal{L}'_a$ 的幂等元是 $E - e_a$. 由幂等元 e_a 同样也可以生成右理想 $\mathcal{R}_a = e_a \mathcal{L}$. 由于正交性, 由 n 个互相正交的幂等元 e_a 生成的 n 个左 (或右) 理想相加是直和的关系, 因为它们不存在公共矢量.

$$\mathcal{L} \sum_{a=1}^n e_a = \bigoplus_{a=1}^n \mathcal{L}_a, \quad \left(\sum_{a=1}^n e_a \right) \mathcal{L} = \bigoplus_{a=1}^n \mathcal{R}_a. \tag{3.3}$$

事实上, 由群代数中的任一矢量 $z \in \mathcal{L}$, 所有 rz 的集合也构成左理想 $\mathcal{L}_z = \mathcal{L}z$, 满足 $tz = 0$ 的所有 $t \in \mathcal{L}$ 的集合也构成左理想 $\mathcal{L}'_z$, 但这两个左理想可能会有公共矢量, 而且它们之和也不一定充满整个群代数 $\mathcal{L}$. 举一个极端的例子. 在置换群的群代数中, 设 P_a 是相邻客体的对换, 则

$$z = (E + P_1) P_2 (E - P_1) \neq 0, \quad z^2 = 0. \tag{3.4}$$

因此 $\mathcal{L}_z \subset \mathcal{L}'_z$, 而且 $\mathcal{L}$ 中存在不属于 $\mathcal{L}'_z$ 的矢量, 如恒元.

生成最小左理想 $\mathcal{L}_a = \mathcal{L}e_a$ 的幂等元称为**原始幂等元** (primitive), 生成的左理想等价的两幂等元称为**等价的幂等元**. 由不可约基很容易找到一组互相正交的幂等元. 事实上,

$$e_\nu^j = \phi_{\nu\nu}^j = \frac{m_j}{g} \sum_{R \in G} D_{\nu\nu}^j(R)^* R, \quad e_\mu^i e_\nu^j = \delta_{ij} \delta_{\mu\nu} e_\nu^j,$$

$$e^j = \sum_{\nu=1}^{m_j} e_\nu^j = \frac{m_j}{g} \sum_{R \in G} \chi^j(R)^* R, \quad e^i e^j = \delta_{ij} e^j. \tag{3.5}$$

由原始幂等元 e_ν^j 生成的左理想的基就是固定 j 和 ν 的 m_j 个不可约基 $\phi_{\mu\nu}^j$, 因而就是 $\mathcal{L}_\nu^j$. 由 e_ν^j 生成的右理想的基就是固定 j 和 ν 的 m_j 个不可约基 $\phi_{\nu\mu}^j$, 因而就是 $\mathcal{R}_\nu^j$. 显然, $\mathcal{L}_\nu^j$ 和 $\mathcal{R}_\nu^j$ 并不相同, 但它们对应的不可约表示是相同的.

如果由同一个幂等元生成的左理想和右理想相同, 这理想称为双边理想 (two-side ideal). 不存在更小的非零子双边理想的双边理想, 称为**简单双边理想** (simple). 由幂等元 e^j 生成的左理想包含固定 j 的全部 m_j^2 个基 $\phi_{\mu\nu}^j$. 由幂等元 e^j 生成的右理想也包含这 m_j^2 个基 $\phi_{\mu\nu}^j$. 因此, **由幂等元 e^j 生成的左理想和右理想是相同的**.

$$\mathcal{L}^j = \mathcal{L}e^j = \bigoplus_{\nu=1}^{m_j} \mathcal{L}_\nu^j = \bigoplus_{\nu=1}^{m_j} \mathcal{R}_\nu^j = e^j \mathcal{L}. \tag{3.6}$$

事实上, 从任何一个基 $\phi_{\mu\nu}^j$ 出发, 左乘群代数 $\mathcal{L}$, 就包含固定 j 和 ν 的 m_j 个基 $\phi_{\mu\nu}^j$, 再右乘群代数, 就会包含固定 j 的全部 m_j^2 个基 $\phi_{\mu\nu}^j$. $\mathcal{L}^j$ 是群代数 $\mathcal{L}$ 的简单双边理想, 它是所有对应不可约表示 $D^j(G)$ 的左理想之和, 也是所有对应不可约表

示 $D^j(G)$ 的右理想之和. 因为 $m_j = \chi^j(E)$, 由特征标满足的完备关系 (2.60), 容易证明所有 e^j 之和是恒元:

$$\sum_{j=1}^{g_c} e^j = \sum_{R \in G} \left[\frac{1}{g} \sum_{j=1}^{g_c} \chi^j(R)^* \chi^j(E) \right] R = E. \tag{3.7}$$

3.1.2　原始幂等元的性质

希望通过置换群群代数的原始幂等元, 计算置换群群代数的不可约基, 从而计算置换群的不等价不可约表示, 因此需要能判别幂等元是不是原始的, 两个原始幂等元是不是等价的, 以及原始幂等元作为投影算符的完备性问题. 下面两个定理就是要解决这些问题.

定理 3.1　设 e_1 和 e_2 是生成两个最小左理想 $\mathcal{L}_1$ 和 $\mathcal{L}_2$ 的原始幂等元, 则此两原始幂等元等价的充要条件是至少存在一个群元素 S, 满足

$$e_1 S e_2 \neq 0, \quad \exists S \in \mathcal{L}. \tag{3.8}$$

证明　充分性. 若式 (3.8) 成立, 它就提供由左理想 $\mathcal{L}_1$ 到左理想 $\mathcal{L}_2$ 的一个映射, 即由左理想 $\mathcal{L}_1$ 的矢量到左理想 $\mathcal{L}_2$ 的矢量间的一个对应关系:

$$x_1 \in \mathcal{L}_1 \longrightarrow x_2 = x_1 e_1 S e_2 \in \mathcal{L}_2. \tag{3.9}$$

这对应关系显然对左乘群元素保持不变, 因为

$$R x_1 \in \mathcal{L}_1 \longrightarrow R x_2 = R x_1 e_1 S e_2 \in \mathcal{L}_2. \tag{3.10}$$

只要证明两左理想的矢量间的这种对应关系是一一对应关系 (双射, bijective), 则此两左理想等价. 证明中主要用到两左理想都是最小左理想.

先证满射 (surjective), 就是由 x_1 映射过来的 x_2 充满 $\mathcal{L}_2$. 设所有这样的 x_2 集合构成 $\mathcal{L}_2$ 的一个子空间 $\mathcal{L}_3$, 式 (3.10) 指出, 它对左乘群元素保持不变, 它是子左理想. 因为 $x_1 = e_1 \in \mathcal{L}_1$ 时, $x_2 = e_1 S e_2 \neq 0$, 所以它不是零空间, 由 $\mathcal{L}_2$ 是最小左理想知, $\mathcal{L}_3 = \mathcal{L}_2$.

其次证只要 $x_1 \neq 0$, 必有 $x_2 \neq 0$. 否则所有对应 $x_2 = 0$ 的那些 x_1 的集合构成 $\mathcal{L}_1$ 的一个子空间 $\mathcal{L}_4$. $\mathcal{L}_4$ 对左乘群元素保持不变, 是 $\mathcal{L}_1$ 的一个子左理想. 又因它没有包含 e_1, 它未充满 $\mathcal{L}_1$, 所以只能是零空间.

最后证单射 (injective), 就是不同的 x_1 映射过来的 x_2 必不相同. 若 $\mathcal{L}_1$ 中的 x_1 和 x_1' 都映射到 $\mathcal{L}_2$ 中同一个矢量 x_2, 则 $x_1 - x_1'$ 映射到零矢量, 矛盾. 充分性证完.

必要性. 设两左理想等价, $\mathcal{L}_1$ 中的幂等元 e_1 对应 $\mathcal{L}_2$ 中矢量 $b = be_2 \neq 0$, 则 $e_1 e_1 = e_1$ 在 $\mathcal{L}_2$ 中对应矢量 $e_1 b = e_1 be_2 = b \neq 0$. 因此至少有一个群元素 S 满足式 (3.8). 证完.

推论 幂等元 $e_a = e_a^2$ 是原始幂等元的充要条件是对 $\mathcal{L}$ 中任一矢量 t 都有下式成立:

$$e_a t e_a = \lambda_t e_a, \quad \forall t \in \mathcal{L}, \tag{3.11}$$

其中, λ_t 是依赖于 t 的常数, 可以为零.

证明 用反证法证充分性. 设式 (3.11) 成立, 而 e_a 不是原始的, 即 e_a 对应的表示是可约表示, 设为 $D^a(G) = D^{(1)}(G) \oplus D^{(2)}(G)$, 即由 e_a 生成的左理想可分为两个左理想的直和, $\mathcal{L}_a = \mathcal{L}_1 \oplus \mathcal{L}_2$, $\mathcal{L}_a$ 中任一矢量 $t = te_a$ 都可唯一地分解为分属两个子左理想的矢量之和, $t = t_1 + t_2$, $t_1 \in \mathcal{L}_1$, $t_2 \in \mathcal{L}_2$. e_a 也可作此分解:

$$e_a = e_a^2 = e_1 + e_2, \quad e_1 e_a = e_1 \in \mathcal{L}_1, \quad e_2 e_a = e_2 \in \mathcal{L}_2.$$

由此立刻得到 $e_1 e_2 = e_2 e_1 = 0$, $e_1^2 = e_1$, $e_2^2 = e_2$, 即 e_a 能分解为两个互相正交的幂等元之和. 因此

$$e_1 = e_a e_1 e_a = \lambda e_a, \quad e_1 = e_1^2 = e_1 (\lambda e_a) = \lambda e_1.$$

解得 $\lambda = 0$, 即 $e_1 = 0$, $e_a = e_2$, 或 $\lambda = 1$, 即 $e_a = e_1$, 因此 e_a 不能再分解.

再证必要性. 已知 e_a 是原始幂等元, $e_a^2 = e_a$. 若 $e_a t e_a = 0$, 则式 (3.11) 已经成立. 若 $e_a t e_a \neq 0$, 则它提供 e_a 生成的左理想 $\mathcal{L}_a$ 的一个自映射. 映射前后两组基 x_μ 和 $x'_\mu = x_\mu e_a t e_a$, 在左乘群元素中得到的不可约表示是相同的. 设 $x'_\mu = \sum_\nu x_\nu M_{\nu\mu}$, 则 $M^{-1} D(R) M = D(R)$, 由舒尔定理, M 是常数矩阵, $M = \lambda_t \mathbf{1}$, 即 $x'_\mu = \lambda_t x_\mu$. 证完.

这推论的条件还可以放宽. 如果 e_a 满足条件

$$e_a t e_a = \lambda_t e_a, \quad e_a e_a = \lambda_E e_a \neq 0, \tag{3.12}$$

则 e_a 和原始幂等元成比例, 即 $e_b = e_a / \lambda_E$ 是原始幂等元.

定理 3.2 设 e_a, $1 \leqslant a \leqslant n$, 是 n 个互相正交的幂等元, $e_a e_b = \delta_{ab} e_a$, 则由 e_a 生成的 n 个左理想 $\mathcal{L}e_a$ 之直和等于群代数 $\mathcal{L}$ 的充要条件是 n 个 e_a 之和等于恒元:

$$\mathcal{L} = \bigoplus_{a=1}^{n} \mathcal{L}e_a \iff E = \sum_{a=1}^{n} e_a. \tag{3.13}$$

证明 充分性. 若 E 等于 e_a 之和, $\mathcal{L}$ 中任一矢量 t 都可用下法唯一地分解为分属各 $\mathcal{L}e_a$ 的矢量之和:

$$t = tE = \sum_{a=1}^{n} te_a, \quad te_a \in \mathcal{L}e_a.$$

因此 $\mathcal{L}$ 是 $\mathcal{L}e_a$ 的直和.

必要性. 若 $\mathcal{L}$ 是 $\mathcal{L}e_a$ 的直和, 则恒元 E 可唯一地分解为分属各 $\mathcal{L}e_a$ 的矢量之和, 属 $\mathcal{L}e_a$ 的矢量为 $Ee_a = e_a$. 证完.

3.1.3　杨图、杨表和杨算符

先定义杨图、杨表和杨算符, 再证明杨算符就是置换群的原始幂等元.

1. 杨图

有限群的不等价不可约表示个数等于类数. 置换群 S_n 的类由 n 的配分数描写, 因而置换群的不等价不可约表示也可用配分数来描写, 尽管用同一配分数描写的类和不可约表示并没有什么联系. 为区别起见, 描写不可约表示的配分数用符号 $[\lambda]$ 来标记.

任取一组配分数 $[\lambda] = [\lambda_1,\ \lambda_2,\ \cdots,\ \lambda_m]$,

$$\lambda_1 \geqslant \lambda_2 \geqslant \cdots \geqslant \lambda_m > 0, \qquad \sum_{j=1}^{m} \lambda_j = n, \tag{3.14}$$

画包含 n 格的方格图, 分成 m 行, 左边对齐, 第一行含 λ_1 格, 第二行含 λ_2 格, 以此类推, 这样的方格图称为**杨图** (Young pattern 或 Young diagram). 在杨图中, 上面行的格数不少于下面行的格数, 左面列的格数不少于右面列的格数. 杨图的行数 m 不会大于总格数 n. 有时为了强调这一规则, 称它为正则杨图, 其实我们不讨论不满足此规则的杨图. 定义**杨图的大小**. 对两杨图 $[\lambda]$ 和 $[\lambda']$, 由第一行开始逐行比较它们的格数, 第一次出现格数不相同时, 格数大的杨图大于格数小的杨图, 即

$$杨图\ [\lambda]\ >\ 杨图\ [\lambda'], \quad 若\ \lambda_j = \lambda'_j, \ \ 和\ \ \lambda_k > \lambda'_k, \quad 1 \leqslant j < k. \tag{3.15}$$

希望读者都能学会根据配分数 $[\lambda]$ 画出杨图和根据杨图读出配分数. 例如, 配分数为 $[3,2]$ 时, 杨图为

以后不再区分杨图和配分数, 常说杨图 $[\lambda]$. 此外, 对给定的 n 要能列出全部不同杨图. 关键是要按杨图大小排列杨图, 切忌想到一个写一个, 以免遗漏. 首先让 λ_1 由 n 开始自大而小排列, 然后, 在固定 λ_1 的条件下, 让 λ_2 自大而小排列, 但最大不超过 λ_1 和 $n - \lambda_1$, 再在固定 λ_1 和 λ_2 的条件下, 让 λ_3 自大而小排列, 但最大不超过

λ_2 和 $n - \lambda_1 - \lambda_2$, 以此类推. 例如, $n = 7$ 时有 15 组配分数, 它们作如下排列:

$[7]$,	$[6,1]$,	$[5,2]$,	$[5,1,1]$,
$[4,3]$,	$[4,2,1]$,	$[4,1,1,1]$,	$[3,3,1]$,
$[3,2,2]$,	$[3,2,1,1]$,	$[3,1,1,1,1]$,	$[2,2,2,1]$,
$[2,2,1,1,1]$,	$[2,1,1,1,1,1]$,	$[1,1,1,1,1,1,1]$.	

2. 杨表

对于给定的杨图 $[\lambda]$, 把由 1 到 n 这 n 个自然数分别填入杨图的 n 格中, 就得到一个**杨表** (Young tableau). n 格的杨图有 $n!$ 个不同的杨表. 如果在杨表的每一行中, 左面的填数小于右面的填数, 在每一列中, 上面的填数小于下面的填数, 则此杨表称为 **正则 (standard) 杨表** . 这种数字填充法称为正则填充法. 数学上可以证明, 对于给定的杨图 $[\lambda]$, 不同的正则杨表数 $d_{[\lambda]}$ 可以用**钩形规则** (hook rule) 来计算. 对杨图的第 j 行第 k 列格子定义**钩形数** h_{jk}, 它等于该格所在行左面的格子数, 加上该格所在列下面的格子数, 再加 1. 把每格的钩形数 h_{jk} 填入杨图, 构成的杨表称为**钩形数杨表**, 记为 $Y_h^{[\lambda]}$. 例如, 杨图 $[3,2,1,1]$ 的钩形数杨表 $Y_h^{[\lambda]}$ 为

6	3	1
4	1	
2		
1		

而 $d_{[\lambda]}$ 等于 $n!$ 被所有钩形数 h_{jk} 除,

$$d_{[\lambda]}(S_n) = \frac{n!}{\prod\limits_{jk} h_{jk}} = \frac{n!}{Y_h^{[\lambda]}}. \tag{3.16}$$

例如,

$$d_{[3,2,1,1]}(S_7) = \frac{7!}{6 \times 4 \times 3 \times 2} = 35.$$

所有 n 格杨图的正则杨表数的平方和正好等于 $n!$:

$$\sum_{[\lambda]} \left[d_{[\lambda]}(S_n) \right]^2 = n!. \tag{3.17}$$

证明可参看文献 (Boerner, 1963) 第 IV 章 § 6.

对同一杨图, 定义**两正则杨表的大小**. 自第一行开始自左至右比较两杨表的填数, 如果都相同, 再比较第二行, 第三行等, 第一次发现填数不同时, 填数大的正

则杨表大于填数小的正则杨表. 这种填数的比较, 相当于把第二行填数补在第一行的右边, 把第三行的填数再补在右边, 依此类推, 构成一个含 n 个数字的 $(n+1)$ 进位数, 然后比较这数的大小, 因此文献中把这正则杨表的大小次序称为字典次序 (dictionary order). 按照正则杨表自小至大排列, 就能把给定杨图的所有正则杨表准确无误地全部列出来. 例如, 杨图 $[3,2]$ 的全部正则杨表自小至大排列如下:

$$
\begin{array}{|c|c|c|}\hline 1 & 2 & 3 \\\hline 4 & 5 \\\cline{1-2}\end{array},\quad
\begin{array}{|c|c|c|}\hline 1 & 2 & 4 \\\hline 3 & 5 \\\cline{1-2}\end{array},\quad
\begin{array}{|c|c|c|}\hline 1 & 2 & 5 \\\hline 3 & 4 \\\cline{1-2}\end{array},\quad
\begin{array}{|c|c|c|}\hline 1 & 3 & 4 \\\hline 2 & 5 \\\cline{1-2}\end{array},\quad
\begin{array}{|c|c|c|}\hline 1 & 3 & 5 \\\hline 2 & 4 \\\cline{1-2}\end{array}.
$$

用公式 (3.16) 计算也得 5:

$$
d_{[3,2]} = \cfrac{5!}{\begin{array}{|c|c|c|}\hline 4 & 3 & 1 \\\hline 2 & 1 \\\cline{1-2}\end{array}} = 5.
$$

3. 杨算符

对于给定的杨表, 同行客体的置换称为该杨表的**横向置换**. 第 j 行横向置换 P_j 共有 $\lambda_j!$ 个. 横向置换的乘积还是横向置换 $P = \prod_j P_j$, 所有横向置换之和称为该杨表的**横算符** $\mathcal{P}$:

$$
\mathcal{P} = \sum P = \sum \prod_j P_j = \prod_j \left[\sum P_j \right]. \tag{3.18}
$$

对于给定的杨表, 同列数字间的置换称为该杨表的**纵向置换**. 若杨图第 k 列有 τ_k 格, 则第 k 列纵向置换 Q_k 共有 $\tau_k!$ 个. 纵向置换的乘积还是纵向置换 $Q = \prod_k Q_k$, 所有纵向置换 Q 乘其置换字称 $\delta(Q)$ 后相加, 称为该杨表的 **纵算符** $\mathcal{Q}$:

$$
\mathcal{Q} = \sum \delta(Q)Q = \sum \prod_k \delta(Q_k)Q_k = \prod_k \left[\sum \delta(Q_k)Q_k \right]. \tag{3.19}
$$

对于给定的杨表, 横算符和纵算符的乘积称为该杨表的**杨算符** $\mathcal{Y}$:

$$
\mathcal{Y} = \mathcal{P}\mathcal{Q}. \tag{3.20}
$$

正则杨表对应的杨算符称为**正则杨算符**.

因为只有在杨图给定, 杨表给定的条件下, 才能具体写出杨算符 $\mathcal{Y}$, 所以通常把对应这个杨算符 $\mathcal{Y}$ 的杨图和杨表, 就称为杨图 $\mathcal{Y}$ 和杨表 $\mathcal{Y}$. 如果单独说 $\mathcal{Y}$, 则指杨算符本身. 请注意不要混淆.

在具体写出给定杨表的横算符时, 通常先把每一行的所有横向置换加起来, 然后把不同行的横向置换之和乘起来. 同理, 在具体写出给定杨表的纵算符时, 先把每一列的所有纵向置换, 乘上各自的置换字称后相加, 然后把不同列的纵向置换之代数和乘起来. 对于只有一格的行 (或列), 横 (纵) 向置换只有恒元, 在相乘时可以略去. 最后再把乘积的每一项都化成没有公共客体的轮换乘积. 注意, **不要忽略乘积的交叉项**. 下面例子是根据杨表写出杨算符的标准方法. 设有杨表

1	2	3
4	5	

$$\mathcal{Y} = \{E + (1\ 2) + (1\ 3) + (2\ 3) + (1\ 2\ 3) + (3\ 2\ 1)\}$$
$$\times \{E + (4\ 5)\}\{E - (1\ 4)\}\{E - (2\ 5)\}$$

$$= \{E + (1\ 2) + (1\ 3) + (2\ 3) + (1\ 2\ 3) + (3\ 2\ 1)\}$$
$$+ \{E + (1\ 2) + (1\ 3) + (2\ 3) + (1\ 2\ 3) + (3\ 2\ 1)\}(4\ 5)$$

$$- (1\ 4) - (2\ 1\ 4) - (3\ 1\ 4) - (2\ 3)(1\ 4) - (2\ 3\ 1\ 4) - (3\ 2\ 1\ 4)$$
$$- (5\ 4\ 1) - (2\ 1\ 5\ 4) - (3\ 1\ 5\ 4) - (2\ 3)(5\ 4\ 1) - (2\ 3\ 1\ 5\ 4) - (3\ 2\ 1\ 5\ 4)$$

$$- (2\ 5) - (1\ 2\ 5) - (1\ 3)(2\ 5) - (3\ 2\ 5) - (3\ 1\ 2\ 5) - (1\ 3\ 2\ 5)$$
$$- (2\ 4\ 5) - (1\ 2\ 4\ 5) - (1\ 3)(2\ 4\ 5) - (3\ 2\ 4\ 5) - (3\ 1\ 2\ 4\ 5) - (1\ 3\ 2\ 4\ 5)$$

$$+ (1\ 4)(2\ 5) + (1\ 4\ 2\ 5) + (3\ 1\ 4)(2\ 5) + (3\ 2\ 5)(1\ 4) + (3\ 1\ 4\ 2\ 5)$$
$$+ (1\ 4\ 3\ 2\ 5)$$
$$+ (4\ 1\ 5\ 2) + (4\ 2)(1\ 5) + (4\ 3\ 1\ 5\ 2) + (3\ 2\ 4\ 1\ 5) + (4\ 2)(3\ 1\ 5)$$
$$+ (4\ 3\ 2)(1\ 5).$$

由置换群共轭元素的性质 (1.35) 知, 若置换 S 把杨表 $\mathcal{Y}$ 变成杨表 $\mathcal{Y}'$, 则相应的杨算符满足共轭关系 $\mathcal{Y}' = S\mathcal{Y}S^{-1}$, 横向置换, 纵向置换, 横算符和纵算符都满足相同的共轭关系. 由两个给定的杨表, 这样的置换变换 S 是很容易确定的. 只要按相同的次序, 把杨表 $\mathcal{Y}$ 的填数列在 S 的第一行, 把杨表 $\mathcal{Y}'$ 的填数列在 S 的第二行, 就唯一确定了这置换变换 S. 例如,

$$杨表\ \mathcal{Y} = \boxed{\begin{array}{ccc} 1 & 3 & 5 \\ 2 & 4 & \end{array}} \ , \quad 杨表\ \mathcal{Y}' = \boxed{\begin{array}{ccc} 1 & 2 & 3 \\ 4 & 5 & \end{array}} \ ,$$

$$S = \begin{pmatrix} 1 & 3 & 5 & 2 & 4 \\ 1 & 2 & 3 & 4 & 5 \end{pmatrix}, \tag{3.21}$$

$$S\mathcal{Y}S^{-1} = \mathcal{Y}', \quad S\mathcal{P}S^{-1} = \mathcal{P}', \quad S\mathcal{Q}S^{-1} = \mathcal{Q}',$$

$$SPS^{-1} = P', \quad SQS^{-1} = Q'.$$

根据杨算符的定义式 (3.20), 也可直接从杨算符的展开式看到, 杨算符是置换

群元素的代数和, 是置换群群代数的矢量,

$$\mathcal{Y} = \sum_{R \in S_n} F(R)R, \tag{3.22}$$

其中, $F(R)$ 只能取 1, -1 和 0. 横向置换 P 和恒元 E 的系数为 1, 纵向置换 Q 和 PQ 的系数为 Q 的置换字称 $\delta(Q)$,

$$F(E) = F(P) = \delta(Q)F(Q) = \delta(Q)F(PQ) = 1. \tag{3.23}$$

这些系数不为零的置换群元素称为**属于杨表 $\mathcal{Y}$ 的元素**, 也称属于杨算符 $\mathcal{Y}$ 的元素, 而系数为零的其他元素则称为不属于杨表 $\mathcal{Y}$ 或不属于杨算符 $\mathcal{Y}$ 的元素. 但是任意给出一个置换变换 R, 如何判别它是否属于杨表 $\mathcal{Y}$ 或杨算符 $\mathcal{Y}$ 呢? 下面 3.1.4 节和 3.1.5 节会提供一些简单的判据.

3.1.4 杨算符的基本对称性质

对给定的杨表, 在按式 (3.18) 写出横算符 $\mathcal{P}$ 时, 所有横向置换都已加起来, 因而根据群的重排定理, 它对左乘或右乘横向置换保持不变. 同理, 纵算符 $\mathcal{Q}$ 对左乘或右乘纵向置换, 除产生一个置换字称的因子外, 也保持不变:

$$P\mathcal{P} = \mathcal{P}P = \mathcal{P}, \quad Q\mathcal{Q} = \mathcal{Q}Q = \delta(Q)\mathcal{Q}, \tag{3.24}$$

而杨算符 $\mathcal{Y}$ 只能对左乘横向置换保持不变, 对右乘纵向置换产生一个置换字称的因子:

$$P\mathcal{Y} = \delta(Q)\mathcal{Y}Q = \delta(Q)P\mathcal{Y}Q = \mathcal{Y}. \tag{3.25}$$

这是杨算符最基本的对称性质. 除 $F(E) = 1$ 外, 杨算符展开式系数的关系式 (3.23), 可以直接从此对称性质推得. 设 $\mathcal{Y}$ 有展开式 (3.22), 左乘 P^{-1} 或右乘 Q^{-1}, 得

$$P^{-1}\mathcal{Y} = \sum_{R \in S_n} F(R)P^{-1}R = \sum_{S \in S_n} F(PS)S$$
$$= \mathcal{Y} = \sum_{S \in S_n} F(S)S,$$
$$\mathcal{Y}Q^{-1} = \sum_{R \in S_n} F(R)RQ^{-1} = \sum_{S \in S_n} F(SQ)S$$
$$= \delta(Q)\mathcal{Y} = \sum_{S \in S_n} \delta(Q)F(S)S,$$

故

$$F(S) = F(PS) = \delta(Q)F(SQ) = \delta(Q)F(PSQ). \tag{3.26}$$

取 $S = E$, 并添上条件 $F(E) = 1$, 就得到式 (3.23).

福克 (Fock) 发现杨算符还有另一个重要对称性质, 称为**福克条件**. 设杨表 $\mathcal{Y}$ 中第 j 行和第 j' 行分别有 λ 和 λ' 格, $\lambda \geqslant \lambda'$, 填入这两行的数分别记为 a_μ 和 b_ν, 则

$$\left\{ E + \sum_{\mu=1}^{\lambda} (a_\mu\ b_\nu) \right\} \mathcal{Y} = 0. \tag{3.27}$$

设杨表 $\mathcal{Y}$ 中第 k 列和第 k' 列分别有 τ 和 τ' 格, $\tau \geqslant \tau'$, 填入这两列的数分别记为 c_μ 和 d_ν, 则

$$\mathcal{Y} \left\{ E - \sum_{\mu=1}^{\tau} (c_\mu\ d_\nu) \right\} = 0. \tag{3.28}$$

下面举个例子说明式中数字的填充位置.

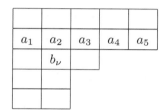
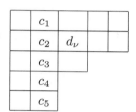

证明 两个福克条件的证明方法是类似的, 下面以式 (3.27) 为例来证明. 用 $(\sum P_j)$ 和 $(\sum P_{j'})$ 分别表第 j 行和第 j' 行所有横向置换之和, 而 $\mathcal{P}'$ 表不含此两行数字的所有横向置换之和, 则

$$\mathcal{Y} = \mathcal{P}\mathcal{Q} = \left(\sum P_j \right) \left(\sum P_{j'} \right) \mathcal{P}'\mathcal{Q}.$$

$(\sum P_j)$ 共含 $\lambda!$ 项, 它是填在第 j 行的数字的所有置换变换之和, 称为这些数字的全对称算符. 将它右乘到 $\left\{ E + \sum_\mu (a_\mu\ b_\nu) \right\}$ 上, 得 $(\lambda+1)!$ 项. 容易看出这 $(\lambda+1)!$ 项中没有重复元素, 因而它是 $\lambda+1$ 个数字的所有置换变换之和, 是 $\lambda+1$ 个数字的全对称算符. 这 $\lambda+1$ 个数字, 除排在第 j 行的数字外, 还添上数字 b_ν. 把这全对称算符记为 $[\sum P_j(b_\nu)]$. 当把 $(\sum P_{j'})$ 中的每一项 $P_{j'}$ 从这对称算符的右面移到左面去时, 根据式 (1.36), 其效果只是把对称算符中的 b_ν 换成第 j' 行的另一个数字 b_ρ, b_ρ 也可能和 b_ν 相同:

$$\left[\sum P_j(b_\nu) \right] P_{j'} = P_{j'} \left[\sum P_j(b_\rho) \right]. \tag{3.29}$$

对称算符 $[\sum P_j(b_\rho)]$ 可以与 $\mathcal{P}'$ 对易, 且容易证明它与 $\mathcal{Q}$ 相乘得零. 事实上, 由于 $\lambda \geqslant \lambda'$, 在第 j 行必存在处于与 b_ρ 同一列的数字 a_ρ. 对换 $(a_\rho\ b_\rho)$ 与对称算符 $[\sum P_j(b_\rho)]$ 相乘保持后者不变, 但与 $\mathcal{Q}$ 相乘则改变 $\mathcal{Q}$ 的符号:

$$\left[\sum P_j(b_\rho) \right] \mathcal{Q} = \left[\sum P_j(b_\rho) \right] (a_\rho\ b_\rho) \mathcal{Q} = - \left[\sum P_j(b_\rho) \right] \mathcal{Q} = 0. \tag{3.30}$$

证完.

福克条件中并不要求 $j < j'$, 但当 $j < j'$ 时必有 $\lambda \geqslant \lambda'$. 反之, 当 $j > j'$ 时还是有可能 $\lambda = \lambda'$. 例如, 上面左图中, 若把 b_ν 取在第一行, 福克条件 (3.27) 仍是成立的. 对式 (3.28) 情况也类似.

从福克条件 (3.27) 的证明中看到, 从杨算符 $\mathcal{Y}$ 的左面看, 杨算符对第 j 行的 λ 个客体是全对称的, 现在从左面乘上因子 $\left\{ E + \sum_\mu (a_\mu \, b_\nu) \right\}$, 等于强迫 b_ν 和第 j 行客体, 共 $\lambda + 1$ 个客体全对称化, 福克条件 (3.27) 指出这样做会得零. 福克条件 (3.28) 则指出, 从杨算符 $\mathcal{Y}$ 的右面, 强迫 d_ν 和第 k 列客体, 共 $\tau + 1$ 个客体全反对称化, 这样做也会得零.

3.1.5　置换群群代数的原始幂等元

讨论杨算符乘积的性质. 注意由杨算符的乘积 $\mathcal{Y}'\mathcal{Y} = 0$, 不能推出 $\mathcal{Y}\mathcal{Y}' = 0$. 只有当两式都成立时, 才称两杨算符正交. 式 (3.30) 已提供判断两杨算符相乘为零的一个方法.

定理 3.3　若 T_0 同时是杨算符 $\mathcal{Y} = \mathcal{P}\mathcal{Q}$ 的横向对换和杨算符 $\mathcal{Y}' = \mathcal{P}'\mathcal{Q}'$ 的纵向对换, 则

$$\mathcal{Y}'\mathcal{Y} = 0, \quad \mathcal{Q}'\mathcal{P} = 0. \tag{3.31}$$

证明　$\mathcal{Q}'\mathcal{P} = \mathcal{Q}'T_0\mathcal{P} = -\mathcal{Q}'\mathcal{P} = 0$. 证完.

这里和以后, 加下标零以强调 T_0 是对换. 如果存在一对数 a 和 b, 它们在杨表 $\mathcal{Y}$ 中填在同一行, 而在杨表 $\mathcal{Y}'$ 中填在同一列, 则 $(a \, b)$ 就是定理所需要的 T_0, 因而式 (3.31) 成立. 这是定理 3.3 的另一种表述. 下面的推论, 关键在于要找出这样的一对数.

推论 1　若杨图 $\mathcal{Y}'$ 小于杨图 $\mathcal{Y}$, 则杨算符 $\mathcal{Y}'$ 左乘杨算符 $\mathcal{Y}$ 得零:

$$\mathcal{Y}'\mathcal{Y} = 0, \quad 杨图 \ \mathcal{Y}' \ 小于杨图 \ \mathcal{Y}. \tag{3.32}$$

证明　设杨图 $\mathcal{Y}'$ 和杨图 $\mathcal{Y}$ 的配分数分别为 $[\lambda']$ 和 $[\lambda]$, 当 $j < k$ 时 $\lambda'_j = \lambda_j$, 但 $\lambda'_k < \lambda_k$. 在填入杨表 $\mathcal{Y}$ 的前 $k - 1$ 行的数字中, 如能找到一对数 a 和 b, 它们在杨表 $\mathcal{Y}$ 中填在同一行, 而在杨表 $\mathcal{Y}'$ 中填在同一列, 则根据定理 3.3, 式 (3.32) 成立. 反之, 如果这样的数不存在, 即凡填在杨表 $\mathcal{Y}$ 前 $k - 1$ 行中每一行的数字, 在杨表 $\mathcal{Y}'$ 中都不填在同一列, 于是可以通过杨表 $\mathcal{Y}'$ 的纵向置换, 把它们变到杨表 $\mathcal{Y}'$ 的相同行来. 换言之, 存在杨表 $\mathcal{Y}'$ 的纵向置换 Q', 经过它的变换, 杨表 $\mathcal{Y}'$ 变成杨表 $\mathcal{Y}''$, 而在杨表 $\mathcal{Y}''$ 和杨表 $\mathcal{Y}$ 的前 $k - 1$ 行, 各对应行包含的数字都相同. 注意

$$\mathcal{Y}'' = Q'\mathcal{Y}'Q'^{-1} = \delta(Q')Q'\mathcal{Y}', \quad \mathcal{Y}' = \delta(Q')Q'^{-1}\mathcal{Y}''.$$

现在填入杨表 $\mathcal{Y}$ 的第 k 行的数字, 都填在杨表 $\mathcal{Y}''$ 的第 k 行或更下面的行, 既然 $\lambda'_k < \lambda_k$, 至少有一对数字 a 和 b, 在杨表 $\mathcal{Y}$ 中填在第 k 行, 而在杨表 $\mathcal{Y}''$ 中填在同一列, 从而 $\mathcal{Y}''\mathcal{Y} = 0$, 即 $\mathcal{Y}'\mathcal{Y} = 0$. 证完.

推论 2 对同一个杨图, 若正则杨表 $\mathcal{Y}'$ 大于正则杨表 $\mathcal{Y}$, 则杨算符 $\mathcal{Y}'$ 左乘杨算符 $\mathcal{Y}$ 得零:

$$\mathcal{Y}'\mathcal{Y} = 0, \quad 正则杨表 \mathcal{Y}' 大于正则杨表 \mathcal{Y}. \tag{3.33}$$

证明 从第一行开始, 自左至右逐个比较杨表 $\mathcal{Y}$ 和杨表 $\mathcal{Y}'$ 中的对应填数, 如果都一样, 再接着比较第二行、第三行, 设第一对不相同的数出现在第 j 行第 k 列, 在杨表 $\mathcal{Y}'$ 中填的数是 a, 在杨表 $\mathcal{Y}$ 中是 b, 且 $a > b$. 查看数 b 在杨表 $\mathcal{Y}'$ 中填在哪里. 由于杨表 $\mathcal{Y}'$ 是正则杨表, b 只能填在 a 的左下方, 即行数比 j 大, 列数比 k 小的地方, 设为第 i 列, $i < k$. 在两个杨表中, 填在第 j 行第 i 列的数是相同的, 设为 c, 则一对数 b 和 c, 在杨表 $\mathcal{Y}'$ 中填在同一列, 在杨表 $\mathcal{Y}$ 中填在同一行, 根据定理 3.3, 式 (3.33) 成立. 证完.

推论 3 对同一杨图, 设填在杨表 $\mathcal{Y}'$ 同一列的数字在杨表 $\mathcal{Y}$ 中都不填在同一行, 则把杨表 $\mathcal{Y}$ 变成杨表 $\mathcal{Y}'$ 的置换 R 必属于杨表 $\mathcal{Y}$, 也属于杨表 $\mathcal{Y}'$.

证明 先做点说明. 所谓 R 属于杨表 $\mathcal{Y}$, 是指 R 能表为杨表 $\mathcal{Y}$ 的横向置换 P 和纵向置换 Q 的乘积, $R = PQ$. 如果凡填在杨表 $\mathcal{Y}'$ 同一列的数字, 都不填在杨表 $\mathcal{Y}$ 的同一行, 那么凡填在杨表 $\mathcal{Y}$ 同一行的数字, 也都不填在杨表 $\mathcal{Y}'$ 的同一列.

既然填入杨表 $\mathcal{Y}'$ 同一列的数字在杨表 $\mathcal{Y}$ 中都不填在同一行, 则必可找到杨表 $\mathcal{Y}$ 的一个横向置换 P, 它把杨表 $\mathcal{Y}$ 变成杨表 $\mathcal{Y}''$, 使杨表 $\mathcal{Y}''$ 和杨表 $\mathcal{Y}'$ 每一对应列包含的数字相同. 因此可通过杨表 $\mathcal{Y}''$ 的纵向置换 Q'' 把杨表 $\mathcal{Y}''$ 变成杨表 $\mathcal{Y}'$. 但杨表 $\mathcal{Y}''$ 的纵向置换 Q'' 可由杨表 $\mathcal{Y}$ 的纵向置换 Q 经变换 P 得到, $Q'' = PQP^{-1}$. 归结起来, 杨表 $\mathcal{Y}'$ 可由杨表 $\mathcal{Y}$ 经两次变换 P 和 Q'' 得到, $R = Q''P = PQ$. 又有 $R = RRR^{-1} = (RPR^{-1})(RQR^{-1})$. 证完.

从证明过程可以知道推论 3 的逆定理也成立. 如果杨表 $\mathcal{Y}$ 经过 R 变换得到杨表 $\mathcal{Y}'$, 而 R 属于杨表 $\mathcal{Y}$, $R = PQ = (PQP^{-1})P$, 则填在杨表 $\mathcal{Y}'$ 同一列的数字在杨表 $\mathcal{Y}$ 中都不填在同一行. 推论 3 的逆否定理是, 如果 R 不属于杨表 $\mathcal{Y}$, 杨表 $\mathcal{Y}$ 经 R 变换得杨表 $\mathcal{Y}'$, 则至少有一对数字 a 和 b, 它们填在杨表 $\mathcal{Y}$ 的同一行, 而填在杨表 $\mathcal{Y}'$ 中的同一列, 即 $\mathcal{Y}'\mathcal{Y} = 0$. 但 $\mathcal{Y}' = R\mathcal{Y}R^{-1}$, 则

$$0 = R^{-1}\mathcal{Y}'\mathcal{Y} = \mathcal{Y}R^{-1}\mathcal{Y}, \quad R不属于\mathcal{Y}. \tag{3.34}$$

这是不属于杨表 $\mathcal{Y}$ 的置换的一个重要性质. 推论 4 给出更方便的判别条件.

推论 4 置换群元素 R 不属于杨表 $\mathcal{Y}$ 的充要条件是 R 可表成

$$R = P_0RQ_0, \tag{3.35}$$

其中, P_0 和 Q_0 分别是杨表 $\mathcal{Y}$ 的某一个横向对换和纵向对换.

证明 若 $R = P_0 R Q_0$, 则由式 (3.26), 得

$$F(R) = F(P_0 R Q_0) = -F(R) = 0,$$

即 R 不属于杨表 $\mathcal{Y}$. 反之, 若 R 不属于杨表 $\mathcal{Y}$, 经 R 变换后, 杨表 $\mathcal{Y}$ 变成杨表 $\mathcal{Y}'$, 则由推论 3 的逆否定理知, 至少存在一个属于杨表 $\mathcal{Y}$ 的横向对换 P_0, 它同时是杨表 $\mathcal{Y}'$ 的纵向对换 Q_0', 而 Q_0' 可由 $\mathcal{Y}$ 的纵向对换 Q_0 经 R 变换得到, $P_0 = Q_0' = R Q_0 R^{-1}$, 由此立刻推得式 (3.35). 证完.

现在来证明杨算符 $\mathcal{Y}$ 与置换群原始幂等元成比例, 并讨论它们产生的左理想的等价性.

定理 3.4 如果置换群群代数的矢量 $\mathcal{X}$ 满足

$$P\mathcal{X} = \delta(Q)\mathcal{X}Q = \mathcal{X}, \tag{3.36}$$

其中, P 和 Q 是杨算符 $\mathcal{Y}$ 的任意横向置换和纵向置换, 则 $\mathcal{X}$ 与杨算符 $\mathcal{Y}$ 只差常系数 λ:

$$\mathcal{X} = \lambda \mathcal{Y}. \tag{3.37}$$

证明 设

$$\mathcal{X} = \sum_{R \in S_n} F_1(R) R.$$

根据式 (3.36), 模仿式 (3.26) 的证明, 得

$$F_1(S) = F_1(PS) = \delta(Q)F_1(SQ) = \delta(Q)F_1(PSQ).$$

取 $S = E$, 并令 $F_1(E) = \lambda$, 得

$$\lambda = F_1(E) = F_1(P) = \delta(Q)F_1(Q) = \delta(Q)F_1(PQ).$$

对于不属于杨算符 $\mathcal{Y}$ 的置换 R, 由定理 3.3 的推论 4 得

$$F_1(R) = F_1(P_0 R Q_0) = -F_1(R) = 0.$$

与式 (3.26) 比较, 得式 (3.37). 证完.

由杨算符 $\mathcal{Y}$ 的对称性质 (3.25) 立刻得到下面推论.

推论 1 设 t 是置换群群代数的任意矢量, 则

$$\mathcal{Y}t\mathcal{Y} = \lambda_t \mathcal{Y}, \tag{3.38}$$

其中, λ_t 是依赖于 t 的数, 可以为零.

推论 2 杨算符 $\mathcal{Y}$ 的平方不为零:

$$\mathcal{Y}\mathcal{Y} = \lambda\mathcal{Y} \neq 0. \tag{3.39}$$

证明 前一个等式是已知的, 这里要证明 λ 不等于零, 并计算 λ.

由杨算符 $\mathcal{Y}$ 产生的右理想, $\mathcal{R}_Y = \mathcal{Y}\mathcal{L}$, 至少包含杨算符本身, 因而它的维数 $f \neq 0$. 取置换群群代数 $\mathcal{L}$ 的一组基 x_μ, 其中前 f 个基属于右理想 $\mathcal{R}_Y$, 也是此右理想的一组基, 而后面 $n! - f$ 个基则不属于此右理想. 注意此右理想 $\mathcal{R}_Y$ 是由杨算符 $\mathcal{Y}$ 生成的, 右理想中的任何矢量, 包括基在内, 都可看成杨算符 $\mathcal{Y}$ 和群代数中另一矢量的乘积:

$$x_\mu = \mathcal{Y}y_\mu, \quad 1 \leqslant \mu \leqslant f. \tag{3.40}$$

从两个角度来计算乘积 $\mathcal{Y}x_\mu$. 一方面, 把它看成杨算符 $\mathcal{Y}$ 左乘到基 x_μ 上, 得到基的线性组合, 组合系数是杨算符 $\mathcal{Y}$ 在这组基中的矩阵形式,

$$\mathcal{Y}x_\mu = \sum_{\nu=1}^{n!} x_\nu \overline{D}_{\nu\mu}(\mathcal{Y}). \tag{3.41}$$

$\overline{D}(\mathcal{Y})$ 也就是杨算符 $\mathcal{Y}$ 在群代数中的表示矩阵, 这表示等价于正则表示, 因而只有恒元才有非零矩阵迹:

$$\mathrm{Tr}\overline{D}(\mathcal{Y}) = \mathrm{Tr}\overline{D}(E) = n!.$$

另一方面, 把 $\mathcal{Y}x_\mu$ 看成 x_μ 右乘到杨算符 $\mathcal{Y}$ 上, 得到右理想 $\mathcal{R}_Y$ 中的一个矢量, 可以表为此右理想的基的线性组合. 也就是说, 式 (3.41) 的求和指标 ν 只在 1 到 f 之间取值:

$$\overline{D}_{\nu\mu}(\mathcal{Y}) = 0, \quad \nu > f.$$

在 $\mu \leqslant f$ 时, 根据式 (3.40) 和式 (3.39), 得

$$\mathcal{Y}x_\mu = \mathcal{Y}\mathcal{Y}y_\mu = \lambda\mathcal{Y}y_\mu = \lambda x_\mu, \quad \mu \leqslant f.$$

可见当 $\mu \leqslant f$ 时 $\overline{D}_{\nu\mu}(\mathcal{Y}) = \delta_{\nu\mu}\lambda$, 即 $\overline{D}(\mathcal{Y})$ 取如下形式:

$$\overline{D}(\mathcal{Y}) = \begin{pmatrix} \lambda\mathbf{1} & M \\ \mathbf{0} & \mathbf{0} \end{pmatrix}, \quad \mathrm{Tr}\overline{D}(\mathcal{Y}) = f\lambda.$$

把两个方法计算的矩阵迹做比较, 由于 $f \neq 0$, 得

$$\lambda = n!/f \neq 0. \tag{3.42}$$

证完. 由式 (3.12) 得推论 3.

推论 3　$a = (f/n!) \mathcal{Y}$ 是置换群的原始幂等元.

推论 4　对同一杨图, 设填在杨表 $\mathcal{Y}'$ 同一列的数字在杨表 $\mathcal{Y}$ 中都不填在同一行, 则相应杨算符乘积 $\mathcal{Y}'\mathcal{Y} \neq 0$.

证明　在定理给出的条件下, 根据定理 3.3 推论 3, 把杨表 $\mathcal{Y}$ 变成杨表 $\mathcal{Y}'$ 的置换 R 可表为杨表 $\mathcal{Y}$ 的横向置换 P 和纵向置换 Q 的乘积, 因此

$$\mathcal{Y}'\mathcal{Y} = RYQ^{-1}P^{-1}\mathcal{Y} = \delta(Q)R\mathcal{Y}\mathcal{Y} = \delta(Q)\lambda R\mathcal{Y} \neq 0, \tag{3.43}$$

其中, λ 由 $\mathcal{Y}^2 = \lambda \mathcal{Y}$ 定出.

推论 5　由杨算符 $\mathcal{Y}$ 和 $\mathcal{Y}'$ 生成的最小左理想等价的充要条件是它们对应的杨图相同.

证明　如果杨图 $\mathcal{Y}$ 和 $\mathcal{Y}'$ 相同, 则必存在置换 R, 把杨表 $\mathcal{Y}$ 变成杨表 $\mathcal{Y}'$, 使

$$\mathcal{Y}' = R\mathcal{Y}R^{-1}, \quad \mathcal{Y}'R\mathcal{Y} = R\mathcal{Y}\mathcal{Y} \neq 0.$$

反之, 如果杨图 $\mathcal{Y}$ 和 $\mathcal{Y}'$ 不相同, 则不失普遍性, 可设杨图 $\mathcal{Y}$ 大于杨图 $\mathcal{Y}'$. 对任何置换 R, 设 $R\mathcal{Y} = \mathcal{Y}''R$, 则杨图 $\mathcal{Y}''$ 和杨图 $\mathcal{Y}$ 相同, 它仍大于杨图 $\mathcal{Y}'$, 由定理 3.3 的推论 1, $\mathcal{Y}'R\mathcal{Y} = \mathcal{Y}'\mathcal{Y}''R = 0$. 证完.

因此, 置换群的不等价不可约表示可以用杨图 $[\lambda]$ 来标记. 置换群 S_n 不等价不可约表示的数目等于 n 的不同配分数的数目, 也就是置换群的类数. 反过来, 又根据定理 3.1, 得到推论 6.

推论 6　对应不同杨图的杨算符 $\mathcal{Y}$ 和 $\mathcal{Y}'$ 互相正交, $\mathcal{Y}'\mathcal{Y} = \mathcal{Y}\mathcal{Y}' = 0$.

对应不同杨图的杨算符是互相正交的, 但对应同一杨图不同正则杨表的杨算符不一定正交, 而且确实能找到正则杨算符乘积不为零的例子. 这种例子只有在 $n \geqslant 5$ 的置换群 S_n 中才出现. 在 $n = 5$ 时, 有两个杨图, $[3,2]$ 和 $[2,2,1]$, 它们的正则杨算符不完全正交. 以杨图 $[3,2]$ 为例来说明. 杨图 $[3,2]$ 有五个不同的正则杨表, 按它们的大小, 自小而大排列如下:

杨表$\mathcal{Y}_1$　　　杨表$\mathcal{Y}_2$　　　杨表$\mathcal{Y}_3$　　　杨表$\mathcal{Y}_4$　　　杨表$\mathcal{Y}_5$

1	2	3
4	5	

1	2	4
3	5	

1	2	5
3	4	

1	3	4
2	5	

1	3	5
2	4	

当 $\mu > \nu$ 时, $\mathcal{Y}_\mu \mathcal{Y}_\nu = 0$. 当 $\mu < \nu$ 时, 要逐对检查, 看有没有这样的情况, 就是填在杨表 $\mathcal{Y}_\nu$ 同一行的数字, 都不填在杨表 $\mathcal{Y}_\mu$ 的同一列. 如发生这样的情况, 就说明它们的乘积不等于零. 检查结果, 只有一对杨算符乘积不为零,

$$\mathcal{Y}_1 \mathcal{Y}_5 \neq 0. \tag{3.44}$$

把杨表 $\mathcal{Y}_5$ 变成杨表 $\mathcal{Y}_1$ 的置换是 R_{15},

$$
\begin{aligned}
R_{15} &= \begin{pmatrix} 1 & 3 & 5 & 2 & 4 \\ 1 & 2 & 3 & 4 & 5 \end{pmatrix} = (3\,2\,4\,5) = (2\,4)\,(4\,5\,3) \\
&= (2\,4)\,(5\,3)\,(3\,4) = P_5 Q_5, \\
P_5 &= (2\,4)\,(5\,3), \quad Q_5 = (3\,4).
\end{aligned}
\tag{3.45}
$$

先把 R_{15} 化为没有公共客体的轮换乘积, 然后用切断轮换的方法把杨表 $\mathcal{Y}_5$ 的横向置换尽量往左移, 纵向置换尽量往右移, 最后把 R_{15} 分解为杨表 $\mathcal{Y}_5$ 的横向置换 P_5 和纵向置换 Q_5 的乘积. 显然, 也可把 R_{15} 分解为杨表 $\mathcal{Y}_1$ 的横向置换 P_1 和纵向置换 Q_1 的乘积. 上面方法是这类分解的标准方法.

对于给定的杨图, 希望把正则杨算符做适当的组合, 使它们互相正交. 这里的组合指在正则杨算符的左面或右面乘上一个适当的群代数矢量. 这里只讨论右乘矢量的方法, 左乘矢量的方法是类似的. 在上面例子中, 可取

$$
\mathcal{Y}_1' = \mathcal{Y}_1\,[E - P_5], \quad \mathcal{Y}_\nu' = \mathcal{Y}_\nu, \quad \nu > 1.
\tag{3.46}
$$

因为 $\mathcal{Y}_1 P_5 = \mathcal{Y}_1 R_{15} Q_5^{-1} = \delta(Q_5) R_{15} \mathcal{Y}_5$, 所以当 $\mu < 5$ 时 $\mathcal{Y}_1' \mathcal{Y}_\mu = \mathcal{Y}_1 \mathcal{Y}_\mu$. 而 $\mathcal{Y}_1' \mathcal{Y}_5 = \mathcal{Y}_1(E - E)\mathcal{Y}_5 = 0$.

一般来说, 对于给定的杨图 $[\lambda]$, 如果 d 个正则杨算符 $\mathcal{Y}_\mu$ 不完全正交, 希望选取合适的群代数矢量 y_μ 右乘到杨算符 $\mathcal{Y}_\mu$ 上, 使它们满足

$$
e_\mu = \frac{f}{n!}\,\mathcal{Y}_\mu y_\mu, \quad e_\mu e_\nu = \delta_{\mu\nu} e_\mu,
\tag{3.47}
$$

其中, f 是杨算符 $\mathcal{Y}_\mu$ 产生右理想的维数. 既然杨图 $[\lambda]$ 已经选定, 为了书写简单, 这里省略了标记杨图的指标 $[\lambda]$.

式 (3.47) 就是要求 y_μ 满足

$$
\begin{aligned}
\mathcal{Q}_\mu y_\mu \mathcal{P}_\nu &= \delta_{\mu\nu} \mathcal{Q}_\mu \mathcal{P}_\mu, \quad 1 \leqslant \mu \leqslant d, \quad 1 \leqslant \nu \leqslant d, \\
\mathcal{Y}_\mu y_\mu \mathcal{Y}_\nu &= \mathcal{P}_\mu \mathcal{Q}_\mu y_\mu \mathcal{P}_\nu \mathcal{Q}_\nu = \delta_{\mu\nu} \mathcal{Y}_\mu \mathcal{Y}_\mu.
\end{aligned}
\tag{3.48}
$$

定义置换 $R_{\mu\nu}$, 它把正则杨表 $\mathcal{Y}_\nu$ 变成正则杨表 $\mathcal{Y}_\mu$

$$
\begin{aligned}
R_{\mu\rho} R_{\rho\nu} &= R_{\mu\nu}, \quad R_{\mu\mu} = E, \\
R_{\mu\nu} \mathcal{Y}_\nu &= \mathcal{Y}_\mu R_{\mu\nu}, \quad R_{\mu\nu} \mathcal{P}_\nu = \mathcal{P}_\mu R_{\mu\nu}, \quad R_{\mu\nu} \mathcal{Q}_\nu = \mathcal{Q}_\mu R_{\mu\nu}.
\end{aligned}
\tag{3.49}
$$

由定理 3.3 的推论 3, 当 $\mathcal{Y}_\mu \mathcal{Y}_\nu \neq 0$ 时, $R_{\mu\nu} = P_\nu^{(\mu)} Q_\nu^{(\mu)}$, 其中, $P_\nu^{(\mu)}$ 和 $Q_\nu^{(\mu)}$ 分别是杨表 $\mathcal{Y}_\nu$ 的横向置换和纵向置换, 用带括号的上指标表明它们与杨表 $\mathcal{Y}_\mu$ 有关. 令

$$
P_{\mu\nu} = \begin{cases} P_\nu^{(\mu)}, & \mathcal{Y}_\mu \mathcal{Y}_\nu \neq 0, \\ 0, & \mathcal{Y}_\mu \mathcal{Y}_\nu = 0. \end{cases}
\tag{3.50}
$$

显然, 当 $\mathcal{Y}_\mu \mathcal{Y}_\nu \neq 0$ 时, 有

$$
\begin{aligned}
P_{\mu\nu} \mathcal{Q}_\nu &= R_{\mu\nu} \mathcal{Q}_\nu \left(Q_\nu^{(\mu)} \right)^{-1} = \mathcal{Q}_\mu P_{\mu\nu}, \\
\mathcal{P}_\nu P_{\mu\nu} &= P_{\mu\nu} \mathcal{P}_\nu = \mathcal{P}_\nu, \\
\mathcal{Y}_\mu P_{\mu\nu} &= R_{\mu\nu} \mathcal{Y}_\nu \left(Q_\nu^{(\mu)} \right)^{-1} = \delta(Q_\nu^{(\mu)}) R_{\mu\nu} \mathcal{Y}_\nu.
\end{aligned}
\tag{3.51}
$$

可以用数学归纳法证明, 下式定义的 y_μ 满足式 (3.48):

$$
y_\mu = E - \sum_{\rho=\mu+1}^{d} P_{\mu\rho} y_\rho, \quad y_d = E, \quad \mu \leqslant d.
\tag{3.52}
$$

y_μ 是按 μ 自大至小逐个定义的, 它是群元素的组合, 除恒元项外, 其他项都是若干个 $-P_{\nu\rho}$ 的乘积.

证明　μ 等于 d 时式 (3.48) 显然成立. 现设当 $\mu > \tau$ 时式 (3.48) 成立, 要证 $\mu = \tau$ 时式 (3.48) 也成立.

$$
\begin{aligned}
\mathcal{Q}_\tau y_\tau \mathcal{P}_\nu &= \mathcal{Q}_\tau \mathcal{P}_\nu - \sum_{\rho=\tau+1}^{d} \mathcal{Q}_\tau P_{\tau\rho} y_\rho \mathcal{P}_\nu \\
&= \mathcal{Q}_\tau \mathcal{P}_\nu - \sum_{\rho=\tau+1}^{d} P_{\tau\rho} \mathcal{Q}_\rho y_\rho \mathcal{P}_\nu \\
&= \begin{cases}
0, & \nu < \tau, \\
\mathcal{Q}_\tau \mathcal{P}_\tau, & \nu = \tau, \\
\mathcal{Q}_\tau \mathcal{P}_\nu - P_{\tau\nu} \mathcal{Q}_\nu \mathcal{P}_\nu = 0, & \nu > \tau.
\end{cases}
\end{aligned}
$$

证完.

由式 (3.51) 不难看出

$$
\mathcal{Y}_\mu y_\mu = \mathcal{Y}_\mu - \sum_{\mathcal{Y}_\mu \mathcal{Y}_\rho \neq 0, \rho>\mu} \delta(Q_\rho^{(\mu)}) R_{\mu\rho} \mathcal{Y}_\rho y_\rho = \sum_{\rho=\mu}^{d} t_\rho \mathcal{Y}_\rho.
\tag{3.53}
$$

前一求和号是在满足 $\mathcal{Y}_\mu \mathcal{Y}_\rho \neq 0$ 条件下对 ρ 求和. t_ρ 是群代数的矢量, 可为零.

定理 3.5　设 $\mathcal{Y}_\mu^{[\lambda]}$ 是对应杨图 $[\lambda]$ 的正则杨算符, 则互相正交的原始幂等元

$$
e_\mu^{[\lambda]} = \frac{d_{[\lambda]}}{n!} \mathcal{Y}_\mu^{[\lambda]} y_\mu^{[\lambda]}, \quad 1 \leqslant \mu \leqslant d_{[\lambda]}
\tag{3.54}
$$

是完备的, 恒元可按这些原始幂等元分解:

$$
E = \frac{1}{n!} \sum_{[\lambda]} d_{[\lambda]} \sum_{\mu=1}^{d_{[\lambda]}} \mathcal{Y}_\mu^{[\lambda]} y_\mu^{[\lambda]}.
\tag{3.55}
$$

证明 对于给定杨图 $[\lambda]$, 已经找到 $d_{[\lambda]}$ 个互相正交的原始幂等元 $e_\mu^{[\lambda]}$, 如式 (3.54) 所示. 由这些原始幂等元生成的不可约表示是 $f_{[\lambda]}$ 维的. 因为有限群正则表示约化中, 每个不可约表示的重数等于表示的维数, 所以

$$d_{[\lambda]} \leqslant f_{[\lambda]}.$$

但有限群不等价不可约表示的维数平方和等于群的阶数

$$\sum_{[\lambda]} f_{[\lambda]}^2 = n!.$$

与式 (3.17) 比较知

$$d_{[\lambda]} = f_{[\lambda]}.$$

因此, 找到的这组正交的原始幂等元 $e_\mu^{[\lambda]}$, 它们生成的左理想已充满了整个置换群群代数, 故有式 (3.55). 证完.

3.2 杨图方法和置换群不可约表示

3.2.1 置换群不可约表示的表示矩阵

每一个杨图对应置换群的一个不可约表示. 现在要讨论, 对于给定的杨图, 如何选择标准基, 并在此标准基中如何具体计算置换群元素的表示矩阵和特征标. 因为杨图已经选定, 下面计算中略去标记杨图的指标 $[\lambda]$.

3.1.5 节已经定义了置换 $R_{\nu\mu}$, 它把正则杨表 $\mathcal{Y}_\mu$ 变成正则杨表 $\mathcal{Y}_\nu$. 置换 $R_{\nu\mu}$ 满足式 (3.49). 由这些置换和正则杨算符, 可以定义如下 d^2 个基:

$$b_{\nu\mu} = e_\nu R_{\nu\mu} e_\mu = (d/n!)^2 \mathcal{Y}_\nu y_\nu R_{\nu\mu} \mathcal{Y}_\mu y_\mu = (d/n!)^2 \mathcal{Y}_\nu y_\nu \mathcal{Y}_\nu R_{\nu\mu} y_\mu$$
$$= (d/n!) \mathcal{Y}_\nu R_{\nu\mu} y_\mu = (d/n!) R_{\nu\mu} \mathcal{Y}_\mu y_\mu = R_{\nu\mu} e_\mu. \tag{3.56}$$

请注意, $R_{\nu\mu} e_\mu$ **会自动产生左面的** e_ν. 由式 (3.49) 知, 这组基满足不可约基的传递关系 (2.96):

$$b_{\nu\rho} b_{\lambda\mu} = \delta_{\rho\lambda} b_{\nu\mu}, \quad b_{\mu\mu} = e_\mu = (d/n!) \mathcal{Y}_\mu y_\mu. \tag{3.57}$$

因此这组基就是要找的置换群的不可约基. 当 μ 固定时, d 个基 $b_{\nu\mu}$ 架设左理想 $\mathcal{L}_\mu$, 当 ν 固定时, d 个基 $b_{\nu\mu}$ 架设右理想 $\mathcal{R}_\nu$, 在这些基中得到的表示完全相同. 在左理想 $\mathcal{L}_1$ 中找置换群元素 S 的表示矩阵 $D(S)$,

$$S b_{\mu 1} = \sum_\rho^d b_{\rho 1} D_{\rho\mu}(S). \tag{3.58}$$

左乘 $b_{1\nu}$, 得

$$D_{\nu\mu}(S)e_1 = b_{1\nu}Sb_{\mu 1} = (d/n!)^2 (R_{1\nu}\mathcal{Y}_\nu y_\nu) S (R_{\mu 1}\mathcal{Y}_1 y_1). \tag{3.59}$$

注意: $R_{\mu 1}\mathcal{Y}_1 = \mathcal{Y}_\mu R_{\mu 1}$. 等式右面的量一定正比于 e_1. 为了化简此式, 把两个杨算符移到一起, 以消去一个杨算符. y_ν 是群元素的组合, 组合系数为 ± 1, 可以形式上把它写成

$$y_\nu = \sum_k \delta_k T_k, \quad \delta_k = \pm 1, \tag{3.60}$$

其中, T_k 是置换群元素. 设 $(T_k)^{-1}$ 把杨表 $\mathcal{Y}_\nu$ 变成杨表 $\mathcal{Y}_{\nu k}$, S 把杨表 $\mathcal{Y}_\mu$ 变成杨表 $\mathcal{Y}_\mu(S)$, 则式 (3.59) 化为

$$D_{\nu\mu}(S)e_1 = \sum_k \delta_k (d/n!)^2 R_{1\nu}T_k\mathcal{Y}_{\nu k}\mathcal{Y}_\mu(S)SR_{\mu 1}y_1. \tag{3.61}$$

现在的关键是计算这两个杨算符的乘积. 如果存在一对数, 它们在杨表 $\mathcal{Y}_\mu(S)$ 中填在同一行, 而在杨表 $\mathcal{Y}_{\nu k}$ 中填在同一列, 则这两个杨算符乘积为零. 如果填在杨表 $\mathcal{Y}_\mu(S)$ 同一行的数, 在杨表 $\mathcal{Y}_{\nu k}$ 中都不填在同一列, 则把杨表 $\mathcal{Y}_\mu(S)$ 变成杨表 $\mathcal{Y}_{\nu k}$ 的置换 R 可表为杨表 $\mathcal{Y}_\mu(S)$ 的横向置换 $P_\mu(S)$ 和纵向置换 $Q_\mu(S)$ 的乘积,

$$R = P_\mu(S)Q_\mu(S) = [RQ_\mu(S)R^{-1}] P_\mu(S) = Q_{\nu k}P_\mu(S).$$

方括号里的置换是杨表 $\mathcal{Y}_{\nu k}$ 的纵向置换 $Q_{\nu k}$, 它的逆变换可**把杨表 $\mathcal{Y}_{\nu k}$ 变成杨表 $\mathcal{Y}'$, 使杨表 $\mathcal{Y}'$ 和杨表 $\mathcal{Y}_\mu(S)$ 每一对应行包含的填数相同**. 利用式 (3.43) (定理 3.4 推论 4), 得

$$(d/n!)\, \mathcal{Y}_{\nu k}\mathcal{Y}_\mu(S)SR_{\mu 1} = (d/n!)\, \mathcal{Y}_{\nu k}\delta(Q_{\nu k})Q_{\nu k}P_\mu(S)\mathcal{Y}_\mu(S)SR_{\mu 1}$$
$$= (d/n!)\, \delta(Q_{\nu k})Q_{\nu k}P_\mu(S)\mathcal{Y}_\mu(S)\mathcal{Y}_\mu(S)SR_{\mu 1}$$
$$= \delta(Q_{\nu k})Q_{\nu k}P_\mu(S)SR_{\mu 1}y_1.$$

代入式 (3.61) 得

$$D_{\nu\mu}(S)e_1 = \sum_k \delta_k\delta(Q_{\nu k})(d/n!)[R_{1\nu}T_kQ_{\nu k}P_\mu(S)SR_{\mu 1}]\mathcal{Y}_1 y_1. \tag{3.62}$$

现在来研究方括号里的置换. $R_{\mu 1}$ 把杨表 $\mathcal{Y}_1$ 变成杨表 $\mathcal{Y}_\mu$, S 把杨表 $\mathcal{Y}_\mu$ 变成杨表 $\mathcal{Y}_\mu(S)$, $Q_{\nu k}P_\mu(S)$ 把杨表 $\mathcal{Y}_\mu(S)$ 变成杨表 $\mathcal{Y}_{\nu k}$, T_k 把杨表 $\mathcal{Y}_{\nu k}$ 变成杨表 $\mathcal{Y}_\nu$, 而 $R_{1\nu}$ 又把杨表 $\mathcal{Y}_\nu$ 变回到杨表 $\mathcal{Y}_1$, 这就是说, 花括号里的置换是恒元. 这是合理的, 因为式 (3.61) 右面正比于幂等元 e_1. 最后,

$$D_{\nu\mu}(S) = \sum_k \delta_k\delta(Q_{\nu k}), \tag{3.63}$$

即在这组标准基 $b_{\nu\mu}$ 中, 置换群不可约表示的矩阵元素都是整数, **置换群的不可约表示都是实表示**.

现在, 计算置换群不可约表示的矩阵元素的问题, 归结为计算因子 $\delta_k \delta(Q_{\nu k})$. δ_k 是 y_ν 展开式的系数, 是已知的. $\delta(Q_{\nu k})$ 可按下法通过比较杨表 $\mathcal{Y}_{\nu k}$ 和杨表 $\mathcal{Y}_\mu(S)$ 得到. 如果存在一对数, 它们在杨表 $\mathcal{Y}_\mu(S)$ 中填在同一行, 而在杨表 $\mathcal{Y}_{\nu k}$ 中填在同一列, 则取 $\delta(Q_{\nu k})$ 为零. 如果填在杨表 $\mathcal{Y}_\mu(S)$ 中同一行的数, 在杨表 $\mathcal{Y}_{\nu k}$ 中都不填在同一列, 则找杨表 $\mathcal{Y}_{\nu k}$ 的纵向置换 $Q_{\nu k}^{-1}$, 它把杨表 $\mathcal{Y}_{\nu k}$ 变成杨表 $\mathcal{Y}'$, 使杨表 $\mathcal{Y}'$ 和杨表 $\mathcal{Y}_\mu(S)$ 每一对应行包含的填数都相同. $Q_{\nu k}$ 的置换宇称就是 $\delta(Q_{\nu k})$. 具体计算可通过列表法进行.

如果要计算元素 S 在表示 $[\lambda]$ 中的表示矩阵, 先写出杨图 $[\lambda]$ 对应的正则杨表 $\mathcal{Y}_\nu$ 及其 y_ν, y_ν 是群元素 T_k 的组合, 如式 (3.60) 所示. **逐项计算 T_k^{-1} 对正则杨表 $\mathcal{Y}_\nu$ 的作用, 得到新杨表 $\mathcal{Y}_{\nu k}$. 用新杨表 $\mathcal{Y}_{\nu k}$ 代替式 (3.60) 中的 T_k, 得到的杨表组合式, 按 ν 增加的次序, 填在表中最左面一列.** 这一列对计算任何群元素的表示矩阵都是一样的. 然后, **把要计算的元素 S 作用在正则杨表 $\mathcal{Y}_\mu$ 上, 得到新杨表 $\mathcal{Y}_\mu(S)$, 按 μ 增加的顺序列于表的最上面一行.** 表的内容有 d 行和 d 列, 第 ν 行第 μ 列的数就是表示矩阵元 $D_{\nu\mu}(S)$, 它等于 $\sum_k \delta_k \delta(Q_{\nu k})$. **通过比较杨表 $\mathcal{Y}_{\nu k}$ 和杨表 $\mathcal{Y}_\mu(S)$ 可以算得 $\delta(Q_{\nu k})$. 用 $\delta(Q_{\nu k})$ 代替最左面一列第 ν 行中的杨表 $\mathcal{Y}_{\nu k}$, 得到的组合数就是 $D_{\nu\mu}(S)$**, 填入表中第 ν 行第 μ 列的位置. 表中对角元之和就是特征标 $\chi^{[\lambda]}(S)$.

表 3.1 以表示 $[3,2]$ 为例, 具体计算了轮换 $S = (1\,2\,3\,4\,5)$ 的表示矩阵, 从这例子中应该可以学会用列表法计算置换群不可约表示矩阵的一般方法. 由表中可知

表 3.1　列表法计算置换群不可约表示的表示矩阵

$\sum_k \delta_k$ {杨表 $\mathcal{Y}_{\nu k}$}	杨表 $\mathcal{Y}_\mu(S)$				
	2 3 4 5 1	2 3 5 4 1	2 3 1 4 5	2 4 5 3 1	2 4 1 3 5
1 2 3　　1 4 5 4 5　 $-$ 　2 3	$-1-0$	$0-1$	$1-0$	$0+1$	$0-0$
1 2 4 3 5	-1	0	0	0	1
1 2 5 3 4	0	-1	0	0	0
1 3 4 2 5	-1	0	0	1	0
1 3 5 2 4	0	-1	0	1	0

注: $[\lambda] = [3,2]$, $S = (1\,2\,3\,4\,5)$, $y_\nu = \sum_k \delta_k T_k$.

T_k^{-1} 作用在杨表 $\mathcal{Y}_\nu$ 上得到杨表 $\mathcal{Y}_{\nu k}$,

S 作用在杨表 $\mathcal{Y}_\mu$ 上得到杨表 $\mathcal{Y}_\mu(S)$

$$D^{[3,2]}[(1\ 2\ 3\ 4\ 5)] = \begin{pmatrix} -1 & -1 & 1 & 1 & 0 \\ -1 & 0 & 0 & 0 & 1 \\ 0 & -1 & 0 & 0 & 0 \\ -1 & 0 & 0 & 1 & 0 \\ 0 & -1 & 0 & 1 & 0 \end{pmatrix},$$

同法可得

$$D^{[3,2]}[(1\ 2)] = \begin{pmatrix} 1 & 0 & 0 & -1 & -1 \\ 0 & 1 & 0 & -1 & 0 \\ 0 & 0 & 1 & 0 & -1 \\ 0 & 0 & 0 & -1 & 0 \\ 0 & 0 & 0 & 0 & -1 \end{pmatrix},$$

$$D^{[3,2]}[(5\ 4\ 3\ 2\ 1)] = \begin{pmatrix} 0 & 0 & -1 & -1 & 1 \\ 0 & 0 & -1 & 0 & 0 \\ 1 & 0 & -1 & -1 & 0 \\ 0 & 0 & -1 & 0 & 1 \\ 0 & 1 & -1 & -1 & 1 \end{pmatrix}.$$

由此很容易计算出每一个类中一个代表元素的表示矩阵

$$(2\ 3) = (1\ 2\ 3\ 4\ 5)(1\ 2)(5\ 4\ 3\ 2\ 1), \quad (1\ 2\ 3) = (1\ 2)(2\ 3),$$
$$(3\ 4) = (1\ 2\ 3\ 4\ 5)(2\ 3)(5\ 4\ 3\ 2\ 1), \quad (2\ 3\ 4\ 5) = (1\ 2)(1\ 2\ 3\ 4\ 5),$$
$$(4\ 5) = (1\ 2\ 3\ 4\ 5)(3\ 4)(5\ 4\ 3\ 2\ 1), \quad (1\ 2)(3\ 4), \quad (1\ 2\ 3)(4\ 5).$$

并算出这表示的特征标表, 列于表 3.2.

表 3.2   置换群 [3,2] 表示的特征标表

类 (ℓ)	(1^5)	$(2,1^3)$	$(2^2,1)$	$(3,1^2)$	$(3,2)$	$(4,1)$	(5)
特征标	5	1	1	-1	1	-1	0

3.2.2   计算特征标的等效方法

列表法固然可以计算置换群不可约表示的特征标, 但这样计算特征标并不比计算表示矩阵简单. 有一种等效的方法, 只根据表示 [λ] 和类 (ℓ) 这两个配分数, 就可以很方便地把特征标计算出来.

把描写类的非零配分数 ℓ_j 按任意次序排列并顺序编号, **把较小的 ℓ_j 排在前面会便于计算.** 排定后, 用 ℓ_1 个 1, ℓ_2 个 2 等, 顺序按满足下面条件的所谓**正则填充法**填入杨图 [λ].

(1) 每个数字填完后, 已填格子必须构成正则杨图.

(2) 填充同一数字的格子必须相连, 且由填该数的最左下方的格子开始, 沿向右或向上的方向, 可以不回头地一次走遍填以该数的全部格子. 这些格子所占行数减 1 的奇偶性称为该数字的**填充宇称**, 奇数为 -1, 偶数为 1.

如果能按正则填充法把全部数字都填入杨图, 称为一次正则填充. 在一次正则填充中, **每个数字的填充宇称的乘积称为该次正则填充的填充宇称, 最后把各次正则填充的填充宇称相加, 即得类 (ℓ) 在表示 $[\lambda]$ 中的特征标 $\chi^{[\lambda]}[(\ell)]$.** 如果不能按正则填充法把全部数字都填入杨图, 则 $\chi^{[\lambda]}[(\ell)] = 0$. 恒元单独构成类 (1^n), 它的正则填充就是正则杨表, 因而特征标正是正则杨表的数目, 即表示的维数, 可用公式 (3.16) 计算, **不必列出恒元的正则填充**. 在表 3.3 中用等效方法重新计算表 3.2 给出的特征标.

表 3.3 用等效方法计算置换群[3,2]表示的特征标表

类	(1^5)	$(1^3, 2)$	$(1, 2^2)$	$(1^2, 3)$	$(2, 3)$	$(1, 4)$	(5)
正则填充		1 2 3 4 4	1 2 2 3 3	1 3 3 2 3	1 2 2 1 2	1 2 2 2 2	
填充宇称		1	1	-1	1	-1	
$\chi^{[3,2]}[(\ell)]$	5	1	1	-1	1	-1	0

如果把大的 ℓ_j 排在前面先填, 有时会增加正则填充的次数, 但最后填充宇称相加后还是一样的. 例如, 前例中, 类$(2,2,1)$, 把$\ell_j = 2$ 的数先填, 会有三次正则填充:

$$\begin{array}{ccc} \begin{matrix} 1\ 1\ 3 \\ 2\ 2 \end{matrix} & \begin{matrix} 1\ 2\ 2 \\ 1\ 3 \end{matrix} & \begin{matrix} 1\ 2\ 3 \\ 1\ 2 \end{matrix} \end{array}$$

$$\text{填充宇称} = \quad 1 \quad + \quad (-1) \quad + \quad 1 \quad = 1.$$

3.2.3 不可约表示的实正交形式

用列表法计算的置换群不可约表示不是实正交的. 因它与杨算符密切联系在一起, 在某些问题中有它的方便之处. 但在另一些问题中可能需要找置换群的实正交表示形式. 本小节不加证明地给出置换群不可约表示 $[\lambda]$ 的实正交形式的计算方法, 和它与用杨算符方法计算得的表示形式间的相似变换矩阵. 为简化符号, 书写中省略指标 $[\lambda]$.

定理 3.6 用杨算符方法计算得的置换群不可约表示 $D^{[\lambda]}$ 可通过上三角相似变换 X 化为实正交表示形式 $\overline{D}^{[\lambda]}$:

$$D^{[\lambda]}(P_a)X = X\overline{D}^{[\lambda]}(P_a), \quad X_{\nu\mu} = 0, \quad \text{当} \ \nu > \mu, \tag{3.64}$$

其中, 行 (列) 指标由正则杨表 $\mathcal{Y}_\nu^{[\lambda]}$ 自小至大排列, $P_a = (a\ a+1)$ 是相邻客体的对

换, $\overline{D}^{[\lambda]}(P_a)$ 是由 1×1 和 2×2 子矩阵直和构成的实正交矩阵. 当 a 和 $(a+1)$ 在正则杨表 $\mathcal{Y}_\nu^{[\lambda]}$ 中填在同一行或同一列时, 有 1×1 子矩阵:

$$\overline{D}_{\nu\nu}^{[\lambda]}(P_a) = \begin{cases} 1, & a \text{ 和 } (a+1) \text{ 填在同一行}, \\ -1, & a \text{ 和 } (a+1) \text{ 填在同一列}. \end{cases} \tag{3.65}$$

当 a 和 $(a+1)$ 在正则杨表 $\mathcal{Y}_\nu^{[\lambda]}$ 中既不填在同一行, 也不填在同一列, 则交换 a 和 $(a+1)$ 的位置, 正则杨表 $\mathcal{Y}_\nu^{[\lambda]}$ 变成正则杨表 $\mathcal{Y}_{\nu_a}^{[\lambda]}$. 不失普遍性, 设正则杨表 $\mathcal{Y}_\nu^{[\lambda]}$ 小于正则杨表 $\mathcal{Y}_{\nu_a}^{[\lambda]}$, 则有 2×2 子矩阵:

$$\begin{pmatrix} \overline{D}_{\nu\nu}(P_a) & \overline{D}_{\nu\nu_a}(P_a) \\ \overline{D}_{\nu_a\nu}(P_a) & \overline{D}_{\nu_a\nu_a}(P_a) \end{pmatrix} = \frac{1}{m} \begin{pmatrix} -1 & \sqrt{m^2-1} \\ \sqrt{m^2-1} & 1 \end{pmatrix}, \tag{3.66}$$

其中 m 是在正则杨表 $\mathcal{Y}_\nu^{[\lambda]}$ 中, 自填 a 的格子向左或向下走到填 $(a+1)$ 的格子需走的步数. 其实, 式 (3.65) 可以看成式 (3.66) 的特殊情况, 其中 $m = \mp 1$.

　　例 1　S_3 群的 $[2,1]$ 表示.

　　由式 (3.66) 算得 S_3 群 $[2,1]$ 表示的实正交形式为

$$\overline{D}^{[2,1]}(P_1) = \begin{pmatrix} 1 & 0 \\ 0 & -1 \end{pmatrix}, \quad \overline{D}^{[2,1]}(P_2) = \frac{1}{2} \begin{pmatrix} -1 & \sqrt{3} \\ \sqrt{3} & 1 \end{pmatrix}.$$

请读者自行用列表法计算表示矩阵 $D^{[2,1]}(P_a)$, 并代入式 (3.64), 其中 P_a 取 P_2, $X_{21} = 0$, 得

$$\begin{pmatrix} 0 & X_{22} \\ X_{11} & X_{12} \end{pmatrix} = \frac{1}{2} \begin{pmatrix} -X_{11} + \sqrt{3}X_{12} & \sqrt{3}X_{11} + X_{12} \\ \sqrt{3}X_{22} & X_{22} \end{pmatrix},$$

取 $X_{11} = \sqrt{3}$, 得 $X_{12} = 1$ 和 $X_{22} = 2$.

　　例 2　S_5 群的 $[3,2]$ 表示的实正交形式.

　　对杨图 $[3,2]$, 正则杨表自 $\mathcal{Y}_1$ 至 $\mathcal{Y}_5$ 排列如下:

$$\begin{array}{ccccc} 1\,2\,3 & 1\,2\,4 & 1\,2\,5 & 1\,3\,4 & 1\,3\,5 \\ 4\,5 & 3\,5 & 3\,4 & 2\,5 & 2\,4 \end{array}$$

例如, 计算 P_2 的实正交表示形式, 就需观察 2 和 3 在正则杨表中所填位置. 把正则杨表 $\mathcal{Y}_2$ 中填 2 和 3 的格子交换, 得正则杨表 $\mathcal{Y}_4$, 从填 2 的格子走到填 3 的格子需走两步, 即 $m = 2$. 同样, 正则杨表 $\mathcal{Y}_3$ 和 $\mathcal{Y}_5$ 中, 填 2 和 3 的格子互相交换, $m = 2$.

按此法计算得表示矩阵:

$$\overline{D}(P_1) = \begin{pmatrix} 1 & 0 & 0 & 0 & 0 \\ 0 & 1 & 0 & 0 & 0 \\ 0 & 0 & 1 & 0 & 0 \\ 0 & 0 & 0 & -1 & 0 \\ 0 & 0 & 0 & 0 & -1 \end{pmatrix}, \quad \overline{D}(P_2) = \frac{1}{2} \begin{pmatrix} 2 & 0 & 0 & 0 & 0 \\ 0 & -1 & 0 & \sqrt{3} & 0 \\ 0 & 0 & -1 & 0 & \sqrt{3} \\ 0 & \sqrt{3} & 0 & 1 & 0 \\ 0 & 0 & \sqrt{3} & 0 & 1 \end{pmatrix},$$

$$\overline{D}(P_3) = \frac{1}{3} \begin{pmatrix} -1 & \sqrt{8} & 0 & 0 & 0 \\ \sqrt{8} & 1 & 0 & 0 & 0 \\ 0 & 0 & 3 & 0 & 0 \\ 0 & 0 & 0 & 3 & 0 \\ 0 & 0 & 0 & 0 & -3 \end{pmatrix}, \quad \overline{D}(P_4) = \frac{1}{2} \begin{pmatrix} 2 & 0 & 0 & 0 & 0 \\ 0 & -1 & \sqrt{3} & 0 & 0 \\ 0 & \sqrt{3} & 1 & 0 & 0 \\ 0 & 0 & 0 & -1 & \sqrt{3} \\ 0 & 0 & 0 & \sqrt{3} & 1 \end{pmatrix}.$$

3.3 置换群不可约表示的内积和外积

3.3.1 置换群不可约表示的直乘分解

置换群不可约表示的直乘通常称为内积, 因为置换群不可约表示还有另外一种称为外积的运算, 它涉及子群 $S_n \otimes S_m$ 不可约表示关于群 S_{n+m} 的诱导表示.

置换群不可约表示直乘分解的克莱布什–戈登级数就按特征标分解的方法计算. 但因置换群所有不可约表示都是实表示, 特征标是实数, 这使参加直乘的表示 $[\lambda]$ 和 $[\mu]$ 与约化后的表示 $[\nu]$, 在特征标分解的公式中处于平等的地位:

$$\chi^{[\lambda]}(R)\chi^{[\mu]}(R) = \sum_{\nu} a_{\lambda\mu\nu}\chi^{[\nu]}(R),$$
$$a_{\lambda\mu\nu} = \frac{1}{n!} \sum_{R \in S_n} \chi^{[\lambda]}(R)\chi^{[\mu]}(R)\chi^{[\nu]}(R), \tag{3.67}$$

从而使 $a_{\lambda\mu\nu}$ 对于三个指标完全对称. 这性质可以部分简化置换群克莱布什 – 戈登级数的计算, 部分计算结果可参看有关书籍, 如文献 (马中骐,2002) 第六章第 31 题.

一行的杨图 $[n]$ 只有一种正则杨表, 对应杨算符是所有群元素相加, 因而对应恒等表示, 所有群元素都对应数 1. 一列的杨图 $[1^n]$ 也只有一种正则杨表, 对应杨算符是所有群元素乘其置换宇称后相加, 因而对应反对称表示, 群元素的表示矩阵等于元素的置换宇称. 把杨图 $[\lambda]$ 取转置, 即以杨图对角线作反射, 得到的杨图 $[\tilde{\lambda}]$, 与杨图 $[\lambda]$ 互称关联 (associate) 杨图. 可以证明, 互为关联杨图的两表示维数相等, 每个类在这两表示中的特征标只相差类中元素的置换宇称. 因此,

$$[\tilde{\lambda}] \simeq [1^n] \times [\lambda]. \tag{3.68}$$

这里为书写清楚起见, 直接用杨图代替不可约表示. 事实上, 杨图 $[\lambda]$ 的任一正则填充, 取转置后正是关联杨图 $[\tilde{\lambda}]$ 的正则填充. 在这一对正则填充中, 每一个数的填充位置只是行列交换. 设类中元素包含一个长度为 ℓ_j 的轮换, 在正则填充中有 ℓ_j 个相同的数填入杨图. 根据正则填充的规则, 这些数所占行数和列数之和等于 $\ell_j + 1$, 它的偶奇性就是长度为 ℓ_j 轮换的偶奇性. 因此这些数在这一对正则填充中所产生的填充宇称也就相差该轮换的置换宇称. 这就是式 (3.68). 结合 $a_{\lambda\mu\nu}$ 的对称性质, 可得关于置换群不可约表示直乘分解的若干一般规则:

$$[\lambda] = [n] \times [\lambda], \qquad [\tilde{\lambda}] = [1^n] \times [\lambda],$$
$$[\tilde{\lambda}] \times [\mu] \simeq [\lambda] \times [\tilde{\mu}], \quad [\lambda] \times [\mu] \simeq [\tilde{\lambda}] \times [\tilde{\mu}], \tag{3.69}$$
$$[\lambda] \times [\lambda] = [n] \oplus \cdots, \quad [\lambda] \times [\tilde{\lambda}] = [1^n] \oplus \cdots.$$

在 $[\lambda] \times [\mu]$ 的分解中出现恒等表示的充要条件是 $[\lambda] \simeq [\mu]$, 出现反对称表示的充要条件是 $[\lambda] \simeq [\tilde{\mu}]$, 而且在此条件下, 恒等表示或反对称表示只出现一次. 利用这些规则, S_3 群不可约表示直乘分解的克莱布什–戈登级数为

$$[3] \times [3] \simeq [1^3] \times [1^3] \simeq [3], \quad [3] \times [1^3] \simeq [1^3],$$
$$[3] \times [2,1] \simeq [1^3] \times [2,1] \simeq [2,1], \tag{3.70}$$
$$[2,1] \times [2,1] \simeq [3] \oplus [1^3] \oplus [2,1].$$

3.3.2　置换群不可约表示的外积

在 $n+m$ 个客体的置换群 S_{n+m} 中, 前 n 个客体置换群记为 S_n, 后 m 个客体置换群记为 S_m. 这两个置换群涉及的客体不同, 因而分属两个子群的元素乘积可以对易, 两子群的公共元素只有恒元. 两子群的直乘 $S_n \otimes S_m$ 是 S_{n+m} 群的一个子群. 子群的指数 N 等于 $n+m$ 个客体中选 n 个客体的组合数,

$$N = \binom{n+m}{n} = \frac{(n+m)!}{n!m!}. \tag{3.71}$$

子群的左陪集记为 $T_\alpha(S_n \otimes S_m)$. 置换 $T_\alpha \in S_{n+m}$ 把前 n 个客体移到 $n+m$ 个位置中的 n 个新位置. 常把 T_α 选定为

$$T_\alpha = \begin{pmatrix} 1 & 2 & \cdots & n & n+1 & n+2 & \cdots & n+m \\ a_1 & a_2 & \cdots & a_n & b_1 & b_2 & \cdots & b_m \end{pmatrix},$$
$$a_j \neq b_k, \quad 1 \leqslant a_1 < a_2 < \ldots < a_n \leqslant n+m, \tag{3.72}$$
$$1 \leqslant b_1 < b_2 < \ldots < b_n \leqslant n+m.$$

用群代数的观点来讨论. 置换群 S_{n+m} 的群代数记为 $\mathcal{L}$, 它是 $(n+m)!$ 维的. 子群 $S_n \otimes S_m$ 的群代数记为 $\mathcal{L}^{nm}$, 它是 $n!m!$ 维的. 子群陪集对应的子空间为 $T_\alpha \mathcal{L}^{nm}$, 因此有

$$\mathcal{L} = \bigoplus_{\alpha=1}^{N} T_\alpha \mathcal{L}^{nm}, \quad T_1 = E. \tag{3.73}$$

设杨图 $[\lambda]$, $[\mu]$ 和 $[\omega]$ 分别是 n 格, m 格和 $n+m$ 格的. $\mathcal{L}$ 中的原始幂等元记为 $e^{[\omega]}$, 它生成的最小左理想是 $\mathcal{L}^{[\omega]} = \mathcal{L}e^{[\omega]}$, 对应的不可约表示 $D^{[\omega]}(S_{n+m}) \equiv [\omega]$ 是 $d_{[\omega]}$ 维的. 子群 $S_n \otimes S_m$ 的原始幂等元记为 $e^{[\lambda][\mu]}$, 由它生成的关于 $\mathcal{L}^{nm}$ 的最小左理想记为 $\mathcal{L}^{[\lambda][\mu]} = \mathcal{L}^{nm}e^{[\lambda][\mu]}$, 对应子群的不可约表示为 $D^{[\lambda]}(S_n) \times D^{[\mu]}(S_m) \equiv D^{[\lambda]\times[\mu]}(S_n \otimes S_m)$, 维数是 $d_{[\lambda]}d_{[\mu]}$.

对 S_{n+m} 群的群代数 $\mathcal{L}$ 来说, $e^{[\lambda][\mu]}$ 是幂等元, 但不是原始幂等元, $\mathcal{L}^{[\lambda][\mu]}$ 是子代数, 但不是左理想. 用 $\mathcal{L}$ 左乘幂等元 $e^{[\lambda][\mu]}$, 把子代数 $\mathcal{L}^{[\lambda][\mu]}$ 扩充成 $\mathcal{L}$ 的左理想, 对应关于群 S_{n+m} 的诱导表示, 记为 $D^{[\lambda]\otimes[\mu]}(S_{n+m}) \equiv [\lambda] \otimes [\mu]$,

$$\mathcal{L}_{\lambda\mu} \equiv \mathcal{L}e^{[\lambda][\mu]} = \bigoplus_{\alpha=1}^{N} T_\alpha \mathcal{L}^{nm}e^{[\lambda][\mu]} = \bigoplus_{\alpha=1}^{N} T_\alpha \mathcal{L}^{[\lambda][\mu]}. \tag{3.74}$$

求和的每一项 $T_\alpha \mathcal{L}^{[\lambda][\mu]}$ 都是 $d_{[\lambda]}d_{[\mu]}$ 维的, 而且不同项不包含公共矢量, 因而诱导表示 $[\lambda] \otimes [\mu]$ 的维数为

$$d_{[\lambda]\otimes[\mu]} = \frac{(n+m)!}{n!m!} d_{[\lambda]}d_{[\mu]}. \tag{3.75}$$

子群 $S_n \otimes S_m$ 的不可约表示 $D^{[\lambda]\times[\mu]}(S_n \otimes S_m)$, 关于群 S_{n+m} 的诱导表示 $[\lambda] \otimes$ $[\mu]$, 称为两表示的外积. 左理想 $\mathcal{L}_{\lambda\mu}$ 一般不是 $\mathcal{L}$ 的最小左理想, 对应的诱导表示 $[\lambda] \otimes [\mu]$ 也一般是置换群 S_{n+m} 的可约表示, 可以按置换群 S_{n+m} 的不可约表示 $[\omega]$ 分解:

$$[\lambda] \otimes [\mu] \simeq \bigoplus_{[\omega]} a_{\lambda\mu}^{\omega} [\omega], \quad \frac{(n+m)!}{n!m!} d_{[\lambda]}d_{[\mu]} = \sum_{[\omega]} a_{\lambda\mu}^{\omega} d_{[\omega]}. \tag{3.76}$$

表示的重数可以由特征标公式计算:

$$a_{\lambda\mu}^{\omega} = \frac{1}{(n+m)!} \sum_{R \in S_{n+m}} \chi^{[\lambda]\otimes[\mu]}(R)\chi^{[\omega]}(R). \tag{3.77}$$

用群代数的语言, 这种约化可以表为

$$\mathcal{L}e^{[\omega]}t_j e^{[\lambda][\mu]} \subset \mathcal{L}_{\lambda\mu}. \tag{3.78}$$

换言之, 任取 $\mathcal{L}$ 中的矢量 t_j, 有且只有 $a_{\lambda\mu}^{\omega}$ 个线性无关的矢量 $e^{[\omega]}t_j e^{[\lambda][\mu]}$, 它们分别在左理想 $\mathcal{L}_{\lambda\mu}$ 中找出最小左理想, 对应表示 $[\omega]$.

虽然特征标方法 (3.77) 可以计算重数 $a^{\omega}_{\lambda\mu}$, 但李特尔伍德 (Littlewood)–理查森 (Richardson) 提出一种图形规则, 可更方便地利用杨图计算置换群不可约表示外积的约化. 计算方法如下.

对表示 $[\lambda]\otimes[\mu]$, 任取其中一个杨图, 通常取格数较多的杨图, 如 $[\lambda]$, 作为基础, 将另一个杨图 $[\mu]$ 的各行格子分别填以行数, 即第 j 行的格子填以数 j. 然后, 自第一行开始, 自上而下逐行把杨图 $[\mu]$ 的格子补到杨图 $[\lambda]$ 上, 每补完一行格子, 都要求满足如下条件:

(1) 每行补完后的图是正则杨图;

(2) 填相同数的格子不补在同一列;

(3) 自第一行开始, 逐行地自右向左读杨图中补上的格子, 在读的过程中的每一步, 始终保持填数大的格子数目不大于填数小的格子数目.

这样补得的全部可能的杨图 $[\omega]$, 就是在表示外积 $[\lambda]\otimes[\mu]$ 中出现的 S_{n+m} 群不可约表示. 在满足上述规则的条件下, 同一个杨图 $[\omega]$ 出现的次数, 就是该表示在约化中的重数 $a^{\omega}_{\lambda\mu}$.

例 1　计算表示 $[2,1]\otimes[2,1]$ 的约化.

$$\begin{array}{|c|c|}\hline \times & \times \\\hline \times \\\cline{1-1}\end{array} \otimes \begin{array}{|c|c|}\hline 1 & 1 \\\hline 2 \\\cline{1-1}\end{array}$$

将第二个杨图的第一行格子填 1, 第二行格子填 2. 先将第一行的格子按上述规则补入第一个杨图

$$\begin{array}{llll}\times & \times & 1 & 1 \\ \times \end{array} \qquad \begin{array}{lll}\times & \times & 1 \\ \times & 1 \end{array} \qquad \begin{array}{lll}\times & \times & 1 \\ \times \\ 1\end{array} \qquad \begin{array}{ll}\times & \times \\ \times & 1 \\ 1\end{array}$$

再将填 2 的格子补上. 按照第三条规则, 这格子不能补在第一行, 对第四个图, 它也不能补在第二行. 允许的图有

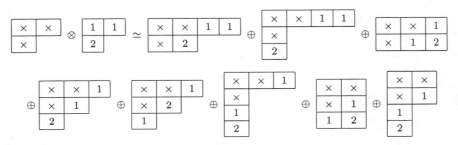

经检验, 等式两边表示的维数确实是相等的:

$$20 \times 2 \times 2 = 80 = 9 + 10 + 5 + 2 \times 16 + 10 + 5 + 9.$$

3.3.3　S_{n+m} 群的分导表示

讨论一个相关联的问题: S_{n+m} 群的不可约表示 $[\omega]$ 关于子群 $S_n \otimes S_m$ 的分导表示, 按子群不可约表示 $[\lambda] \times [\mu]$ 约化的问题:

$$D^{[\omega]}(S_n \otimes S_m) \simeq \bigoplus b_{\lambda\mu}^{\omega}\, D^{[\lambda]\times[\mu]}(S_n \otimes S_m), \quad d_{[\omega]} = \sum b_{\lambda\mu}^{\omega}\, d_{[\lambda]}d_{[\mu]}. \tag{3.79}$$

按照特征标公式,

$$b_{\lambda\mu}^{\omega} = \frac{1}{n!m!} \sum_{P \in S_n \otimes S_m} \chi^{[\lambda][\mu]}(P)\chi^{[\omega]}(P). \tag{3.80}$$

费罗贝尼乌斯定理 (定理 2.6) 指出: $b_{\lambda\mu}^{\omega} = a_{\lambda\mu}^{\omega}$. 用群代数的语言, $\mathcal{L}e^{[\omega]}$ 是 $\mathcal{L}$ 的最小左理想, 但限制子群 $S_n \otimes S_m$ 元素的作用, 它可能包含更小的左理想:

$$\mathcal{L}^{nm}e^{[\lambda][\mu]}t_j' e^{[\omega]} \subset \mathcal{L}e^{\omega}. \tag{3.81}$$

换言之, 任取 $\mathcal{L}$ 中的矢量 t_j', 同样有且只有 $a_{\lambda\mu}^{\omega}$ 个线性无关的矢量 $e^{[\lambda][\mu]}t_j' e^{[\omega]}$, 它们分别在左理想 $\mathcal{L}e^{[\omega]}$ 中算得关于子群 $S_n \otimes S_m$ 的最小左理想, 对应表示 $[\lambda] \times [\mu]$. 用李特尔伍德–理查森规则也可计算这分导表示的约化.

习　题　3

1. 写出对应下列杨表的杨算符

(1)

1	2	3
4		

;　(2)

1	2
3	4

;　(3)

1	2	3	4
5			

.

2. 具体写出 S_4 群恒元按正则杨算符的展开式.

3. 下列两正则杨算符乘积 $\mathcal{Y}_1\mathcal{Y}_2$ 不为零, R 把正则杨表 $\mathcal{Y}_2$ 变成正则杨表 $\mathcal{Y}_1$, 试把 R 表成属杨表 $\mathcal{Y}_2$ 的横向置换 P_2 和纵向置换 Q_2 的乘积 P_2Q_2, 再表成属杨表 $\mathcal{Y}_1$ 的横向置换 P_1 和纵向置换 Q_1 的乘积 P_1Q_1.

$$\mathcal{Y}_1 =$$

1	2	3	4
5	6	7	
8	9		

,　$$\mathcal{Y}_2 =$$

1	2	4	7
3	5	9	
6	8		

.

4. 用列表法计算 S_5 群生成元 (1 2) 和 (1 2 3 4 5) 在不可约表示 $[2,2,1]$ 中的表示矩阵.

5. 用等效方法计算 S_5 群各类在所有不等价不可约表示中的特征标.

6. 用等效方法计算 S_6 群各类在下列不可约表示中的特征标

(1) 表示 $[3,2,1]$;　(2) 表示 $[3,3]$;　(3) 表示 $[2,2,2]$.

7. 对用杨算符算得的 S_3 群不可约表示 $[2,1]$, 试计算它的自乘表示分解的克莱布什–戈登系数.

8. 采用杨算符方法计算 S_4 群不可约表示 $[3,1]$ 的全部 9 个不可约基, 用列表法计算在此不可约基中相邻客体对换 P_1, P_2 和 P_3 的表示矩阵.

9. 具体写出 S_4 群相邻客体对换 P_a 在不可约表示 $[3,1]$ 的实正交表示矩阵形式, 计算此表示与上题中用列表法算得的矩阵形式之间的相似变换矩阵, 并把上题的不可约基转换成 9 个正交基 $\phi_{\nu\mu}$.

10. 分别写出 S_6 群相邻客体对换 P_a 在不可约表示 $[3,3]$ 和 $[2,2,2]$ 中的实正交表示矩阵形式. 因为下式两边的表示是等价的

$$[2,2,2] \simeq [1^6] \times [3,3],$$

试计算它们间的相似变换矩阵 X.

11. 用李特尔伍德 – 理查森规则计算下列置换群表示外积的约化:

    (1) $[3,2,1] \otimes [3]$;   (2) $[3,2] \otimes [2,1]$;   (3) $[2,1] \otimes [4,2^3]$.

12. 用李特尔伍德–理查森规则计算, S_6 群下列不可约表示关于子群 $S_3 \otimes S_3$ 的分导表示, 按子群不可约表示的约化:

    (1) $[4,2]$;   (2) $[2,2,1,1]$;   (3) $[3,3]$.

第4章 三维转动群和李代数基本知识

球对称是物理学中最常见的对称性, 无论在经典力学中还是在量子力学中, 中心力场 (球对称系统) 问题总是最基本的研究课题. 这不仅是因为中心力场问题容易处理, 而且很多真实物理系统都有近似的球对称性质. 在球对称的系统里空间各向同性, 系统绕通过原点的任何轴的任何转动都保持不变, 因而系统的对称变换群是三维空间转动群 SO(3). SO(3) 群是最简单的非阿贝尔李群. 对 SO(3) 群的深入研究会给李群的一般研究提供很多启示. 总之, 三维空间转动群的研究在物理上和数学上都有重要意义. 本章将通过 SO(3) 群介绍李代数的基本知识.

4.1 三维空间转动变换群

描述转动变换, 存在两种不同的观点, 一种是系统转动的观点, 另一种是坐标系转动的观点. 本书按照多数文献的习惯, 采用系统转动的观点. 在群论中矢量这一术语用得比较广泛, 为区别起见, 本章对这三维空间的矢量, 专门用带箭头的符号来标记, 除矢量基外的单位矢量则用带小尖角的黑体符号标记.

在三维空间建立直角坐标系 K, 用原点 O 到空间任意点 P 的位置矢量 $\vec{r}$ 来描写 P 点的位置. 坐标轴向的单位矢量记为 $\vec{e}_a, a = 1,\ 2,\ 3$, 则

$$\vec{r} = \sum_{a=1}^{3} \vec{e}_a x_a. \tag{4.1}$$

三个坐标 x_a 作为一个整体, 与 $\vec{r}$ 一一对应, 描写 P 点的位置. 这里坐标记为 x_a, 而不记为 x, y 和 z, 是为了写求和式的方便.

空间转动变换保持原点不变, 保持两点间距离不变, 保持手征性不变. 设转动 R 把 P 点转到 P' 点, 变换前后的坐标可用 R 矩阵联系起来:

$$\vec{r'} = \sum_{a=1}^{3} \vec{e}_a x_a',$$

$$\begin{pmatrix} x_1' \\ x_2' \\ x_3' \end{pmatrix} = \begin{pmatrix} R_{11} & R_{12} & R_{13} \\ R_{21} & R_{22} & R_{23} \\ R_{31} & R_{32} & R_{33} \end{pmatrix} \begin{pmatrix} x_1 \\ x_2 \\ x_3 \end{pmatrix} = R \begin{pmatrix} x_1 \\ x_2 \\ x_3 \end{pmatrix}. \tag{4.2}$$

坐标间的齐次变换保证原点位置不变, 而距离不变性要求 R 是实正交矩阵

$$x'^T \underline{x}' = \underline{x}^T R^T R \underline{x} = \underline{x}^T \underline{x}, \quad R^T R = \mathbf{1}. \tag{4.3}$$

建立固定在系统上的坐标系 K', 单位矢量为 $\vec{e}_a$, 则 $\vec{r}'$ 在动坐标系 K' 中的分量仍是 x_a:

$$\vec{r}' = \sum_{a=1}^{3} \vec{e}_a x'_a = \sum_{b=1}^{3} \vec{e}'_b x_a. \tag{4.4}$$

把式 (4.2) 代入式 (4.4), 得单位矢量的变换关系

$$\vec{e}'_b = \sum_{a=1}^{3} \vec{e}_a R_{ab}. \tag{4.5}$$

坐标系的手征性是用单位矢量的混合积来确定的, 右手坐标系单位矢量的混合积为 1, 即

$$\vec{e}_1 \cdot (\vec{e}_2 \times \vec{e}_3) = 1. \tag{4.6}$$

左手坐标系则为 -1. 转动变换保持系统的手征性不变, 就是要求固定在系统上的坐标系, 它的单位矢量的混合积变换前后都是 1, 即

$$\vec{e}'_1 \cdot \left(\vec{e}'_2 \times \vec{e}'_3 \right) = \det R = 1. \tag{4.7}$$

因此行列式是 1 的实正交矩阵 R 描写三维空间转动变换, 所有三维空间转动变换都可以用行列式是 1 的实正交矩阵 R 来描写. 行列式为 -1 的实正交矩阵要改变系统的手征性, 这说明此变换中包含了空间反演 σ, 是所谓的非固有转动. 事实上, 实正交矩阵的行列式只能取不连续的 1 或 -1, 分别对应固有转动和非固有转动. 非固有转动元素是固有转动元素和空间反演 σ 的乘积, 描写转动变换后再做空间反演变换. **行列式为 1 的矩阵常称为幺模矩阵.**

三维幺模实正交矩阵 $R(\hat{n}, \omega)$, 描写绕三维空间 $\hat{n}$ 方向转动 ω 角的变换, 按照矩阵的乘积规则, 它的集合构成群, 称为三维转动群, 记为 SO(3) 群, 其中 O 代表实正交矩阵, S 代表幺模. 三维转动群是空间各向同性系统的对称变换群. 如果再把空间反演变换 σ 也包括进来, 所有三维实正交矩阵的集合构成三维实正交矩阵群, 记为 O(3) 群.

研究几个特殊的转动. 图 2.1 已经研究过绕 x_3 轴转动 ω 角的变换矩阵

$$R(\vec{e}_3, \omega) = \begin{pmatrix} \cos\omega & -\sin\omega & 0 \\ \sin\omega & \cos\omega & 0 \\ 0 & 0 & 1 \end{pmatrix}. \tag{4.8}$$

利用物理中常用的泡利 (Pauli) 矩阵可把转动矩阵写成矩阵的指数函数形式.

$$\sigma_1 = \begin{pmatrix} 0 & 1 \\ 1 & 0 \end{pmatrix}, \quad \sigma_2 = \begin{pmatrix} 0 & -\mathrm{i} \\ \mathrm{i} & 0 \end{pmatrix}, \quad \sigma_3 = \begin{pmatrix} 1 & 0 \\ 0 & -1 \end{pmatrix},$$

$$\sigma_a \sigma_b = \delta_{ab} \mathbf{1} + \mathrm{i} \sum_{c=1}^{3} \epsilon_{abc} \sigma_c, \quad \text{即} \quad \sigma_a^2 = \mathbf{1}, \quad \sigma_1 \sigma_2 = \mathrm{i}\sigma_3 \text{ 等}, \tag{4.9}$$

$$\mathrm{Tr}\, \sigma_a = 0, \quad \mathrm{Tr}\, (\sigma_a \sigma_b) = 2\delta_{ab}.$$

矩阵的指数函数用它的级数展开来定义

$$\begin{aligned}
\exp\{-\mathrm{i}\omega\sigma_2\} &= \sum_n \frac{1}{n!} (-\mathrm{i}\omega\sigma_2)^n \\
&= \mathbf{1}\left(1 - \frac{1}{2!}\omega^2 + \frac{1}{4!}\omega^4 - \cdots\right) - \mathrm{i}\sigma_2\left(\omega - \frac{1}{3!}\omega^3 + \frac{1}{5!}\omega^5 - \cdots\right) \\
&= \mathbf{1}\cos\omega - \mathrm{i}\sigma_2 \sin\omega = \begin{pmatrix} \cos\omega & -\sin\omega \\ \sin\omega & \cos\omega \end{pmatrix}.
\end{aligned}$$

把 σ_2 换成 T_3 矩阵, 就可得 $R(\vec{e}_3, \omega)$ 矩阵的指数形式

$$R(\vec{e}_3, \omega) = \exp\{-\mathrm{i}\omega T_3\} = \begin{pmatrix} \cos\omega & -\sin\omega & 0 \\ \sin\omega & \cos\omega & 0 \\ 0 & 0 & 1 \end{pmatrix}, \quad T_3 = \begin{pmatrix} 0 & -\mathrm{i} & 0 \\ \mathrm{i} & 0 & 0 \\ 0 & 0 & 0 \end{pmatrix}.$$

根据三个轴的循环对称性, 可知绕其他两轴的转动变换矩阵为

$$R(\vec{e}_1, \omega) = \exp\{-\mathrm{i}\omega T_1\} = \begin{pmatrix} 1 & 0 & 0 \\ 0 & \cos\omega & -\sin\omega \\ 0 & \sin\omega & \cos\omega \end{pmatrix}, \quad T_1 = \begin{pmatrix} 0 & 0 & 0 \\ 0 & 0 & -\mathrm{i} \\ 0 & \mathrm{i} & 0 \end{pmatrix},$$

$$R(\vec{e}_2, \omega) = \exp\{-\mathrm{i}\omega T_2\} = \begin{pmatrix} \cos\omega & 0 & \sin\omega \\ 0 & 1 & 0 \\ -\sin\omega & 0 & \cos\omega \end{pmatrix}, \quad T_2 = \begin{pmatrix} 0 & 0 & \mathrm{i} \\ 0 & 0 & 0 \\ -\mathrm{i} & 0 & 0 \end{pmatrix}.$$

T_a 矩阵的矩阵元素满足

$$(T_a)_{bc} = -\mathrm{i}\epsilon_{abc}. \tag{4.10}$$

再引入一个特殊的转动 $S(\varphi, \theta)$, 它把 x_3 轴上的点转到 $\hat{\boldsymbol{n}}(\theta, \varphi)$ 方向, 其中 θ 和

φ 角是 $\hat{\boldsymbol{n}}$ 方向的极角和方位角

$$S(\varphi,\theta) = R(\vec{e}_3,\varphi)R(\vec{e}_2,\theta) = \begin{pmatrix} \cos\varphi\cos\theta & -\sin\varphi & \cos\varphi\sin\theta \\ \sin\varphi\cos\theta & \cos\varphi & \sin\varphi\sin\theta \\ -\sin\theta & 0 & \cos\theta \end{pmatrix},$$

$$S(\varphi,\theta)\begin{pmatrix} 0 \\ 0 \\ 1 \end{pmatrix} = \begin{pmatrix} \cos\varphi\sin\theta \\ \sin\varphi\sin\theta \\ \cos\theta \end{pmatrix} = \begin{pmatrix} n_1 \\ n_2 \\ n_3 \end{pmatrix}. \tag{4.11}$$

不难验证

$$ST_3S^{-1} = n_1T_1 + n_2T_2 + n_3T_3 = \hat{\boldsymbol{n}} \cdot \vec{T},$$
$$\vec{T} = \vec{e}_1T_1 + \vec{e}_2T_2 + \vec{e}_3T_3. \tag{4.12}$$

绕 $\hat{\boldsymbol{n}}$ 方向转动 ω 角的变换 $R(\hat{\boldsymbol{n}},\omega)$, 可以表为三个转动的乘积, 先把 $\hat{\boldsymbol{n}}$ 方向转到 x_3 方向, 再绕 x_3 方向转动 ω 角, 最后把 x_3 方向转回到 $\hat{\boldsymbol{n}}$ 方向. 这三个转动的乘积可以写成指数形式

$$R(\hat{\boldsymbol{n}},\omega) = S(\varphi,\theta)R(\vec{e}_3,\omega)S(\varphi,\theta)^{-1} = \exp\{-\mathrm{i}\omega ST_3S^{-1}\}$$
$$= \exp\{-\mathrm{i}\omega\hat{\boldsymbol{n}} \cdot \vec{T}\} = \exp\left\{-\mathrm{i}\sum_{a=1}^{3}\omega_aT_a\right\}, \tag{4.13}$$

三个 ω_a 看成矢量 $\vec{\omega}$ 的直角坐标, 而 ω, θ 和 φ 是它的球坐标, 它们描写了 SO(3) 群的任意元素, 即绕 $\hat{\boldsymbol{n}}$ 方向转动 ω 角的变换.

$$\omega_1 = \omega n_1 = \omega\sin\theta\cos\varphi,$$
$$\omega_2 = \omega n_2 = \omega\sin\theta\sin\varphi, \tag{4.14}$$
$$\omega_3 = \omega n_3 = \omega\cos\theta.$$

因为绕相反方向的转动变换有如下联系:

$$R(\hat{\boldsymbol{n}},\omega) = R(-\hat{\boldsymbol{n}}, 2\pi - \omega), \quad R(\hat{\boldsymbol{n}},\pi) = R(-\hat{\boldsymbol{n}},\pi), \tag{4.15}$$

所以**参数 $\vec{\omega}$ 在半径为 π 的球体内连续变化, 在球面上直径两端的点代表同一个转动**.

式 (4.13) 还说明, 三维转动群中转动相同角度的元素互相共轭, 三维转动群的类用转动角度 ω 来描写, $0 \leqslant \omega \leqslant \pi$. 对任意转动变换矩阵 $R(\hat{\boldsymbol{n}},\omega)$, **它的本征值为 1 的本征矢量沿转动轴 $\hat{\boldsymbol{n}}$ 方向, 由它的矩阵迹 $(1 + 2\cos\omega)$ 可定出转动角 ω**.

4.2 李群的基本概念

三维转动群是最简单的非阿贝尔李群. 本节通过三维转动群的研究和推广, 可以初步理解李群的一般性质.

4.2.1 李群的组合函数

三维空间转动群 $SO(3)$ 的元素 $R(\hat{n}, \omega)$ 可用三个实参数来描写, 这三个实参数在半径为 π 的球体内连续变化, 在球面上直径两端的点代表同一个元素. 这是最简单的一个非阿贝尔李群.

李群是一种连续群, 它的每一个元素都可以用一组独立实参数来描写, 这组参数在欧氏空间的一定区域内连续变化. 尽可能缩减参数的变化区域, 使在测度不为零的区域内, 群元素和参数值间有一一对应的关系. **参数的变化区域称为群空间, 独立实参数数目 g, 也就是群空间的维数, 称为连续群的阶.** 所谓测度不为零的区域, 可以简单地理解为维数等于群空间维数的区域. 例如, 三维转动群的群空间取作半径为 π 的球体, 保证了球体内群元素和参数值间有一一对应关系. 但作为群空间的边界, 外球面是二维空间, 测度为零. 外球面上直径两端的点, 即两组不同的参数值, 对应同一个群元素. 因为群空间上的点, 即一组独立实参数, 完全描写了群元素, 所以经常直接把群空间的点也称为群元素.

设元素 $R \in G$, 参数为 $(r_1, r_2, \cdots, r_g)$, 简写为 $R(r_1, r_2, \cdots, r_g) = R(r)$. 对于群元素的乘积, $R(r)S(s) = T(t)$, g 个参数 t_A 是 $2g$ 个变量 r_B 和 s_D 的函数

$$t_A = f_A(r_1, \cdots, r_g; s_1, \cdots, s_g) = f_A(r; s). \tag{4.16}$$

g 个函数 $f_A(r; s)$ 称为连续群的**组合函数**, 它完全描写了连续群群元素的乘积规则. **如果组合函数是解析函数, 则此连续群称为李群.** 由于函数连续可微, 微积分的整套工具可以用来深入研究李群, 使李群成为至今研究最深入最成功的无限群.

作为群的组合函数, $f_A(r; s)$ 必须满足如下条件.

(1) 封闭性. 组合函数的定义域是 (群空间) $\times$ (群空间), 而值域是群空间. 至少在测度不为零的区域内, 要求 $f_A(r; s)$ 是单值解析函数.

(2) 结合律.

$$f_A[r; f(s; t)] = f_A[f(r; s); t].$$

(3) 恒元的参数为 e_A, 它包含在群空间内,

$$f_A(e; r) = f_A(r; e) = r_A.$$

通常为方便起见, 取 $e_A = 0$.

(4) R 逆元的参数记为 $\overline{r}_A$

$$f_A(\overline{r}; r) = f_A(r; \overline{r}) = e_A.$$

实际上, 即使很简单的李群, 组合函数的形式也往往相当复杂. 组合函数主要用于理论分析, 很少用来进行实际计算.

群的许多概念在李群中同样适用, 如阿贝尔群、子群、陪集、共轭元素、类、不变子群、群的同构和同态、商群、线性表示、等价表示、不可约表示、自共轭表示、特征标等概念也都是李群的基本概念. 李群线性表示的每一个矩阵元素和特征标, 在群空间测度不为零的区域内, 都是群参数的单值解析函数.

4.2.2　李群的局域性质

在群空间中, 在群元素 R 的点的邻域 (adjacent) 中, 各点对应的元素称为 R 的**邻近元素**. 邻域在数学中有严格的定义. 为避免抽象的数学, 这里可以简单地把邻域理解为无限邻近的小区域. 因为常把恒元的参数选为零, 恒元邻近的元素, 参数是无穷小量, 称为无穷小元素. 应该强调: **无穷小量是一个极限过程. 不能把无穷小元素就看成是一个参数很小的元素**. 无穷小元素是与群元素的微分运算相联系的. **李群的无穷小元素描写李群的局域 (local) 性质**. 无穷小元素与任意元素 R 的乘积, 是 R 的邻近元素. 反之, R 的邻近元素和 R^{-1} 相乘, 得无穷小元素. 粗略地说, 把无穷多个无穷小元素相继乘到群元素 R 上, 在群空间表现为由元素 R 出发的一条连续曲线. 如果在群空间中代表元素 R 的点和代表恒元的点, 可以通过一条完全在群空间内的连续曲线相连接, 则 R 可表为无穷多个无穷小元素的乘积. 用数学的语言说, 元素 R 的性质可通过微分方程来描写. 无穷小元素在李群中起着十分重要的作用.

无穷小元素 $A(\alpha)$ 与 $B(\beta)$ 相乘, 仍是无穷小元素. 恒元参数为零, α_D 和 β_D 都是无穷小量, 将乘积元素 AB 的参数按 α 和 β 作泰勒 (Taylor) 展开, 略去二级无穷小量, 并注意 $e_D = 0$, $AE = A$ 和 $EB = B$, 得

$$f_D(\alpha; \beta) = f_D(0; 0) + \sum_{k=1}^{g} \left(\alpha_k \left. \frac{\partial f_D(\alpha; 0)}{\partial \alpha_k} \right|_{\alpha=0} + \beta_k \left. \frac{\partial f_D(0; \beta)}{\partial \beta_k} \right|_{\beta=0} \right)$$

$$= \alpha_D + \beta_D. \tag{4.17}$$

可见, **无穷小元素相乘, 参数相加**. 互逆的无穷小元素的参数互为相反数. 记 A^{-1} 的参数为 $\overline{\alpha}_D$, 则

$$\overline{\alpha}_D = -\alpha_D. \tag{4.18}$$

无穷小元素乘积满足交换律, 并不意味着群中所有元素乘积都满足交换律. 在理论力学中学过, 无穷小转动乘积次序可以交换, 但有限转动乘积次序不能交换, 即三维转动群不是阿贝尔群.

4.2.3 生成元和微量算符

无穷小元素在李群中处于特殊重要的地位. 现在来研究无穷小元素在变换算符群 P_G 和线性表示 $D(\text{G})$ 中的性质.

P_R 是元素 R 对应的标量函数变换算符

$$P_R\psi(x) = \psi(R^{-1}x),$$

其中, x 代表系统所有自由度的坐标. 取 R 为无穷小元素 $A(\alpha)$, 将上式按参数 α_D 展开, 取到一级无穷小量

$$P_A\psi(x) = \psi(x) + \sum_{aD}\overline{\alpha}_D\,\frac{\partial(A^{-1}x)_a}{\partial\overline{\alpha}_D}\bigg|_{\overline{\alpha}=0}\frac{\partial\psi(A^{-1}x)}{\partial(A^{-1}x)_a}\bigg|_{\overline{\alpha}=0}$$
$$= \psi(x) - \text{i}\sum_{D=1}^{g}\alpha_D\left(-\text{i}\sum_a\frac{\partial(Ax)_a}{\partial\alpha_D}\bigg|_{\alpha=0}\frac{\partial}{\partial x_a}\right)\psi(x).$$

引入 g 个微量微分算符 $I_D^{(0)}$,

$$I_D^{(0)} = -\text{i}\sum_a\frac{\partial(Ax)_a}{\partial\alpha_D}\bigg|_{\alpha=0}\frac{\partial}{\partial x_a},$$
$$P_A\psi(x) = \psi(x) - \text{i}\sum_{D=1}^{g}\alpha_D I_D^{(0)}\psi(x). \tag{4.19}$$

李群中无穷多个无穷小元素对标量函数的作用可以用 g 个微量微分算符 $I_D^{(0)}$ 完全描写. 只要参数是独立的, $I_D^{(0)}$ 就是线性无关的. 若变换算符 P_R 是幺正算符, 则微量微分算符是厄米算符. 这正是在式 (4.19) 中引入 $-\text{i}$ 的目的.

在三维空间, 如果 x 代表系统质心的坐标, 而系统其他内部坐标没有标出, 或者系统本身就是一个质点, x 是质点的坐标, 则由式 (4.10) 得

$$(Ax)_a = \sum_b\left\{\delta_{ab} - \text{i}\sum_d\alpha_d(T_d)_{ab}\right\}x_b = x_a - \sum_{bd}\alpha_d\epsilon_{dab}x_b.$$

代入式 (4.19), 算得三维转动群的微量微分算符正是量子力学中的轨道角动量算符, 其中取了自然单位, $\hbar = c = 1$,

$$I_d^{(0)} = -\text{i}\sum_{ab}\epsilon_{dba}x_b\frac{\partial}{\partial x_a} = L_d. \tag{4.20}$$

设 m 个函数基 $\psi_\mu(x)$ 架设对于 P_G 不变的函数空间, 对应群 G 的表示 $D(\text{G})$,

$$P_R\psi_\mu(x) = \sum_\nu\psi_\nu(x)D_{\nu\mu}(R).$$

把无穷小元素的表示矩阵 $D(A)$ 按无穷小参数展开, 略去高级无穷小量, 得

$$D(A) = \mathbf{1} - \mathrm{i} \sum_{B=1}^{g} \alpha_B I_B, \quad I_B = \mathrm{i} \left. \frac{\partial D(A)}{\partial \alpha_B} \right|_{\alpha=0}. \tag{4.21}$$

g 个矩阵 I_B 称为李群表示 $D(G)$ 的生成元, 它是微量微分算符在表示空间的矩阵形式. g 个生成元完全描写了无穷多个无穷小元素在表示 $D(G)$ 中的性质. **如果 $D(G)$ 是李群 G 的真实表示, 则 g 个生成元线性无关**. 由于规定参数取实数, 幺正表示的生成元是厄米矩阵. 通常把微量微分算符和生成元都统称为微量算符, 或统称为生成元.

4.2.4　李群的整体性质

　　研究李群的整体 (global) 性质, 就是研究李群群空间的拓扑性质. 为避免抽象的数学, 这里采用物理上习惯的语言来解释李群的整体性质.

　　首先, 讨论**群空间的连通性**. 如果群中任意两元素, 它们在群空间的对应点, 都可通过一条完全包含在群空间内的连续曲线连接起来, 则此群空间称为连通的, 这样的李群称为简单 (simply) 李群. SO(3) 群就是简单李群. 反之, 如果群空间分成不相连接的若干片, 则此李群称为混合 (mixed) 李群. 因为实正交矩阵的行列式可取 ± 1, 它们互相不能连续变化, 所以三维实正交矩阵群 O(3) 是混合李群. 前面说过, 粗略地说, 对简单李群, 群元素都可表为无穷多个无穷小元素的乘积, 而对混合李群, 除无穷小元素外, 还必须在群空间的每一个连续片给出一个特殊元素 (包括恒元), 群元素表为这些特殊元素和无穷多个无穷小元素的乘积. 在 O(3) 群的情况, 常取空间反演 σ 作为非固有转动元素的代表, 由恒元, 空间反演和无穷小元素的乘积, 就可表出 O(3) 群的任意元素. 对线性表示来说, 将来会知道, 由生成元就可以计算出简单李群任意元素 R 的表示矩阵 $D(R)$, 但对混合李群 O(3), 则还需要知道空间反演元素的表示矩阵 $D(\sigma)$.

　　下面证明**混合李群的群空间中, 包含恒元的那个连续片对应元素的集合构成混合李群的不变子李群, 其他连续片对应元素的集合构成这不变子群的陪集**. 设 R 和 S 都属于恒元 E 所在的那个连续片, 即它们在群空间中的对应点, 都可以用一条完全包含在群空间内的连续曲线与恒元的对应点相连, 则它们的乘积也可以由恒元在群空间内连续地变过来, 逆元 R^{-1} 也可以由恒元在群空间内连续地变过来, 即它们都属于此子集. 根据假设恒元已属于此子集, 因此此子集构成子群. 进一步, 设 T 是群中任意元素, 则 TRT^{-1} 可以由恒元 $TET^{-1} = E$ 在群空间内连续地变过来, 它在群空间中的对应点可以用一条完全包含在群空间内的连续曲线与恒元的对应点相连, 因而此子群是不变子群. 在群空间其他连续片各取一个代表元素, 属于每一个连续片的元素都可由相应代表元素出发在群空间内连续变化得到, 因而属于同

一个陪集. 证完. 混合李群的性质完全由此简单李群 (不变子李群) 和每一连续片 (陪集) 中一个代表元素的性质决定. 今后将重点讨论简单李群的性质.

其次, 讨论简单李群群空间的连通度. 在简单李群的群空间中, 元素 R 的点可与恒元的对应点通过许多连线相连接. 有些连线可以在群空间内互相连续变化, 有些则不能. 这样, 这些连线就分成若干组, 属同一组的连线可以在群空间内互相连续变化, 而不同组的连线则不能. 这些连线的组数称为群空间的连通度. 李群的性质与群空间的连通度有密切关系.

先来举一个简单的例子. 实数的集合, 用数的加法定义元素的 "乘积", 这集合构成群, 简称为加法群. 此群元素本身就是实数 (参数), 它在实数轴上连续变化, 实数轴就是群空间, 原点 (数零) 对应恒元. 在群空间中代表元素的点与代表恒元的点间所有连线都可在群空间内连续变化, 因而加法群的群空间是单连通的. 它是一阶阿贝尔简单李群, 不可约表示都是一维的. 加法群有无穷多个一维不等价不可约表示, 用复数 τ 标记

$$D^\tau(\alpha) = \exp(-\mathrm{i}\tau\alpha), \quad \tau\text{是复数}, \quad \alpha\text{是实数}. \tag{4.22}$$

式 (4.22) 指数上引入 $-\mathrm{i}$ 只是为了以后方便.

再看绕 x_3 轴转动任意角 ω 的变换 $R(\vec{e}_3, \omega)$ 集合, 两变换乘积对应参数 ω 相加, 转动 2π 角的变换等于恒等变换

$$R(\vec{e}_3, \omega_1)R(\vec{e}_3, \omega_2) = R(\vec{e}_3, \omega_1 + \omega_2), \quad R(\vec{e}_3, \omega + 2\pi) = R(\vec{e}_3, \omega). \tag{4.23}$$

此集合构成李群, 称为二维幺模实正交矩阵群, 记为 SO(2) 群. 它是一阶阿贝尔李群, 群参数 ω 在实数轴上 $\pm\pi$ 之间变化, $\pm\pi$ 对应同一个元素. 群空间边界上的这一性质, 决定了 SO(2) 群群空间的连通度, 对群的性质产生很大的影响. 很明显, 群空间中对应群元素 $R(\vec{e}_3, \omega)$ 的点和对应恒元的点 (原点) 可以直接相连, 也可以通过包含边界上 $\pm\pi$ 间若干次跳跃的连线相连. 设从 π 到 $-\pi$ 的跳跃称为正跳跃, 从 $-\pi$ 到 π 的跳跃称为负跳跃. 对包含两次不同类跳跃的连线, 这两次跳跃可以在群空间内通过连续变化而消去. 所包含的正跳跃次数减去负跳跃次数称为该连线的跳跃次数. 当连线在群空间内连续变化时, 它的跳跃次数不会改变. 这样, 由原点到 ω 的连线分成无穷多组, 每组用跳跃次数来标记, 不同组的连线不能在群空间内互相连续变化, SO(2) 群的群空间是无穷多度连通的.

把 SO(2) 群的元素和加法群的元素建立如下 $1 : \infty$ 的对应关系:

$$R(\vec{e}_3, \omega) \longleftarrow \omega + 2n\pi, \quad n\text{是任意整数}. \tag{4.24}$$

这种对应关系对元素乘积保持不变, 因而 SO(2) 群和加法群同态. SO(2) 群的不等

价不可约表示也可表为式 (4.22) 的形式, 但因式 (4.23), τ 只能取整数 m:

$$D^m(\vec{e}_3,\omega) = \exp\left(-\mathrm{i}m\omega\right), \quad m\text{是整数}. \tag{4.25}$$

当 m 不是整数时, 表示矩阵和群元素之间变成多一对应的关系, 按照线性表示的定义, 这已不是 SO(2) 群的表示, 有时称为多值表示.

数学中已经证明, 当简单李群 G 的群空间是 n 度连通时, 它一定同态于另一个群空间是单连通的简单李群, 同态对应关系是 1:n. 这单连通的简单李群称为李群 G 的**覆盖群**. 覆盖群的真实表示就是群 G 的 n 值表示. 加法群是 SO(2) 群的覆盖群.

现在回到三维转动群来. 三维转动群的群空间是半径为 π 的球体, 在球面上直径两端的点代表同一个元素, 从而群空间内的连线就可以包含直径两端的跳跃. 跳跃前后的两点始终保持在同一直径的两端, 位置上是相关联的. 它们不能独立地变化位置, 只能成对地在球面上移动, 因而此跳跃无法通过在群空间的连续移动而消去. 如果连线包含两次跳跃, 则可把跳跃点反向移到一起, 包含在两次跳跃间的连线, 是沿一个封闭的环形路径转一圈 (图 4.1). 连续的环形路径是可以在群空间内连续地收缩到一点而消去的, 而在直径两端的来回跳跃等于不跳, 因此两次跳跃可以通过在群空间内的连续变化而消去.

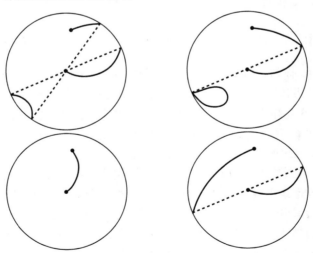

图 4.1　SO(3) 群包含跳跃的连线

对 SO(3) 群, 从原点到群空间任一点的连线可以分成两组, 一组包含直径两端的偶数次跳跃, 另一组包含奇数次跳跃, 属同一组的连线可以在群空间内做连续变化而重合, 但分属两组的连线则不能. 就是说, SO(3) 群的群空间是双连通的. 以后会证明, SO(3) 群的覆盖群是二维幺模幺正矩阵的集合构成的群 SU(2). SU(2) 群的真实表示是 SO(3) 群的双值表示, 它是自旋能够存在的数学基础.

最后, 讨论**群空间的紧致性**. 在欧氏空间, 包含边界的闭区域是紧致的, 不包含边界的开区域 (包括无穷区域) 是非紧致的. **群空间是紧致的李群称为紧致李群**. 三维转动群是紧致李群. 物理中常见的非紧致李群, 有洛伦兹群和平移群. 对洛伦兹群, 可选惯性系间的相对速度作为一个参数. 按狭义相对论, 相对速度只能趋近光速, 不能等于光速, 因而洛伦兹群的群空间是开区域, 洛伦兹群是非紧致李群. 在第 2 章已多次提到, 要把有限群表示理论的主要结论推广到李群来, 关键是要解决群函数对群元素求平均的问题. 李群的群元素是用一组连续实参数来描写的, 一个自然的想法就是把对群元素的求和改成对群参数的积分. 可以证明, 对紧致李群, 可以适当定义对群参数的积分, 使积分收敛, 而且对左乘和右乘群元素保持不变, 从而可以把有限群表示理论的主要结论推广到紧致李群中来. 但对非紧致李群这样的积分不存在, 有限群的有些结论就不能推广.

4.3 三维转动群的覆盖群

本节将证明三维转动群的覆盖群是二维幺模幺正矩阵群, 并讨论它们群上的积分.

4.3.1 二维幺模幺正矩阵群

二维幺模幺正矩阵的集合, 按照普通的矩阵乘积, 满足群的四个条件, 因而构成群, 记为 SU(2) 群. 对于群中任意元素 u, 它的矩阵元素满足

$$u = \begin{pmatrix} a & b \\ c & d \end{pmatrix} \in \mathrm{SU}(2),$$
$$aa^* + cc^* = bb^* + dd^* = ad - bc = 1, \quad ab^* + cd^* = 0.$$

容易解得 $a = d^*$, $c = -b^*$ 和 $|c|^2 + |d|^2 = 1$. 因此任意元素 u 只包含三个独立实参数. 为方便起见, 用实矢量 $\vec{\omega}$ 的球坐标 ω, θ 和 φ 表出这三个独立实参数:

$$a = d^* = \cos(\omega/2) - \mathrm{i}\sin(\omega/2)\cos\theta,$$
$$c = -b^* = \sin(\omega/2)\sin\theta\sin\varphi - \mathrm{i}\sin(\omega/2)\sin\theta\cos\varphi,$$
$$u(\hat{n}, \omega) = \mathbf{1}\cos(\omega/2) - \mathrm{i}(\vec{\sigma}\cdot\hat{n})\sin(\omega/2). \tag{4.26}$$

其中, σ_a 是三个泡利矩阵, 已在式 (4.9) 作了介绍. 这里引进的矢量 $\vec{\sigma} = \sum_a \vec{e}_a \sigma_a$, 它的分量是矩阵. 只要不颠倒乘积次序, 它满足所有矢量代数的公式, 如矢量的点

乘和叉乘, 还有

$$
\begin{aligned}
\vec{\sigma} \cdot \hat{\boldsymbol{n}} &= \sum_{a=1}^{3} \sigma_a n_a = \begin{pmatrix} n_3 & n_1 - \mathrm{i}n_2 \\ n_1 + \mathrm{i}n_2 & -n_3 \end{pmatrix}, \\
\left(\vec{\sigma} \times \vec{U} \right) \cdot \vec{V} &= \vec{\sigma} \cdot \left(\vec{U} \times \vec{V} \right) = \sum_{abc} \epsilon_{abc} \sigma_a U_b V_c, \\
\left(\vec{\sigma} \cdot \vec{a} \right) \left(\vec{\sigma} \cdot \vec{b} \right) &= \mathbf{1} \left(\vec{a} \cdot \vec{b} \right) + \mathrm{i} \vec{\sigma} \cdot \left(\vec{a} \times \vec{b} \right).
\end{aligned}
\tag{4.27}
$$

最后一个公式可用两边取迹, 或乘 σ_a 后再取迹的办法证明, 证明中用到式 (4.9). 由式 (4.26) 和式 (4.27) 又可证明

$$
\begin{aligned}
& u(\hat{\boldsymbol{n}}, \omega_1) u(\hat{\boldsymbol{n}}, \omega_2) = u(\hat{\boldsymbol{n}}, \omega_1 + \omega_2), \\
& u(\hat{\boldsymbol{n}}, 4\pi) = \mathbf{1}, \quad u(\hat{\boldsymbol{n}}, 2\pi) = -\mathbf{1}, \\
& u(\hat{\boldsymbol{n}}, \omega) = u(-\hat{\boldsymbol{n}}, 4\pi - \omega) = -u(-\hat{\boldsymbol{n}}, 2\pi - \omega).
\end{aligned}
\tag{4.28}
$$

可见 $\vec{\omega}$ 的变化范围是半径为 2π 的球体, 在球体内的点和 SU(2) 群的元素 u 间有一一对应的关系, 在外球面上的点都对应同一个元素 $-\mathbf{1}$. 这就是取参数 $\vec{\omega}$ 时 SU(2) 群的群空间. 首先, SU(2) 群的群空间是连通的, 群中任一元素 u 都可以由恒元出发在群空间内连续变化得到, 因而 SU(2) 群是简单李群. 其次, 由于外球面上的点代表同一个元素, 群空间的连线在到达外球面时可在此球面上任意跳跃, 而不是只限于在直径两端的跳跃. 跳跃前后两点都可独立地在球面上自由移动, 从而可把此两点连续地移到一起, 消去此跳跃. 因此 SU(2) 群的群空间是单连通的. 也可用另一方法来理解. 正因为外球面上的点是同一个元素, 球面上的跳跃也可以用球面上的一根连续曲线相连接, 使跳跃可以在群空间内的连续变化而消去. 再次, SU(2) 群的群空间是欧氏空间的一个闭区域, 因而 SU(2) 群是一个紧致李群. 最后, 利用式 (4.27) 不难证明 (习题第 3 题), 相同 ω 的元素互相共轭, 构成一类.

4.3.2 覆盖群

泡利矩阵的实线性组合仍是无迹厄米矩阵. 反之, 任何二维无迹厄米矩阵 X 只包含三个独立实参数, 都可展开为泡利矩阵的实线性组合. 现取组合系数为三维空间给定点 P 的三个直角坐标,

$$
\begin{aligned}
X &= \sum_{a=1}^{3} \sigma_a x_a = \vec{\sigma} \cdot \vec{r} = \begin{pmatrix} x_3 & x_1 - \mathrm{i}x_2 \\ x_1 + \mathrm{i}x_2 & -x_3 \end{pmatrix}, \\
x_a &= \frac{1}{2} \operatorname{Tr}(X\sigma_a), \quad \det X = -\sum_{a=1}^{3} x_a^2.
\end{aligned}
\tag{4.29}
$$

因此无迹厄米矩阵 X 和 P 点的位置矢量 $\vec{r}$ 间有一一对应关系.

任取二维幺模幺正矩阵 $u(\hat{\boldsymbol{n}},\omega)\in\mathrm{SU}(2)$, 有

$$u(\hat{\boldsymbol{n}},\omega)Xu(\hat{\boldsymbol{n}},\omega)^{-1}=X'.$$

X' 仍是一个无迹厄米矩阵, 且有相同的行列式, 因而 X' 对应空间另一点 P' 的坐标矢量 $\vec{r'}$,

$$u(\hat{\boldsymbol{n}},\omega)\left(\vec{\sigma}\cdot\vec{r}\right)u(\hat{\boldsymbol{n}},\omega)^{-1}=\vec{\sigma}\cdot\vec{r'}, \quad x'_a=\sum_b R_{ab}x_b. \tag{4.30}$$

现在来具体计算 R 矩阵的形式. 把 $\vec{r}$ 分解为平行和垂直 $\hat{\boldsymbol{n}}$ 方向的分量

$$\vec{r}=\hat{\boldsymbol{n}}a+\hat{\boldsymbol{m}}b, \quad \hat{\boldsymbol{n}}\cdot\hat{\boldsymbol{m}}=0, \quad (\vec{\sigma}\cdot\vec{r})=\vec{\sigma}\cdot\hat{\boldsymbol{n}}a+\vec{\sigma}\cdot\hat{\boldsymbol{m}}b.$$

利用式 (4.26) 和式 (4.27), 直接计算可得

$$u(\hat{\boldsymbol{n}},\omega)\left(\vec{\sigma}\cdot\hat{\boldsymbol{n}}\right)=\left(\vec{\sigma}\cdot\hat{\boldsymbol{n}}\right)u(\hat{\boldsymbol{n}},\omega),$$
$$\left(\vec{\sigma}\cdot\hat{\boldsymbol{n}}\right)\left(\vec{\sigma}\cdot\hat{\boldsymbol{m}}\right)=-\left(\vec{\sigma}\cdot\hat{\boldsymbol{m}}\right)\left(\vec{\sigma}\cdot\hat{\boldsymbol{n}}\right)=\mathrm{i}\vec{\sigma}\cdot\left(\hat{\boldsymbol{n}}\times\hat{\boldsymbol{m}}\right),$$
$$\left(\vec{\sigma}\cdot\hat{\boldsymbol{n}}\right)\left(\vec{\sigma}\cdot\hat{\boldsymbol{m}}\right)\left(\vec{\sigma}\cdot\hat{\boldsymbol{n}}\right)=\mathrm{i}\left\{\vec{\sigma}\cdot\left(\hat{\boldsymbol{n}}\times\hat{\boldsymbol{m}}\right)\right\}\left(\vec{\sigma}\cdot\hat{\boldsymbol{n}}\right)$$
$$=-\vec{\sigma}\cdot\left\{(\hat{\boldsymbol{n}}\times\hat{\boldsymbol{m}})\times\hat{\boldsymbol{n}}\right\}=-\vec{\sigma}\cdot\hat{\boldsymbol{m}}.$$

$$\left\{\mathbf{1}\cos\left(\frac{\omega}{2}\right)-\mathrm{i}\left(\vec{\sigma}\cdot\hat{\boldsymbol{n}}\right)\sin\left(\frac{\omega}{2}\right)\right\}\left(\vec{\sigma}\cdot\hat{\boldsymbol{m}}\right)\left\{\mathbf{1}\cos\left(\frac{\omega}{2}\right)+\mathrm{i}\left(\vec{\sigma}\cdot\hat{\boldsymbol{n}}\right)\sin\left(\frac{\omega}{2}\right)\right\}$$
$$=(\vec{\sigma}\cdot\hat{\boldsymbol{m}})\left\{\cos\left(\frac{\omega}{2}\right)\right\}^2-\frac{\mathrm{i}}{2}\sin\omega\left\{(\vec{\sigma}\cdot\hat{\boldsymbol{n}})(\vec{\sigma}\cdot\hat{\boldsymbol{m}})-(\vec{\sigma}\cdot\hat{\boldsymbol{m}})(\vec{\sigma}\cdot\hat{\boldsymbol{n}})\right\}$$
$$+(\vec{\sigma}\cdot\hat{\boldsymbol{n}})(\vec{\sigma}\cdot\hat{\boldsymbol{m}})(\vec{\sigma}\cdot\hat{\boldsymbol{n}})\left\{\sin\left(\frac{\omega}{2}\right)\right\}^2$$
$$=\vec{\sigma}\cdot\left\{\hat{\boldsymbol{m}}\cos\omega+(\hat{\boldsymbol{n}}\times\hat{\boldsymbol{m}})\sin\omega\right\}.$$

代入式 (4.30) 左边, 得 $\vec{\sigma}\cdot\vec{r'}$,

$$\vec{r'}=\hat{\boldsymbol{n}}a+\hat{\boldsymbol{m}}b\cos\omega+(\hat{\boldsymbol{n}}\times\hat{\boldsymbol{m}})b\sin\omega=R(\hat{\boldsymbol{n}},\omega)\vec{r}.$$

从图 4.2 容易看出, 位置矢量 $\vec{r}$ 经转动 $R(\hat{\boldsymbol{n}},\omega)$ 后, 正好变成矢量 $\vec{r'}$. 因此 SU(2) 群的任一元素 $u(\hat{\boldsymbol{n}},\omega)$ 都对应 SO(3) 群一个确定元素 $R(\hat{\boldsymbol{n}},\omega)$,

$$u(\hat{\boldsymbol{n}},\omega)\sigma_b u(\hat{\boldsymbol{n}},\omega)^{-1}=\sum_{a=1}^3\sigma_a R(\hat{\boldsymbol{n}},\omega)_{ab}. \tag{4.31}$$

反之, 对于 SO(3) 群任一元素 R, 它把坐标矢量 $\vec{r}$ 变成 $\vec{r'}$, 并把 X 变成 X'. 既然 X 和 X' 都是无迹厄米矩阵, 且有相同的行列式, 它们必可以通过幺模幺正相似变换 $u\in\mathrm{SU}(2)$ 联系起来 (见式 (4.30)). 设

$$u_1Xu_1^{-1}=u_2Xu_2^{-1}=X',$$

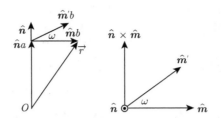

图 4.2　矢量 $\vec{r}$ 绕 $\hat{n}$ 方向转动 ω 角的变换

得 $u_2^{-1}u_1$ 可与任何X矩阵对易, 故它必是常数矩阵, $u_1 = \lambda u_2$. 由于幺模条件, $\lambda = \pm 1$. 它给出 SO(3) 群一个元素 R 和 SU(2) 群一对元素 $\pm u$ 间的一二对应关系 (4.31). 容易证明这对应关系对群元素乘积保持不变:

$$u_1 \sigma_a u_1^{-1} = \sum_b \sigma_b (R_1)_{ba}, \quad u_2 \sigma_b u_2^{-1} = \sum_d \sigma_d (R_2)_{db},$$

$$u_2 u_1 \sigma_a u_1^{-1} u_2^{-1} = \sum_b u_2 \sigma_b u_2^{-1} (R_1)_{ba} = \sum_d \sigma_d \sum_b \{(R_2)_{db} (R_1)_{ba}\}.$$

因此, SO(3) 群和 SU(2) 群同态,

$$\mathrm{SO}(3) \sim \mathrm{SU}(2). \tag{4.32}$$

现在, SO(3) 群和 SU(2) 群都用参数 $\vec{\omega}$ 描写, SO(3) 群的群空间是半径为 π 的球体, SU(2) 群的群空间是半径为 2π 的球体. 事实上, 在半径为 π 的球体内, SO(3) 群和 SU(2) 群的元素一一对应. 对 SU(2) 群来说, 还有半径从 π 到 2π 的环所对应的元素, 它们通过 $u(\hat{n}, \omega) = -u(-\hat{n}, 2\pi - \omega)$, 等于半径为 π 的球体中相应元素的负值, 这一对 $\pm u$ 矩阵对应 SO(3) 群同一个元素 (图 4.3). SO(3) 群的群空间是双连

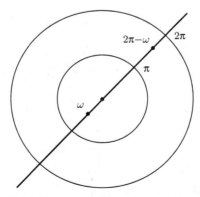

图 4.3　在群空间中 SU(2) 群和 SO(3) 群元素的对应关系

通的, SU(2) 群的群空间是单连通的, **SU(2) 群正是 SO(3) 群的覆盖群. SO(3) 群的真实表示, 称为单值表示, 是 SU(2) 群的非真实表示. SU(2) 群的真实表示, 严格说不是 SO(3) 群的表示, 称为 SO(3) 群的双值表示.** 在物理上双值表示与自旋的存在密切相关. 只要找出 SU(2) 群的全部不等价不可约表示, 也就找出了 SO(3) 群的全部不等价不可约单值表示和双值表示.

既然 SO(3) 群和 SU(2) 群的元素已经通过式 (4.31) 建立起一二对应的同态关系, 文献中常把 SU(2) 群的元素 $u(\hat{n}, \omega)$, 也称为绕 $\hat{n}$ 方向转动 ω 角的变换, 而且常说: "旋量转动 4π 角才恢复原状".

4.3.3 群上的积分

为了把有限群表示理论的主要结论推广到李群中来, 关键的问题是要解决好群函数对群元素求平均的问题. 李群的群函数实际上是李群参数的函数, 定义域是李群的群空间. 有限群中群函数对群元素取平均值, 推广到李群, 变成了群函数对群元素的积分, 也就是对群参数的带权积分

$$\frac{1}{g} \sum_{R \in G} F(R) \longrightarrow \int \mathrm{d}R F(R) = \int (\mathrm{d}r) \, W(R)F(R). \tag{4.33}$$

一般说来, 式 (4.33) 中应该引入权函数 $W(R)$, 因为即使开始不引入, 做参数的积分变换后, 雅可比行列式就变成新的权函数. 在群空间测度不为零的区域内, 要求群函数是群参数的单值、连续、可微和可积函数. 作为平均值, 若 $F(R) \geqslant 0$, 但不恒等于 0, 要求

$$\int \mathrm{d}R \, F(R) = \int \mathrm{d}r \, W(R)F(R) > 0. \tag{4.34}$$

可以把权函数 $W(R)$ 理解为在群空间中元素 R 的点的邻域 $(\mathrm{d}r)$ 体积内, 元素的相对密度, 要求 $W(R)$ 单值、可积、不小于零和不发散, 在群空间任何一个测度不为零的区域内不恒等于零. 通常要求权函数在整个群空间积分是归一化的:

$$\frac{1}{g} \sum_{R \in G} 1 = 1 \longrightarrow \int \mathrm{d}R = \int (\mathrm{d}r) \, W(R) = 1. \tag{4.35}$$

群函数在群空间中对群参数的这种积分称为群上的积分. 群上的积分运算显然是线性运算

$$\int \mathrm{d}R \, [aF_1(R) + bF_2(R)] = a \int \mathrm{d}R \, F_1(R) + b \int \mathrm{d}R \, F_2(R). \tag{4.36}$$

希望选择权函数 $W(R)$, 使群上的积分对左乘和右乘群元素都保持不变

$$\int \mathrm{d}R \, F(R) = \int \mathrm{d}R \, F(SR) = \int \mathrm{d}R \, F(RS). \tag{4.37}$$

设 $T = SR$, 上面条件就变成

$$\int (\mathrm{d}t) W(T) F(T) = \int \mathrm{d}T \ F(T) = \int \mathrm{d}R \ F(R)$$

$$= \int \mathrm{d}R \ F(SR) = \int \mathrm{d}R \ F(T) = \int (\mathrm{d}r) W(R) F(T).$$

就是说, $(\mathrm{d}r)W(R)$ 不依赖于群元素 R. 以恒元邻近的权函数作为标准, 取为常数 W_0, 小体积元为 $(\mathrm{d}\alpha)$,

$$(\mathrm{d}r) \ W(R) = (\mathrm{d}t) \ W(T) = (\mathrm{d}\alpha) \ W_0. \tag{4.38}$$

把式 (4.38) 看成积分变量替换, 权函数就是变换的雅可比行列式. 权函数有限, 就是要求群中各元素的邻域内, 元素的相对密度有限. 设 R 固定, 把 R 邻近的元素记为 R', 参数为 r'_B, 恒元邻近元素记为 A, 参数 α_B, $R' = AR$ 或 $A = R'R^{-1}$, 分别写出雅可比行列式

$$W_0 = W(R) \left| \det \left\{ \frac{\partial f_D(\alpha; r)}{\partial \alpha_B} \right\} \right|_{\alpha=0}, \tag{4.39}$$

$$W(R) = W_0 \left| \det \left\{ \frac{\partial f_D(r'; \bar{r})}{\partial r'_B} \right\} \right|_{r'=r}. \tag{4.40}$$

通过这两式中的任一个, 可把 $W(R)$ 用 W_0 表出, 再用归一化条件式 (4.35) 定出 W_0. 4.3.4 节将根据式 (4.39), 以 $\overrightarrow{\omega}$ 为参数计算 SU(2) 群群上积分的积分元, 结果为

$$\int \mathrm{d}u F(u) = \frac{1}{4\pi^2} \int_{-\pi}^{\pi} \mathrm{d}\varphi \int_0^{\pi} \sin\theta \mathrm{d}\theta \int_0^{2\pi} \sin^2(\omega/2) F(\overrightarrow{\omega}) \mathrm{d}\omega. \tag{4.41}$$

SO(3) 群的参数 ω 变化范围缩小一半, 因而

$$\int \mathrm{d}R F(R) = \frac{1}{2\pi^2} \int_{-\pi}^{\pi} \mathrm{d}\varphi \int_0^{\pi} \sin\theta \mathrm{d}\theta \int_0^{\pi} \sin^2(\omega/2) F(\overrightarrow{\omega}) \mathrm{d}\omega. \tag{4.42}$$

对类函数积分时, 可把 θ 和 φ 先积分掉, 即取 $\int \sin\theta \mathrm{d}\theta \mathrm{d}\varphi = 4\pi$.

对紧致李群, 如 SU(2) 群 (或 SO(3) 群), 有限群中群函数对群元素求和的公式推广为群上的积分式 (4.41), 有限群表示理论中的许多结论就可以推广到紧致李群中来. 这些结论主要归纳如下.

(1) 线性表示等价于幺正表示, 两等价的幺正表示可通过幺正的相似变换相联系.

(2) 实表示等价于实正交表示, 两等价的实正交表示可通过实正交的相似变换相联系.

(3) 可约表示一定是完全可约的. 不可约表示的充要条件是找不到非常数矩阵与所有表示矩阵对易.

(4) 不等价不可约幺正表示的矩阵元和特征标满足正交关系

$$\int \mathrm{d}R \ D^i_{\mu\rho}(R)^* D^j_{\nu\lambda}(R) = \frac{1}{m_j}\delta_{ij}\delta_{\mu\nu}\delta_{\rho\lambda},$$
$$\int \mathrm{d}R \ \chi^i(R)^* \chi^j(R) = \delta_{ij}. \tag{4.43}$$

对 SU(2) 群, 不等价不可约表示特征标的正交关系表为

$$\frac{1}{\pi}\int_0^{2\pi}\mathrm{d}\omega \ \sin^2(\omega/2)\ \chi^i(\omega)^*\chi^j(\omega) = \delta_{ij}. \tag{4.44}$$

任何表示都可按不可约表示展开

$$X^{-1}D(R)X = \bigoplus_j a_j D^j(R), \quad \chi(R) = \sum_j a_j \chi^j(R),$$
$$a_j = \int \mathrm{d}R \ \chi^j(R)^* \chi(R). \tag{4.45}$$

对特征标的积分可以化为类上的积分, 如对 SU(2) 群

$$a_j = \frac{1}{\pi}\int_0^{2\pi}\mathrm{d}\omega \ \sin^2(\omega/2)\chi^j(\omega)^*\chi(\omega). \tag{4.46}$$

(5) 表示等价的充要条件是每个元素在两表示中的特征标对应相等, 不可约表示的充要条件是特征标满足

$$\int \mathrm{d}R \ |\chi(R)|^2 = 1. \tag{4.47}$$

(6) 设 P_G 是与群 G 同构的标量函数变换算符群, 则把任意函数投影到属不可约表示 D^j μ 行函数的投影算符和幂等元是

$$\phi^j_{\mu\nu} = m_j \int \mathrm{d}R \ D^j_{\mu\nu}(R)^* P_R,$$
$$e^j_\mu = \phi^j_{\mu\mu}, \quad e^j = \sum_\mu e^j_\mu, \quad \sum_j e^j = \mathbf{1}(\text{恒等变换}) \tag{4.48}$$
$$e^j_\mu e^i_\nu = \delta_{ij}\delta_{\mu\nu}e^j_\mu, \quad e^j e^i = \delta_{ij}e^j.$$

(7) 自共轭的不可约幺正表示与其复共轭表示的幺正相似变换矩阵只能是对称或反对称的. 这相似变换矩阵对实表示是对称的, 对自共轭而非实表示是反对称的.

4.3.4 SU(2) 群群上的积分

SU(2) 群是紧致李群, 现在来计算它的群上积分的权函数 $W(R)$:

$$\mathrm{d}u = W(\hat{\boldsymbol{n}},\omega)\mathrm{d}\omega_1\mathrm{d}\omega_2\mathrm{d}\omega_3 = W(\hat{\boldsymbol{n}},\omega)\omega^2\sin\theta\mathrm{d}\omega\mathrm{d}\theta\mathrm{d}\varphi. \tag{4.49}$$

由于空间不同方向是平等的, 权函数 $W(\hat{n}, \omega)$ 应该与转轴方向 $\hat{n}$ 无关. 可以用不同方法来论证这一结论. 相同 ω 的元素 $u(\hat{n}, \omega)$ 是互相共轭的, 它们及其邻近元素可通过同一个幺正相似变换联系起来, 因此群空间中, 互相共轭的两元素所在点的邻域中, 元素的相对密度应该相等. 另一方法是, 互相共轭的两元素, 参数 $\vec{\omega}$ 间只相差一个转动变换, 按式 (4.39) 做参数积分变换, 它们的雅可比行列式就是转动变换矩阵的行列式, 等于 1.

现在权函数 W 只是 ω 的函数, 在式 (4.39) 中, 以 $u(\vec{e}_3, \omega)$ 代替 R, 以 $u(A)$ 代替 A. 因为求导后要取 $\alpha_j = 0$, 乘积只需取到 α_j 的一级小量.

$$u(\vec{e}_3, \omega) = \mathbf{1}\cos(\omega/2) - \mathrm{i}\sigma_3\sin(\omega/2),$$
$$u(A) = \mathbf{1} - \mathrm{i}\left(\sigma_1\alpha_1 + \sigma_2\alpha_2 + \sigma_3\alpha_3\right)/2,$$
$$u(A)u(\vec{e}_3, \omega) = \mathbf{1}\cos\left(\omega'/2\right) - \mathrm{i}\left(\vec{\sigma}\cdot\hat{n}'\right)\sin\left(\omega'/2\right)$$
$$= \mathbf{1}\left\{\cos(\omega/2) - \alpha_3\sin(\omega/2)/2\right\}$$
$$- \mathrm{i}\sigma_1\left\{\alpha_1\cos(\omega/2) + \alpha_2\sin(\omega/2)\right\}/2$$
$$- \mathrm{i}\sigma_2\left\{\alpha_2\cos(\omega/2) - \alpha_1\sin(\omega/2)\right\}/2$$
$$- \mathrm{i}\sigma_3\left\{\alpha_3\cos(\omega/2) + 2\sin(\omega/2)\right\}/2.$$

乘积元素的参数为

$$\cos(\omega'/2) = \cos(\omega/2) - \alpha_3\sin(\omega/2)/2 = \cos\{(\omega + \alpha_3)/2\},$$
$$\sin(\omega'/2) = \sin\{(\omega + \alpha_3)/2\} = \sin(\omega/2) + \alpha_3\cos(\omega/2)/2,$$
$$\omega'n_1' = \omega\{\sin(\omega/2)\}^{-1}\left\{\alpha_1\cos(\omega/2) + \alpha_2\sin(\omega/2)\right\}/2,$$
$$\omega'n_2' = \omega\{\sin(\omega/2)\}^{-1}\left\{\alpha_2\cos(\omega/2) - \alpha_1\sin(\omega/2)\right\}/2,$$
$$\omega'n_3' = \omega'\{\sin(\omega'/2)\}^{-1}\left\{\alpha_3\cos(\omega/2) + 2\sin(\omega/2)\right\}/2 = \omega' = \omega + \alpha_3.$$

计算中要注意, 当后面的括号内没有零级量时, 前面的 ω' 可用 ω 代替, 但当后面括号内有零级量时, 前面的 ω' 也必须取到一级量. 代入式 (4.39) 得

$$\frac{W_0}{W(\omega)} = \left|\det\left\{\frac{\partial(\omega'n_a')}{\partial\alpha_b}\right\}\right|_{\alpha=0} = \begin{vmatrix} (\omega/2)\cot(\omega/2) & \omega/2 & 0 \\ -\omega/2 & (\omega/2)\cot(\omega/2) & 0 \\ 0 & 0 & 1 \end{vmatrix}$$
$$= \omega^2\left\{4\sin^2(\omega/2)\right\}^{-1},$$
$$W(\omega) = W_0 4\omega^{-2}\sin^2(\omega/2).$$

归一化条件为

$$1 = 4W_0\int_0^{2\pi}\sin^2(\omega/2)\mathrm{d}\omega\int_0^{\pi}\sin\theta\mathrm{d}\theta\int_{-\pi}^{\pi}\mathrm{d}\varphi = 16\pi^2 W_0.$$

最后得到

$$W(\omega) = \frac{\sin^2(\omega/2)}{4\pi^2\omega^2}. \tag{4.50}$$

采用参数 ω, θ 和 φ 时, 群上的积分为式 (4.42).

4.4 SU(2) 群的不等价不可约表示

本节计算 SU(2) 群、SO(3) 群和 O(3) 群的不等价不可约表示.

4.4.1 欧拉角

用参数 $\vec{\omega}$ 描写 SO(3) 群的任意元素 $R(\hat{n}, \omega)$, 几何意义清楚, 它代表绕 $\hat{n}$ 方向转动 ω 角的变换. 更重要的是, **在群空间恒元的邻域内, 参数与群元素有一一对应的关系**, 因而这组参数适合做理论研究. 但这组参数在实际计算中不太方便. 例如, 由 R 的矩阵形式确定这组参数比较麻烦; 知道了固定在系统上的动坐标系 K' 关于定坐标系 K 的相对位置, 要确定相对转动的参数也相当困难. 在计算 SO(3) 群不等价不可约表示时, 最好能**把群中任意元素表成三个绕坐标轴向转动的乘积**, 使任意元素表示矩阵的计算简化为绕坐标轴向转动元素表示矩阵的计算. 欧拉 (Euler) 角正好具有这些优点, 但欧拉角在恒元的邻域内, 参数和群元素有多一对应关系, 不便于理论研究. 两组参数各有优缺点, 需根据情况选取. **由 SO(3) 群元素定出欧拉角的方法有普遍意义, 可以推广**. 例如, 推广到洛伦兹群和 SU(3) 群等.

对任意给定的幺模实正交矩阵 R, 可把 R 的第三列矩阵元素看成一个单位矢量 $\hat{m}$ 的分量, R 作用在 $\vec{e}_3$ 上就得到此单位矢量 $\hat{m}$

$$(R\vec{e}_3)_a = R_{a3} \equiv \hat{m}_a = m_a,$$
$$m_1 = \sin\theta\cos\varphi, \quad m_2 = \sin\theta\sin\varphi, \quad m_3 = \cos\theta. \tag{4.51}$$

θ 和 φ 是 $\hat{m}$ 的极角和方位角. 虽然很多文献把这里的 $\hat{m}$ 也记为 $\hat{n}$, 但这方向与 R 的转动轴方向 $\hat{n}$ 完全是两回事, 不要混淆.

在式 (4.11) 引入了一个有用的转动元素 $S(\varphi, \theta) = R(\vec{e}_3, \varphi)R(\vec{e}_2, \theta)$, 它也把 $\vec{e}_3$ 转到空间给定的方向 $\hat{m}(\theta, \varphi)$, 即 $S^{-1}R$ 保持 x_3 轴不变, 记为 $R(\vec{e}_3, \gamma)$. 取 $\theta = \beta$ 和 $\varphi = \alpha$, 得

$$R = S(\alpha, \beta)R(\vec{e}_3, \gamma) = R(\vec{e}_3, \alpha)R(\vec{e}_2, \beta)R(\vec{e}_3, \gamma) \equiv R(\alpha, \beta, \gamma). \tag{4.52}$$

具体乘出来, 得

$$R(\alpha,\beta,\gamma) = \begin{pmatrix} c_\alpha c_\beta c_\gamma - s_\alpha s_\gamma & -c_\alpha c_\beta s_\gamma - s_\alpha c_\gamma & c_\alpha s_\beta \\ s_\alpha c_\beta c_\gamma + c_\alpha s_\gamma & -s_\alpha c_\beta s_\gamma + c_\alpha c_\gamma & s_\alpha s_\beta \\ -s_\beta c_\gamma & s_\beta s_\gamma & c_\beta \end{pmatrix}, \tag{4.53}$$

其中, $c_\alpha = \cos\alpha$, $s_\alpha = \sin\alpha$, 以此类推. 元素 R 的这组参数 (α,β,γ) 称为欧拉角, 它们的变化范围是

$$-\pi \leqslant \alpha \leqslant \pi, \qquad 0 \leqslant \beta \leqslant \pi, \qquad -\pi \leqslant \gamma \leqslant \pi. \tag{4.54}$$

由式 (4.53), 把 R 矩阵第三列看成单位矢量, 它的极角是 β, 方位角是 α, 把 R 矩阵第三行看成单位矢量, 它的极角是 β, 方位角是 $\pi - \gamma$.

$$R(\alpha,\beta,\gamma)\vec{e_3} = \hat{m}(\beta,\alpha), \quad R(\alpha,\beta,\gamma)^{-1}\vec{e_3} = \hat{m}(\beta,\pi-\gamma). \tag{4.55}$$

式 (4.55) 给出了三个欧拉角的明显几何意义. 设 R 把坐标系由 K 位置转到 K' 位置, 则 K' 系的第三轴在 K 系的极角是 β, 方位角是 α, 而 K 系的第三轴在 K' 系的极角是 β, 方位角是 $\pi - \gamma$. 这是计算转动变换 R 的欧拉角的两种常用方法: **根据 R 矩阵的第三列和第三行矩阵元素计算欧拉角, 也可以根据 K' 系和 K 系的相对位置来计算欧拉角.**

　　注意, 在 $\beta = 0$ 时, $R(\alpha,0,\gamma)$ 是绕 $\vec{e_3}$ 轴转动 $\alpha + \gamma$ 角的变换, α 角和 γ 角中只有一个是独立的. 在恒元邻近发生欧拉角参数和群元素的多一对应关系, 是欧拉角参数的缺点. 在 $\beta = \pi$ 邻近也有类似的多一对应关系.

　　式 (4.52) 把三维空间任意转动 R 分解为绕定坐标系 K 的坐标轴向的三次转动的乘积. 如果把转动轴改为绕动坐标系 K' 的坐标轴方向, 乘积次序正好倒过来:

$$\begin{aligned} R(\alpha,\beta,\gamma) &= R(\vec{e_3},\alpha)R(\vec{e_2},\beta)R(\vec{e_3},\gamma) \\ &= \left\{ [R(\vec{e_3},\alpha)R(\vec{e_2},\beta)]\, R(\vec{e_3},\gamma)\, [R(\vec{e_3},\alpha)R(\vec{e_2},\beta)]^{-1} \right\} \\ &\quad \times \left\{ R(\vec{e_3},\alpha)R(\vec{e_2},\beta)R(\vec{e_3},\alpha)^{-1} \right\} R(\vec{e_3},\alpha). \end{aligned} \tag{4.56}$$

$R(\alpha,\beta,\gamma)$ 表为: 先绕 x_3 轴转动 α 角, 再绕新的 x_2' 轴转动 β 角, 最后再绕更新的 x_3'' 轴转动 γ 角. 如图 4.4 所示. 希望读者能理解这两种乘积的联系和区别. 图 4.4 摘自文献 (Edmonds,1957).

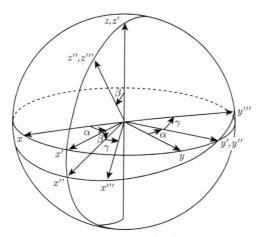

图 4.4　SO(3) 群元素表为三次转动的乘积

设 R 转动把 K 系转到 K' 系. 作单位球面, K' 系的第一和第三两轴分别与球面相交于 Q 和 P 两点, 这两点也描写了群元素 R: P 点位置决定了欧拉角 α 和 β, Q 点位置决定了欧拉角 γ. 描写 R 邻近元素的对应点 P' 和 Q', 分别在 P 点邻近面积元 $\sin\beta \mathrm{d}\beta \mathrm{d}\alpha$ 内和在 Q 点邻近的大圆弧 $\mathrm{d}\gamma$ 上. 当左乘或右乘群元素时, 描写 R 元素的 P 点和 Q 点在球面上移动, 描写 R 邻近元素的点还在邻近的面积元和大圆弧上, 跟着 P 和 Q 点一起移动. 这些面积元的面积和大圆弧的弧长在移动中是不变的, 因而群元素的相对密度也是不变的. 采用欧拉角作为参数时, 群上积分的积分元与面积元的面积和大圆弧的弧长成比例:

$$\int F(R)\mathrm{d}R = \frac{1}{8\pi^2} \int_{-\pi}^{\pi} \mathrm{d}\alpha \int_0^{\pi} \sin\beta \mathrm{d}\beta \int_{-\pi}^{\pi} F(\alpha,\beta,\gamma)\mathrm{d}\gamma. \tag{4.57}$$

前面系数是由归一化条件定出来的:

$$\int \mathrm{d}R = \frac{1}{8\pi^2} \int_{-\pi}^{\pi} \mathrm{d}\alpha \int_0^{\pi} \sin\beta \mathrm{d}\beta \int_{-\pi}^{\pi} \mathrm{d}\gamma = 1. \tag{4.58}$$

SU(2) 群也可以类似地定义欧拉角, 群上积分的积分元也类似, 只是 γ 角的变化范围扩大了一倍:

$$u(\alpha,\beta,\gamma) = u(\overrightarrow{e}_3,\alpha)u(\overrightarrow{e}_2,\beta)u(\overrightarrow{e}_3,\gamma), \tag{4.59}$$

$$\int F(u)\mathrm{d}u = \frac{1}{16\pi^2} \int_{-\pi}^{\pi} \mathrm{d}\alpha \int_0^{\pi} \sin\beta \mathrm{d}\beta \int_{-2\pi}^{2\pi} F(\alpha,\beta,\gamma)\mathrm{d}\gamma,$$

$$\int \mathrm{d}u = \frac{1}{16\pi^2} \int_{-\pi}^{\pi} \mathrm{d}\alpha \int_0^{\pi} \sin\beta \mathrm{d}\beta \int_{-2\pi}^{2\pi} \mathrm{d}\gamma = 1. \tag{4.60}$$

采用欧拉角作为参数时, SO(3) 群积分的权函数公式 (4.58) 也可直接由式 (4.39) 计算, 但由于在恒元邻近参数的多值性, 计算中必须保留到二级小量.

4.4.2　SU(2) 群的线性表示

找一个线性变换群 G 表示的基本方法就是寻找变换群的不变函数空间. 适当选取函数基 ψ_μ^j, 用标量函数变换算符 P_R 作用上去, 得到函数基的线性组合:

$$P_R\psi_\mu^j(x) = \psi_\mu^j(R^{-1}x) = \sum_\nu \psi_\nu^j(x)\, D_{\nu\mu}^j(R).$$

组合系数排列成方阵 $D^j(R)$, 构成群 G 的一个表示. 如果不变函数空间不存在非平庸的不变子空间, 则此表示是不可约的.

把 SU(2) 群的元素 u 看成是二维复空间的幺正变换:

$$\begin{pmatrix} \xi' \\ \eta' \end{pmatrix} = u \begin{pmatrix} \xi \\ \eta \end{pmatrix}, \quad \begin{pmatrix} \xi'' \\ \eta'' \end{pmatrix} = u^{-1} \begin{pmatrix} \xi \\ \eta \end{pmatrix}. \tag{4.61}$$

由 ξ 和 η 的 n 次齐次函数构成的 $n+1$ 维函数空间, 是 SU(2) 群的不变函数空间, 函数基为 $\xi^m\eta^{n-m}$, $m = 0, 1, \cdots, n$. 为了计算结果的物理意义清楚, 也为了表示的幺正性, 重新规定函数基的系数和函数基的指标:

$$\begin{aligned}
&\psi_\mu^j(\xi,\eta) = \frac{(-1)^{j-\mu}}{\sqrt{(j+\mu)!(j-\mu)!}}\xi^{j-\mu}\eta^{j+\mu}, \\
&j = n/2 = 0,\ 1/2,\ 1,\ 3/2,\ \cdots, \\
&\mu = j - m = j,\ j-1,\ \cdots,\ -(j-1),\ -j.
\end{aligned} \tag{4.62}$$

现在把标量函数变换算符 P_u 作用到函数基 $\psi_\mu^j(\xi,\eta)$ 上, 由

$$P_u\psi_\mu^j(\xi,\eta) = \psi_\mu^j(\xi'',\eta'') = \sum_\nu \psi_\nu^j(\xi,\eta)D_{\nu\mu}^j(u), \tag{4.63}$$

计算表示矩阵 $D_{\nu\mu}^j(u)$. 因为 $u^{-1} = \mathbf{1}\cos(\omega/2) + \mathrm{i}\sin(\omega/2)\,(\vec{\sigma}\cdot\hat{\boldsymbol{n}})$,

$$u^{-1} = \begin{pmatrix} \cos(\omega/2) + \mathrm{i}n_3\sin(\omega/2) & \sin(\omega/2)\,(n_2 + \mathrm{i}n_1) \\ \sin(\omega/2)\,(-n_2 + \mathrm{i}n_1) & \cos(\omega/2) - \mathrm{i}n_3\sin(\omega/2) \end{pmatrix},$$

所以当 $\hat{\boldsymbol{n}} = \vec{e}_3$ 时, 有 $\xi'' = \xi\exp(\mathrm{i}\omega/2)$ 和 $\eta'' = \eta\exp(-\mathrm{i}\omega/2)$, 得

$$P_u\psi_\mu^j(\xi,\eta) = \frac{(-1)^{j-\mu}}{\sqrt{(j+\mu)!(j-\mu)!}}\left[\xi\mathrm{e}^{\mathrm{i}\omega/2}\right]^{j-\mu}\left[\eta\mathrm{e}^{-\mathrm{i}\omega/2}\right]^{j+\mu} = \psi_\mu^j(\xi,\eta)\mathrm{e}^{-\mathrm{i}\mu\omega},$$

$$D_{\nu\mu}^j(\vec{e}_3,\omega) = \delta_{\nu\mu}\mathrm{e}^{-\mathrm{i}\mu\omega}. \tag{4.64}$$

当 $\hat{n} = \vec{e}_2$ 时, 有 $\xi'' = \xi\cos(\omega/2) + \eta\sin(\omega/2)$ 和 $\eta'' = -\xi\sin(\omega/2) + \eta\cos(\omega/2)$, 得

$$
\begin{aligned}
P_u\psi_\mu^j(\xi,\eta) &= \frac{(-1)^{j-\mu}}{\sqrt{(j+\mu)!(j-\mu)!}} \left[\xi\cos(\omega/2) + \eta\sin(\omega/2)\right]^{j-\mu} \\
&\quad \times \left[-\xi\sin(\omega/2) + \eta\cos(\omega/2)\right]^{j+\mu} \\
&= (-1)^{j-\mu}\sum_{n=0}^{j-\mu} \frac{\sqrt{(j-\mu)!}\,[\xi\cos(\omega/2)]^{j-\mu-n}\,[\eta\sin(\omega/2)]^n}{(j-\mu-n)!n!} \\
&\quad \times \sum_{m=0}^{j+\mu} \frac{\sqrt{(j+\mu)!}\,[-\xi\sin(\omega/2)]^{j+\mu-m}\,[\eta\cos(\omega/2)]^m}{(j+\mu-m)!m!}.
\end{aligned}
$$

求和指标 n 和 m 是整数, 要求它们的取值不会使分母变成无穷大. 为了把等式右边表成 ψ_ν^j 的线性组合, 要把求和指标 n 和 m 替换成 n 和 ν, 使 ξ 的指数 $2j-n-m$ 变成 $j-\nu$, η 的指数 $n+m$ 变成 $j+\nu$, 即 $\nu = n+m-j$,

$$
\begin{aligned}
P_u\psi_\mu^j(\xi,\eta) &= \sum_{\nu=-j}^{j} \frac{(-1)^{j-\nu}\xi^{j-\nu}\eta^{j+\nu}}{[(j+\nu)!(j-\nu)!]^{1/2}} \\
&\quad \times \sum_{n} \frac{(-1)^n\,[(j+\nu)!(j-\nu)!(j+\mu)!(j-\mu)!]^{1/2}}{(j+\nu-n)!(j-\mu-n)!n!(n-\nu+\mu)!} \\
&\quad \times [\cos(\omega/2)]^{2j+\nu-\mu-2n}\,[\sin(\omega/2)]^{2n-\nu+\mu}.
\end{aligned}
$$

因此

$$
\begin{aligned}
d_{\nu\mu}^j(\omega) &\equiv D_{\nu\mu}^j(\vec{e}_2,\omega) \\
&= \sum_{n} \frac{(-1)^n\,[(j+\nu)!(j-\nu)!(j+\mu)!(j-\mu)!]^{1/2}}{(j+\nu-n)!(j-\mu-n)!n!(n-\nu+\mu)!} \\
&\quad \times [\cos(\omega/2)]^{2j+\nu-\mu-2n}\,[\sin(\omega/2)]^{2n-\nu+\mu}
\end{aligned}
\tag{4.65}
$$

$$
n \text{ 取 } \quad \max\begin{pmatrix} 0 \\ \nu-\mu \end{pmatrix}, \cdots, \min\begin{pmatrix} j+\nu \\ j-\mu \end{pmatrix},
$$

$$
D_{\nu\mu}^j(\alpha,\beta,\gamma) = \left[D^j(\vec{e}_3,\alpha)D^j(\vec{e}_2,\beta)D^j(\vec{e}_3,\gamma)\right]_{\nu\mu} = \mathrm{e}^{-\mathrm{i}\nu\alpha}d_{\nu\mu}^j(\beta)\mathrm{e}^{-\mathrm{i}\mu\gamma}. \tag{4.66}
$$

这就是在此不变函数空间中 SU(2) 群的表示 D^j, 其中绕 x_3 轴转动元素对应的表示矩阵是对角化的, 绕 x_2 轴转动元素对应的表示矩阵是实矩阵. 按习惯, 这矩阵的行 (列) 指标按 $j, j-1, \cdots, -(j-1), -j$ 的次序排列.

进一步来研究 d^j 矩阵的对称性质. 式 (4.65) 右面, 在指标 ν 和 $-\mu$ 对换时明显保持不变, 在 ω 改号时产生因子 $(-1)^{\mu-\nu}$, 在指标 ν 和 μ 对换时, 再做求和指标替换 $n = n'-\nu+\mu$, 也产生因子 $(-1)^{\mu-\nu}$. 当 $\omega = \pi$ 时, $\cos(\omega/2) = 0$, $n = j+\nu = j-\mu$.

当 $\omega = 2\pi$ 时, $\sin(\omega/2) = 0$, $n = \nu - \mu = 0$. d^j 矩阵的这些重要性质列于下式:

$$
\begin{aligned}
d^j_{\nu\mu}(\omega) &= d^j_{-\mu-\nu}(\omega) = (-1)^{\mu-\nu} d^j_{\nu\mu}(-\omega) = (-1)^{\mu-\nu} d^j_{\mu\nu}(\omega) \\
&= d^j_{\mu\nu}(-\omega) = (-1)^{\mu-\nu} d^j_{-\nu-\mu}(\omega), \\
d^j_{\nu\mu}(\pi) &= (-1)^{j-\mu}\delta_{\nu(-\mu)}, \qquad d^j_{\nu\mu}(2\pi) = (-1)^{2j}\delta_{\nu\mu}, \\
d^j_{\nu\mu}(\pi-\omega) &= (-1)^{j-\mu} d^j_{-\nu\mu}(\omega) = (-1)^{j+\nu} d^j_{\nu-\mu}(\omega).
\end{aligned}
\tag{4.67}
$$

由式 (4.65) 直接计算得

$$
\begin{aligned}
d^j_{\mu j}(\beta) &= d^j_{-j-\mu}(\beta) = (-1)^{j-\mu} d^j_{j\mu}(\beta) = (-1)^{j-\mu} d^j_{-\mu-j}(\beta) \\
&= \left[\frac{(2j)!}{(j+\mu)!(j-\mu)!}\right]^{1/2} [\cos(\omega/2)]^{j+\mu}[\sin(\omega/2)]^{j-\mu}, \\
d^\ell_{00}(\beta) &= \sum_{n=0}^{\ell} (-1)^n \left[\frac{\ell!\,[\cos(\omega/2)]^{\ell-n}[\sin(\omega/2)]^n}{n!(\ell-n)!}\right]^2.
\end{aligned}
\tag{4.68}
$$

现在来分析 SU(2) 群表示 D^j 的性质.

(1) D^j 是 $2j+1$ 维表示, $j = 0,\,1/2,\,1,\,3/2,\cdots$. $D^0 = 1$ 是恒等表示, $D^{1/2}(u) = u$ 是 SU(2) 群的自身表示.

(2) j 为整数时, D^j 是 SO(3) 群的单值表示, SU(2) 群的非真实表示, j 为半奇数时, D^j 是 SO(3) 群的双值表示, SU(2) 群的真实表示.

(3) d^j 是实正交矩阵, D^j 是幺正表示.

(4) 由于绕 x_3 轴转动元素的表示矩阵是对角的, 由此容易算得转角为 ω 的类在表示 D^j 中的特征标

$$
\chi^j(\omega) = \sum_{\mu=-j}^{j} e^{-i\mu\omega} = \sum_{\mu=-j}^{j} e^{i\mu\omega} = \frac{\sin\{(j+1/2)\omega\}}{\sin(\omega/2)}.
\tag{4.69}
$$

它满足不等价不可约表示特征标的正交关系式 (4.44). 因此, 不同 j 的表示 D^j 都是 SU(2) 群的不等价不可约表示. 下面证明, 它包括了 SU(2) 群的所有有限维不等价不可约表示.

证明 用反证法. 设另有特征标为 $\chi(\omega)$ 的不可约表示, 它与所有 D^j 表示不等价, 则

$$
\begin{aligned}
0 &= \frac{1}{\pi}\int_0^{2\pi} d\omega\ \sin^2(\omega/2)\chi^j(\omega)^*\chi(\omega) \\
&= \frac{1}{\pi}\int_0^{2\pi} d\omega\ \sin[(j+1/2)\omega]\,[\chi(\omega)\sin(\omega/2)].
\end{aligned}
$$

由傅里叶 (Fourier) 级数理论知, 在区间 $[0,\ 2\pi]$ 内, $\sin[(j+1/2)\omega]$ 构成完备函数系, 其中 j 取非负半整数. 因此与它们都正交的非零函数 $\{\chi(\omega)\sin(\omega/2)\}$ 是不存在的. 证完.

参数用欧拉角表达时, SU(2) 群不等价不可约表示矩阵元素的正交关系为

$$\frac{1}{16\pi^2}\int_{-\pi}^{\pi}\mathrm{d}\alpha\int_0^{\pi}\mathrm{d}\beta\ \sin\beta\int_{-2\pi}^{2\pi}\mathrm{d}\gamma\ D_{\mu\rho}^i(\alpha,\beta,\gamma)^* D_{\nu\lambda}^j(\alpha,\beta,\gamma)$$

$$=\frac{\delta_{\mu\nu}\delta_{\rho\lambda}}{2}\int_0^{\pi}\mathrm{d}\beta\ \sin\beta d_{\mu\nu}^i(\beta)d_{\mu\nu}^j(\beta)=\frac{1}{2j+1}\,\delta_{ij}\delta_{\mu\nu}\delta_{\rho\lambda}. \tag{4.70}$$

(5) 把表示矩阵按参数展开, 取到参数的一级项, 得到生成元的表式. 按式 (4.13), 绕 x_1 轴的转动可用绕 x_2 和 x_3 轴的转动表出:

$$D_{\nu\mu}^j(\overrightarrow{e}_3,\omega)=\delta_{\nu\mu}\left[1-\mathrm{i}\mu\omega\right],$$

$$d_{\nu\mu}^j(\omega)=\delta_{\nu\mu}+\frac{\omega}{2}\left[\delta_{\nu(\mu-1)}\Gamma_\mu^j-\delta_{\nu(\mu+1)}\Gamma_\nu^j\right],$$

$$D_{\nu\mu}^j(\overrightarrow{e}_1,\omega)=\left[D^j(\overrightarrow{e}_3,-\pi/2)d^j(\omega)D^j(\overrightarrow{e}_3,\pi/2)\right]_{\nu\mu}$$

$$=\delta_{\nu\mu}+\frac{\omega}{2}\left[-\mathrm{i}\delta_{\nu(\mu-1)}\Gamma_\mu^j-\mathrm{i}\delta_{\nu(\mu+1)}\Gamma_\nu^j\right],$$

$$\Gamma_\nu^j=\Gamma_{-\nu+1}^j=[(j+\nu)(j-\nu+1)]^{1/2},$$

$$\left(I_+^j\right)_{\nu\mu}=\left(I_1^j+\mathrm{i}I_2^j\right)_{\nu\mu}=\delta_{\nu(\mu+1)}\Gamma_\nu^j=\delta_{(\nu-1)\mu}\Gamma_{-\mu}^j,$$

$$\left(I_-^j\right)_{\nu\mu}=\left(I_1^j-\mathrm{i}I_2^j\right)_{\nu\mu}=\delta_{\nu(\mu-1)}\Gamma_{-\nu}^j=\delta_{(\nu+1)\mu}\Gamma_\mu^j, \tag{4.71}$$

$$\left(I_3^j\right)_{\nu\mu}=\mu\delta_{\nu\mu}.$$

$I_\pm$ 在物理中称为升降算符. 比较生成元可知, D^1 表示等价于 SO(3) 群的自身表示:

$$M^{-1}T_aM=I_a^1,\quad a=1,\ 2,\ 3, \qquad M=\frac{1}{\sqrt 2}\begin{pmatrix}-1&0&1\\-\mathrm{i}&0&-\mathrm{i}\\0&\sqrt 2&0\end{pmatrix}, \tag{4.72}$$

$$M^{-1}R(\alpha,\beta,\gamma)M=D^1(\alpha,\beta,\gamma),$$

其中 T_a 由式 (4.10) 给出. D^j 的表示空间包含 $2j+1$ 个状态基 ψ_μ^j, 升 (降) 算符 I_+^j (I_-^j) 的矩阵元为

$$I_-^j\psi_{j-n}^j=\Gamma_{j-n}^j\psi_{j-n-1}^j,\quad I_+^j\psi_{j-n-1}^j=\Gamma_{j-n}^j\psi_{j-n}^j,$$

$$\Gamma_{j-n}^j=\sqrt{(2j-n)(n+1)}. \tag{4.73}$$

(6) 由于 D^j 的特征标是实数, D^j 是自共轭表示. 在复共轭表示中, 绕 x_3 轴转动的角度 α 和 γ 改了符号, 而绕 x_2 轴转动的角度 β 不变, 可见联系 D^j 和 D^{j*} 的

相似变换正好是绕 x_2 轴转动 π 角的变换:

$$d^j(\pi)^{-1}D^j(\overrightarrow{e}_3,\alpha)d^j(\pi) = D^j(\overrightarrow{e}_3,-\alpha) = D^j(\overrightarrow{e}_3,\alpha)^*,$$
$$d^j(\pi)^{-1}d^j(\beta)d^j(\pi) = d^j(\beta) = d^j(\beta)^*,$$
$$d^j(\pi)^{-1}D^j(\alpha,\beta,\gamma)d^j(\pi) = D^j(\alpha,\beta,\gamma)^*. \tag{4.74}$$

由式 (4.67) 知, 当 $j=\ell$ 是整数时, $d^\ell(\pi)$ 是对称矩阵, 因而 D^ℓ 是实表示, 而当 j 是半奇数时, $d^j(\pi)$ 是反对称矩阵, D^j 是自共轭而非实表示. 换言之, SO(3) **群的单值表示是实表示, 双值表示是自共轭而非实表示**.

4.4.3　O(3) 群的不等价不可约表示

O(3) 群是混合李群, 群空间按群元素的行列式是 1 还是 -1, 分成两片. 行列式是 1 的那片, 相应元素是固有转动, 记为 R, 它们构成 SO(3) 群, 是 O(3) 群的不变子群. 行列式是 -1 的那片, 相应元素是非固有转动, 记为 $R'=\sigma R$, σ 是空间反演, 它们构成 SO(3) 群的陪集. 有了 SO(3) 群的表示, 只要再知道 σ 元素的表示矩阵, 就知道 O(3) 群的表示. 这里仅限于讨论 O(3) 群的单值表示, ℓ 取非负整数.

因为 σ 可与任何转动元素对易, 所以它在不可约表示中的表示矩阵必是常数矩阵. 又由于 $\sigma^2=E$, 这常数只能取 ±1. 事实上, 设 SO(3) 群的不可约表示 D^ℓ 表示空间的基为 ψ_m^ℓ, 取 $\phi_m^{\ell\pm}\sim\psi_m^\ell\pm\sigma\psi_m^\ell$, 得 $\sigma\phi_m^{\ell\pm}=\pm\phi_m^{\ell\pm}$. 以 $\phi_m^{\ell\pm}$ 为基得到 O(3) 群的两个不等价不可约表示 $D^{\ell+}$ 和 $D^{\ell-}$, 表示矩阵为

$$D^{\ell\pm}(R) = D^\ell(R), \quad D^{\ell\pm}(\sigma) = \pm\mathbf{1}, \quad D^{\ell\pm}(\sigma R) = \pm D^\ell(R). \tag{4.75}$$

这是找混合李群不等价不可约表示的一般方法.

4.4.4　球函数和球谐多项式

下面讨论 SO(3) 群不可约表示的简单物理应用. 球对称系统的对称变换群是 SO(3) 群, 系统哈密顿量在转动变换中保持不变

$$P_R H(x) P_R^{-1} = H(x).$$

设能级 E 是 n 重简并, 有 n 个线性无关的本征函数 $\psi_\mu(x)$:

$$H(x)\psi_\mu(x) = E\psi_\mu(x).$$

经转动变换, $P_R\psi_\mu(x)$ 仍是同一能级的本征函数

$$H(x)\left[P_R\psi_\mu(x)\right] = P_R H(x)\psi_\mu(x) = EP_R\psi_\mu(x),$$

因而它必可按此函数基 $\psi_\mu(x)$ 展开, 组合系数构成表示 $D[\mathrm{SO}(3)]$:

$$P_R\psi_\mu(x) = \psi_\mu(R^{-1}x) = \sum_\nu \psi_\nu(x)D_{\nu\mu}(R). \tag{4.76}$$

此表示一般是可约表示, 把它按 SO(3) 群的不可约表示约化, 它的生成元 I_a 也同时约化, 它的特征标 $\chi(\omega)$ 则做级数展开:

$$\begin{aligned}
X^{-1}D(R)X &= \bigoplus_\ell a_\ell D^\ell(R), \\
X^{-1}I_aX &= \bigoplus_\ell a_\ell I_a^\ell, \quad \chi(R) = \sum_\ell a_\ell \chi^\ell(R).
\end{aligned} \tag{4.77}$$

因为转动 2π 角后, 系统恢复原状, 所以展开式中只能出现 SO(3) 群单值表示 D^ℓ, ℓ 是非负整数. a_ℓ 可用特征标积分来计算:

$$\begin{aligned}
a_\ell &= \frac{2}{\pi}\int_0^\pi \mathrm{d}\omega \ \sin^2(\omega/2)\chi^\ell(\omega)\chi(\omega) \\
&= \frac{2}{\pi}\int_0^\pi \mathrm{d}\omega \ \sin(\omega/2)\sin\{(\ell+1/2)\omega\}\chi(\omega).
\end{aligned} \tag{4.78}$$

把 a_ℓ 代入生成元的相似变换式 (4.77), 先取 $a=3$, 再取 $a=\pm$, 可基本确定相似变换矩阵 X, 余下的未定参数应适当选定. X 矩阵的行指标为 μ, 列指标为 $\ell m r$. 当 $a_\ell > 1$ 时才需引入 r 来区分重表示. 用 X 矩阵组合波函数, 可得属确定不可约表示 D^ℓ m 行的定态波函数:

$$\begin{aligned}
\psi_{mr}^\ell(x) &= \sum_\mu \psi_\mu(x)X_{\mu,\ell mr}, \\
P_R\psi_{mr}^\ell(x) &= \psi_{mr}^\ell(R^{-1}x) = \sum_{m'} \psi_{m'r}^\ell(x)D_{m'm}^\ell(R).
\end{aligned} \tag{4.79}$$

这就是说, 如果系统各向同性, 对称变换群是 SO(3) 群, 则定态波函数可组合成属 SO(3) 群不可约表示确定行的函数 $\psi_{mr}^\ell(x)$. 现在讨论这函数的物理意义. 这里的坐标 x 可做两种理解. 一种理解是把 x 理解为若干粒子坐标的集合, 为确定起见, 如 x 代表两个粒子的坐标 $x^{(1)}$ 和 $x^{(2)}$, 则 P_R 让两个粒子同时作转动变换 R, $P_R = P_R^{(1)}P_R^{(2)}$, 它的微量微分算符是两粒子轨道角动量算符之和, 即系统的总轨道角动量算符 L_a. 另一种理解认为系统像一个质点, P_R 的微量微分算符就是系统的总轨道角动量算符. 式 (4.79) 说明, P_R 在函数基 $\psi_{mr}^\ell(x)$ 中的矩阵形式是 D^ℓ, 它的生成元是 I_a^ℓ. 由式 (4.71) 得

$$\begin{aligned}
L_3\psi_{mr}^\ell(x) &= m\psi_{mr}^\ell(x), \\
L_\pm\psi_{mr}^\ell(x) &= \Gamma_{\mp m}^\ell\psi_{(m\pm1)r}^\ell(x), \\
L^2\psi_{mr}^\ell(x) &= \ell(\ell+1)\psi_{mr}^\ell(x),
\end{aligned} \tag{4.80}$$

其中

$$L^2 \equiv \sum_{a=1}^3 (L_a)^2 = L_3^2 + (L_+L_- + L_-L_+)/2. \tag{4.81}$$

在量子力学中, ℓ 称为角动量量子数, m 称为磁量子数. 属三维转动群不可约表示 D^ℓ 表示空间的函数是轨道角动量平方 L^2 的本征函数, 本征值为 $\ell(\ell+1)$. 属不可约表示 D^ℓ m 行的函数, 是轨道角动量平方 L^2 和轨道角动量沿 x_3 轴投影 L_3 的共同本征函数, 本征值分别为 $\ell(\ell+1)$ 和 m. L^2 和 L_3 的共同本征函数 $\psi_{mr}^\ell(x)$ 在转动变换中的变换规律是由表示 D^ℓ 来描写的. 在这组函数基 $\psi_{mr}^\ell(x)$ 中, L_+ 是升算符, 它把函数基 $\psi_{mr}^\ell(x)$ 的磁量子数 m 增加 1, L_- 是降算符, 它把函数基的磁量子数减少 1.

对各向同性系统的能量本征函数, 在不同的方法中有不同的理解, 但最后结果是相同的. 在量子力学中, 它是一套完备力学量 H, L^2 和 L_3 的共同本征函数. 在数理方法中, 它是用分离变量法计算得到的本征函数. 在群论中, 它是属三维转动群不可约表示确定行的函数.

现在用群论方法研究一个在中心力场中运动的单粒子系统, 对称变换群是 SO(3) 群, 定态波函数可组合成属 SO(3) 群不可约表示确定行的函数 $\psi_m^\ell(x)$, 其中 x 代表单粒子在三维空间的坐标. 若取球坐标, $x = (r, \theta, \varphi)$, 在 x_3 轴上的点为 $x_0 = (r, 0, 0)$, 转动 $T = R(\varphi, \theta, \gamma)$ 把点 x_0 转到 x 位置, $x = Tx_0$. 在转动变换中 $\psi_m^\ell(x)$ 按式 (4.79) 变换:

$$\psi_m^\ell(x) = \psi_m^\ell(Tx_0) = P_{T^{-1}}\psi_m^\ell(x_0) = \sum_{m'} \psi_{m'}^\ell(x_0)D_{mm'}^\ell(T)^*$$
$$= \sum_{m'} \psi_{m'}^\ell(x_0)e^{im\varphi}d_{mm'}^\ell(\theta)e^{im'\gamma}. \tag{4.82}$$

既然等式左面与 γ 角无关, 等式右面也必须不依赖于 γ 角. 现在右面的求和式中, 除 $m' = 0$ 的项外, 都以指数方式依赖于 γ 角, 而且这些指数函数是互相线性无关的, 因而这些项的系数只能为零.

$$\psi_{m'}^\ell(x_0) = 0, \quad \text{当} \ m' \neq 0.$$

对 $m' = 0$ 的项, 提出归一化系数, 令

$$\psi_m^\ell(x_0) = \delta_{m0} \left(\frac{2\ell+1}{4\pi}\right)^{1/2} \phi_\ell(r),$$

其中, $\phi_\ell(r)$ 仅是矢径长 r 的函数, 函数形式依赖于 ℓ. 代入式 (4.82), 得

$$\psi_m^\ell(x) = \phi_\ell(r) \left[\left(\frac{2\ell+1}{4\pi}\right)^{1/2} D_{m0}^\ell(\varphi,\theta,0)^*\right] = \phi_\ell(r)Y_m^\ell(\theta,\varphi). \tag{4.83}$$

即属 SO(3) 群不可约表示 $D^\ell\ m$ 行的单粒子波函数 $\psi_m^\ell(x)$ 必可分解为径向函数 $\phi_\ell(r)$ 和角度函数 $Y_m^\ell(\theta, \varphi)$ 的乘积. 因为径向函数在转动变换中保持不变, 在变换中相当于一个常系数, 所以这角度函数也是属不可约表示 $D^\ell\ m$ 行的函数, 是 L^2 和 L_3 的共同本征函数, 量子力学中称为**球函数**:

$$Y_m^\ell(\theta, \varphi) = \left(\frac{2\ell + 1}{4\pi}\right)^{1/2} e^{im\varphi} d_{m0}^\ell(\theta). \tag{4.84}$$

由式 (4.70) 知, 球函数对角度积分是正交归一的:

$$\int_{-\pi}^{\pi} d\varphi \int_0^\pi d\theta \ \sin\theta Y_m^\ell(\theta, \varphi)^* Y_{m'}^{\ell'}(\theta, \varphi)$$

$$= \frac{[(2\ell + 1)(2\ell' + 1)]^{1/2}}{4\pi} \int_{-\pi}^{\pi} d\varphi \int_0^\pi d\theta \ \sin\theta D_{m0}^\ell(\varphi, \theta, 0)^* D_{m'0}^{\ell'}(\varphi, \theta, 0)$$

$$= \delta_{\ell\ell'}\delta_{mm'}. \tag{4.85}$$

由 d^ℓ 函数的对称性质式 (4.67) 得

$$Y_m^\ell(\theta, \varphi)^* = \left(\frac{2\ell + 1}{4\pi}\right)^{1/2} e^{-im\varphi} d_{m0}^\ell(\theta) = (-1)^m Y_{-m}^\ell(\theta, \varphi). \tag{4.86}$$

定义勒让德 (Legendre) 函数

$$P_\ell(\cos\theta) = \left(\frac{4\pi}{2\ell + 1}\right)^{1/2} Y_0^\ell(\theta, 0) = d_{00}^\ell(\theta). \tag{4.87}$$

它满足正交性质

$$\int_0^\pi d\theta \ \sin\theta P_\ell(\cos\theta) P_{\ell'}(\cos\theta) = \frac{2\delta_{\ell\ell'}}{2\ell + 1}. \tag{4.88}$$

在空间反演中, $x \longrightarrow -x$, $\theta \longrightarrow \pi - \theta$, 和 $\varphi \longrightarrow \pi + \varphi$,

$$Y_m^\ell(\pi - \theta, \pi + \varphi) = \left(\frac{2\ell + 1}{4\pi}\right)^{1/2} e^{-im(\pi + \varphi)} d_{m0}^\ell(\pi - \theta) = (-1)^\ell Y_m^\ell(\theta, \varphi). \tag{4.89}$$

球函数有确定的宇称 $(-1)^\ell$. 这是系统具有空间反演不变性的结果.

球函数有两个重要数学性质值得注意. 一是球函数可用已知的雅可比 (Jacobi) 多项式表出. 令 $\cos\theta = x$, $r = \ell - n$,

$$d_{m0}^\ell(\theta) = \sum_{n=m}^{\ell} \frac{(-1)^n \ell! \sqrt{(\ell + m)!(\ell - m)!}}{(\ell + m - n)!(\ell - n)! n!(n - m)!} \cos^{2\ell + m - 2n}(\theta/2) \sin^{2n - m}(\theta/2)$$

$$= \frac{(-\sin\theta)^m \sqrt{(\ell + m)!(\ell - m)!}}{2^\ell \ell!} \sum_{r=0}^{\ell - m} \frac{\ell!\ell!(x - 1)^{\ell - r - m}(1 + x)^r}{(r + m)! r!(\ell - r)!(\ell - r - m)!}.$$

由文献 (Gradshteyn and Ryzhik, 2007) 公式 8.960 得雅可比多项式

$$P_n^{(\alpha,\beta)}(x) = 2^{-n} \sum_{r=0}^{n} \binom{n+\alpha}{r} \binom{n+\beta}{n-r} (x-1)^{n-r}(1+x)^r.$$

取 $\alpha = \beta = m$ 和 $n = \ell - m$, 得

$$
\begin{aligned}
d_{m0}^\ell(\theta) &= \sqrt{\frac{4\pi}{2\ell+1}} e^{-\mathrm{i}m\varphi} Y_m^\ell(\theta,\varphi) \\
&= \frac{(-\sin\theta)^m \sqrt{(\ell+m)!(\ell-m)!}}{2^m \ell!} P_{\ell-m}^{(m,m)}(\cos\theta).
\end{aligned}
\tag{4.90}
$$

二是球函数 $Y_m^\ell(\theta,\varphi)$ 乘上 r^ℓ 称为球谐多项式 $\mathcal{Y}_m^\ell(\mathbf{r})$. 由式 (4.68) 得

$$
\begin{aligned}
\mathcal{Y}_\ell^\ell(\mathbf{r}) &= \sqrt{\frac{2\ell+1}{4\pi}} r^\ell e^{\mathrm{i}\ell\varphi} d_{\ell 0}^\ell(\theta) \\
&= \sqrt{\frac{2\ell+1}{4\pi}} r^\ell e^{\mathrm{i}\ell\varphi} \cdot (-1)^\ell \frac{\sqrt{(2\ell)!}}{2^\ell \ell!} [\sin(\theta)]^\ell \\
&= \frac{(-1)^\ell}{2^\ell \ell!} \sqrt{\frac{(2\ell+1)!}{4\pi}} (x_1 + \mathrm{i}x_2)^\ell, \\
\nabla^2 \mathcal{Y}_\ell^\ell(\mathbf{r}) &= \sum_{a=1}^{3} \left[\frac{\partial^2}{\partial x_a} \right] \mathcal{Y}_\ell^\ell(\mathbf{r}) = 0.
\end{aligned}
\tag{4.91}
$$

$\mathcal{Y}_\ell^\ell(\mathbf{r})$ 是直角坐标 x_1, x_2 和 x_3 的 ℓ 次齐次多项式, 且满足拉普拉斯方程, 而其他球谐多项式 $\mathcal{Y}_m^\ell(\mathbf{r})$ 都由 $\mathcal{Y}_\ell^\ell(\mathbf{r})$ 通过转动变换得到, 因此都是直角坐标 x_1, x_2 和 x_3 的 ℓ 次齐次多项式, 都满足拉普拉斯方程. 用降算符 T_- 作用, 可计算 $\mathcal{Y}_m^\ell(\mathbf{r})$ 的第一项, 再用拉普拉斯方程计算后面的项, 最后用数学归纳法验证 (见习题第 9 题):

$$
\begin{aligned}
\mathcal{Y}_m^\ell(\mathbf{r}) &= \frac{(-1)^m}{2^m} \sqrt{\frac{(2\ell+1)(\ell+m)!(\ell-m)!}{4\pi}} (x_1 + \mathrm{i}x_2)^m \\
&\quad \times \left[\sum_{s=0}^{[(\ell-m)/2]} \frac{(-1)^s z^{\ell-m-2s}(x_1^2+x_2^2)^s}{4^s s!(m+s)!(\ell-m-2s)!} \right], \quad 0 \leqslant m \leqslant \ell.
\end{aligned}
\tag{4.92}
$$

4.5　李　氏　定　理

有了对 SU(2) 群和 SO(3) 群的不等价不可约表示及其生成元的系统认识, 可以更一般地研究李群理论的三个基本定理, 这些定理确立了生成元在李群理论中的重要地位.

4.5.1 李氏第一定理

李氏第一定理要解决无穷小元素如何决定简单李群的性质. 设表示 $D(G)$ 是存在的, I_A 是它的生成元, 如何由 I_A 把表示矩阵 $D(R)$ 具体计算出来呢?

定理 4.1 简单李群的线性表示完全由它的生成元决定.

证明 设 $RS = T, t_A = f_A(r; s)$. 右乘 S^{-1}, $R = TS^{-1}$. 在表示 $D(G)$ 中, $D(R) = D(T)D(S^{-1})$. 固定 S, 两边对参数 r_B 求导:

$$\frac{\partial D(R)}{\partial r_B} = \frac{\partial D(T)}{\partial r_B}D(S^{-1}) = \sum_A \frac{\partial D(T)}{\partial t_A}\frac{\partial f_A(r; s)}{\partial r_B}D(S^{-1}),$$

然后取 $S^{-1} = R, T = E$, 由生成元的定义式 (4.21) 得

$$\frac{\partial D(R)}{\partial r_B} = -\mathrm{i}\left[\sum_A I_A S_{AB}(r)\right]D(R) \tag{4.93}$$

$$S_{AB}(r) \equiv \left.\frac{\partial f_A(r; s)}{\partial r_B}\right|_{s=\bar{r}}. \tag{4.94}$$

对于给定的李群和选定的群参数, $S(r)$ 是一个确定的矩阵函数, 与具体的线性表示无关. 比较式 (4.40), 这矩阵 $S(r)$ 的行列式就是群元素积分变换的雅可比行列式, 因而 $S(r)$ 是非奇矩阵, 存在逆矩阵 $\overline{S}(r)$:

$$\sum_D \overline{S}_{AD}(r)S_{DB}(r) = \delta_{AB}. \tag{4.95}$$

若式 (4.94) 微商后 R 取恒元, 则得

$$S_{AB}(E) = \delta_{AB}. \tag{4.96}$$

式 (4.93) 回到式 (4.21).

设表示 $D(G)$ 是 m 维的, 式 (4.93) 是关于 m^2 个函数 $D_{\mu\nu}(R)$ 的 m^2 个一阶联立偏微分方程, 有 m^2 个边界条件:

$$D(R)|_{R=E} = \mathbf{1}. \tag{4.97}$$

因为解是存在的, 与积分路径无关, 所以可选取特殊的路径, 使路径的每一段都只有一个参数在变化, 于是方程是一阶常微分方程, 容易求解. 例如, 先只让 r_1 变化, 其余 r_B 都等于零, 由方程 (4.93) 和边界条件式 (4.97) 可解得 $D(r_1, 0, \cdots, 0)$. 再以此为边界条件, 取 r_1 固定, r_2 变化, 其余 $r_B = 0$, 由方程 (4.93) 解得 $D(r_1, r_2, 0, \cdots, 0)$. 以此类推, 可算得 $D(R)$. 证完.

　　这一定理从数学上严格描述了无穷小元素是如何决定李群的局域性质的, 也就是前面所说的 "无穷多个无穷小元素乘积" 的数学描述. 在上面求解过程的每一步, 都是求解矩阵的一阶常微分方程, 解可表为生成元线性组合的矩阵指数函数, 因而最后 $D(R)$ 可表为生成元各种线性组合的矩阵指数函数之乘积.

　　用李氏第一定理研究单参数李群特别方便. 例如, SO(2) 群是一阶阿贝尔紧致李群, 取转动角 ω 作为参数,

$$f(\omega_1, \omega_2) = \omega_1 + \omega_2, \quad S(\omega_1) = \left.\frac{\partial f(\omega_1, \omega_2)}{\partial \omega_1}\right|_{\omega_2 = -\omega_1} = 1.$$

设表示 $D(\hat{\boldsymbol{n}}, \omega)$ 的生成元是 I, 方程 (4.93) 为

$$\frac{\partial D(\hat{\boldsymbol{n}}, \omega)}{\partial \omega} = -\mathrm{i}I D(\hat{\boldsymbol{n}}, \omega), \quad D(\hat{\boldsymbol{n}}, 0) = \boldsymbol{1},$$

解得

$$D(\hat{\boldsymbol{n}}, \omega) = \exp(-\mathrm{i}I\omega). \tag{4.98}$$

把 I 对角化, $D(\hat{\boldsymbol{n}}, \omega)$ 也是对角矩阵, 它是一维表示的直和, 是可约表示. 由单值性条件 $D(\omega + 2\pi) = D(\omega)$, 定出 I 的本征值是整数. 阿贝尔群的不可约表示都是一维表示, SO(2) 群的不可约表示用整数 m 标记

$$D^m(\hat{\boldsymbol{n}}, \omega) = \exp(-\mathrm{i}m\omega).$$

这就是式 (4.25).

　　数学上证明了指数映照定理: 对紧致的简单李群, 每个群元素 R 都分属于只含一个实参数的子李群. 习题第 10 题证明, 对一阶子李群, 可以适当选择参数, 使元素乘积时参数相加. 因此, $D(R)$ 就可表为这个子李群生成元的矩阵指数函数. 例如, SO(3) 群的任意元素都是绕空间某方向 $\hat{\boldsymbol{n}}$ 的转动变换, 属绕 $\hat{\boldsymbol{n}}$ 方向转动群 SO(2), 就是属 SO(3) 群的一个一阶子李群. 元素 $R(\hat{\boldsymbol{n}}, \omega)$ 在自身表示中的矩阵指数函数形式, 由式 (4.13) 给出, 因而给出元素所属一阶子李群在自身表示中的生成元是 $\hat{\boldsymbol{n}} \cdot \vec{T}$, 它的微量微分算符是轨道角动量在 $\hat{\boldsymbol{n}}$ 方向的分量 $\hat{\boldsymbol{n}} \cdot \vec{L}$. 微量微分算符在表示 $D(\hat{\boldsymbol{n}}, \omega)$ 中的生成元是 $I = \hat{\boldsymbol{n}} \cdot \vec{I} = \sum_a I_a n_a$, 代入式 (4.98) 就得到 SO(3) 群中绕 $\hat{\boldsymbol{n}}$ 方向转动元素的表示矩阵

$$D(\hat{\boldsymbol{n}}, \omega) = \exp\left(-\mathrm{i}\sum_{a=1}^{3} I_a n_a \omega\right) = \exp\left(-\mathrm{i}\sum_{a=1}^{3} I_a \omega_a\right). \tag{4.99}$$

对维数不高的表示, 采取一定的技巧, 可以用此式直接计算表示矩阵 (见习题第 2 题). 但对一般的表示, 真正要从上式算出表示矩阵, 不是一件容易的事. 反过来说,

如果表示矩阵 $D^j(\hat{n},\omega)$ 已经知道, **式 (4.99) 就是给出了矩阵指数函数展开式的一个计算公式**. 这在一般李群不可约表示矩阵的具体计算中十分有用.

此外, 读者应该理解, 对实际的李群, 组合函数 $f_A(r;s)$ 的具体形式很复杂, 即使对最简单的非阿贝尔紧致李群 SO(3), 没有人去写出这组合函数的具体形式来, 也没有人去计算 $S_{AB}(r)$ 函数. 不是说绝对写不出来, 而是说没有必要去写, 因为李氏第一定理的重点在于理论研究, 而不是做实际计算. 那么, 李氏第一定理究竟要解决什么问题呢? 李氏第一定理指出: **简单李群的生成元决定了李群任意元素的表示矩阵**, 原来必须由表示矩阵来判定的表示性质, 现在只用生成元就能判定. 这些性质列举如下.

推论 1 若简单李群两个表示的所有生成元间都存在同一相似变换关系

$$\overline{I_A} = X^{-1}I_A X,$$

则此两表示等价.

推论 2 简单李群的表示不可约的充要条件是表示空间不存在对所有生成元不变的非平庸的子空间.

推论 3 设 $I_A^{(1)}$ 和 $I_A^{(2)}$ 是简单李群两个不等价不可约表示的生成元, 表示的维数分别为 m_1 和 m_2, 若存在 $m_1 \times m_2$ 矩阵 X, 对所有生成元都满足

$$I_A^{(1)}X = XI_A^{(2)},$$

则 $X = 0$.

推论 4 与简单李群不可约表示的所有生成元都对易的矩阵必为常数矩阵.

这些性质的证明都是根据方程 (4.93), 在给定边界条件 (4.97) 下, 解是唯一的. 对混合李群, 还要选群空间每一连通片的一个代表元素, 要求它的表示矩阵和生成元一起满足上述条件, 这些推论才能成立.

4.5.2 李氏第二定理

李氏第二定理要解决的问题是, 什么样的一组矩阵才可以作为简单李群的生成元, 由它们可以唯一地解得表示矩阵 $D(R)$, $D(R)$ 应该满足与群元素 R 相同的乘积规则, 而且表示的生成元就是原来的这组矩阵. **由于无穷小元素只描写李群的局域性质, 对于群空间是多连通的李群 G, 它与其覆盖群有相同的无穷小元素.** 用满足一定条件的一组矩阵作为生成元, 解得的线性表示可能是覆盖群的真实表示, 是群 G 的多值表示.

定理 4.2 李群线性表示的生成元满足共同的对易关系

$$I_A I_B - I_B I_A = \mathrm{i}\sum_D C_{AB}{}^D I_D, \tag{4.100}$$

$$C_{AB}{}^D = \left[\frac{\partial S_{DB}(r)}{r_A} - \frac{\partial S_{DA}(r)}{r_B} \right]\bigg|_{r=0}. \tag{4.101}$$

反之, 满足此对易关系的 g 个矩阵, 可以作为李群表示的一组生成元, 确定简单李群的一个单值或多值表示. 对于给定的李群和选定的实参数, $C_{AB}{}^D$ 是一组确定的实数, 称为李群的**结构常数**, 它们与具体的线性表示无关.

对定理 4.2, 这里不做证明, 只做一些提示. 根据微分方程理论, 在给定的边界条件 (4.97) 下, 沿任意两条可通过在群空间内连续变形达到重合的路径, 由方程 (4.93) 得到相同解 $D(R)$ 的充要条件是

$$\frac{\partial^2 D(R)}{\partial r_A \partial r_B} = \frac{\partial^2 D(R)}{\partial r_B \partial r_A}. \tag{4.102}$$

而式 (4.100) 和式 (4.101) 是式 (4.102) 的直接结果. 因为生成元是微量微分算符在表示空间中的矩阵形式, 所以微量微分算符也满足相同的对易关系:

$$\left[I_A^{(0)},\ I_B^{(0)} \right] = \mathrm{i} \sum_D C_{AB}{}^D I_D^{(0)}. \tag{4.103}$$

对于给定的李群和选定的参数, 李群的结构常数通常不是根据式 (4.101) 来计算的, 而是选择李群的一个已知的真实表示, 如自身表示, 找出生成元的具体形式, 计算它们的对易关系, 从而确定结构常数. SO(3) 群的微量微分算符是轨道角动量算符, 它们满足角动量算符典型的对易关系:

$$\begin{aligned}
& [L_a,\ L_b] = \mathrm{i} \sum_d \epsilon_{abd} L_d, \quad C_{ab}{}^d = \epsilon_{abd}, \\
& [L_3,\ L_\pm] = \pm L_\pm, \qquad\qquad [L_+,\ L_-] = 2L_3.
\end{aligned} \tag{4.104}$$

SO(3) 群和 SU(2) 群的结构常数 $C_{ab}{}^d$ 是完全反对称张量 ϵ_{abd}, 它们的任何表示生成元, 如由式 (4.10) 和式 (4.71) 所给出的生成元, 都必须满足此对易关系. 在量子力学中把这对易关系就称为角动量算符的对易关系, 并在 I_3 和 $I^2 = \sum_a I_a^2$ 对角化的表象里, 计算出生成元的矩阵形式 (4.71), 称为角动量算符的矩阵形式.

4.5.3　李氏第三定理

李氏第三定理解决作为李群的结构常数应该满足的充要条件.

定理 4.3　李群的结构常数满足条件:

$$\begin{aligned}
& C_{AB}{}^D = -C_{BA}{}^D, \\
& \sum_P \left\{ C_{AB}{}^P C_{PD}{}^Q + C_{BD}{}^P C_{PA}{}^Q + C_{DA}{}^P C_{PB}{}^Q \right\} = 0.
\end{aligned} \tag{4.105}$$

反之, 对满足此条件的一组实常数, 一定存在相应的李群, 以这组常数作为结构常数.

这里只对定理 4.3 做一些说明. 式 (4.105) 中第一式是显然的, 第二式可把式 (4.100) 代入雅可比恒等式计算得到.

$$
\begin{aligned}
0 &= (I_A I_B - I_B I_A) I_D - I_D (I_A I_B - I_B I_A) + (I_B I_D - I_D I_B) I_A \\
&\quad - I_A (I_B I_D - I_D I_B) + (I_D I_A - I_A I_D) I_B - I_B (I_D I_A - I_A I_D) \\
&= [[I_A,\ I_B],\ I_D] + [[I_B,\ I_D],\ I_A] + [[I_D,\ I_A],\ I_B] \\
&= -\sum_P \left\{ C_{AB}{}^P C_{PD}{}^Q + C_{BD}{}^P C_{PA}{}^Q + C_{DA}{}^P C_{PB}{}^Q \right\} I_Q.
\end{aligned}
$$

根据定理 4.3, 可以由结构常数对李群进行分类. 结构常数相同的李群有相同的局域性质, 称为局域同构. **局域同构的李群整体上不一定同构.** 有两个典型的反例. SU(2) 群和 SO(3) 群有相同的结构常数, 它们局域同构, 但整体上是同态关系. 二维幺正矩阵群 U(2) 包含子群 SU(2), 群元素中常数矩阵的集合也构成子群 U(1), 这两个子群有两个公共元素 $\pm\mathbf{1}$, 因而它们不是直乘关系. U(2) 群和 SU(2)⊗U(1) 群只是局域同构, 不是同构关系.

4.5.4 李群的伴随表示

设 $RSR^{-1} = T$, T 的参数是 S 和 R 的参数的函数,

$$
t_A = \psi_A(s_1, s_2, \cdots; r_1, r_2, \cdots) \equiv \psi_A(s; r).
$$

$\psi_A(s; r)$ 也是 $2g$ 个变量的实函数. 对真实表示 $D(G)$, $D(R)D(S)D(R)^{-1} = D(T)$. 等式两边对参数 s_A 求导数, 然后取 $s_A = 0$, 得

$$
D(R) \left.\frac{\partial D(S)}{\partial s_A}\right|_{s=0} D(R)^{-1} = \sum_B \left.\frac{\partial D(T)}{\partial t_B}\right|_{t=0} \left.\frac{\partial \psi_B(s; r)}{\partial s_A}\right|_{s=0},
$$

$$
D(R)I_A D(R)^{-1} = \sum_B I_B D_{BA}^{\mathrm{ad}}(R), \quad D_{BA}^{\mathrm{ad}}(R) = \left.\frac{\partial \psi_B(s; r)}{\partial s_A}\right|_{s=0}. \tag{4.106}
$$

式 (4.106) 给出群元素 R 和矩阵 $D^{\mathrm{ad}}(R)$ 的一个一一对应或多一对应的关系, 这对应关系对群元素乘积保持不变, 因而 $D^{\mathrm{ad}}(R)$ 是李群的一个表示, 称为伴随 (adjoint) 表示. 伴随表示的维数等于李群的阶数, 它是所有李群都有的一个重要表示. 式 (4.106) 类似群元素的共轭变换 $RSR^{-1} = T$, 因而可以说: **伴随表示描写了生成元在共轭变换中的变换性质.**

计算李群伴随表示的生成元. 把式 (4.106) 中的 R 取为无穷小元素, 并用生成

元的定义 (4.21) 代入,

$$D(R) = \mathbf{1} - \mathrm{i} \sum_A r_A I_A, \quad D(R)^{-1} = \mathbf{1} + \mathrm{i} \sum_B r_B I_B,$$

$$D_{BA}^{\mathrm{ad}}(R) = \delta_{BA} - \mathrm{i} \sum_D r_D \left(I_D^{\mathrm{ad}}\right)_{BA},$$

$$\mathrm{i} \sum_B C_{DA}{}^B I_B = [I_D, \, I_A] = \sum_B I_B \left(I_D^{\mathrm{ad}}\right)_{BA}.$$

比较可知, 伴随表示的生成元与李群的结构常数直接相关

$$\left(I_D^{\mathrm{ad}}\right)_{BA} = \mathrm{i}\, C_{DA}{}^B. \tag{4.107}$$

利用李氏第三定理, 容易证明 (习题第 12 题) 这组矩阵确实满足对易关系式 (4.100).

通常伴随表示既不是由式 (4.106) 通过微商来计算, 也不是由式 (4.107) 的生成元, 通过解微分方程 (4.93) 来计算, 而是把已知的表示生成元和式 (4.107) 比较, 确定哪个表示是李群的伴随表示. 式 (4.104) 已经给出了 SO(3) 群和 SU(2) 群的结构常数, 代入式 (4.107), 并和式 (4.10) 比较, 可知 SO(3) 群和 SU(2) 群的伴随表示就是 SO(3) 群的自身表示. 代入式 (4.106), 对不可约表示 $D^j(R)$ 或标量函数变换算符 P_R, 有

$$D^j(R) I_a^j D^j(R)^{-1} = \sum_b I_b^j R_{ba}, \quad P_R L_a P_R^{-1} = \sum_b L_b R_{ba}. \tag{4.108}$$

特别是当 $a = 3$, R_{b3} 正是作为矩阵第三列的单位矢量 $\hat{\boldsymbol{m}}$ 的 b 分量, 因而式中给出了轨道角动量算符在任意 $\hat{\boldsymbol{m}}$ 方向分量的表达式

$$\vec{L} \cdot \hat{\boldsymbol{m}} = P_R L_3 P_R^{-1}, \qquad R \hat{e}_3 = \hat{\boldsymbol{m}}. \tag{4.109}$$

因为绕 x_3 轴转动 γ 角的变换 $P_{R(\vec{e}_3, \gamma)}$ 可与 L_3 对易, 所以式中右面与转动 $R(\alpha, \beta, \gamma)$ 中的 γ 角无关, 常取 $\gamma = 0$. 如果 $\psi_m^\ell(x)$ 是属于 SO(3) 群不可约表示 D^ℓ m 行的函数, 它是 L_3 的本征函数, 则 $P_R \psi_m^\ell(x)$ 就是 $\vec{L} \cdot \hat{\boldsymbol{m}}$ 的本征函数. 这就是 $P_R \psi_m^\ell(x)$ 的物理意义:

$$
\begin{aligned}
L^2 \left[P_R \psi_m^\ell(x)\right] &= \ell(\ell+1) \left[P_R \psi_m^\ell(x)\right], \quad R = R(\varphi, \theta, \gamma), \\
\left(\vec{L} \cdot \hat{\boldsymbol{m}}\right) \left[P_R \psi_m^\ell(x)\right] &= m \left[P_R \psi_m^\ell(x)\right], \quad R \hat{e}_3 = \hat{\boldsymbol{m}}(\theta, \varphi).
\end{aligned}
\tag{4.110}
$$

4.5.5 李代数

在表示矩阵按生成元的展开式 (4.21) 中引入了系数 $-\mathrm{i}$, 使幺正表示的生成元是厄米矩阵, 其代价是在生成元的对易关系式 (4.100) 中出现系数 i. 在数学文献中, 通

常取 $-\mathrm{i}I_A$ 作为生成元, 则式 (4.100) 中的系数是实数:

$$[(-\mathrm{i}I_A),\,(-\mathrm{i}I_B)] = \sum_D C_{AB}{}^D (-\mathrm{i}I_D). \tag{4.111}$$

在李群的真实表示中, $(-\mathrm{i}I_A)$ 是线性无关的. 以 $(-\mathrm{i}I_A)$ 为基, 它们的所有实线性组合构成实线性空间. 定义此实线性空间矢量的乘积为对易关系式 (4.111), 称为**李乘积**. 此实线性空间对李乘积是封闭的, 构成实代数, 称为实李代数. 紧致李群的实李代数称为紧致实李代数. 生成元的所有复线性组合构成的线性空间关于李乘积当然也是封闭的, 构成的代数称为复李代数, 简称李代数. 复李代数称为相应的实李代数的复化, 实李代数称为复李代数的实形. 不同的实李代数的复化可能相同. 一个典型的例子是 SO(4) 和洛伦兹群, 它们的区别就是第四轴的实数性条件不同, 前者是实数, 后者是纯虚数. 因为李群的参数规定取实数, 所以这两个群的实李代数不同, 但复李代数是相同的. 正因为它们的实李代数不同, 前者是紧致李群, 存在有限维幺正表示, 后者是非紧致李群, 除恒等表示外只有无限维幺正表示.

设李群 G 有子李群 H, 它们的李代数分别记为 $\mathcal{L}_G$ 和 $\mathcal{L}_H \subset \mathcal{L}_G$. 若对任意的 $X \in \mathcal{L}_G, Y \in \mathcal{L}_H$, 必有 $[X,\,Y] \in \mathcal{L}_H$, 则称 $\mathcal{L}_H$ 是 $\mathcal{L}_G$ 的理想. 零和全体是李代数的两个平庸的理想. 李代数存在非平庸理想是李群存在非平庸不变子李群的充要条件. 如果理想中的任意矢量乘积可以对易, 即矢量的李乘积为零, 则称阿贝尔理想.

不存在非平庸不变子李群的李群称为单纯李群, **不存在非平庸理想的李代数称为单纯李代数**. 不存在阿贝尔不变子李群的李群称为半单李群, **除零空间外不存在阿贝尔理想的李代数称为半单李代数**. 一阶李群没有非平庸子李群, 因而必为单纯李群, 但它是阿贝尔李群, 不是半单李群. 一维李代数是阿贝尔的单纯李代数, 但不是半单李代数. 高于一阶的单纯李群都是半单李群, **高于一维的单纯李代数都是半单李代数**.

从伴随表示的定义式 (4.106) 就可知道, 李群是单纯李群, 即李代数是单纯李代数的充要条件是, 李群的伴随表示是不可约表示. SU(2) 群和 SO(3) 群的伴随表示是不可约表示, 因而它们都是单纯李群, 也是半单的, 但 SO(2) 群和 U(1) 群是一阶阿贝尔单纯李群, 但不是半单的.

4.6 半单李代数的正则形式

4.6.1 基林型和嘉当判据

对于给定的李群, 当参数选定以后, 结构常数也就完全确定了. 但如果重新选择参数 $\overline{\alpha}_j$, 为了保持表示矩阵不变, $\sum_j \alpha_j I_j = \sum_j \overline{\alpha}_j \overline{I}_j$, 生成元和结构常数就要跟

着变化:

$$\overline{\alpha}_A = \sum_B \alpha_B \left(X^{-1}\right)_{BA}, \quad \overline{I}_A = \sum_D X_{AD} I_D,$$

$$\overline{C}_{AB}^{D} = \sum_{PQS} X_{AP} X_{BQ} C_{PQ}^{S} \left(X^{-1}\right)_{SD}. \tag{4.112}$$

李氏第三定理指出: 根据结构常数的性质可以对李代数进行分类. 但是对于给定的李群和李代数, 由于参数的不同选择, 生成元和结构常数都按式 (4.112) 发生相应的组合, 可见不是结构常数的全部性质都反映李代数的本质. 必须首先把结构常数中反映李代数本质的量提炼出来, 才能用来对李代数进行分类. 基林型就是结构常数中反映李代数本质的量.

由结构常数 C_{AB}^{D} 定义基林型 g_{AB}:

$$g_{AB} = \sum_{PQ} C_{AP}^{Q} C_{BQ}^{P} = -\mathrm{Tr}\left(I_A^{\mathrm{ad}} I_B^{\mathrm{ad}}\right). \tag{4.113}$$

g_{AB} 关于下标对称, 在参数变换 (4.112) 中, 它按对称张量变换:

$$g'_{AB} = \sum_{A'B'} X_{AA'} X_{BB'} g_{A'B'}, \quad g' = XgX^T. \tag{4.114}$$

若把它看成度规张量, 可以定义含三个下标的协变结构常数 C_{ABD}, 由李氏第三定理容易证明三个下标是完全反对称的 (习题第 16 题):

$$C_{ABD} = \sum_P C_{AB}^{P} g_{PD} = -C_{BAD} = -C_{ADB}. \tag{4.115}$$

定理 4.4 (嘉当判据)　半单李代数的充要条件是

$$\det g \neq 0, \tag{4.116}$$

紧致半单实李代数的充要条件是基林型是负定的.

这里只对此定理做适当解释. 对实李代数, 基林型是实对称矩阵. 由式 (4.114) 知, 通过李群实参数的重新选择, 实对称矩阵 g_{AB} 可通过实正交相似变换对角化, 再通过对角的实标度变换, 可把对角元化为 ± 1 或 0. 但**参数的选择不能改变基林型零本征值的数目, 实参数的选择不能改变基林型非零本征值的符号.** 嘉当判据指出: 半单李代数的基林型没有零本征值, 紧致半单实李代数的基林型的本征值全是负的. 因此, 对半单李代数, 基林型 g_{AB} 存在对称的逆矩阵, 记为 g^{AB}. g_{AB} 和 g^{AB} 相当于度规张量, 可以用来升降指标. 对紧致的半单实李代数, 可以通过实参数的选择, 把基林型化为 $g_{AB} = -\tau \delta_{AB}$, $g^{AB} = -\tau^{-1}\delta_{AB}$, $\tau > 0$. **在此选择下, 结构常数对三个指标完全反对称:**

$$C_{AB}^{D} = -C_{BA}^{D} = \sum_P C_{ABP} g^{PD} = -\tau^{-1} C_{ABD} = -C_{AD}^{B}. \tag{4.117}$$

但对一般的半单实李代数, 可能要通过复化后基林型才能化成这种形式.

物理上见到的紧致半单实李代数, 都已经选好实参数, **使基林型是负常数矩阵, 结构常数对三个指标是完全反对称的**. 代回式 (4.107) 知: 在此条件下, 伴随表示是实正交表示. 正如习题第 17 题中让读者证明的, 对紧致李群, 在此条件下的生成元平方和可与每一生成元对易, 称为二阶卡西米尔算子, 它在不可约表示中取常数矩阵,

$$\sum_A I_A^\lambda I_A^\lambda = C_2(\lambda)\mathbf{1}, \tag{4.118}$$

其中, I_A^λ 是不可约表示 D^λ 的生成元, $C_2(\lambda)$ 称为在此表示中的二阶卡西米尔不变量. SO(3) 群的二阶卡西米尔算子就是轨道角动量平方算符, 卡西米尔不变量 $C_2(\lambda)$ 为 $\ell(\ell+1)$ (见式 (4.80)).

4.6.2 半单李代数的分类

本小节介绍半单李代数理论的一些重要结论. 根据嘉当判据, 半单李代数的基林型是非奇的. 因此可通过实参数的适当选择, 使半单实李代数的基林型成为对角矩阵, 对角元为 ± 1. 在这些有相同复李代数的半单实李代数中, 有一个实李代数的基林型是 $g_{jk} = -\delta_{jk}$, 它是紧致的实李代数. 其他的实李代数则不是紧致的, 因为它们参数的复数性条件和紧致实李代数不同. 研究清楚紧致半单实李代数的不可约表示, 只需把若干实参数改成纯虚数, 就可以得到其他非紧致半单实李代数的不可约表示. 洛伦兹群的线性表示就是用这方法来研究的.

紧致的半单实李代数可以定义群上的积分, 因此有限群的性质可以推广到紧致半单实李代数中来. 既然紧致半单实李代数的伴随表示是实正交表示, 它就可以通过实正交相似变换, 分解为不可约的实正交表示的直和, 即紧致半单实李代数可以分解为高于一维的紧致单纯实李代数的直和. 改变若干参数的实数性条件, 同样可以证明任何半单李代数可以分解为若干高于一维的单纯李代数的直和. **下面只研究高于一维的紧致单纯实李代数的性质, 而且就简称为李代数.**

李代数中能互相对易的最多生成元的数目 ℓ, 称为李代数 $\mathcal{L}$ 的秩 (rank), 也是对应李群的秩. 这些互相对易的生成元记为 H_j, 它们的线性组合构成李代数 $\mathcal{L}$ 的一个子李代数 (不是理想!), 称为嘉当子代数 $\mathcal{H}$:

$$[H_j, H_k] = 0, \quad H_j \in \mathcal{H}, \quad 1 \leqslant j \leqslant \ell.$$

李代数 $\mathcal{L}$ 中余下的 $(g - \ell)$ 个生成元 E_α 都是 ℓ 个 H_j 的共同本征矢量,

$$[H_j, E_\alpha] = \alpha_j E_\alpha.$$

本征值 α 是 ℓ 维实欧氏空间的非零矢量, 称为根矢量, 简称根. 根矢量两两成对, 互差负号. 除正负成对的根外, 根矢量互不平行. 根矢量满足关系

$$\Gamma(\boldsymbol{\alpha}/\boldsymbol{\beta}) \equiv d_{\boldsymbol{\beta}}^{-1} \boldsymbol{\alpha} \cdot \boldsymbol{\beta} = q - p, \quad d_{\boldsymbol{\beta}} = \frac{\boldsymbol{\beta} \cdot \boldsymbol{\beta}}{2} \tag{4.119}$$

其中 p 和 q 是非负整数, 由根链的端值决定, 即 $\boldsymbol{\alpha} + n\boldsymbol{\beta}$ 是根, $-q \leqslant n \leqslant p$, 而 $\boldsymbol{\alpha} + (p+1)\boldsymbol{\beta}$ 和 $\boldsymbol{\alpha} - (q+1)\boldsymbol{\beta}$ 不是根.

当 H_j 的次序排定后, 第一个非零分量大于零的根称为正根, 否则称为负根, 对应正根 $\boldsymbol{\alpha}$ 的生成元 $E_{\boldsymbol{\alpha}}$ 称为升算符, $E_{-\boldsymbol{\alpha}}$ 称为降算符. 因为 H_j 互相对易, 也称对应零根的生成元. 这样一组生成元 H_j 和 $E_{\boldsymbol{\alpha}}$ 称为嘉当–韦尔基, 它们满足正则对易关系

$$[H_j, \ H_k] = 0, \quad [H_j, \ E_{\boldsymbol{\alpha}}] = \alpha_j E_{\boldsymbol{\alpha}},$$

$$[E_{\boldsymbol{\alpha}}, \ E_{\boldsymbol{\beta}}] = \begin{cases} N_{\boldsymbol{\alpha}, \boldsymbol{\beta}} E_{\boldsymbol{\alpha} + \boldsymbol{\beta}}, & \boldsymbol{\alpha} + \boldsymbol{\beta} \text{ 是根}, \\ \sum\limits_j \alpha_j H_j, & \boldsymbol{\beta} = -\boldsymbol{\alpha}, \\ 0, & \text{其他}, \end{cases} \tag{4.120}$$

$$N_{\boldsymbol{\alpha}, \boldsymbol{\beta}} = -N_{\boldsymbol{\beta}, \boldsymbol{\alpha}} = \sqrt{p(q+1)\boldsymbol{\beta}^2/2}.$$

不能表达成其他正根的非负整数线性组合的正根称为素根 (simple). 因此素根之差不是根, 素根线性无关, ℓ 秩李代数只有 ℓ 个素根, 每个正根都可表达成素根的非负整数线性组合. 式 (4.119) 对根有很强的限制, 它要求素根的夹角只能是 $5\pi/6$, $3\pi/4, 2\pi/3$ 和 $\pi/2$, 对应素根长度平方之比为 1:3, 1:2, 1:1 和没有限制. 经过简单的代数运算可以证明, 每一个单纯李代数的素根最多只有两种长度, 较长的素根用白圈表示, 较短的素根用黑圈表示. 长度平方之比为 $1:n$ 的两个圈用 n 线 (单线, 双线和三线) 相连. 互相正交的素根, 长度比没有限制, 对应的两个圈不用线相连. 通常让生成元乘一个公共常数, 使长根长度平方为 2, 而基林型是负的常数矩阵. 与嘉当子代数有关的基林型为

$$g_{jk} = \sum_{PQ} C_{jP}{}^Q C_{kQ}{}^P = \sum_{\boldsymbol{\alpha}} C_{j\boldsymbol{\alpha}}{}^{\boldsymbol{\alpha}} C_{k\boldsymbol{\alpha}}{}^{\boldsymbol{\alpha}} = -\sum_{\boldsymbol{\alpha} \in \Delta} \alpha_j \alpha_k = -c\delta_{jk}. \tag{4.121}$$

其中, Δ 是单纯李代数全部根矢量的集合. 这样, 所有高于一维的紧致单纯实李代数可以用所谓邓金 (Dynkin) 图来分类, 如图 4.5 所示.

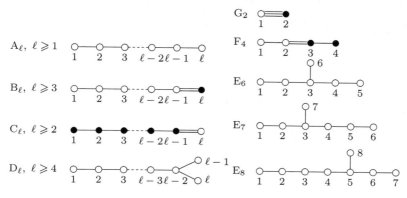

图 4.5 单纯李代数的邓金图

四种构成系列的李代数称为典型 (classical) 李代数, 其他五个李代数称为例外 (exceptional) 李代数. 下面将研究典型李代数所对应的李群, 它们分别是 A_ℓ 李代数对应 $SU(\ell+1)$ 群, B_ℓ 李代数对应 $SO(2\ell+1)$ 群, D_ℓ 李代数对应 $SO(2\ell)$ 群, C_ℓ 李代数对应 $USp(2\ell)$ 群.

(1) A_ℓ 李代数. 所有 $N \times N$ 幺模幺正矩阵 u 的集合

$$u^\dagger u = \mathbf{1}, \quad \det u = 1, \tag{4.122}$$

按照矩阵乘积规则, 满足群的四个条件, 因而构成群, 称为 $SU(N)$ 群. U 代表幺正, S 代表幺模, 即矩阵行列式为 1. 一个 N 维复矩阵包含 $2N^2$ 个实参数. 幺正矩阵的列矩阵互相正交归一, 归一化条件给出 N 个实条件, 正交条件给出 $N(N-1)/2$ 个复条件, 相当 $N(N-1)$ 个实条件, 行列式为 1 又给出一个实条件. 因此描写 $SU(N)$ 群元素的独立实参数数目为 $g = 2N^2 - N - N(N-1) - 1 = N^2 - 1$. $SU(N)$ 群是紧致简单李群.

讨论 $SU(N)$ 群的无穷小元素 $u \in SU(N)$,

$$
\begin{aligned}
&u = \mathbf{1} - \mathrm{i} \sum_{a=1}^{N-1} \sum_{b=a+1}^{N} \left[\omega_{ab}^{(1)} T_{ab}^{(1)} + \omega_{ab}^{(2)} T_{ab}^{(2)} \right] - \mathrm{i} \sum_{a=2}^{N} \omega_a^{(3)} T_a^{(3)}, \\
&\left(T_{ab}^{(1)} \right)_{cd} = \left(T_{ba}^{(1)} \right)_{cd} = \left(T_{ab}^{(1)} \right)_{dc} = \frac{1}{2} \left(\delta_{ac}\delta_{bd} + \delta_{bc}\delta_{ad} \right), \\
&\left(T_{ab}^{(2)} \right)_{cd} = -\left(T_{ba}^{(2)} \right)_{cd} = -\left(T_{ab}^{(2)} \right)_{dc} = \frac{-\mathrm{i}}{2} \left(\delta_{ac}\delta_{bd} - \delta_{bc}\delta_{ad} \right), \\
&\left(T_a^{(3)} \right)_{cd} = \begin{cases} \delta_{cd} \left\{ 2a(a-1) \right\}^{-1/2}, & c < a, \\ -\delta_{cd} \left\{ (a-1)/(2a) \right\}^{1/2}, & c = a, \\ 0, & c > a. \end{cases}
\end{aligned}
\tag{4.123}
$$

三类生成元正是三个 $\sigma_a/2$ 矩阵的推广, 满足归一化条件 $\text{Tr}(T_A T_B) = \delta_{AB}/2$. 互相对易的生成元 $T_a^{(3)}$ 构成嘉当子代数, 共有 $N - 1 = \ell$ 个,

$$H_j = \sqrt{2} T_{N-j+1}^{(3)}, \quad 1 \leqslant j \leqslant N - 1 = \ell. \tag{4.124}$$

余下的生成元都是 H_j 的共同本征矢量

$$
\begin{aligned}
E_{\pm\boldsymbol{\alpha}_{ab}} &= T_{ab}^{(1)} \pm \mathrm{i} T_{ab}^{(2)}, \quad [H_j,\, E_{\pm\boldsymbol{\alpha}_{ab}}] = \pm (\boldsymbol{\alpha}_{ab})_j E_{\boldsymbol{\alpha}_{ab}}, \quad a < b, \\
(\boldsymbol{\alpha}_{ab})_j &= \sqrt{2} \left(T_{N-j+1}^{(3)} \right)_{aa} - \sqrt{2} \left(T_{N-j+1}^{(3)} \right)_{bb} = (H_j)_{aa} - (H_j)_{bb}.
\end{aligned}
\tag{4.125}
$$

素根是 $\boldsymbol{r}_\mu = \boldsymbol{\alpha}_{\mu(\mu+1)}$, $1 \leqslant \mu \leqslant \ell$, 它们满足内积关系

$$\boldsymbol{r}_\mu \cdot \boldsymbol{r}_\nu = 2\delta_{\mu\nu} - \delta_{\mu(\nu-1)} - \delta_{\mu(\nu+1)}. \tag{4.126}$$

素根长度平方为 2, 相邻素根夹角为 $2\pi/3$, 因而 $\mathrm{SU}(\ell+1)$ 群的李代数是 A_ℓ 李代数.

(2) B_ℓ 和 D_ℓ 李代数. 所有 $N \times N$ 实正交矩阵 R 的集合

$$R^T R = \mathbf{1}, \quad R^* = R, \tag{4.127}$$

按照矩阵乘积规则, 满足群的四个条件, 因而构成群, 称为 N 维实正交矩阵群, 记为 $\mathrm{O}(N)$ 群. 由式 (4.127) 得 $\det R = \pm 1$. $\mathrm{O}(N)$ 群是混合李群. $\mathrm{O}(N)$ 群中行列式为 1 的元素集合构成不变子群, 记为 $\mathrm{SO}(N)$ 群. S 代表幺模, O 代表实正交. 一个 N 维实矩阵, 包含 N^2 个实参数. 实正交矩阵的列矩阵互相正交归一, 给出 $N(N+1)/2$ 个实条件. 因此 $\mathrm{SO}(N)$ 群元素的独立实参数数目为 $g = N^2 - N(N+1)/2 = N(N-1)/2$. $\mathrm{SO}(N)$ 群是紧致简单李群. $\mathrm{SO}(N)$ 群是 $\mathrm{SU}(N)$ 群的子李群, 取参数 $\omega_{ab}^{(1)} = \omega_a^{(3)} = 0$. 但为了符合 $\mathrm{SO}(3)$ 群的推广, 常取

$$
\begin{aligned}
\omega_{ab} &= \omega_{ab}^{(2)}/2, \quad T_{ab} = 2T_{ab}^{(2)}, \\
\text{Tr}\,(T_{ab} T_{cd}) &= 2\left(\delta_{ac}\delta_{bd} - \delta_{ad}\delta_{bc}\right), \\
[T_{ab},\, T_{cd}] &= -\mathrm{i}\left\{\delta_{bc} T_{ad} + \delta_{ad} T_{bc} - \delta_{bd} T_{ac} - \delta_{ac} T_{bd}\right\}.
\end{aligned}
\tag{4.128}
$$

对 $\mathrm{SO}(2\ell)$ 群和 $\mathrm{SO}(2\ell+1)$ 群, 有 ℓ 个互相对易的生成元, 把它们取作嘉当子代数的基 H_j

$$H_j = T_{(2j-1)(2j)}, \quad 1 \leqslant j \leqslant \ell. \tag{4.129}$$

余下的生成元要组合成 H_j 的共同本征矢量, 即 $[H_j,\, E_{\boldsymbol{\alpha}}] = \alpha_j E_{\boldsymbol{\alpha}}$. 对 $\mathrm{SO}(2\ell)$ 群

有

$$E_{ab}^{(1)} = \frac{1}{2}\left[T_{(2a)(2b-1)} - iT_{(2a-1)(2b-1)} - iT_{(2a)(2b)} - T_{(2a-1)(2b)}\right],$$

$$E_{ab}^{(2)} = \frac{1}{2}\left[T_{(2a)(2b-1)} + iT_{(2a-1)(2b-1)} + iT_{(2a)(2b)} - T_{(2a-1)(2b)}\right],$$

$$E_{ab}^{(3)} = \frac{1}{2}\left[T_{(2a)(2b-1)} - iT_{(2a-1)(2b-1)} + iT_{(2a)(2b)} + T_{(2a-1)(2b)}\right], \tag{4.130}$$

$$E_{ab}^{(4)} = \frac{1}{2}\left[T_{(2a)(2b-1)} + iT_{(2a-1)(2b-1)} - iT_{(2a)(2b)} + T_{(2a-1)(2b)}\right],$$

其中 $a < b$, 分别对应根矢量: $\{e_a - e_b\}_j$, $\{-e_a + e_b\}_j$, $\{e_a + e_b\}_j$ 和 $\{-e_a - e_b\}_j$, 而 $\{e_a\}_j = \delta_{aj}$. 对 SO$(2\ell+1)$ 群还要补充两组生成元:

$$E_a^{(5)} = \sqrt{\frac{1}{2}}\left[T_{(2a)(2\ell+1)} - iT_{(2a-1)(2\ell+1)}\right],$$

$$E_a^{(6)} = \sqrt{\frac{1}{2}}\left[T_{(2a)(2\ell+1)} + iT_{(2a-1)(2\ell+1)}\right], \tag{4.131}$$

对应的根矢量为 $\{e_a\}_j$ 和 $-\{e_a\}_j$. 由正根中选出 ℓ 个素根. 对 SO(2ℓ) 群有

$$r_\mu = e_\mu - e_{\mu+1}, \quad r_\ell = e_{\ell-1} + e_\ell, \quad 1 \leqslant \mu \leqslant \ell-1. \tag{4.132}$$

素根长度平方之半为 $d_\mu = 1$. 相邻素根夹角为 $2\pi/3$, 但 r_ℓ 只与 $r_{\ell-2}$ 的夹角是 $2\pi/3$, 与其他素根都垂直. 可见 SO(2ℓ) 群的李代数是 D_ℓ.

对 SO$(2\ell+1)$ 群, 素根为

$$r_\mu = e_\mu - e_{\mu+1}, \quad r_\ell = e_\ell, \quad 1 \leqslant \mu \leqslant \ell-1. \tag{4.133}$$

素根长度平方之半, 除 $d_\ell = 1/2$ 外, 其余 $d_\mu = 1$. 相邻素根夹角为 $2\pi/3$, 但 r_ℓ 与 $r_{\ell-1}$ 的夹角是 $3\pi/4$. 可见 SO$(2\ell+1)$ 群的李代数是 B_ℓ.

(3) C_ℓ 李代数. 在 2ℓ 维空间, 矢量指标 a 按下列次序取 j 或 $\bar{j}$, $1 \leqslant j \leqslant \ell$,

$$a = 1, \bar{1}, 2, \bar{2}, \cdots, \ell, \bar{\ell}. \tag{4.134}$$

引入 2ℓ 维反对称矩阵 J,

$$J_{ab} = \begin{cases} 1, & a = j, \quad b = \bar{j}, \\ -1, & a = \bar{j}, \quad b = j, \\ 0, & \text{其他}, \end{cases} \tag{4.135}$$

$$J = \mathbf{1}_\ell \times (i\sigma_2) = -J^{-1} = -J^T, \quad \det J = 1.$$

作为实正交矩阵的推广, 把实正交矩阵定义中的单位矩阵 $\mathbf{1}$ 换成反对称矩阵 J,

$$R^T J R = J, \quad R^* = R, \tag{4.136}$$

称为实辛矩阵. 实辛矩阵的乘积仍是实辛矩阵. 矩阵乘积满足结合律. 恒元满足式 (4.136), 也是实辛矩阵. 实辛矩阵 R 的逆矩阵和转置也是实辛矩阵

$$R^{-1} = -JR^T J, \quad RJR^T = J,$$
$$\left(R^{-1}\right)^T JR^{-1} = (-JRJ)JR^{-1} = J. \tag{4.137}$$

所有 $(2\ell) \times (2\ell)$ 实辛矩阵 R 的集合, 按照矩阵乘积构成群, 称为实辛群 (real symplectic group), 记为 $\mathrm{Sp}(2\ell, R)$. 实辛矩阵的行列式为 1, 实辛群是简单李群. 实辛群中元素 R 是对角矩阵时, 由定义式 (4.136) 得

$$R = \mathrm{diag}\left\{e^{\omega_1}, \ e^{-\omega_1}, \ e^{\omega_2}, \ e^{-\omega_2}, \ \cdots, \ e^{\omega_\ell}, \ e^{-\omega_\ell}\right\},$$

其中, 参数 ω_j 可取任意大的实数. 因此实辛群不是紧致李群. 把式 (4.135) 中实矩阵条件改为幺正矩阵条件:

$$u^T J u = J, \quad u^\dagger u = \mathbf{1}, \tag{4.138}$$

称为酉辛矩阵. 所有 $(2\ell) \times (2\ell)$ 酉辛矩阵 u 的集合, 按照矩阵乘积构成群, 称为酉 (unitary) 辛群, 记为 $\mathrm{USp}(2\ell)$. 由式 (4.138) 得 $u = -Ju^* J$, 可见酉辛群自身表示是自共轭表示. 酉辛矩阵的行列式为 1. 酉辛群中元素 u 是对角矩阵时, 由定义式 (4.138) 得

$$u = \mathrm{diag}\left\{e^{-\mathrm{i}\varphi_1}, \ e^{\mathrm{i}\varphi_1}, \ e^{-\mathrm{i}\varphi_2}, \ e^{\mathrm{i}\varphi_2}, \ \cdots, \ e^{-\mathrm{i}\varphi_\ell}, \ e^{\mathrm{i}\varphi_\ell}\right\}.$$

参数 φ_j 有限, $-\pi \leqslant \varphi_j \leqslant \pi$. 因此酉辛群是紧致简单李群.

讨论酉辛群的无穷小元素 $u \in \mathrm{USp}(2\ell)$,

$$u = \mathbf{1} - \mathrm{i}\beta Y, \quad Y^T = JYJ, \quad Y^\dagger = Y. \tag{4.139}$$

2ℓ 维的厄米矩阵 Y 包含 $4\ell^2$ 个实参数. $Y^T = JYJ$ 写成分量形式为 $Y_{kj} = -Y_{\overline{jk}}$, $Y_{\overline{kj}} = Y_{\overline{jk}}$. 给出的实约束条件个数是 $\ell^2 + \ell(\ell-1) = \ell(2\ell-1)$. 这样, 酉辛群群元素的独立实参数数目为 $g = 4\ell^2 - \ell(2\ell-1) = \ell(2\ell+1)$. 酉辛群 $\mathrm{USp}(2\ell)$ 自身表示的生成元可利用 $\mathrm{SU}(\ell)$ 群自身表示的生成元 $T_{jk}^{(1)}$, $T_{jk}^{(2)}$ 和泡利矩阵 σ_d 来表出. 按照式 (4.139) 的要求, 有

$$T_{jk}^{(2)} \times \mathbf{1}_2, \quad T_{jk}^{(1)} \times \sigma_d, \quad T_{jj}^{(1)} \times \sigma_d/\sqrt{2},$$
$$1 \leqslant d \leqslant 3, \quad 1 \leqslant j < k \leqslant \ell. \tag{4.140}$$

这些生成元满足归一化条件 $\mathrm{Tr}(T_A T_B) = \delta_{AB}$, 它保证了结构常数关于三个指标完全反对称, 也保证了基林型是负常数矩阵, 即酉辛群的实李代数是紧致的. 实辛群

Sp$(2\ell, R)$ 自身表示的生成元是纯虚矩阵, 因而只要把式 (4.140) 中的 σ_1 和 σ_3 矩阵乘 i, 变成纯虚的 $\tau_1 = \mathrm{i}\sigma_1$ 和 $\tau_3 = \mathrm{i}\sigma_3$ 矩阵, 就得到实辛群 Sp$(2\ell, R)$ 自身表示的生成元. 由于部分生成元添了 i, 实辛群是非紧致李群.

酉辛群 USp(2ℓ) 自身表示生成元式 (4.140) 中的对角矩阵构成酉辛群李代数中的嘉当子代数

$$H_j = T_{jj}^{(1)} \times \sigma_3/\sqrt{2}, \quad 1 \leqslant j \leqslant \ell. \tag{4.141}$$

余下的生成元要组合成 H_j 的共同本征矢量, 即 $[H_j, E_{\boldsymbol{\alpha}}] = \alpha_j E_{\boldsymbol{\alpha}}$,

$$
\begin{aligned}
E_{jk}^{(1)} &= \left\{ T_{jk}^{(1)} \times \sigma_3 + \mathrm{i}T_{jk}^{(2)} \times \mathbf{1}_2 \right\}/\sqrt{2}, \\
E_{jk}^{(2)} &= \left\{ T_{jk}^{(1)} \times \sigma_3 - \mathrm{i}T_{jk}^{(2)} \times \mathbf{1}_2 \right\}/\sqrt{2}, \\
E_{jk}^{(3)} &= T_{jk}^{(1)} \times (\sigma_1 + \mathrm{i}\sigma_2)/\sqrt{2}, \\
E_{jk}^{(4)} &= T_{jk}^{(1)} \times (\sigma_1 - \mathrm{i}\sigma_2)/\sqrt{2}, \qquad j < k, \\
E_{j}^{(5)} &= T_{jj}^{(1)} \times (\sigma_1 + \mathrm{i}\sigma_2)/2, \\
E_{j}^{(6)} &= T_{jj}^{(1)} \times (\sigma_1 - \mathrm{i}\sigma_2)/2,
\end{aligned}
\tag{4.142}
$$

对应的根矢量分别为 $\sqrt{1/2}\,(\boldsymbol{e}_j - \boldsymbol{e}_k)$, $-\sqrt{1/2}\,(\boldsymbol{e}_j - \boldsymbol{e}_k)$, $\sqrt{1/2}\,(\boldsymbol{e}_j + \boldsymbol{e}_k)$, $-\sqrt{1/2}(\boldsymbol{e}_j + \boldsymbol{e}_k)$, $\sqrt{2}\boldsymbol{e}_j$ 和 $-\sqrt{2}\boldsymbol{e}_j$. 从中选出素根:

$$\boldsymbol{r}_\mu = \sqrt{1/2}\,(\boldsymbol{e}_\mu - \boldsymbol{e}_{\mu+1}), \quad 1 \leqslant \mu \leqslant \ell - 1, \quad \boldsymbol{r}_\ell = \sqrt{2}\boldsymbol{e}_\ell. \tag{4.143}$$

前 $\ell - 1$ 个素根长度平方之半是 $d_\mu = 1/2$, 最后一个素根 $d_\ell = 1$. 相邻素根夹角为 $2\pi/3$, 但 $\boldsymbol{r}_\ell$ 与 $\boldsymbol{r}_{\ell-1}$ 的夹角是 $3\pi/4$. 可见 USp(2ℓ) 群的李代数是 C_ℓ.

4.7 张量场和旋量场

4.7.1 矢量场和张量场

数学中的标量、矢量和张量的概念是相对特定的线性变换来定义的. 在物理中, 如无特别说明, 标量、矢量和张量通常都是根据它们在三维空间转动变换或洛伦兹 (Lorentz) 变换中的变换性质来定义的. 在第 2 章讨论过标量和标量场的概念, 本章一开始又讨论了矢量的概念, 现在把标量和矢量的概念推广, 根据物理量在三维空间转动变换中的变换性质来定义张量和旋量. 这些概念很容易推广到关于 SU(N) 群的张量和关于 SO(N) 群的张量与旋量.

先复习一下矢量和矢量场的概念. 设三维空间的任意点 P 的位置矢量为 $\vec{r} = \sum_a \vec{e}_a x_a$, $\vec{e}_a$ 是空间固定坐标系 K 中的矢量基, x_a 是直角坐标. 在三维空间转动变换 R 中, P 点转到 P' 点, 位置矢量变为 $\vec{r'}$, 它在空间固定的矢量基 $\vec{e}_a$ 中的分量变成 x'_a,

$$\vec{r} = \sum_a \vec{e}_a x_a \xrightarrow{R} \vec{r'} = \sum_a \vec{e}_a x'_a, \quad x_a \xrightarrow{R} x'_a = \sum_{b=1}^{3} R_{ab} x_b. \tag{4.144}$$

建立固定在系统上, 跟着系统一起转动的坐标系 K', K' 系中的矢量基 $\vec{e'}_a$ 与位置矢量一起转动. 若 $\vec{r'}$ 按 $\vec{e'}_a$ 分解, 则分量仍是原来的坐标 x_a. 由此可推出矢量基 $\vec{e'}_a$ 按下式变换:

$$\vec{r'} = \sum_a \vec{e}_a x'_a = \sum_b \vec{e'}_b x_b, \quad \vec{e'}_a = \sum_{b=1}^{3} \vec{e}_b R_{ba}. \tag{4.145}$$

在三维空间转动变换 R 中保持不变的量称为标量, 在转动变换中与位置矢量做同样变换的量称为矢量:

$$\begin{aligned}
\psi &\xrightarrow{R} \psi' = \psi, \\
\vec{V} &= \sum_a \vec{e}_a V_a \xrightarrow{R} \vec{V'} = \sum_a \vec{e}_a V'_a = \sum_b \vec{e'}_b V_b, \\
V'_a &= \sum_{b=1}^{3} R_{ab} V_b.
\end{aligned} \tag{4.146}$$

矢量有三个分量, 作为一个整体共同描写系统的状态. 矢量分量的变换规则式(4.146)可用算符 Q_R 表出:

$$V'_a \equiv (Q_R V)_a = \sum_{b=1}^{3} R_{ab} V_b. \tag{4.147}$$

对矢量来说, Q_R 就是 R 矩阵. 对标量, Q_R 等于 1.

标量的空间分布称为标量场, 描写标量场的函数称为标量函数. 所谓标量在空间转动变换中保持不变是指, 转动后在 P' 点的标量值等于转动前在 P 点的标量值, 因而描写标量场的函数在转动中必须做相应的变化. 标量函数的变化用标量函数变换算符 P_R 来描写:

$$\psi'(x) \equiv P_R \psi(x) = \psi(R^{-1} x). \tag{4.148}$$

矢量的空间分布称为矢量场, 描写矢量场的函数称为矢量函数, 在固定的基 $\vec{e}_a$ 中, 矢量函数包括三个分量函数, 它们作为一个整体, 共同描写矢量场. 在空间转动变换中, 一方面转动前在 P 点的矢量转到 P' 点, 另一方面矢量的方向也由于转动而发生变化. 表现在矢量函数上, 新矢量函数在 P' 点的分量, 与原矢量函数在 P 点的分量按式 (4.147) 发生组合,

$$V'(Rx)_a = \sum_{b=1}^{3} R_{ab} V(x)_b.$$

与标量场情况类似, 光一个撇不足以说明它是由转动 R 引起的矢量函数的变化. 为此, 引入矢量函数变换算符 O_R:

$$[O_R V(Rx)]_a = \sum_{b=1}^{3} R_{ab} V(x)_b.$$

把坐标变量重新记为 x, 则

$$[O_R V(x)]_a = \sum_{b=1}^{3} R_{ab} V(R^{-1}x)_b, \quad O_R V(x) = R V(R^{-1}x). \tag{4.149}$$

请与以前对矢量变换的习惯表达方式做比较

$$\begin{aligned}
\vec{V}(x) \xrightarrow{R} O_R \vec{V}(x) &= \sum_{a=1}^{3} \vec{e}_a [O_R V(x)]_a = \sum_{a=1}^{3} \vec{e}_a \sum_{b=1}^{3} R_{ab} V(R^{-1}x)_b \\
&= \sum_{b=1}^{3} \vec{e'}_b V(R^{-1}x)_b.
\end{aligned} \tag{4.150}$$

可见, O_R 算符的作用分成两部分, 一部分是把变换后 P' 点的场和变换前在 P 点的场联系起来, 用算符 P_R 来标记, 另一部分是描写矢量方向的转动, 即矢量分量的组合, 用算符 Q_R 来标记. 这两部分作用是独立的, 作用次序可以交换,

$$O_R = Q_R P_R = P_R Q_R,$$
$$P_R V(x)_a = V(R^{-1}x)_a, \quad [Q_R V(x)]_a = \sum_{b=1}^{3} R_{ab} V(x)_b. \tag{4.151}$$

初学的读者在矢量基问题上经常会发生混淆. 现在有两个坐标系. 一个是定坐标系 K, 坐标轴向的单位矢量 $\vec{e}_a$ 是固定不变的. 单位矢量 $\vec{e}_a$ 只有一个分量不为零, $(\vec{e}_a)_b = \delta_{ab}$. 另一个是随系统 (矢量场) 一起转动的坐标系 K', 它的坐标轴向单位矢量 $\vec{e'}_a$ 是随系统一起转动的, 转动前 $\vec{e'}_a$ 和 $\vec{e}_a$ 重合, 在转动 R 中它和一般矢量一样变换.

$$\begin{aligned}
(\vec{e}_a)_d \xrightarrow{R} \left(\vec{e'}_a\right)_d &= (Q_R \vec{e}_a)_d = \sum_{b=1}^{3} R_{db} (\vec{e}_a)_b \\
&= R_{da} = \sum_{b=1}^{3} (\vec{e}_b)_d R_{ba}.
\end{aligned} \tag{4.152}$$

这里, 被 Q_R 作用的 $\vec{e}_a$ 不应看成固定的矢量基, 而是变动的矢量基, 它在变换前与定矢量基重合. 如果把矢量场 $\vec{V}(x)$ 按此动矢量基展开, 则转动中矢量方向的变化由矢量基承担, 作为系数的分量不再按式 (4.147) 组合, 只像标量函数一样, 把变换后在 P' 点的值和变换前在 P 点的值联系起来.

$$O_R\vec{V}(x) = \sum_a \{Q_R\vec{e}_a\}\{P_RV(x)_a\} = \sum_a \left\{\sum_b \vec{e}_b R_{ba}\right\} V(R^{-1}x)_a.$$

矢量场按 K 系还是 K' 系的单位矢量展开, 分量的符号在文献中通常不加区分, 而转动前两坐标系的矢量基又是重合的, 使读者很容易混淆. 如上所述, 这两种分量在转动变换中的变换规则是不同的. 本书为了避免混淆, 把两种分量在符号上予以区分, 在 K 系的分量用黑体表出, 在 K' 系的分量用细体表出. 以后对张量也做类似处理.

$$\begin{aligned}[O_R\boldsymbol{V}(x)]_a &= \sum_b R_{ab}\boldsymbol{V}(R^{-1}x)_b,\\ [O_RV(x)]_a &= [P_RV(x)]_a = V(R^{-1}x)_a.\end{aligned} \tag{4.153}$$

把位置矢量 $\vec{r}$ 的分布看成一个矢量场, 这是一个很特殊的矢量场, 因为从原点到空间各点的矢径, 在转动前后都是一样的. 实际上, 式 (4.144) 指出, 位置矢量 $\vec{r}$ 描写 P 点的位置, 经转动变换 R 它转到 $\vec{r'}$, 恰好与转动前 P' 点的位置矢量一致. 用数学语言来说, 设 $\vec{V}(x) = \vec{r}$, 即 $\boldsymbol{V}(x)_a = x_a$, $\boldsymbol{V}(R^{-1}x)_b = \sum_d (R^{-1})_{bd} x_d$, 得

$$[O_R\boldsymbol{V}(x)]_a = \sum_b R_{ab}\boldsymbol{V}(R^{-1}x)_b = \sum_{bd} R_{ab}(R^{-1})_{bd} x_d = x_a = \boldsymbol{V}(x)_a.$$

即

$$O_R\vec{r} = \vec{r}, \quad [Q_R\vec{r}]_a = \sum_b R_{ab}[\vec{r}]_b. \tag{4.154}$$

重复 2.2 节的讨论可知, O_R 和 Q_R 算符与 P_R 算符一样, 也是线性幺正算符. 作用在场上的物理量算符 $L(x)$, 在转动变换 R 中, 按下式变换:

$$L(x) \xrightarrow{R} O_R L(x) O_R^{-1}. \tag{4.155}$$

现在来讨论张量和张量场. 设系统状态需用 n 个指标, 3^n 个分量, 作为一个整体来共同描写, 在转动变换 R 中, 每一个指标都按矢量指标的变换规则 (4.154) 变换:

$$\begin{aligned}\boldsymbol{T}_{a_1a_2\cdots a_n} \xrightarrow{R} (O_R\boldsymbol{T})_{a_1a_2\cdots a_n} &= (Q_R\boldsymbol{T})_{a_1a_2\cdots a_n}\\ &= \sum_{b_1b_2\cdots b_n} R_{a_1b_1}\cdots R_{a_nb_n}\boldsymbol{T}_{b_1b_2\cdots b_n},\\ Q_R &= R\times R\times\cdots\times R.\end{aligned} \tag{4.156}$$

按此规则变换的量称为 n 阶张量. 张量的空间分布称为张量场. 张量场用空间坐标的 3^n 个函数作为一个整体来共同描写, 在转动变换 R 中按下式变换:

$$
\begin{aligned}
\boldsymbol{T}(x)_{a_1 a_2 \cdots a_n} &\xrightarrow{R} [O_R \boldsymbol{T}(x)]_{a_1 a_2 \cdots a_n} \\
&= \sum_{b_1 b_2 \cdots b_n} R_{a_1 b_1} R_{a_2 b_2} \cdots R_{a_n b_n} \boldsymbol{T}(R^{-1}x)_{b_1 b_2 \cdots b_n}, \\
O_R = Q_R P_R, \quad &[P_R \boldsymbol{T}(x)]_{a_1 a_2 \cdots a_n} = \boldsymbol{T}(R^{-1}x)_{a_1 a_2 \cdots a_n}, \\
[Q_R \boldsymbol{T}(x)]_{a_1 a_2 \cdots a_n} &= \sum_{b_1 b_2 \cdots b_n} R_{a_1 b_1} R_{a_2 b_2} \cdots R_{a_n b_n} \boldsymbol{T}(x)_{b_1 b_2 \cdots b_n}.
\end{aligned}
\tag{4.157}
$$

标量是零阶张量, 矢量是一阶张量.

4.7.2 旋量场

设系统状态需用 $2s+1$ 个分量作为一个整体来共同描写, 在转动变换 R 中, 按下述规律变换:

$$
\begin{aligned}
\Psi_\sigma^{(s)} &\xrightarrow{R} \left(O_R \Psi^{(s)}\right)_\sigma = \left(Q_R \Psi^{(s)}\right)_\sigma = \sum_\lambda D_{\sigma\lambda}^s(R) \Psi_\lambda^{(s)}, \\
Q_R &= D^s(R).
\end{aligned}
\tag{4.158}
$$

按此规则变换的量称为 s 阶旋量. 旋量的空间分布称为旋量场. 旋量场用空间坐标的 $2s+1$ 个函数作为一个整体来共同描写, 在转动变换 R 中按下式变换:

$$
\begin{aligned}
\Psi^{(s)}(x)_\sigma &\xrightarrow{R} \left[O_R \Psi^{(s)}(x)\right]_\sigma = \sum_\lambda D_{\sigma\lambda}^s(R) \Psi^{(s)}(R^{-1}x)_\lambda, \\
O_R = Q_R P_R, \quad &\left[P_R \Psi^{(s)}(x)\right]_\sigma = \Psi^{(s)}(R^{-1}x)_\sigma, \\
\left[Q_R \Psi^{(s)}(x)\right]_\sigma &= \sum_\lambda D_{\sigma\lambda}^s(R) \Psi^{(s)}(x)_\lambda.
\end{aligned}
\tag{4.159}
$$

O_R 称为旋量函数变换算符. 习惯上, 旋量用 $2s+1$ 行的列矩阵来描写, 只有在专门强调分量时才注上分量指标. 用得最多的旋量是 $s=1/2$ 阶旋量, 称为基本旋量, 简称旋量, 而且经常省略上标 $1/2$. 基本旋量有两个分量, 用 2 行的列矩阵描写.

旋量基 $e^{(s)}(\rho)$ 是一类特殊的旋量, 共有 $2s+1$ 个旋量基, 它们分别都只有一个分量不为零:

$$
e^{(s)}(\rho)_\sigma = \delta_{\rho\sigma},
$$

其中, 上指标 (s) 是旋量的阶, 括号内的 ρ 是旋量基的序指标, 括号外的下标是旋量的分量指标. 在转动 R 中,

$$
\begin{aligned}
e^{(s)}(\rho)_\sigma &\xrightarrow{R} \left[O_R e^{(s)}(\rho)\right]_\sigma = \left[Q_R e^{(s)}(\rho)\right]_\sigma = \sum_{\lambda=-s}^s D_{\sigma\lambda}^s(R) e^{(s)}(\rho)_\lambda \\
&= D_{\sigma\rho}^s(R) = \sum_{\lambda=-s}^s e^{(s)}(\lambda)_\sigma D_{\lambda\rho}^s(R),
\end{aligned}
$$

$$Q_R e^{(s)}(\rho) = \sum_{\lambda=-s}^{s} e^{(s)}(\lambda) D^s_{\lambda\rho}(R), \quad P_R e^{(s)}(\rho) = e^{(s)}(\rho). \tag{4.160}$$

旋量基与空间坐标 x 无关, 因而在 P_R 作用下保持不变.

当把旋量场按旋量基分解时, 在转动变换中, 旋量的变换由旋量基承担, 而旋量分量是坐标 x 的函数, 其变换和标量函数一样, 它把变换后在 P' 点的旋量和变换前在 P 点的旋量联系起来:

$$\Psi^{(s)}(x) = \sum_{\rho=-s}^{s} e^{(s)}(\rho)\psi_\rho(x),$$

$$O_R \Psi^{(s)}(x) = \sum_{\rho=-s}^{s} \left\{ Q_R e^{(s)}(\rho) \right\} \left\{ P_R \psi(x) \right\}_\rho \tag{4.161}$$

$$= \sum_{\lambda} e^{(s)}(\lambda) \left\{ \sum_{\rho} D^s_{\lambda\rho}(R)\psi(R^{-1}x)_\rho \right\}.$$

标量场是零阶旋量场. 因为转动群自身表示和 D^1 表示等价

$$M^{-1}RM = D^1(R), \quad M = \frac{1}{\sqrt{2}} \begin{pmatrix} -1 & 0 & 1 \\ -\mathrm{i} & 0 & -\mathrm{i} \\ 0 & \sqrt{2} & 0 \end{pmatrix},$$

所以矢量场可以通过 M 矩阵组合成一阶旋量场

$$\vec{V}(x) = \sum_{a=1}^{3} \vec{e}_a V(x)_a = \sum_{\rho=-1}^{1} e^{(1)}(\rho)V^{(1)}(x)_\rho,$$

$$e^{(1)}(\rho) = \sum_{a=1}^{3} \vec{e}_a M_{a\rho}, \quad V^{(1)}(x)_\rho = \sum_{a=1}^{3} \left(M^{-1} \right)_{\rho a} V(x)_a. \tag{4.162}$$

4.7.3　总角动量算符及其本征函数

旋量函数的变换算符由两部分构成 $O_R = Q_R P_R$. 对无穷小变换, 把 P_R, Q_R 和 O_R 的微量算符分别记为 L_a, S_a 和 J_a,

$$P_A = \mathbf{1} - \mathrm{i}\sum_{a=1}^{3} \alpha_a L_a,$$

$$Q_A = \mathbf{1} - \mathrm{i}\sum_{a=1}^{3} \alpha_a S_a, \tag{4.163}$$

$$O_A = \mathbf{1} - \mathrm{i}\sum_{a=1}^{3} \alpha_a \left(L_a + S_a \right) = \mathbf{1} - \mathrm{i}\sum_{a=1}^{3} \alpha_a J_a,$$

其中, L_a 是轨道角动量算符, S_a 是表示 D^s 的生成元, 它们的和记为 $J_a = L_a + S_a$, 它们都满足典型的角动量对易关系. 设系统状态需用旋量波函数来描写, 系统哈密顿量 $H(x)$ 各向同性, 则 SO(3) 群是系统的对称变换群,

$$O_R H(x) O_R^{-1} = H(x). \tag{4.164}$$

能量为 E 的本征函数集合构成转动变换的不变函数空间. 就是说, 在转动变换中, 波函数按旋量函数的变换规则 (4.159) 变换后, 一定可以写成此空间函数基的线性组合,

$$O_R \psi_\rho(x) = D^s(R) \psi_\rho(R^{-1}x) = \sum_{\rho'} \psi_{\rho'}(x) D_{\rho'\rho}(R). \tag{4.165}$$

组合系数排成矩阵, 它们的集合构成转动群的一个表示 D. 用群论方法把此表示约化为不可约表示直和, 同时本征函数也组合成属不可约表示确定行的函数 $\mathbf{\Psi}^j_{\mu r}(x)$,

$$X^{-1}D(R)X = \sum_j a_j D^j(R), \quad \mathbf{\Psi}^j_{\mu r}(x) = \sum_{rho} \psi_\rho(x) X_{\rho, j\mu r},$$
$$O_R \mathbf{\Psi}^j_{\mu r}(x) = D^s(R) \mathbf{\Psi}^j_{\mu r}(R^{-1}x) = \sum_\nu \mathbf{\Psi}^j_{\nu r}(x) D^j_{\nu\mu}(R). \tag{4.166}$$

把式 (4.166) 写成生成元的关系, 得

$$J_3 \mathbf{\Psi}^j_{\mu r}(x) = \mu \mathbf{\Psi}^j_{\mu r}(x),$$
$$J_\pm \mathbf{\Psi}^j_{\mu, r}(x) = \Gamma^j_{\mp\mu} \mathbf{\Psi}^j_{(\mu\pm 1)r}(x),$$
$$J^2 \mathbf{\Psi}^j_{\mu r}(x) = j(j+1) \mathbf{\Psi}^j_{\mu r}(x), \tag{4.167}$$
$$J^2 = J_1^2 + J_2^2 + J_3^2, \quad J_\pm = J_1 \pm iJ_2.$$

属不可约表示确定行的旋量函数 $\mathbf{\Psi}^j_{\mu r}(x)$ 是 J_3 和 J^2 的共同本征函数, 而不再是轨道角动量 L_3 和 L^2 的共同本征函数. 球对称系统应该有角动量守恒, 但对用旋量波函数描写的系统, 守恒的不是轨道角动量, 而是轨道角动量 L_a 和另一个量 S_a 之和. 这个 S_a 与旋量有关, 满足角动量典型的对易关系, 它应该是实验中已测到的自旋角动量的数学描述. 因此, S_a 称为自旋角动量算符, J_a 称为总角动量算符.

由式 (4.160) 可知, 旋量基 $e^{(s)}(\rho)$ 是总角动量算符和自旋角动量算符的共同本征函数,

$$J_3 e^{(s)}(\rho) = S_3 e^{(s)}(\rho) = \rho e^{(s)}(\rho),$$
$$J_\pm e^{(s)}(\rho) = S_\pm e^{(s)}(\rho) = \Gamma^s_{\mp\rho} e^{(s)}(\rho \pm 1),$$
$$J^2 e^{(s)}(\rho) = S^2 e^{(s)}(\rho) = s(s+1) e^{(s)}(\rho), \tag{4.168}$$
$$S^2 = S_1^2 + S_2^2 + S_3^2, \quad S_\pm = S_1 \pm iS_2.$$

习　题　4

1. 用数学归纳法证明辅助公式

$$e^{\alpha}\beta e^{-\alpha} = \beta + \frac{1}{1!}\,[\alpha,\ \beta] + \frac{1}{2!}\,[\alpha,\ [\alpha,\ \beta]] + \cdots$$
$$= \sum_{n=0}^{\infty} \frac{1}{n!}\,[\alpha,\ [\alpha,\ \cdots\,[\alpha,\ \beta]\cdots]],$$

其中, α 和 β 是同维矩阵. 再利用此辅助公式证明

$$u(\hat{\boldsymbol n},\omega)\sigma_a u(\hat{\boldsymbol n},\omega)^{-1} = \sum_{b=1}^{3} \sigma_b R_{ba}(\hat{\boldsymbol n},\omega),$$

其中,
$$u(\hat{\boldsymbol n},\omega) = \exp\left(-\mathrm{i}\omega\,\vec{\sigma}\cdot\hat{\boldsymbol n}/2\right), \quad R(\hat{\boldsymbol n},\omega) = \exp\left(-\mathrm{i}\omega\hat{\boldsymbol n}\cdot\vec{T}\right).$$

T_1, T_2 和 T_3 由式 (4.10) 给出. 进一步根据 $u(\hat{\boldsymbol n},\omega)$ 和 $R(\hat{\boldsymbol n},\omega)$ 的这一对应关系, 证明 SO(3) $\sim$ SU(2).

2. 把上式的 $R(\hat{\boldsymbol n},\omega) = \exp\left(-\mathrm{i}\omega\hat{\boldsymbol n}\cdot\vec{T}\right)$ 展开成有限项矩阵之和.

提示: $T_a^3 = T_a$.

3. 证明在 SU(2) 群中, 相同 ω 的元素 $u(\hat{\boldsymbol n},\omega)$ 互相共轭, 构成一类.

4. 利用 SO(3) 群和 SU(2) 群的同态关系, 验算 O 群元素的乘积公式: $T_zR_1 = S_3$, $T_zT_x = R_1$ 和 $R_1R_2 = R_3^2$.

5. 分别计算下列转动变换矩阵 R 的欧拉角:

$$(1)\quad R(\alpha,\beta,\gamma) = \frac{1}{4}\begin{pmatrix} -\sqrt{3}-2 & \sqrt{3}-2 & -\sqrt{2} \\ \sqrt{3}-2 & -\sqrt{3}-2 & \sqrt{2} \\ -\sqrt{2} & \sqrt{2} & 2\sqrt{3} \end{pmatrix};$$

$$(2)\quad R(\alpha,\beta,\gamma) = \frac{1}{8}\begin{pmatrix} \sqrt{6}+2\sqrt{3} & 3\sqrt{2}-2 & 2\sqrt{6} \\ \sqrt{2}-6 & \sqrt{6}+2\sqrt{3} & 2\sqrt{2} \\ -2\sqrt{2} & -2\sqrt{6} & 4\sqrt{2} \end{pmatrix};$$

$$(3)\quad R(\alpha,\beta,\gamma) = \frac{1}{2}\begin{pmatrix} \sqrt{3} & 1 & 0 \\ 1 & -\sqrt{3} & 0 \\ 0 & 0 & -2 \end{pmatrix}.$$

6. 分别计算下列转动变换 $R(\hat{\boldsymbol n},\omega)$ 的欧拉角
(1) $R[(\vec{e}_1\sin\theta + \vec{e}_3\cos\theta),\pi]$;　(2) $R[(\vec{e}_1+\vec{e}_2+\vec{e}_3)/\sqrt{3},2\pi/3]$;
(3) $R[(\vec{e}_1\sin\theta + \vec{e}_2\cos\theta),\pi]$.

7. 试用 SU(2) 群的表示矩阵 $D^j(\vec{e}_3,\omega)$ 和 $d^j(\omega)$ 表出绕 $\hat{\boldsymbol n}$ 方向转动 ω 角元素的表示矩阵 $D^j(\hat{\boldsymbol n},\omega)$.

提示: 参看式 (4.13).

8. 把 SO(3) 群的不可约表示 D^3 关于子群 D_3 的分导表示, 按子群不可约表示约化, 找出约化的相似变换矩阵.

9. 试用数学归纳法证明球谐多项式 $\mathcal{Y}_m^\ell(\boldsymbol{r})$ 的一般表达式 (4.92), 并计算 $\ell = 0,\ 1,\ 2$ 和 $0 \leqslant m \leqslant \ell$ 的球谐多项式展开式.

10. 对任何一阶李群, 组合函数为 $f(r,s)$, 试选择新参数 r', 使新的组合函数为相加关系, $f'(r',s') = r' + s'$. 沿 x_3 方向相对速度为 v 的两惯性系间的洛伦兹变换 $A(v)$ 取如下形式, 它的集合构成一阶李群

$$A(v) = \begin{pmatrix} 1 & 0 & 0 & 0 \\ 0 & 1 & 0 & 0 \\ 0 & 0 & \gamma & -\mathrm{i}\gamma v/c \\ 0 & 0 & \mathrm{i}\gamma v/c & \gamma \end{pmatrix}, \qquad \begin{aligned} & \gamma = \left(1 - v^2/c^2\right)^{-1/2}, \\ & f(v_1, v_2) = \frac{v_1 + v_2}{1 + v_1 v_2/c^2}. \end{aligned}$$

请选择新参数, 使新的组合函数为相加关系.

11. 设总角动量算符 J_a 是 SU(2) 群的微量算符, 满足共同的对易关系 (4.104), $|j,m\rangle$ 是 J_3 和 $J^2 = J_1^2 + J_2^2 + J_3^2$ 的共同本征函数, J^2 的本征值是待定常数, m 是 J_3 的本征值, j 是 m 的最大值. 试计算由有限个本征函数 $|j,m\rangle$ 架设的对 SU(2) 群不变的函数空间中, j 和 m 的可能取值和 J_a 的非零矩阵元.

12. 试证明式 (4.107) 给出的李代数伴随表示生成元满足对易关系式 (4.100).

13. 试由球函数 $Y_m^\ell(\hat{\boldsymbol{n}})$ (ℓ 固定) 线性组合出轨道角动量沿 $\hat{\boldsymbol{m}} = (\vec{e}_1 - \vec{e}_2)/\sqrt{2}$ 方向的本征值为 m 的本征函数.

14. 设函数 $\psi_m^\ell(x)$ 是属于 SO(3) 群不可约表示 D^ℓ m 行的函数, 试由 $\psi_m^\ell(x)^*$ 线性组合出轨道角动量沿 $\vec{e}_2$ 方向的本征值为 m 的本征函数.

提示: 先利用式 (4.74).

15. 试计算 $\left\{ d^\ell(\theta) \left(I_3^\ell\right)^2 d^\ell(\theta)^{-1} \right\}_{mm}$, 其中 $d^\ell(\theta)$ 是转动群的表示矩阵, I_3^ℓ 是该表示的第三个生成元.

提示: 利用伴随表示的性质.

16. 试证明式 (4.115) 定义的协变结构常数 C_{ABD} 对三个下标完全反对称.

17. 对紧致半单李群, 选择实参数使结构常数对三个指标完全反对称, 证明生成元平方和 $\sum_A I_A^2$ 可以和所有生成元对易, 因而在不可约表示 D^λ 中取常数矩阵. 此算符常称卡西米尔算子 $C_2(\lambda)\mathbf{1} = \sum_A I_A^\lambda I_A^\lambda$.

18. 对阶数为 g 的李群 G, 定义 g 维矩阵 $T_{AB}(\lambda) = \mathrm{Tr}(I_A^\lambda I_B^\lambda)$, 其中 I_A^λ 是群 G 不可约表示 D^λ 的生成元, 证明 T 矩阵能和李群伴随表示所有生成元对易. 对紧致单纯李群, 伴随表示是不可约表示 (见式 (4.106) 和 4.5.4 节), 因此 T 是常数矩阵, $T_{AB}(\lambda) = T_2(\lambda)\delta_{AB}$. 试由 $T_2(\lambda)$ 计算卡西米尔算子 $C_2(\lambda)$.

第 5 章　单纯李代数的不可约表示

　　群论的主要任务就是研究物理系统对称变换群的线性表示. 对李群和李代数的研究, 重点也是计算单纯李代数的不等价不可约表示, 就是计算不可约表示空间的状态基和生成元的表示矩阵, 以及不可约表示的直乘分解问题. 作为物理应用, 表示空间函数基的计算也十分重要, 数学上表现为张量空间的约化, 物理上称为波函数的结构. 本章还要介绍 SO(N) 群的旋量表示和洛伦兹群线性表示的性质. 本章所说 "单纯李代数" 都指高于一阶的单纯李代数.

5.1　李代数不可约表示的性质

5.1.1　表示和权

　　单纯李代数有紧致实形, 紧致实李代数的线性表示等价于幺正表示. 本章只讨论紧致实李代数 $\mathcal{L}$ 的不可约幺正表示, 而且就简单地称为李代数的不可约表示. 在此不可约表示中, 生成元的嘉当–外尔基 (见式 (4.120)) 的表示矩阵 $D(H_j)$ 和 $D(E_{\boldsymbol{\alpha}})$ 满足

$$D(H_j)^{\dagger} = D(H_j), \quad D(E_{\boldsymbol{\alpha}})^{\dagger} = D(E_{-\boldsymbol{\alpha}}). \tag{5.1}$$

嘉当子代数的生成元 H_j 是互相对易的厄米算符. **通常取这 ℓ 个厄米算符 H_j 的共同的正交归一的本征矢量作为表示空间的基**. 在这组基中, $D(H_j)$ 取对角形式, 对角元是实数. 为了与嘉当–外尔基相区别, 今后把表示空间的基称为**状态基**, 或简称为态, 记为 $|\boldsymbol{m}\rangle$,

$$H_j |\boldsymbol{m}\rangle = m_j |\boldsymbol{m}\rangle. \tag{5.2}$$

ℓ 个本征值排列成 ℓ 维空间的矢量 $\boldsymbol{m}$, 称为这个态的**权矢量**, 简称权, 有时权矢量也用排列起来的分量 $(m_1, \cdots, m_{\ell})$ 描写. 这 ℓ 维空间称为权空间. 权空间和根空间维数是相同的. 在一个不可约表示中, 若有 n 个线性无关的态对应一个共同的权, 则此权称为**重权**, n 称为权的重数. 当 $n = 1$ 时, 此权称为**单权**. 以生成元为状态基得到的表示就是伴随表示, 因而在伴随表示中, 权矢量和根矢量是重合的.

　　除恒等表示外, 单纯李代数 $\mathcal{L}$ 的不可约表示都是真实表示, 生成元及其线性组合的表示矩阵都不是零矩阵, 因此权矢量必张开 ℓ 维空间, 即至少存在 ℓ 个线性无

关的权矢量. 由正则对易关系式 (4.120) 知

$$[D(H_j),\ D(E_{\boldsymbol{\alpha}})] = \alpha_j D(E_{\boldsymbol{\alpha}}), \quad [D(E_{\boldsymbol{\alpha}}),\ D(E_{-\boldsymbol{\alpha}})] = D(H_{\boldsymbol{\alpha}}), \tag{5.3}$$

其中, $H_{\boldsymbol{\alpha}} = \boldsymbol{\alpha} \cdot \boldsymbol{H}$. 由此得

$$\mathrm{Tr}\ D(E_{\boldsymbol{\alpha}}) = 0, \quad \mathrm{Tr}\ D(H_{\boldsymbol{\alpha}}) = 0, \quad \mathrm{Tr}\ D(H_j) = 0. \tag{5.4}$$

后式表明, 在不可约表示中, 所有态的权矢量之和为零,

$$\sum \boldsymbol{m} = 0. \tag{5.5}$$

这里的求和, 要包括对重权的所有态求和.

在选定的分量排列次序下, 若两权之差 $(\boldsymbol{m} - \boldsymbol{m}')$ 的第一个不为零分量为正值, 则称权 $\boldsymbol{m}$ 高于权 $\boldsymbol{m}'$. 设 $\boldsymbol{\alpha}$ 是正根, 由式 (5.3) 得

$$\begin{aligned} H_j\left(E_{\pm\boldsymbol{\alpha}}\,|\boldsymbol{m}\rangle\right) &= [H_j,\ E_{\pm\boldsymbol{\alpha}}]\,|\boldsymbol{m}\rangle + E_{\pm\boldsymbol{\alpha}}H_j\,|\boldsymbol{m}\rangle \\ &= (m_j \pm \alpha_j)\left(E_{\pm\boldsymbol{\alpha}}|\boldsymbol{m}\rangle\right). \end{aligned} \tag{5.6}$$

可见 $E_{\boldsymbol{\alpha}}$ 的作用, 使态 $|\boldsymbol{m}\rangle$ 的权 $\boldsymbol{m}$ 升高一个正根 $\boldsymbol{\alpha}$, 而 $E_{-\boldsymbol{\alpha}}$ 的作用, 使权降低正根 $\boldsymbol{\alpha}$. 因此, $E_{\boldsymbol{\alpha}}$ 称为**升权算符**, 简称升算符, $E_{-\boldsymbol{\alpha}}$ 称为**降权算符**, 简称降算符. 在有限维表示中必有一个状态基 $|\boldsymbol{M}\rangle$, 对应的权 $\boldsymbol{M}$ 高于所有其他态的权, 这样的权 $\boldsymbol{M}$ 称为该表示的**最高权**, $|\boldsymbol{M}\rangle$ 称为**最高权态**. 任何升权算符作用在最高权态上得零:

$$E_{\boldsymbol{\alpha}}\,|\boldsymbol{M}\rangle = 0, \quad \boldsymbol{\alpha}\ \text{是任何正根}, \quad \boldsymbol{M}\ \text{是最高权}. \tag{5.7}$$

这是最高权态的充要条件, 也是计算最高权态的主要方法. 下面定理显示最高权在李代数表示理论中的重要地位.

定理 5.1 单纯李代数 $\mathcal{L}$ 不可约表示的最高权是单权, 两不可约表示等价的充要条件是它们的最高权相等.

证明不困难, 供读者自己去思考. 既然单纯李代数的不等价不可约表示可以用最高权 $\boldsymbol{M}$ 来描写, 单纯李代数 $\mathcal{L}$ 的不可约表示也常称为**最高权表示**. 本章只计算最高权表示生成元的表示矩阵. 如果在特殊情况下, 必须计算群元素的表示矩阵, 式 (4.99) 提供了计算的一个原则方法. 虽然计算很繁, 但是是可以计算的.

5.1.2 权链和外尔反射

和根矢量满足的限制 (4.119) 类似, 权矢量也要满足下面限制.

定理 5.2 在单纯李代数 $\mathcal{L}$ 不可约表示的表示空间中, 任一权 $\boldsymbol{m}$ 和根 $\boldsymbol{\alpha}$ 满足

$$\frac{2\boldsymbol{m} \cdot \boldsymbol{\alpha}}{|\boldsymbol{\alpha}|^2} \equiv \Gamma\left(\boldsymbol{m}/\boldsymbol{\alpha}\right) = q - p, \tag{5.8}$$

其中, p 和 q 是非负整数, 由权链的端值决定, 即 $m + n\alpha$ 是权, $-q \leqslant n \leqslant p$, 而 $m + (p+1)\alpha$ 和 $m - (q+1)\alpha$ 不是权. 进一步, $m - \Gamma(m/\alpha)\alpha$ 也是一个重数与 m 相同的权, 称为**等价权**.

和式 (4.119) 相比, 主要差别在于根矢量没有重根, 权矢量会有重权. 证明方法与量子力学中的矩阵力学方法有些类似, 这里从略. 在 ℓ 维权空间, 等价的两个权 m 和 $m' = m - \Gamma(m/\alpha)\alpha$, 互相是关于通过原点垂直根 α 的平面的反射, 如图 5.1 所示, 称为外尔反射. 外尔反射的乘积定义为相继作两次反射, 外尔反射的所有乘积的集合构成群, 称为外尔群 W. 通过各种外尔反射联系起来的所有等价权的数目称为此权的外尔轨道长度 (size of orbit).

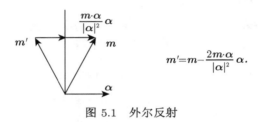

图 5.1   外尔反射

定理 5.3 (邓金定理)   权 M 可以作为单纯李代数 $\mathcal{L}$ 的一个有限维不可约表示最高权的充要条件是, 对单纯李代数的所有素根 r_μ, 权 M 满足

$$\Gamma(M/r_\mu) = \text{非负整数}. \tag{5.9}$$

如果 M 是一个不可约表示的最高权, 则由最高权的定义 (5.7) 和定理 5.2, 就得到式 (5.9). 反之, 邓金证明了, 若 M 满足式 (5.9), 则以它作为最高权 (单权!), 就可以得到单纯李代数的一个有限维不可约表示: 用一系列降算符作用在最高权态上, **得到的线性无关的状态基的数目一定是有限的,** 对应李代数的一个有限维不可约表示. 这是计算单纯李代数不可约表示的基本方法, 见 5.2 节. 第 4 章习题第 11 题就给出计算 SU(2) 群不可约表示的一个例子.

满足式 (5.9) 的权 M 称为主权 (dominant weight). 单纯李代数任一不可约表示的最高权一定是主权, 但在一个给定的不可约表示中可能有好几个权是主权, 它们在这个不可约表示中不一定是最高权, 也不一定是单权, 但**每个主权都可以是某一个不可约表示的最高权.** 例如, 在 SU(2) 群不可约表示中, 等于非负整数的权都是主权. 在李代数的一个不可约表示中, 每个权都和一个主权等价. 因此**不可约表示的维数等于该表示所包含的各主权的重数及其外尔轨道长度的乘积之和.**

5.1.3   最高权表示

对于给定的单纯李代数最高权 M 给出了该不可约表示的全部性质. 下面只列

出一些重要数学结果, 仅供参考.

单纯李代数 $\mathcal{L}$ 对应的紧致李群 G 中, 存在由嘉当子代数产生的阿贝尔子李群 H, H 的元素 R 可用 ℓ 个参数 $\boldsymbol{\varphi} \equiv (\varphi_1, \varphi_2, \cdots, \varphi_\ell)$ 来描写:

$$R = \exp\left\{ -\mathrm{i} \sum_{j=1}^{\ell} \varphi_j H_j \right\} \in \mathrm{H}. \tag{5.10}$$

群 G 中每一个元素都与 H 中某一个元素共轭, 因而参数 $\boldsymbol{\varphi}$ 可以用来描写群 G 的类. 在不可约表示 $\boldsymbol{M}$ 中, 类 $\boldsymbol{\varphi}$ 的特征标为

$$\chi(\boldsymbol{M}, \boldsymbol{\varphi}) = \mathrm{Tr}\, \exp\left\{ -\mathrm{i} \sum_{j=1}^{\ell} \varphi_j D(H_j) \right\} = \sum_{\boldsymbol{m}} b(\boldsymbol{m}) \exp\left\{ -\mathrm{i} \sum_{j=1}^{\ell} \varphi_j m_j \right\},$$

其中, $b(\boldsymbol{m})$ 是权 $\boldsymbol{m}$ 的重数, 式中对 $\boldsymbol{m}$ 的求和实质上就是对不可约表示所有状态求和. 为了计算特征标, 外尔引入环链 (girdle) $\xi(\boldsymbol{K}, \boldsymbol{\varphi})$ 的概念. 设 S 是外尔群 W 的任意元素, 用反射宇称 δ_S 描写 S 中包含外尔反射次数的偶奇性, 偶数次反射 $\delta_S = 1$, 否则为 -1. 环链 ξ 定义为

$$\xi(\boldsymbol{K}, \boldsymbol{\varphi}) = \sum_{S \in \mathrm{W}} \delta_S \exp\left\{ -\mathrm{i} \sum_{j=1}^{\ell} (S\boldsymbol{K})_j\, \varphi_j \right\}, \tag{5.11}$$

其中, $\boldsymbol{K} = \boldsymbol{M} + \boldsymbol{\rho}$, $\boldsymbol{\rho}$ 是单纯李代数 $\mathcal{L}$ 中全部正根和的一半. 类 $\boldsymbol{\varphi}$ 在表示 $\boldsymbol{M}$ 中的特征标为

$$\chi(\boldsymbol{M}, \boldsymbol{\varphi}) = \frac{\xi(\boldsymbol{K}, \boldsymbol{\varphi})}{\xi(\boldsymbol{\rho}, \boldsymbol{\varphi})}. \tag{5.12}$$

$\xi(\boldsymbol{\rho}, \boldsymbol{\varphi})$ 与具体表示无关, 它的模平方是紧致李群类上积分的密度函数. 因此两不等价不可约表示的特征标正交归一性表为

$$\int \xi(\boldsymbol{K}, \varphi)^* \xi(\boldsymbol{K}', \varphi)(\mathrm{d}\varphi) = \delta_{\boldsymbol{K}\boldsymbol{K}'}. \tag{5.13}$$

当 φ 趋于零时, $\chi(\boldsymbol{M}, 0)$ 是不定式, 它趋于不可约表示 $\boldsymbol{M}$ 的维数 $d(\boldsymbol{M})$, 计算得

$$d(\boldsymbol{M}) = \prod_{\boldsymbol{\alpha} \in \Delta_+} \left\{ 1 + \frac{\boldsymbol{M} \cdot \boldsymbol{\alpha}}{\boldsymbol{\rho} \cdot \boldsymbol{\alpha}} \right\}, \tag{5.14}$$

其中, Δ_+ 是单纯李代数全部正根的集合. 有了不可约表示的特征标和紧致李群类上积分的密度函数, 原则上可以计算不可约表示直乘约化的克莱布什–戈登级数, 但实际运算是很困难的, 常用主权图方法计算 (见 5.3 节).

5.1.4　基本主权

在 ℓ 秩李代数 $\mathcal{L}$ 中, 下述 ℓ 个主权 $\boldsymbol{w}_\mu$ 称为基本 (fundamental) 主权:

$$\Gamma\left(\boldsymbol{w}_\mu/\boldsymbol{r}_\nu\right) = d_\nu^{-1}\boldsymbol{w}_\mu \cdot \boldsymbol{r}_\nu = \delta_{\mu\nu}, \quad d_\nu = \boldsymbol{r}_\nu \cdot \boldsymbol{r}_\nu/2. \tag{5.15}$$

根据定理 5.2 和定理 5.3, 任何主权都可表为基本主权的非负整数线性组合, 任何权都可表为基本主权的整数线性组合:

$$\boldsymbol{M} = \sum_{\mu=1}^{\ell} M_\mu \boldsymbol{w}_\mu, \quad M_\mu = \Gamma\left(\boldsymbol{M}/\boldsymbol{r}_\mu\right) = 非负整数,$$
$$\boldsymbol{m} = \sum_{\mu=1}^{\ell} m_\mu \boldsymbol{w}_\mu, \quad m_\mu = \Gamma\left(\boldsymbol{m}/\boldsymbol{r}_\mu\right) = 整数. \tag{5.16}$$

邓金图是单纯李代数的几何描述, 与邓金图等价的嘉当矩阵 $A_{\nu\mu}$ 是单纯李代数的代数描述:

$$A_{\nu\mu} = \Gamma\left(\boldsymbol{r}_\mu/\boldsymbol{r}_\nu\right) = \frac{2\boldsymbol{r}_\nu \cdot \boldsymbol{r}_\mu}{\boldsymbol{r}_\nu \cdot \boldsymbol{r}_\nu} = d_\nu^{-1}\left(\boldsymbol{r}_\nu \cdot \boldsymbol{r}_\mu\right). \tag{5.17}$$

对于给定的单纯李代数, 当确定了素根的编号后, 由邓金图很容易写出嘉当矩阵, 反之亦然. **嘉当矩阵的对角元是 2. 当素根 $\boldsymbol{r}_\mu$ 和 $\boldsymbol{r}_\nu$ 正交时, 在邓金图中它们不相连接, 则 $A_{\mu\nu} = 0$. 当素根 $\boldsymbol{r}_\mu$ 和 $\boldsymbol{r}_\nu$ 不正交时, 在邓金图中它们用单线、双线或三线相连接, 设素根 $\boldsymbol{r}_\mu$ 长度小于或等于素根 $\boldsymbol{r}_\nu$ 的长度, 则 $A_{\nu\mu} = -1$, 而按照连线数目, $A_{\mu\nu}$ 分别等于 -1, -2 或 -3.**

素根可以按基本主权展开, 展开系数正是嘉当矩阵元:

$$\boldsymbol{r}_\mu = \sum_{\nu=1} \boldsymbol{w}_\nu A_{\nu\mu}, \quad \boldsymbol{w}_\nu = \sum_{\mu=1} \boldsymbol{r}_\mu \left(A^{-1}\right)_{\mu\nu}. \tag{5.18}$$

正是因为在基本主权为基的表象里, 素根的分量都是整数, 才保证权分量也都是整数, 而且等价权的关系式变得更简单: 经过关于素根 $\boldsymbol{r}_\mu$ 的外尔反射后, 权 $\boldsymbol{m}$ 变成等价权 $\boldsymbol{m}'$,

$$\boldsymbol{m}' \xrightarrow{\boldsymbol{r}_\mu} \boldsymbol{m} - m_\mu \boldsymbol{r}_\mu. \tag{5.19}$$

采用基本主权为基的优点是所有权和根的分量都是整数, 缺点是这组基不一定正交归一. 但采用了嘉当矩阵 $A_{\nu\mu}$ 和符号 $d_\nu = (\boldsymbol{r}_\nu \cdot \boldsymbol{r}_\nu)/2$, 可简化素根和基本主权的内积表式:

$$\left(\boldsymbol{r}_\nu \cdot \boldsymbol{r}_\mu\right) = d_\nu A_{\nu\mu}, \quad \left(\boldsymbol{r}_\nu \cdot \boldsymbol{w}_\mu\right) = d_\nu \delta_{\nu\mu}, \quad \left(\boldsymbol{w}_\nu \cdot \boldsymbol{w}_\mu\right) = d_\nu \left(A^{-1}\right)_{\nu\mu}. \tag{5.20}$$

文献中常把 $d_\nu A_{\nu\mu}$ 称为对称化嘉当矩阵. 今后如无特别说明, **在权空间和根空间都采用基本主权为基**, 仅在讨论平面权图时才采用原来的正交基. 以基本主权作为最高权的不可约表示称为基本 (basic) 表示.

5.1.5 卡西米尔不变量和伴随表示

在单纯李代数 $\mathcal{L}$ 的紧致实形里, 选择群参数, 使结构常数关于三个指标完全反对称, 则生成元的平方和就可与任一生成元对易 (第 4 章习题第 17 题). 这样的生成元平方和称为单纯李代数的二阶卡西米尔 (Casimir) 算子, 记为 C_2. 按舒尔定理, 它在不可约表示 M 中为常数矩阵, 此常数称为二阶卡西米尔不变量, 记为 $C_2(M)$. 采用生成元的嘉当–外尔基,

$$C_2 = \sum_A I_A I_A = \sum_{j=1}^{\ell} H_j H_j + \sum_{\alpha \in \Delta_+} \{E_\alpha E_{-\alpha} + E_{-\alpha} E_\alpha\}. \tag{5.21}$$

把 C_2 作用在最高权态 $|M\rangle$ 上, 根据式 (5.2)、式 (5.7) 和式 (4.120), 有

$$C_2 |M\rangle = M^2|M\rangle + \sum_{\alpha \in \Delta_+} [E_\alpha, E_{-\alpha}] |M\rangle$$
$$= \left\{ M^2 + M \cdot \sum_{\alpha \in \Delta_+} \alpha \right\} |M\rangle.$$

下面将证明单纯李代数 $\mathcal{L}$ 所有正根之和 2ρ 等于基本主权之和的两倍,

$$2\rho = \sum_{\alpha \in \Delta_+} \alpha = 2 \sum_{\mu=1}^{\ell} w_\mu. \tag{5.22}$$

因此, 二阶卡西米尔不变量 $C_2(M)$ 可表为

$$C_2(M) = M \cdot (M + 2\rho) = \sum_{\mu,\nu=1}^{\ell} M_\mu d_\mu \left(A^{-1}\right)_{\mu\nu} (M_\nu + 2). \tag{5.23}$$

要证明式 (5.22), 就是要检验正根之和 2ρ 与每个素根 r_μ 的点乘是否都等于 $2d_\mu$. 把所有正根都按关于素根 r_μ 的根链分组:

$$(\alpha - qr_\mu), \cdots, (\alpha - r_\mu), \alpha, (\alpha + r_\mu), \cdots, (\alpha + pr_\mu).$$

根链中根矢量之和为

$$(p+q+1)\alpha + \frac{1}{2}[p(p+1) - q(q+1)]r_\mu = (p+q+1)\left[\alpha + \frac{1}{2}(p-q)r_\mu\right].$$

当 $\alpha = r_\mu$ 时, $p = q = 0$, r_μ 平方等于 $2d_\mu$. 其他情况, 由于定理 5.2, 此式与 r_μ 的点乘为零. 证完.

设 $D^M(I_A)$ 是不可约表示 M 的生成元, 构造 g 维矩阵 $T(M)$, $T_{AB}(M) = \text{Tr}\left[D^M(I_A)D^M(I_B)\right]$. 习题 4 第 18 题证明了 $T(M)$ 与伴随表示每一个生成元

$D^{\mathrm{ad}}(I_D)$ 对易. 对单纯李群, 伴随表示是不可约表示, 因而 $T(\boldsymbol{M})$ 是常数矩阵, 常数记为 $T_2(\boldsymbol{M})$, $T_{AB}(\boldsymbol{M}) = \delta_{AB} T_2(\boldsymbol{M})$. 因为

$$g\, T_2(\boldsymbol{M}) = \sum_A T_{AA}(\boldsymbol{M}) = \mathrm{Tr}\left\{\sum_A D^{\boldsymbol{M}}(I_A) D^{\boldsymbol{M}}(I_A)\right\} = d(\boldsymbol{M}) C_2(\boldsymbol{M}),$$

对伴随表示, 最高权 $\boldsymbol{M}$ 就是最大根 $\boldsymbol{\omega}$, $d(\boldsymbol{\omega}) = g$, 由式 (5.23) 就可以计算李代数的基林型:

$$g_{AB} = -\mathrm{Tr}\left[D^{\mathrm{ad}}(I_A) D^{\mathrm{ad}}(I_B)\right] = -\delta_{AB} T_2(\boldsymbol{\omega}) = -\delta_{AB} C_2(\boldsymbol{\omega}). \tag{5.24}$$

5.1.6   谢瓦莱基

在李代数 $\mathcal{L}$ 的嘉当–外尔基中, $E_{\boldsymbol{\alpha}+\boldsymbol{\beta}}$ 可表为 $E_{\boldsymbol{\alpha}}$ 和 $E_{\boldsymbol{\beta}}$ 的对易关系. 因此在计算生成元的表示矩阵时, 只需计算与素根相联系的生成元的表示矩阵, 由它们的对易关系可以得到其他所有生成元的表示矩阵. 为使形式更加对称, 谢瓦莱 (Chevalley) 引入 3ℓ 个新基 E_μ, F_μ 和 H_μ, 称为谢瓦莱基:

$$\begin{aligned}
E_\mu &= d_\mu^{-1/2} E_{\boldsymbol{r}_\mu}, \quad F_\mu = d_\mu^{-1/2} E_{-\boldsymbol{r}_\mu}, \\
H_\mu &= d_\mu^{-1} \sum_{j=1}^{\ell} (\boldsymbol{r}_\mu)_j H_j \equiv d_\mu^{-1} \boldsymbol{r}_\mu \cdot \boldsymbol{H}.
\end{aligned} \tag{5.25}$$

由正则对易关系式 (4.120) 推得谢瓦莱基满足的对易关系是

$$\begin{aligned}
[H_\nu,\ H_\mu] &= 0, & [H_\nu,\ E_\mu] &= A_{\nu\mu} E_\mu, \\
[H_\nu,\ F_\mu] &= -A_{\nu\mu} F_\mu, & [E_\nu,\ F_\mu] &= \delta_{\nu\mu} H_\mu,
\end{aligned} \tag{5.26}$$

其中, $A_{\nu\mu} = (\mathbf{r}_\mu)_\nu$ 是嘉当矩阵. 因为 $A_{\mu\mu} = 2$, 三个有相同下标 μ 的生成元, 正好满足 A_1 子李代数 (对应李群 SU(2)) 生成元的对易关系. 取 SU(2) 群生成元为 $E = I_+ = I_1 + \mathrm{i}I_2$, $F = I_- = I_1 - \mathrm{i}I_2$ 和 $H = 2I_3$,

$$\begin{aligned}
[H,\ E] &= 2E, & [H,\ F] &= -2F, & [E,\ F] &= H, \\
[H_\mu,\ E_\mu] &= 2E_\mu, & [H_\mu,\ F_\mu] &= -2F_\mu, & [E_\mu,\ F_\mu] &= H_\mu.
\end{aligned} \tag{5.27}$$

因此, 有相同下标 μ 的三个生成元 H_μ, E_μ 和 F_μ 构成**李代数 $\mathcal{L}$ 的一个 A_1 子李代数**, 记为 $\mathcal{A}_\mu$. 在李代数不可约表示的表示空间里, 属子李代数 $\mathcal{A}_\mu$ 的不可约表示的状态集合, 架设一个 $\mathcal{A}_\mu$ 多重态. 因为表示空间存在重权, 这些 $\mathcal{A}_\mu$ 多重态就会以复杂的方式纠缠在一起. 计算单纯李代数 $\mathcal{L}$ 的不可约表示, 就是**要以适当的方式规定表示空间重权对应的正交归一的状态基, 理清这些 $\mathcal{A}_\mu$ 多重态中的每一个状态是这些正交归一状态基的怎样的线性组合**.

5.2 盖尔范德方法及其推广

本节介绍如何选定单纯李代数 $\mathcal{L}$ 最高权表示的正交归一状态基和计算生成元谢瓦莱基在这组状态基中的表示矩阵.

5.2.1 方块权图方法

单纯李代数 $\mathcal{L}$ 生成元谢瓦莱基满足对易关系 (5.26), 其中, 有相同下标 μ 的三个生成元 H_μ, E_μ 和 F_μ 架设 A_1 子李代数, 记为 $\mathcal{A}_\mu$. 对李代数 $\mathcal{L}$ 的幺正最高权表示 M, 选取正交归一的状态基, 它们都是 H_μ 的共同本征状态, 记为 $|m\rangle$. 因此 H_μ 的表示矩阵是对角化的, E_μ 和 F_μ 的表示矩阵互为转置. 由式 (5.6) 知, 降算符 F_μ 对状态基的作用, 使权 m 减少一个素根 r_μ, 升算符 E_μ 的作用则增加一个素根:

$$H_\mu |m\rangle = m_\mu |m\rangle, \quad F_\mu |m\rangle \propto |m - r_\mu\rangle. \tag{5.28}$$

在基本主权 w_ν 为基的表象里, 权 m 和素根 r_μ 的分量都是整数. 正如式 (5.18) 所指出的, 当在邓金图中素根 r_μ 和 r_ν 有线相连接时, 若素根 r_μ 长度小于或等于素根 r_ν 的长度, 则在素根 r_μ 的展开式中除包含 $2w_\mu$ 外, 还包含 $-w_\nu$ 的项, 若素根 r_μ 长度平方等于素根 r_ν 长度平方的两倍或三倍, 则 $-w_\nu$ 变成 $-2w_\nu$ 或 $-3w_\nu$. 当在邓金图中素根 r_μ 和 r_ν 不相连接时, 则在素根 r_μ 展开式中不包含 w_ν 的项.

子李代数 $\mathcal{A}_\mu$ 对应 SU(2) 群, 它的生成元在不可约表示中的矩阵形式已由式 (4.73) 给出. 这不可约表示的状态基集合称为 $\mathcal{A}_\mu$ 多重态. 在李代数 $\mathcal{L}$ 不可约表示的表示空间中, **对每一个满足下式的状态基** $|m\rangle$:

$$m_\mu > 0, \quad E_\mu |m\rangle = 0, \tag{5.29}$$

都存在一个包括 $(m_\mu + 1)$ **个状态基的** $\mathcal{A}_\mu$ **多重态** $|m - nr_\mu\rangle$:

$$|m - nr_\mu\rangle, \quad 0 \leqslant n \leqslant m_\mu, \quad (F_\mu)^{m_\mu+1} |m\rangle = 0,$$
$$F_\mu |m - nr_\mu\rangle = \sqrt{(m_\mu - n)(n + 1)} \, |m - (n + 1)r_\mu\rangle. \tag{5.30}$$

如果式 (5.30) 中给出的权 $m - nr_\mu$ 都是单权, 这些状态基就可选为表示空间的正交归一的状态基, 式 (5.30) 已经给出降算符 F_μ 的相关矩阵元. 一般说来, 这些权中会出现重权, 使得不同的 $\mathcal{A}_\mu$ 多重态以复杂的方式纠缠在一起. 计算李代数 $\mathcal{L}$ 的最高权表示, 就是**要适当选定正交归一的状态基, 并把每一组 $\mathcal{A}_\mu$ 多重态用这组正交归一的状态基表达出来.** 在式 (5.28) 的规定下, 生成元的表示矩阵满足的关系式 (5.26) 就简化为

$$E_\mu F_\nu = F_\nu E_\mu + \delta_{\mu\nu} H_\mu. \tag{5.31}$$

式 (5.30) 也可以从式 (5.31) 推演出来.

在单纯李代数 $\mathcal{L}$ 的最高权表示中, 任何权为 m 的态都可由最高权态通过多次降算符的作用得到. **作用的降算符次数加 1 称为该权及其状态基的级数** (level). 最高权态的级数为 1, 权为 m 状态基的级数 $L(M, m)$ 为

$$M - m = \sum_{\mu=1}^{\ell} C_\mu r_\mu, \quad L(M, m) = 1 + \sum_{\mu=1}^{\ell} C_\mu. \tag{5.32}$$

对每个 $\mathcal{A}_\mu$ 多重态, 各状态基 $|m - nr_\mu\rangle$ 的级数, 从 $|m\rangle$ 开始逐个增加.

从最高权态开始, 逐个寻找满足条件 (5.29) 的状态基, 构造对应的 $\mathcal{A}_\mu$ 多重态. 在 $\mathcal{A}_\mu$ 多重态中, 如果又有状态基满足条件 (5.29), 如 $m_\nu > 0$, 且升算符 E_ν 作用在此状态基上得零, 则由它又产生新的 $\mathcal{A}_\nu$ 多重态. **最高权是单权, 与最高权等价的权是单权, 与最高权态同属一个 $\mathcal{A}_\mu$ 多重态的各状态基的权也是单权.** 由最高权态 $|M\rangle$ 出发, 通过若干个 $\mathcal{A}_\mu$ 多重态到达某一个权为 m 的状态基, 称为权 m 的一条路径. 只有一条路径的权一定是单权, 有 n 条不同路径的权就可能是重权. 可以先假定它是 n 重权, 然后用式 (5.31) 逐个计算生成元的表示矩阵元. **如果有矩阵元为零, 就表明该权的重数比预计的要低**.

通过式 (5.19) 相联系的权是等价权, 等价权的重数相同. 互相等价的权中有且只有一个权是主权. 显然主权的级数最低. 用上面方法**确定了主权的重数, 也就确定了与主权等价的所有权的重数.**

让每一个正交归一的状态基对应一个填以权分量的方块. 权分量中如有负分量, 用上面带一横线的数字标记. 如单权 $m = -2w_1 + w_2$ 的状态基对应 $\boxed{\bar{2}, 1}$. 若是重权, 如第二个状态基对应 $\boxed{(\bar{2}, 1)_2}$.

把对应每一个状态基的方块按级数排列, 级数自上而下逐渐增加, 每一行方块的状态基级数相同. 最高权 M 是单权, 最高权态的方块排在第一行, 第一行只有代表最高权态的一个方块. 状态基的级数为 2 的方块排在第二行, 状态基的级数为 3 的方块排在第三行, 依此类推. 这样构成的图称为**方块权图**. 只有相邻行的方块, 它们对应的状态基才可能只相差一个素根, 才可能通过某一个降算符 F_μ 相联系, 也可以说通过升算符 E_μ 相联系. **在方块权图中由不同降算符相联系的方块用不同的线连接起来, 旁边标以相应降算符的矩阵元.** 例如, 由降算符 F_1 相联系的方块用单线连接, 由降算符 F_2 相联系的方块用双线连接等.

按照定理 5.3, 随着状态基的级数越来越大, 最后会到达一个级数最大的状态基, 对应权 N, **任何降算符作用在此状态基 $|N\rangle$ 上都得零. 权 N 称为最低权.** 最低权一定是单权, 而且所有分量一定都非正, 但是所有分量都非正的权不一定是表示 M 的最低权.

最低权取负值就是另一个表示的最高权，这表示正是原表示的复共轭表示: $(D^M)^* \approx D^{-N}$，简写为 $M^* \approx -N$. 事实上，幺正表示矩阵按实参数展开，生成元是厄米矩阵，

$$D(R)^* = \mathbf{1} - \mathrm{i} \sum_A \omega_A D(I_A)' = \mathbf{1} - \mathrm{i} \sum_A \omega_A \{-D(I_A)^*\},$$
$$D(I_A)' = -D(I_A)^* = -D(I_A)^T.$$

生成元组合成谢瓦莱基，在复共轭表示中的表示矩阵为

$$D(H_\mu)' = -D(H_\mu), \quad D(E_\mu)' = -D(F_\mu), \quad D(F_\mu)' = -D(E_\mu).$$

取复共轭表示 M^* 的状态基为

$$|M^*, -m\rangle = (-1)^{L(M,m)} |M, m\rangle^*, \tag{5.33}$$

则

$$D^{M^*}_{-m,-m}(H_\mu) = -D^M_{m,m}(H_\mu),$$
$$D^{M^*}_{-m+r_\mu,-m}(E_\mu) = D^M_{m-r_\mu,m}(F_\mu), \tag{5.34}$$
$$D^{M^*}_{-m-r_\mu,-m}(F_\mu) = D^M_{m+r_\mu,m}(E_\mu).$$

可见互为复共轭的两表示，它们的方块权图互为倒置，对应的状态基的权互差负号. 若最低权正好等于最高权的负值，$N = -M$，则此表示是自共轭表示. 自共轭表示的方块权图上下对称，成纺锤形: **每个级数的方块个数随级数增加而增加，达到最大值后再减少，上下对称.** 经验表明，不是自共轭表示的方块权图也呈纺锤形，但方块及其连线上下不完全对称.

5.2.2 盖尔范德基

根据 5.2.1 节的讨论，单纯李代数 $\mathcal{L}$ 最高权表示的计算问题已经十分清晰，就是要寻找满足式 (5.29) 的状态基，按条件 (5.30) 构造 A_μ 多重态. 难点就在于**如何从互相纠缠在一起的多重态中选定对应重权的正交归一状态基**. 选定了状态基，就可根据式 (5.31) 计算生成元的表示矩阵.

对 SU(N) 群，即 A_{N-1} 李代数，盖尔范德选定了最高权表示 M 的正交归一状态基 (Gel'fand et al, 1963)，文献中常称为盖尔范德基. 盖尔范德基用 $N(N+1)/2$ 个参数 ω_{ab} 描写，$1 \leqslant a \leqslant b \leqslant N$. 参数 ω_{ab} 满足条件:

$$\omega_{ab} \geqslant \omega_{a(b-1)} \geqslant \omega_{(a+1)b}, \tag{5.35}$$

并排列成一个倒置的三角形:

$$|\omega_{ab}\rangle = \begin{vmatrix} \omega_{1N} & & \omega_{2N} & \cdots & \omega_{(N-1)N} & & \omega_{NN} \\ & \omega_{1(N-1)} & & \cdots & & \omega_{(N-1)(N-1)} \\ & & \cdots & & \cdots & \\ & & \omega_{12} & & \omega_{22} & \\ & & & \omega_{11} & & \end{vmatrix}\rangle . \quad (5.36)$$

最高权 M 的分量 M_μ 和权 m 的分量 m_μ 由下面公式计算:

$$M_\mu = \omega_{\mu N} - \omega_{(\mu+1)N}, \quad m_\mu = 2\Omega_\mu - \Omega_{\mu+1} - \Omega_{\mu-1},$$

$$\Omega_0 = 0, \quad \Omega_b = \sum_{a=1}^{b} \omega_{ab}, \quad 1 \leqslant b \leqslant N, \quad 1 \leqslant \mu \leqslant N-1. \quad (5.37)$$

既然权 m 只与各行参数之和 Ω_b 有关, **在满足条件 (5.35) 和保持所有 Ω_b 不变的条件下, 参数 ω_{ab} 可能的不同取值就给出了权 m 的重数**. 升算符 E_μ 对盖尔范德基的作用得到若干盖尔范德基的线性组合, 每一个盖尔范德基分别把原盖尔范德基 μ 行的一个参数 $\omega_{a\mu}$, 在满足式 (5.35) 的条件下增加 1, 此时权 m 就增加素根 r_μ. 降算符 F_μ 的作用正相反, 使 μ 行的一个参数 $\omega_{a\mu}$ 减少 1. 降算符和升算符的表示矩阵互为转置. 盖尔范德算出了升算符表示矩阵元的解析表达式:

$$E_\mu |\omega_{ab}\rangle = \sum_{\nu=1}^{\mu} A_{\nu\mu}(\omega_{ab}) |\omega_{ab} + \delta_{a\nu}\delta_{b\mu}\rangle, \quad (5.38)$$

$$A_{\nu\mu}(\omega_{ab}) = \left\{ -\prod_{\tau=1}^{\mu-1} \left(\omega_{\tau(\mu-1)} - \omega_{\nu\mu} - \tau + \nu - 1 \right) \right\}^{1/2}$$

$$\times \left\{ \frac{\prod_{\rho=1}^{\mu+1} \left(\omega_{\rho(\mu+1)} - \omega_{\nu\mu} - \rho + \nu \right)}{\prod_{\lambda \neq \nu, \lambda=1}^{\mu} \left(\omega_{\lambda\mu} - \omega_{\nu\mu} - \lambda + \nu \right) \left(\omega_{\lambda\mu} - \omega_{\nu\mu} - \lambda + \nu - 1 \right)} \right\}^{1/2}.$$

当参数 ω_{ab} 满足

$$\omega_{a(b-1)} = \omega_{ab}, \quad 1 \leqslant a < b \leqslant N \quad (5.39)$$

时, 按照条件 (5.35), 所有参数都不能再升, 即此状态基在任何升算符作用下都得零, 因此它描写最高权态. 同理, 参数满足 $\omega_{(a+1)b} = \omega_{a(b-1)}$ 的态是最低权态, 最低权 N 的分量为 $N_\mu = \omega_{(N-\mu+1)N} - \omega_{(N-\mu)N} = -M_{N-\mu}$.

下面对盖尔范德方法做一些评注.

第一, 盖尔范德并没有公布式 (5.38) 的证明过程, 即没有明显证明式 (5.38) 满足条件 (5.31). 盖尔范德方法的重点在于: 他**选定了 SU(N) 群最高权表示 M 正交归一的状态基, 并提供了各重权的重数**. 就生成元表示矩阵元的解析表达式 (5.38)

而言, 固然可以按它编写程序进行计算, 但物理上常用的 SU(N) 群最高权表示维数并不高, 通过式 (5.31) 也可以直接计算.

第二, SU(N) 群的元素 u 是 N 维复空间的一个幺正变换. 如果限制在前 n 维子空间做幺正变换, 就得到子群 SU(n). 这些子群构成 SU(N) 群的一个子群链, 相应地, 也存在一个子李代数链. **这些子李代数当然不是理想.**

$$\text{SU}(N) \supset \text{SU}(N-1) \supset \cdots \supset \text{SU}(3) \supset \text{SU}(2),$$

$$A_\ell \supset A_{\ell-1} \supset \cdots \supset A_2 \supset A_1, \quad \ell = N-1. \tag{5.40}$$

从 $\mathbf{A}_\ell$ 李代数的邓金图中逐个切掉最后一个素根, 正好就是子李代数链中各子李代数的邓金图. 子李代数链的最后一个子李代数 A_1 就是我们符号中的 $\mathcal{A}_1$.

盖尔范德基的选择原则如下: **SU(N) 群最高权表示关于子群链 (5.40) 中每一个子群的分导表示都取已约形式**, 即分导表示取子群最高权表示的直和形式. 所有 $n \leqslant b \leqslant N$ 的参数 ω_{ab} 都给定的那些盖尔范德基, 架设子群 SU(n) ($n \geqslant 2$) 的一个最高权表示空间, 表示的最高权是 $M^{(n)}$:

$$\left(M^{(n)} \right)_\mu = \omega_{\mu n} - \omega_{(\mu+1)n}, \quad 1 \leqslant \mu \leqslant n-1. \tag{5.41}$$

按此原则, **每一个盖尔范德基都分属一个 $\mathcal{A}_1$ 多重态**, 多重态的最高权为 $M_1^{(2)} = \omega_{12} - \omega_{22}$, 因此 F_1 的表示矩阵元直接由式 (5.30) 给出. 既然 F_μ 作用得到的状态基只涉及 μ 行有一个参数 $\omega_{a\mu}$ 减少 1, 当 $\mu > 1$ 时, **这些状态基分属子群链 (5.40) 中子群 SU(μ) 的不等价最高权表示, 而属于所有其他子群 SU(n), $n \neq \mu$ 的同一个最高权表示.**

第三, **盖尔范德方法本质上就是子李代数链递推的方法.** 把 $A_{\ell-1}$ 最高权表示的状态基集合称为 $\mathbf{A}_{\ell-1}$ 多重态, 由于盖尔范德基的选择原则和 $A_\ell \supset A_{\ell-1} \oplus \mathcal{A}_\ell$, A_ℓ 最高权表示空间中完整地包含着若干个 $A_{\ell-1}$ 多重态, 而在 F_ℓ 的作用下, 把属不同 $A_{\ell-1}$ 多重态的盖尔范德基联系起来, 构成 $\mathcal{A}_\ell$ **多重态.** 如果已经掌握了由 $A_{\ell-1}$ 多重态的最高权态计算此多重态的状态基和生成元表示矩阵元的方法, 则 A_ℓ 最高权表示的计算就归结为 $\mathcal{A}_\ell$ 多重态的计算, 后者由式 (5.29) 至式 (5.31) 给出. 这就是所谓 "子李代数链递推方法": 由 A_1 多重态计算 A_2 最高权表示, 再由 A_2 多重态计算 A_3 最高权表示, 依此类推.

$\mathbf{A}_\ell$ **最高权态同时是** $\mathbf{A}_{\ell-1}$ **多重态的最高权态和** $\mathcal{A}_\ell$ **多重态的最高权态**, 这里的多重态包括单态. 随着盖尔范德基级数的增加, 从 A_ℓ 最高权态开始计算各盖尔范德基. 如有盖尔范德基满足条件

$$\omega_{a(b-1)} = \omega_{ab}, \quad 1 \leqslant a < b \leqslant \ell, \tag{5.42}$$

它就是 $A_{\ell-1}$ 多重态的最高权态, 按照盖尔范德方法计算此多重态的状态基和生成元表示矩阵元. 显然在 $A_{\ell-1}$ 多重态中, 最高权态级数最小, 在计算中最先出现. 在

$A_{\ell-1}$ 多重态中寻找有正 m_ℓ 分量的盖尔范德基, 如它在 E_ℓ 作用下为零, 它就是 $\mathcal{A}_\ell$ 多重态的最高权态 (见式 (5.29)). 用降算符 F_ℓ 作用在 $\mathcal{A}_\ell$ 多重态的每一个盖尔范德基上, 得到若干个盖尔范德基的线性组合, **如果得到的盖尔范德基不满足 $A_{\ell-1}$ 多重态的最高权态条件 (5.42), 则它一定属于前面已经计算过的 $A_{\ell-1}$ 多重态.** 盖尔范德基的组合系数由式 (5.31) 计算.

第四, 如果 $A_{\ell-1}$ 多重态事先已经计算好, A_ℓ 最高权表示的计算就归结到 $\mathcal{A}_\ell$ 多重态的计算. $A_{\ell-1}$ 多重态中完整地包含着若干个 $A_{\ell-2}$ 多重态, 而 F_ℓ 和子李代数 $A_{\ell-2}$ 的所有生成元都对易, F_ℓ 的作用不影响 $A_{\ell-2}$ 多重态. $A_{\ell-2}$ 多重态中的状态基有相同的 m_ℓ 分量, 它们在 F_ℓ 作用下的规则完全相同. 这就称为平行法则. 式 (5.38) 中给出的系数 $A_{\nu\ell}$ 只与满足 $b=\ell,\ \ell\pm1$ 的 ω_{ab} 有关, 就是平行法则的证明. 在 $A_{\ell-1}$ 多重态中只要找 $A_{\ell-2}$ 多重态的最高权态, 判断它们是不是 $\mathcal{A}_\ell$ 多重态的最高权态, 并计算 F_ℓ 作用的展开式, 在 $A_{\ell-2}$ 多重态中的其他盖尔范德基的展开式是一样的. 平行法则可以减少 $\mathcal{A}_\ell$ 多重态的计算工作量.

最后, 盖尔范德方法涉及的所有公式都只与参数 ω_{ab} 之差有关, **把盖尔范德基中所有参数 ω_{ab} 同时增加 (或减少) 一个整数, 仍描写 SU(N) 群同一个不可约表示的同一个状态基.** 对 SU(N) 群, 常取 $\omega_{NN}=0$. 但在推广盖尔范德方法时, ω_{NN} 会取其他整数.

5.2.3　A_2 李代数的最高权表示

按照盖尔范德方法, 为了计算李代数 A_ℓ 的最高权表示, 最好首先把 $A_{\ell-1}$ 多重态计算清楚, 并列举出来. 每一个盖尔范德基都分属一个 $\mathcal{A}_1$ 多重态, 而式 (5.30) 已经给出了 F_1 的表示矩阵元. 作为 "方块权图方法" 和 "子李代数链递推方法" 的例子, 本小节计算和列举各 A_2 多重态的状态基和生成元表示矩阵元. A_2 李代数对应 SU(3) 群, 在物理中有广泛的应用. A_2 李代数最高权表示 M 的盖尔范德基表为

$$\left. \begin{vmatrix} \omega_{13} & & \omega_{23} & & \omega_{33} \\ & \omega_{12} & & \omega_{22} & \\ & & \omega_{11} & & \end{vmatrix} \right\rangle^L_{m_2}, \qquad \begin{aligned} M_1 &= \omega_{13}-\omega_{23}, \\ M_2 &= \omega_{23}-\omega_{33}. \end{aligned} \tag{5.43}$$

这里加了两个指标. 右上角的指标 L 是状态基的级数 (见式 (5.32)), **在任何降算符 F_μ 的作用下级数 L 都增加 1.** 有了这指标便于和方块权图比较. 右下角标出权分量 m_2, 负分量用上带横线的数字标记: $\bar{n}=-n$. 降算符 F_1 的作用使 m_2 增加 1, 降算符 F_2 的作用使 m_2 减少 2. 对 A_2 李代数来说, 这指标显然是重复的, 但它有助于判断是否有新的 $\mathcal{A}_2$ 多重态出现. **式 (5.43) 中参数满足 $\omega_{12}=\omega_{11}$ 的状态基是 A_1 多重态的最高权态**, 最高权为 $\omega_{12}-\omega_{22}$, 降算符 F_1 的矩阵元直接由式 (5.30) 给出. **参数 $m_2>0$ 的状态基, 如果不属于已经计算过的 $\mathcal{A}_2$ 多重态 (见条件 (5.29)), 则它是新 $\mathcal{A}_2$ 多重态的最高权态, F_2 矩阵元由式 (5.31) 计算.**

1) 基本表示的状态基和生成元非零矩阵元.

基本表示 $\boldsymbol{M}=(1,0)$ 最高权态是 $\mathcal{A}_1$ 二重态的最高权态:

$$F_1\ |(1,0)\rangle=|(\overline{1},1)\rangle,\quad F_1\left|\begin{matrix}1&&0&&0\\&1&&0&\\&&1&&\end{matrix}\right\rangle_0^1=\left|\begin{matrix}1&&0&&0\\&1&&0&\\&&0&&\end{matrix}\right\rangle_1^2.$$

得到的状态基满足条件 (5.29), 是 $\mathcal{A}_2$ 二重态的最高权态:

$$F_2\ |(\overline{1},1)\rangle=|(0,\overline{1})\rangle,\quad F_2\left|\begin{matrix}1&&0&&0\\&1&&0&\\&&0&&\end{matrix}\right\rangle_1^2=\left|\begin{matrix}1&&0&&0\\&0&&0&\\&&0&&\end{matrix}\right\rangle_{\overline{1}}^3.$$

产生的状态基属 $\mathcal{A}_1$ 单态, 它是表示 (1,0) 的最低权态, 最低权为 $(0,\overline{1})$. 最低权取负号后得复共轭表示的最高权 $(0,1)$. 基本表示 $(1,0)$ 和 $(0,1)$ 常用数字 3 和 3^* 标记, 方块权图如图 5.2 所示.

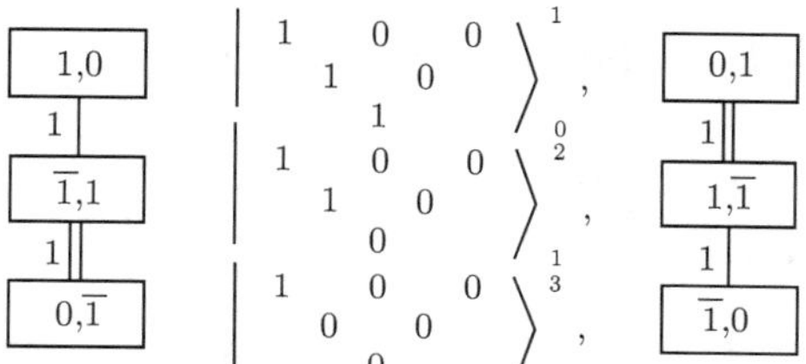

$$\left|\begin{matrix}1&&0&&0\\&1&&0&\\&&1&&\end{matrix}\right\rangle_0^1,\quad \left|\begin{matrix}1&&0&&0\\&1&&0&\\&&0&&\end{matrix}\right\rangle_1^2,\quad \left|\begin{matrix}1&&0&&0\\&0&&0&\\&&0&&\end{matrix}\right\rangle_{\overline{1}}^3,$$

$$\left|\begin{matrix}1&&1&&0\\&1&&1&\\&&1&&\end{matrix}\right\rangle_1^1,\quad \left|\begin{matrix}1&&1&&0\\&1&&0&\\&&1&&\end{matrix}\right\rangle_{\overline{1}}^2,\quad \left|\begin{matrix}1&&1&&0\\&1&&0&\\&&0&&\end{matrix}\right\rangle_0^3,$$

图 5.2 A_2 李代数基本表示 $(1,0)$ 和 $(0,1)$ 的方块权图和盖尔范德基

2) 伴随表示的状态基和生成元非零矩阵元.

伴随表示的最高权为 $\boldsymbol{M}=(1,1)$, 表示的最高权态同时是 $\mathcal{A}_1$ 二重态的最高权态和 $\mathcal{A}_2$ 二重态的最高权态:

$$F_1\ |(1,1)\rangle=|(\overline{1},2)\rangle,\quad F_1\left|\begin{matrix}2&&1&&0\\&2&&1&\\&&2&&\end{matrix}\right\rangle_1^1=\left|\begin{matrix}2&&1&&0\\&2&&1&\\&&1&&\end{matrix}\right\rangle_2^2,$$

$$F_2\ |(1,1)\rangle=|(2,\overline{1})\rangle,\quad F_2\left|\begin{matrix}2&&1&&0\\&2&&1&\\&&2&&\end{matrix}\right\rangle_1^1=\left|\begin{matrix}2&&1&&0\\&2&&0&\\&&2&&\end{matrix}\right\rangle_{\overline{1}}^2.$$

权为 $(2,\overline{1})$ 的状态基是 $\mathcal{A}_1$ 三重态的最高权态:

$$F_1\ |(2,\overline{1})\rangle=\sqrt{2}\ |(0,0)_1\rangle,\quad F_1\left|\begin{matrix}2&&1&&0\\&2&&0&\\&&2&&\end{matrix}\right\rangle_{\overline{1}}^2=\sqrt{2}\left|\begin{matrix}2&&1&&0\\&2&&0&\\&&1&&\end{matrix}\right\rangle_0^3,$$

$$F_1\ |(0,0)_1\rangle=\sqrt{2}\ |(\overline{2},1)\rangle,\quad F_1\left|\begin{matrix}2&&1&&0\\&2&&0&\\&&1&&\end{matrix}\right\rangle_0^3=\sqrt{2}\left|\begin{matrix}2&&1&&0\\&2&&0&\\&&0&&\end{matrix}\right\rangle_1^4.$$

权为 $(\overline{1}, 2)$ 的状态基满足条件 (5.29), 是 $\mathcal{A}_2$ 三重态的最高权态. F_2 作用在态 $|(\overline{1}, 2)\rangle$ 上得到两个状态基的组合, 权都是 $(0,0)$, 用下标区分,

$$F_2 |(\overline{1}, 2)\rangle = a_1 |(0,0)_1\rangle + a_2 |(0,0)_2\rangle,$$

$$F_2 \left| \begin{array}{ccc} 2 & 1 & 0 \\ & 2 & 1 \\ & & 1 \end{array} \right\rangle_2^2 = a_1 \left| \begin{array}{ccc} 2 & 1 & 0 \\ & 2 & 0 \\ & & 1 \end{array} \right\rangle_0^3 + a_2 \left| \begin{array}{ccc} 2 & 1 & 0 \\ & 1 & 1 \\ & & 1 \end{array} \right\rangle_0^3.$$

前者属已经计算过的 $\mathcal{A}_1$ 三重态, 后者是新的 $\mathcal{A}_1$ 单态, 选择它的相因子, 使 a_2 为正实数. 由式 (5.31) 得

$$E_1 F_2 |(\overline{1}, 2)\rangle = \sqrt{2} a_1 |(2, \overline{1})\rangle$$
$$= F_2 E_1 |(\overline{1}, 2)\rangle = F_2 |(1,1)\rangle = |(2, \overline{1})\rangle,$$
$$E_2 F_2 |(\overline{1}, 2)\rangle = (a_1^2 + a_2^2) |(\overline{1}, 2)\rangle$$
$$= (F_2 E_2 + H_2) |(\overline{1}, 2)\rangle = 2 |(\overline{1}, 2)\rangle.$$

计算得系数为 $a_1 = \sqrt{1/2}$, $a_2 = \sqrt{2 - 1/2} = \sqrt{3/2}$. 再用 F_2 作用, 就得到 $\mathcal{A}_2$ 三重态的第三个态, 选择它的相因子使系数 a_3 为正实数:

$$F_2 |(0,0)_1\rangle = a_3 |(1, \overline{2})\rangle, \quad F_2 \left| \begin{array}{ccc} 2 & 1 & 0 \\ & 2 & 0 \\ & & 1 \end{array} \right\rangle_0^3 = a_3 \left| \begin{array}{ccc} 2 & 1 & 0 \\ & 1 & 0 \\ & & 1 \end{array} \right\rangle_{\overline{2}}^4,$$

$$F_2 |(0,0)_2\rangle = a_4 |(1, \overline{2})\rangle, \quad F_2 \left| \begin{array}{ccc} 2 & 1 & 0 \\ & 1 & 1 \\ & & 1 \end{array} \right\rangle_0^3 = a_4 \left| \begin{array}{ccc} 2 & 1 & 0 \\ & 1 & 0 \\ & & 1 \end{array} \right\rangle_{\overline{2}}^4.$$

系数由式 (5.31) 计算:

$$E_2 F_2 |(0,0)_1\rangle = a_3^2 |(0,0)_1\rangle + a_3 a_4 |(0,0)_2\rangle$$

$$= (F_2 E_2 + H_2) |(0,0)_1\rangle = \frac{1}{2} |(0,0)_1\rangle + \frac{\sqrt{3}}{2} |(0,0)_2\rangle.$$

计算得 $a_3 = \sqrt{1/2}$, $a_4 = \sqrt{3/2}$. 类似这里三重态系数的计算经常会遇到, 以后将略去计算过程, 直接写出结果.

用公式 (5.38) 计算 E_2 对状态基 $|1, \overline{2}\rangle$ 的作用, 也与上式符合:

$$E_2 \left| \begin{array}{ccc} 2 & 1 & 0 \\ & 1 & 0 \\ & & 1 \end{array} \right\rangle = A_{12} \left| \begin{array}{ccc} 2 & 1 & 0 \\ & 2 & 0 \\ & & 1 \end{array} \right\rangle + A_{22} \left| \begin{array}{ccc} 2 & 1 & 0 \\ & 1 & 1 \\ & & 1 \end{array} \right\rangle,$$

$$A_{12} = \left\{ \frac{-(-1)(1)(-1)(-3)}{(-2)(-3)} \right\}^{1/2} = \sqrt{1/2},$$

$$A_{22} = \left\{ \frac{-(1)(3)(1)(-1)}{(2)(1)} \right\}^{1/2} = \sqrt{3/2}.$$

最后, 状态基 $|(1,\overline{2})\rangle$ 和 $|(\overline{2},1)\rangle$ 分别是 $\mathcal{A}_1$ 二重态和 $\mathcal{A}_2$ 二重态的最高权态:

$$F_1\,|(1,\overline{2})\rangle = |(\overline{1},\overline{1})\rangle, \quad F_1 \left| \begin{matrix} 2 & 1 & 0 \\ & 1 & 0 \\ & & 1 \end{matrix} \right\rangle_{\overline{2}}^{4} = \left| \begin{matrix} 2 & 1 & 0 \\ & 1 & 0 \\ & & 0 \end{matrix} \right\rangle_{\overline{1}}^{5},$$

$$F_2\,|(\overline{2},1)\rangle = |(\overline{1},\overline{1})\rangle, \quad F_2 \left| \begin{matrix} 2 & 1 & 0 \\ & 2 & 0 \\ & & 0 \end{matrix} \right\rangle_{1}^{4} = \left| \begin{matrix} 2 & 1 & 0 \\ & 1 & 0 \\ & & 0 \end{matrix} \right\rangle_{\overline{1}}^{5}.$$

伴随表示 $M = (1,1)$ 共包含 8 个状态基, 是自共轭表示, 常用数字 8 标记. 伴随表示的方块权图如图 5.3 所示.

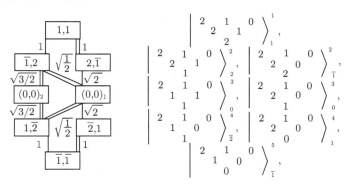

图 5.3　A_2 李代数伴随表示 $(1,1)$ 的方块权图和盖尔范德基

下面列出李代数 A_2 另外几个最高权表示的方块权图、生成元非零矩阵元和盖尔范德基, 计算过程请读者自行补齐.

3) 表示 $(2,0)$ 和 $(0,2)$ 的状态基和生成元非零矩阵元.

表示 $(2,0)$ 和 $(0,2)$ 互为复共轭表示, 各包含 6 个状态基, 常用数字 6 和 6* 标记, 方块权图和盖尔范德基如图 5.4 所示.

4) 表示 $(3,0)$ 和 $(0,3)$ 的状态基和生成元非零矩阵元.

表示 $(3,0)$ 和 $(0,3)$ 互为复共轭表示, 各包含 10 个状态基, 常用数字 10 和 10* 标记, 方块权图和盖尔范德基如图 5.5 所示.

5) 表示 $(2,1)$ 和 $(1,2)$ 的状态基和生成元非零矩阵元.

表示 $(2,1)$ 和 $(1,2)$ 互为复共轭表示, 各包含 15 个状态基, 常用数字 15 和 15* 标记, 方块权图和盖尔范德基如图 5.6 所示.

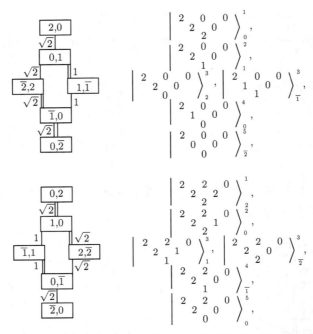

图 5.4 A_2 李代数表示 $(2,0)$ 和 $(0,2)$ 的方块权图和盖尔范德基

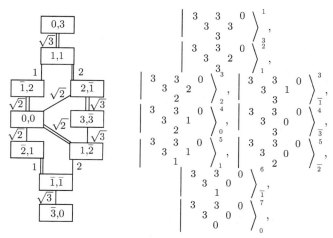

图 5.5 A_2 李代数表示 $(3,0)$ 和 $(0,3)$ 的方块权图和盖尔范德基

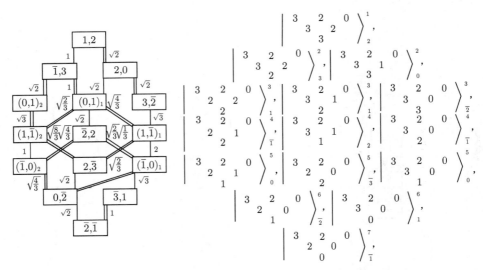

图 5.6　　A_2 李代数表示 $(2,1)$ 和 $(1,2)$ 的方块权图和盖尔范德基

5.2.4　推广的盖尔范德方法

从单纯李代数的邓金图 (图 4.5) 看, 除 F_4 李代数外, 所有单纯李代数的邓金图切掉最后一个素根 r_ℓ, 都是 $A_{\ell-1}$ 李代数的邓金图. 因此和 A_ℓ 李代数一样, 李代数 $\mathcal{L}$ 的最高权表示空间也由若干个 $A_{\ell-1}$ 多重态构成, F_ℓ 的作用把属不同 $A_{\ell-1}$ 多重态的状态基联系起来, 构成 A_ℓ 多重态, 生成元表示矩阵元由式 (5.31) 来计算, 这就是推广的盖尔范德方法. 当然由于素根 r_ℓ 和 $A_{\ell-1}$ 李代数邓金图的衔接方法不同, 对不同的李代数 $\mathcal{L}$, 推广方法略有不同. 下面就典型李代数来说明推广的盖尔范德方法. 李代数 F_4 的邓金图要切掉两个素根才是 A_2 李代数的邓金图, 推广会麻烦一些, 但没有原则性困难.

选取表象, 使李代数 $\mathcal{L}$ 的最高权表示 M, 关于子李代数 $A_{\ell-1}$ 的分导表示取已约形式, 表示的正交归一基用子李代数 $A_{\ell-1}$ 的盖尔范德基描写,

$$
|\omega_{ab}\rangle_{m_\ell}^L = \left| \begin{array}{ccccc} \omega_{1\ell} & & \omega_{2\ell} & \cdots & \omega_{(\ell-1)\ell} & & \omega_{\ell\ell} \\ & \omega_{1(\ell-1)} & & \cdots & & \omega_{(\ell-1)(\ell-1)} & \\ & & \cdots & & \cdots & & \\ & & \omega_{12} & & \omega_{22} & & \\ & & & \omega_{11} & & & \end{array} \right\rangle_{m_\ell}^L . \tag{5.44}
$$

它同时也是生成元 H_ℓ 的本征状态, 本征值 m_ℓ 标于右下角. 上标 L 是状态基在李代数 $\mathcal{L}$ 最高权表示中的级数. 这里参数 $\omega_{\ell\ell}$ 不一定为零.

$\mathcal{L}$ 最高权表示 M 最高权态的盖尔范德基参数为

$$\omega_{\ell\ell} = m_\ell = M_\ell, \quad \omega_{\mu\ell} = \omega_{(\mu+1)\ell} + M_\mu, \quad \omega_{a(b-1)} = \omega_{ab},$$

$$L = 1, \quad 1 \leqslant \mu \leqslant \ell - 1, \quad 1 \leqslant a < b \leqslant \ell. \tag{5.45}$$

参数 ω_{ab} 满足条件 (5.42), 因而它是 $A_{\ell-1}$ 多重态 (包括单态) 的最高权态, 最高权 M' 的分量为

$$M'_\mu = \omega_{\mu\ell} - \omega_{(\mu+1)\ell}, \quad 1 \leqslant \mu \leqslant \ell - 1. \tag{5.46}$$

如果参数 $m_\ell > 0$, 它也是 $\mathcal{A}_\ell$ 多重态的最高权态. 由 $A_{\ell-1}$ 多重态的最高权态, 按照盖尔范德方法和公式 (5.38) 计算在多重态中的状态基和子李代数 $A_{\ell-1}$ 生成元的表示矩阵. 在计算中, **每一个降算符的作用都使级数 L 增加 1, 而某个降算符作用会使下标 m_ℓ 增加**: 对 B_ℓ 李代数, $F_{\ell-1}$ 作用使 m_ℓ 增加 2; 对 C_ℓ 李代数, $F_{\ell-1}$ 作用使 m_ℓ 增加 1; 对 D_ℓ 李代数, $F_{\ell-2}$ 作用使 m_ℓ 增加 1. 在计算 $\mathcal{L}$ 最高权表示 M 时, 最好事先把有关的 $A_{\ell-1}$ 多重态都计算好, 以类似 5.2.3 节的方式列举出来. 上标 L 和下标 m_ℓ 会有修改, 但不难计算.

在 $A_{\ell-1}$ 多重态中找 $m_\ell > 0$ 的盖尔范德基, 如果它在 E_ℓ 作用下得零, 它就是 $\mathcal{A}_\ell$ 多重态的最高权态 (见式 (5.29)). 从最高权态开始计算属此 $\mathcal{A}_\ell$ 多重态中的盖尔范德基和 F_ℓ 表示矩阵元. F_ℓ 作用在属此多重态的盖尔范德基上得到若干个盖尔范德基之和, 其中每一个盖尔范德基与作用前的盖尔范德基相比: ① m_ℓ 减少 2, L 增加 1; ② 对 B_ℓ 李代数, $\Omega_\ell = \sum_a \omega_{a\ell}$ 减少 1, 对 C_ℓ 李代数, Ω_ℓ 减少 2, 对 D_ℓ 李代数, Ω_ℓ 减少 2, $\Omega_{\ell-1}$ 减少 1, 其他 ω_{ab} 保持不变. 这里的 "Ω_ℓ 减少 1" 指的是有一个 $\omega_{a\ell}$ 减少 1, "Ω_ℓ 减少 2" 指的是有一个 $\omega_{a\ell}$ 减少 2 或有两个 $\omega_{a\ell}$ 各减少 1.

由 $\mathcal{L}$ 最高权态开始, 随着状态基级数的增加, 寻找 $A_{\ell-1}$ 多重态的最高权态, 并用盖尔范德方法计算多重态包含的所有盖尔范德基和子李代数 $A_{\ell-1}$ 生成元的表示矩阵元. 然后, 在 $A_{\ell-1}$ 多重态中找有正 m_ℓ 分量的盖尔范德基, 只要它没有包括在前面计算过的 $\mathcal{A}_\ell$ 多重态中, 就说明它在 E_ℓ 作用下得零, 它就是新的 $\mathcal{A}_\ell$ 多重态的最高权态. 要注意找互相关联的盖尔范德基. 所谓互相关联的盖尔范德基, 就是除第一行的参数 $\omega_{a\ell}$ 外, 其他参数都相同的状态基, 包括 ω_{ab}、L 和 m_ℓ. **不同的 $\mathcal{A}_\ell$ 多重态中包含的互相关联的盖尔范德基, 在 F_ℓ 作用下的展开系数也有关联, 要放在一起计算. F_ℓ 作用在 $\mathcal{A}_\ell$ 多重态的状态基上, 得到的盖尔范德基, 或者属于已经计算过的 $A_{\ell-1}$ 多重态, 或者是新的 $A_{\ell-1}$ 多重态的最高权态. 状态基展开式的系数就是 F_ℓ 的表示矩阵元, 由式 (5.31) 计算.**

按照平行法则, 在每个 $A_{\ell-1}$ 多重态中, 对 B_ℓ 或 C_ℓ 李代数, 只需要看 $A_{\ell-2}$ 多重态的最高权态是不是有正 m_ℓ 分量, 对 D_ℓ 李代数, 只需要看 $A_{\ell-3}$ 多重态的最高权态是不是有正 m_ℓ 分量. 如有正 m_ℓ 分量的最高权态, 而且它不属于已经计算过的 $\mathcal{A}_\ell$ 多重态, 它就是 $\mathcal{A}_\ell$ 多重态的最高权态. 用 F_ℓ 作用, 计算属此 $\mathcal{A}_\ell$ 多重态中

的盖尔范德基和 F_ℓ 表示矩阵元, 而 $\mathrm{A}_{\ell-2}$ 或 $\mathrm{A}_{\ell-3}$ 多重态中其他盖尔范德基, 在 F_ℓ 作用下的展开式是相同的.

随着盖尔范德基级数的增加, 交叉计算 $\mathrm{A}_{\ell-1}$ 多重态和 $\mathcal{A}_\ell$ 多重态, 就得到 $\mathcal{L}$ 最高权表示 M 的全部状态基和生成元的表示矩阵元. 李代数 $\mathcal{L}$ 最高权表示空间中, 盖尔范德基是否**唯一地**描写正交归一状态基? 关键是在 F_ℓ 作用下得到的新 $\mathrm{A}_{\ell-1}$ 多重态的最高权态是不是唯一的. 计算发现, **在 B_ℓ 李代数的某些情况下, F_ℓ 作用得到的新 $\mathrm{A}_{\ell-1}$ 多重态的最高权态可能有两个线性无关的态**, 使同一盖尔范德基描写两个正交归一的状态, 需要另加指标加以区分. 5.2.6 节所举 B_3 李代数最高权表示的例子中就有这类 2 重态出现, 在 5.5.2 节将解释它产生的原因. 产生的 2 重态并没有使计算增加原则性的困难.

下面以 C_3 和 B_3 李代数为例, 用推广的盖尔范德方法计算不可约表示的正交归一状态基和生成元表示矩阵. 当表示维数较高时, 计算会变得很繁, 但计算原则很简单. 希望读者能通过例子学会使用推广的盖尔范德方法. 初学者可以先避开 C_3 李代数表示 $(1,1,0)$ 的例子.

5.2.5 C_3 李代数的最高权表示

C_3 李代数的邓金图和盖尔范德基如下.

所有降算符的作用都使 L 增加 1, **降算符 F_2 的作用使 m_3 增加 1, 降算符 F_3 的作用使 m_3 减少 2 和 $\Omega_3 = \sum_a \omega_{a3}$ 减少 2**. 表示 M 最高权的参数由式 (5.45) 给出. 由最高权态开始, 随着盖尔范德基级数的增加, 交叉计算 $\mathcal{A}_2$ 多重态和 $\mathcal{A}_3$ 多重态, 就得到 C_3 李代数最高权表示 M 的状态基和生成元表示矩阵元. C_3 李代数表示的盖尔范德基还有一个特殊的性质: **$\mathcal{A}_2$ 多重态的最高权态都满足** $\omega_{33} = m_3$. 本小节涉及的 $\mathcal{A}_2$ 多重态都已列举在 5.2.3 节中, 指标 L 和 m_3 要作相应改变.

例 1 C_3 李代数基本表示 $(1,0,0)$.

最高权态也是 $\mathcal{A}_2$ 多重态的最高权态, 对应表示 $(1,0)$. 此 $\mathcal{A}_2$ 多重态包含 3 个状态基 (图 5.2):

$$\left.\begin{vmatrix} 1 & 0 & 0 \\ & 1 & 0 \\ & & 1 \end{vmatrix}\right\rangle^{1}_{0}, \quad \left.\begin{vmatrix} 1 & 0 & 0 \\ & 1 & 0 \\ & & 0 \end{vmatrix}\right\rangle^{2}_{0}, \quad \left.\begin{vmatrix} 1 & 0 & 0 \\ & 0 & 0 \\ & & 0 \end{vmatrix}\right\rangle^{3}_{1}.$$

第 3 个状态基有 $m_3 = 1$, 它是 $\mathcal{A}_3$ 2 重态的最高权态,

$$F_3 \left.\begin{vmatrix} 1 & 0 & 0 \\ & 0 & 0 \\ & & 0 \end{vmatrix}\right\rangle^{3}_{1} = \left.\begin{vmatrix} 0 & 0 & \overline{1} \\ & 0 & 0 \\ & & 0 \end{vmatrix}\right\rangle^{4}_{\overline{1}}.$$

得到的状态基是 A_2 多重态的最高权态, 对应表示 $(0,1)$. 此 A_2 多重态包含 3 个状态基 (图 5.2):

$$\left|\begin{matrix} 0 & & 0 & & \bar{1} \\ & 0 & & 0 & \\ & & 0 & & \end{matrix}\right\rangle^{4}_{\bar{1}}, \quad \left|\begin{matrix} 0 & & 0 & & \bar{1} \\ & 0 & & \bar{1} & \\ & & 0 & & \end{matrix}\right\rangle^{5}, \quad \left|\begin{matrix} 0 & & 0 & & \bar{1} \\ & 0 & & \bar{1} & \\ & & \bar{1} & & \end{matrix}\right\rangle^{6}_{0}.$$

最后一个状态基权为 $(\bar{1},0,0)$, 它是 C_3 李代数表示 $(1,0,0)$ 的最低权态, 说明此表示是自共轭表示. 事实上, **C_ℓ 李代数的所有最高权表示都是自共轭表示**. C_3 李代数基本表示 $(1,0,0)$ 包含 6 个状态基, 组成 2 个 A_2 多重态, 分别对应表示 $(1,0)$ 和 $(0,1)$.

例 2　C_3 李代数基本表示 $(0,1,0)$.

最高权态也是 A_2 多重态的最高权态, 对应表示 $(0,1)$. 此 A_2 多重态包含 3 个状态基 (图 5.2):

$$\left|\begin{matrix} 1 & & 1 & & 0 \\ & 1 & & 1 & \\ & & 1 & & \end{matrix}\right\rangle^{1}_{0}, \quad \left|\begin{matrix} 1 & & 1 & & 0 \\ & 1 & & 0 & \\ & & 1 & & \end{matrix}\right\rangle^{2}_{1}, \quad \left|\begin{matrix} 1 & & 1 & & 0 \\ & 1 & & 0 & \\ & & 0 & & \end{matrix}\right\rangle^{3}_{1}.$$

后两个状态基构成 $\mathcal{A}_1$ 2 重态, 它们都是 $\mathcal{A}_3$ 2 重态的最高权态. F_3 作用在前一状态基上得

$$F_3\left|\begin{matrix} 1 & & 1 & & 0 \\ & 1 & & 0 & \\ & & 1 & & \end{matrix}\right\rangle^{2}_{1} = \left|\begin{matrix} 1 & & 0 & & \bar{1} \\ & 1 & & 0 & \\ & & 1 & & \end{matrix}\right\rangle^{3}_{\bar{1}}.$$

得到的状态基是 A_2 多重态的最高权态, 对应表示 $(1,1)$. 此 A_2 多重态包含 8 个状态基 (图 5.3):

$$\left|\begin{matrix} 1 & & 0 & & \bar{1} \\ & 1 & & 0 & \\ & & 1 & & \end{matrix}\right\rangle^{3}_{\bar{1}}, \quad \left|\begin{matrix} 1 & & 0 & & \bar{1} \\ & 1 & & 0 & \\ & & 0 & & \end{matrix}\right\rangle^{4}_{\bar{1}}, \quad \left|\begin{matrix} 1 & & 0 & & \bar{1} \\ & 1 & & \bar{1} & \\ & & 1 & & \end{matrix}\right\rangle^{4}_{0}, \quad \left|\begin{matrix} 1 & & 0 & & \bar{1} \\ & 1 & & \bar{1} & \\ & & 0 & & \end{matrix}\right\rangle^{5}_{0},$$

$$\left|\begin{matrix} 1 & & 0 & & \bar{1} \\ & 0 & & 0 & \\ & & 0 & & \end{matrix}\right\rangle^{5}_{0}, \quad \left|\begin{matrix} 1 & & 0 & & \bar{1} \\ & 1 & & \bar{1} & \\ & & \bar{1} & & \end{matrix}\right\rangle^{6}, \quad \left|\begin{matrix} 1 & & 0 & & \bar{1} \\ & 0 & & \bar{1} & \\ & & 0 & & \end{matrix}\right\rangle^{6}, \quad \left|\begin{matrix} 1 & & 0 & & \bar{1} \\ & 0 & & \bar{1} & \\ & & \bar{1} & & \end{matrix}\right\rangle^{7}_{1}.$$

按照平行法则, 有

$$F_3\left|\begin{matrix} 1 & & 1 & & 0 \\ & 1 & & 0 & \\ & & 0 & & \end{matrix}\right\rangle^{3}_{1} = \left|\begin{matrix} 1 & & 0 & & \bar{1} \\ & 1 & & 0 & \\ & & 0 & & \end{matrix}\right\rangle^{4}_{\bar{1}}.$$

对应表示 $(1,1)$ 的 A_2 8 重态最后 2 个状态基构成 $\mathcal{A}_1$ 2 重态, 它们都是 $\mathcal{A}_3$ 2

重态的最高权态. F_3 作用在前一状态基上得

$$F_3 \left| \begin{matrix} 1 & & 0 & \\ & 0 & & \bar{1} \\ & & 0 & \end{matrix} \bar{1} \right\rangle_1^6 = \left| \begin{matrix} 0 & & \bar{1} & \\ & 0 & & \bar{1} \\ & & 0 & \end{matrix} \bar{1} \right\rangle_{\bar{1}}^7 .$$

得到的状态基是 A_2 多重态的最高权态, 对应表示 $(1,0)$. 此 A_2 多重态包含 3 个状态基 (图 5.2):

$$\left| \begin{matrix} 0 & & \bar{1} & \\ & 0 & & \bar{1} \\ & & 0 & \end{matrix} \bar{1} \right\rangle_{\bar{1}}^7, \quad \left| \begin{matrix} 0 & & \bar{1} & \\ & 0 & & \bar{1} \\ & & \bar{1} & \end{matrix} \bar{1} \right\rangle_{\bar{1}}^8, \quad \left| \begin{matrix} 0 & & \bar{1} & \\ & \bar{1} & & \bar{1} \\ & & \bar{1} & \end{matrix} \bar{1} \right\rangle_0^9 .$$

按照平行法则, 有

$$F_3 \left| \begin{matrix} 1 & & 0 & \\ & 0 & & \bar{1} \\ & & \bar{1} & \end{matrix} \bar{1} \right\rangle_1^7 = \left| \begin{matrix} 0 & & \bar{1} & \\ & 0 & & \bar{1} \\ & & \bar{1} & \end{matrix} \bar{1} \right\rangle_{\bar{1}}^8 .$$

C_3 李代数基本表示 $(0,1,0)$ 包含 14 个状态基, 组成 3 个 A_2 多重态, 分别对应表示 $(0,1)$, $(1,1)$ 和 $(1,0)$.

例 3　C_3 李代数基本表示 $(0,0,1)$.

C_3 李代数基本表示 $(0,0,1)$ 包含 14 个状态基, 组成 4 个 A_2 多重态, 分别对应表示 $(0,0)$, $(0,2)$, $(2,0)$ 和 $(0,0)$, 最高权态分别为

$$\left| \begin{matrix} 1 & & 1 & \\ & 1 & & 1 \\ & & 1 & \end{matrix} 1 \right\rangle_1^1, \quad \left| \begin{matrix} 1 & & 1 & \\ & 1 & & 1 \\ & & 1 & \end{matrix} \bar{1} \right\rangle_{\bar{1}}^2, \quad \left| \begin{matrix} 1 & & \bar{1} & \\ & 1 & & \bar{1} \\ & & 1 & \end{matrix} \bar{1} \right\rangle_{\bar{1}}^5, \quad \left| \begin{matrix} \bar{1} & & \bar{1} & \\ & \bar{1} & & \bar{1} \\ & & \bar{1} & \end{matrix} \bar{1} \right\rangle_{\bar{1}}^{10} .$$

具体计算见习题第 5 题.

例 4　C_3 李代数最高权表示 $(1,1,0)$.

最高权态也是子李代数 A_2 多重态的最高权态, 对应表示 $(1,1)$, 此多重态包含 8 个状态基 (图 5.3):

$$\left| \begin{matrix} 2 & & 1 & \\ & 2 & & 1 \\ & & 2 & \end{matrix} 0 \right\rangle_0^1, \quad \left| \begin{matrix} 2 & & 1 & \\ & 2 & & 1 \\ & & 1 & \end{matrix} 0 \right\rangle_0^2, \quad \left| \begin{matrix} 2 & & 1 & \\ & 2 & & 0 \\ & & 2 & \end{matrix} 0 \right\rangle_1^2, \quad \left| \begin{matrix} 2 & & 1 & \\ & 2 & & 0 \\ & & 1 & \end{matrix} 0 \right\rangle_1^3,$$

$$\left| \begin{matrix} 2 & & 1 & \\ & 1 & & 1 \\ & & 1 & \end{matrix} 0 \right\rangle_1^3, \quad \left| \begin{matrix} 2 & & 1 & \\ & 2 & & 0 \\ & & 0 & \end{matrix} 0 \right\rangle_1^4, \quad \left| \begin{matrix} 2 & & 1 & \\ & 1 & & 0 \\ & & 1 & \end{matrix} 0 \right\rangle_2^4, \quad \left| \begin{matrix} 2 & & 1 & \\ & 1 & & 0 \\ & & 0 & \end{matrix} 0 \right\rangle_2^5 .$$

后 6 个状态基都有正 m_3 分量, 都是 A_3 多重态的最高权态, 它们分别构成 A_1 3 重态、单态和 2 重态. F_3 作用在第 3 个状态基上得 A_3 2 重态:

$$F_3 \left| \begin{matrix} 2 & & 1 & \\ & 2 & & 0 \\ & & 2 & \end{matrix} 0 \right\rangle_1^2 = \left| \begin{matrix} 2 & & 0 & \\ & 2 & & 0 \\ & & 2 & \end{matrix} \bar{1} \right\rangle_{\bar{1}}^3 .$$

得到的状态基是 A_2 多重态的最高权态, 对应表示 $(2,1)$, 有 15 个状态基 (图 5.6):

$$\left|\begin{smallmatrix}2&&0&&\bar1\\&2&&0&\\&&2&&\end{smallmatrix}\right\rangle^{3}_{\bar15},\quad \left|\begin{smallmatrix}2&&0&&\bar1\\&2&&0&\\&&1&&\end{smallmatrix}\right\rangle^{4}_{\bar15},\quad \left|\begin{smallmatrix}2&&0&&\bar1\\&2&&2&\\&&&&\end{smallmatrix}\right\rangle^{4}_{06},\quad \left|\begin{smallmatrix}2&&0&&\bar1\\&2&&0&\\&&0&&\end{smallmatrix}\right\rangle^{5}_{\bar16},$$

$$\left|\begin{smallmatrix}2&&0&&\bar1\\&1&&0&\\&&1&&\end{smallmatrix}\right\rangle^{5}_{06},\quad \left|\begin{smallmatrix}2&&0&&\bar1\\&2&&\bar1&\\&&1&&\end{smallmatrix}\right\rangle^{5}_{07},\quad \left|\begin{smallmatrix}2&&0&&\bar1\\&1&&\bar1&\\&&1&&\end{smallmatrix}\right\rangle^{6}_{17},\quad \left|\begin{smallmatrix}2&&0&&\bar1\\&1&&0&\\&&0&&\end{smallmatrix}\right\rangle^{6}_{07},$$

$$\left|\begin{smallmatrix}2&&0&&\bar1\\&2&&\bar1&\\&&0&&\end{smallmatrix}\right\rangle^{6}_{08},\quad \left|\begin{smallmatrix}2&&0&&\bar1\\&1&&\bar1&\\&&0&&\end{smallmatrix}\right\rangle^{7}_{18},\quad \left|\begin{smallmatrix}2&&0&&\bar1\\&0&&0&\\&&0&&\end{smallmatrix}\right\rangle^{7}_{19},\quad \left|\begin{smallmatrix}2&&0&&\bar1\\&2&&\bar1&\\&&\bar1&&\end{smallmatrix}\right\rangle^{7}_{0},$$

$$\left|\begin{smallmatrix}2&&0&&\bar1\\&1&&\bar1&\\&&\bar1&&\end{smallmatrix}\right\rangle^{8}_{1},\quad \left|\begin{smallmatrix}2&&0&&\bar1\\&0&&0&\\&&0&&\end{smallmatrix}\right\rangle^{8}_{2},\quad \left|\begin{smallmatrix}2&&0&&\bar1\\&0&&\bar1&\\&&\bar1&&\end{smallmatrix}\right\rangle^{9}_{2}.$$

由平行法则, 有

$$F_3\left|\begin{smallmatrix}2&&1&&0\\&2&&0&\\&&1&&\end{smallmatrix}\right\rangle^{3}_{1} = \left|\begin{smallmatrix}2&&0&&\bar1\\&2&&0&\\&&1&&\end{smallmatrix}\right\rangle^{4}_{\bar15},$$

$$F_3\left|\begin{smallmatrix}2&&1&&0\\&2&&0&\\&&0&&\end{smallmatrix}\right\rangle^{4}_{1} = \left|\begin{smallmatrix}2&&0&&\bar1\\&2&&0&\\&&0&&\end{smallmatrix}\right\rangle^{5}_{\bar1},$$

得到的状态基都属于 A_2 表示 $(2,1)$. F_3 作用在 A_2 8 重态的第 5 个状态基上也得 A_3 2 重态:

$$F_3\left|\begin{smallmatrix}2&&1&&0\\&1&&1&\\&&1&&\end{smallmatrix}\right\rangle^{3}_{1} = \left|\begin{smallmatrix}1&&1&&\bar1\\&1&&1&\\&&1&&\end{smallmatrix}\right\rangle^{4}_{\bar1}.$$

得到的状态基是 A_2 6 重态的最高权态, 对应表示 $(0,2)$ (图 5.4):

$$\left|\begin{smallmatrix}1&&1&&\bar1\\&1&&1&\\&&1&&\end{smallmatrix}\right\rangle^{4}_{\bar1},\quad \left|\begin{smallmatrix}1&&1&&\bar1\\&1&&0&\\&&1&&\end{smallmatrix}\right\rangle^{5}_{0},\quad \left|\begin{smallmatrix}1&&1&&\bar1\\&1&&0&\\&&0&&\end{smallmatrix}\right\rangle^{6}_{0},$$

$$\left|\begin{smallmatrix}1&&1&&\bar1\\&1&&\bar1&\\&&1&&\end{smallmatrix}\right\rangle^{6}_{1},\quad \left|\begin{smallmatrix}1&&1&&\bar1\\&1&&\bar1&\\&&0&&\end{smallmatrix}\right\rangle^{7}_{1},\quad \left|\begin{smallmatrix}1&&1&&\bar1\\&1&&\bar1&\\&&\bar1&&\end{smallmatrix}\right\rangle^{8}_{1}.$$

F_3 作用在 A_2 8 重态的第 7 个状态基上得 A_3 3 重态:

$$F_3 \left|\begin{array}{ccc}2&1&0\\&1&0\\&&1\end{array}\right\rangle_2^4 = a_1 \left|\begin{array}{ccc}2&0&\bar{1}\\&1&0\\&&1\end{array}\right\rangle_0^5 + a_2 \left|\begin{array}{ccc}1&1&\bar{1}\\&1&0\\&&1\end{array}\right\rangle_0^5$$

$$+\, a_3 \left|\begin{array}{ccc}1&0&0\\&1&0\\&&1\end{array}\right\rangle_0^5.$$

第一项属 A_2 15 重态, 第二项属 A_2 6 重态, 第三项是新的 A_2 多重态的最高权态, 对应表示 $(1,0)$. 选择第三项的位相使 a_3 是正实数. 按式 (5.31), 用 $E_2 F_3 = F_3 E_2$ 作用后得

$$E_2 F_3 \left|\begin{array}{ccc}2&1&0\\&1&0\\&&1\end{array}\right\rangle_2^4 = a_1\sqrt{\frac{4}{3}} \left|\begin{array}{ccc}2&0&\bar{1}\\&2&0\\&&1\end{array}\right\rangle_{\bar{1}}^5 + a_2\sqrt{2} \left|\begin{array}{ccc}1&1&\bar{1}\\&1&1\\&&1\end{array}\right\rangle_{\bar{1}}^5$$

$$= F_3 E_2 \left|\begin{array}{ccc}2&1&0\\&1&0\\&&1\end{array}\right\rangle_2^4$$

$$= \sqrt{\frac{1}{2}}\,F_3 \left|\begin{array}{ccc}2&1&0\\&2&0\\&&1\end{array}\right\rangle_1^3 + \sqrt{\frac{3}{2}}\,F_3 \left|\begin{array}{ccc}2&1&0\\&1&1\\&&1\end{array}\right\rangle_1^3$$

$$= \sqrt{\frac{1}{2}} \left|\begin{array}{ccc}2&0&\bar{1}\\&2&0\\&&1\end{array}\right\rangle_{\bar{1}}^4 + \sqrt{\frac{3}{2}} \left|\begin{array}{ccc}1&1&\bar{1}\\&1&1\\&&1\end{array}\right\rangle_{\bar{1}}^4.$$

算得 $a_1 = \sqrt{3/8}$, $a_2 = \sqrt{3/4}$, $a_3 = \sqrt{2-3/8-3/4} = \sqrt{7/8}$. 新的 A_2 多重态对应表示 $(1,0)$, 有 3 个状态基 (图 5.2):

$$\left|\begin{array}{ccc}1&0&0\\&1&0\\&&1\end{array}\right\rangle_0^5, \quad \left|\begin{array}{ccc}1&0&0\\&1&0\\&&0\end{array}\right\rangle_0^6, \quad \left|\begin{array}{ccc}1&0&0\\&0&0\\&&0\end{array}\right\rangle_1^7.$$

再由式 (5.31), 计算 A_3 3 重态的第 3 个状态基:

$$F_3 \left|\begin{array}{ccc}2&0&\bar{1}\\&1&0\\&&1\end{array}\right\rangle_0^5 = \sqrt{\frac{3}{8}} \left|\begin{array}{ccc}1&0&\bar{2}\\&1&0\\&&1\end{array}\right\rangle_{\bar{2}}^6,$$

$$F_3 \left|\begin{array}{ccc}1&1&\bar{1}\\&1&0\\&&1\end{array}\right\rangle_0^5 = \sqrt{\frac{3}{4}} \left|\begin{array}{ccc}1&0&\bar{2}\\&1&0\\&&1\end{array}\right\rangle_{\bar{2}}^6,$$

$$F_3 \left|\begin{array}{ccc}1&0&0\\&1&0\\&&1\end{array}\right\rangle_0^5 = \sqrt{\frac{7}{8}} \left|\begin{array}{ccc}1&0&\bar{2}\\&1&0\\&&1\end{array}\right\rangle_{\bar{2}}.$$

得到的状态基是 A_2 15* 重态的最高权态, 对应表示 $(1,2)$, 包含的状态基有 (图 5.6)

$$\left|\begin{smallmatrix}1&&0&&\bar{2}\\&1&&0&\\&&1&&\end{smallmatrix}\right\rangle^{6}_{\bar{2}},\quad
\left|\begin{smallmatrix}1&&0&&\bar{2}\\&1&&0&\\&&0&&\end{smallmatrix}\right\rangle^{7}_{\bar{2}},\quad
\left|\begin{smallmatrix}1&&0&&\bar{2}\\&1&&\bar{1}&\\&&1&&\end{smallmatrix}\right\rangle^{7}_{\bar{1}},\quad
\left|\begin{smallmatrix}1&&0&&\bar{2}\\&0&&0&\\&&0&&\end{smallmatrix}\right\rangle^{8}_{\bar{1}},$$

$$\left|\begin{smallmatrix}1&&0&&\bar{2}\\&1&&\bar{1}&\\&&0&&\end{smallmatrix}\right\rangle^{8}_{\bar{1}},\quad
\left|\begin{smallmatrix}1&&0&&\bar{2}\\&1&&\bar{2}&\\&&1&&\end{smallmatrix}\right\rangle^{8}_{0},\quad
\left|\begin{smallmatrix}1&&0&&\bar{2}\\&0&&\bar{1}&\\&&0&&\end{smallmatrix}\right\rangle^{9}_{0},\quad
\left|\begin{smallmatrix}1&&0&&\bar{2}\\&1&&\bar{1}&\\&&\bar{1}&&\end{smallmatrix}\right\rangle^{9}_{\bar{1}},$$

$$\left|\begin{smallmatrix}1&&0&&\bar{2}\\&1&&\bar{2}&\\&&0&&\end{smallmatrix}\right\rangle^{9}_{0},\quad
\left|\begin{smallmatrix}1&&0&&\bar{2}\\&0&&\bar{1}&\\&&\bar{1}&&\end{smallmatrix}\right\rangle^{10}_{0},\quad
\left|\begin{smallmatrix}1&&0&&\bar{2}\\&1&&\bar{2}&\\&&\bar{1}&&\end{smallmatrix}\right\rangle^{10}_{0},\quad
\left|\begin{smallmatrix}1&&0&&\bar{2}\\&0&&\bar{2}&\\&&0&&\end{smallmatrix}\right\rangle^{10}_{1},$$

$$\left|\begin{smallmatrix}1&&0&&\bar{2}\\&1&&\bar{2}&\\&&\bar{2}&&\end{smallmatrix}\right\rangle^{11}_{0},\quad
\left|\begin{smallmatrix}1&&0&&\bar{2}\\&0&&\bar{2}&\\&&\bar{1}&&\end{smallmatrix}\right\rangle^{11}_{1},\quad
\left|\begin{smallmatrix}1&&0&&\bar{2}\\&0&&\bar{2}&\\&&\bar{2}&&\end{smallmatrix}\right\rangle^{12}_{1}.$$

$$(5.47)$$

由于平行法则, 由 A_2 8 重态 (表示 $(1,1)$) 的第 8 个状态基得到

$$F_3\left|\begin{smallmatrix}2&&1&&0\\&1&&0&\\&&0&&\end{smallmatrix}\right\rangle^{5}_{2}=\sqrt{\frac{3}{8}}\left|\begin{smallmatrix}2&&0&&\bar{1}\\&1&&0&\\&&0&&\end{smallmatrix}\right\rangle^{6}_{0}+\sqrt{\frac{3}{4}}\left|\begin{smallmatrix}1&&1&&\bar{1}\\&1&&0&\\&&0&&\end{smallmatrix}\right\rangle^{6}_{0}$$

$$+\sqrt{\frac{7}{8}}\left|\begin{smallmatrix}1&&0&&0\\&1&&0&\\&&0&&\end{smallmatrix}\right\rangle^{6}_{0},$$

$$F_3\left|\begin{smallmatrix}2&&0&&\bar{1}\\&1&&0&\\&&0&&\end{smallmatrix}\right\rangle^{6}_{0}=\sqrt{\frac{3}{8}}\left|\begin{smallmatrix}1&&0&&\bar{2}\\&1&&0&\\&&0&&\end{smallmatrix}\right\rangle^{7}_{\bar{2}},$$

$$F_3\left|\begin{smallmatrix}1&&1&&\bar{1}\\&1&&0&\\&&0&&\end{smallmatrix}\right\rangle^{6}_{0}=\sqrt{\frac{3}{4}}\left|\begin{smallmatrix}1&&0&&\bar{2}\\&1&&0&\\&&0&&\end{smallmatrix}\right\rangle^{7}_{\bar{2}},$$

$$F_3\left|\begin{smallmatrix}1&&0&&0\\&1&&0&\\&&0&&\end{smallmatrix}\right\rangle^{6}_{0}=\sqrt{\frac{7}{8}}\left|\begin{smallmatrix}1&&0&&\bar{2}\\&1&&0&\\&&0&&\end{smallmatrix}\right\rangle^{7}_{\bar{2}}.$$

现在检查 A_2 15 重态 (表示 $(2,1)$). 15 重态包含 6 个 $\mathcal{A}_3$ 多重态的最高权态, 分别构成 $\mathcal{A}_1$ 3 重态 (第 7, 10 和 13 态)、单态 (第 11 态) 和 2 重态 (第 14 和 15 态). A_2 15 重态的第 7 个态和 A_2 6* 重态 (表示 $(0,2)$) 的第 4 个态互相关联, 用 F_3 作用得

$$F_3\left|\begin{smallmatrix}2&&0&&\bar{1}\\&1&&\bar{1}&\\&&1&&\end{smallmatrix}\right\rangle^{6}_{1}=b_1\left|\begin{smallmatrix}1&&0&&\bar{2}\\&1&&\bar{1}&\\&&1&&\end{smallmatrix}\right\rangle^{7}_{\bar{1}}+b_2\left|\begin{smallmatrix}1&&\bar{1}&&\bar{1}\\&1&&\bar{1}&\\&&1&&\end{smallmatrix}\right\rangle^{7}_{\bar{1}},$$

$$F_3 \left| \begin{smallmatrix} 1 & 1 & \bar{1} \\ & 1 & \bar{1} \\ & & 1 \end{smallmatrix} \right\rangle_{1}^{6} = b_3 \left| \begin{smallmatrix} 1 & 0 & \bar{2} \\ & 1 & \bar{1} \\ & & 1 \end{smallmatrix} \right\rangle_{\bar{1}}^{7} + b_4 \left| \begin{smallmatrix} 1 & \bar{1} & \bar{1} \\ & 1 & \bar{1} \\ & & 1 \end{smallmatrix} \right\rangle_{\bar{1}}^{7},$$

前一个状态基属 A_2 15* 重态 (表示 $(1,2)$). 后一状态基是新的 A_2 多重态的最高权态, 选择它的相因子使 b_2 是正实数. 由式 (5.31), 用 $E_2 F_3 = F_3 E_2$ 和 $E_3 F_3 = F_3 E_3 + H_3$ 作用, 得

$$\begin{aligned}
E_2 F_3 \left| \begin{smallmatrix} 2 & 0 & \bar{1} \\ & 1 & \bar{1} \\ & & 1 \end{smallmatrix} \right\rangle_{1}^{6} &= b_1 \sqrt{2} \left| \begin{smallmatrix} 1 & 0 & \bar{2} \\ & 1 & 0 \\ & & 1 \end{smallmatrix} \right\rangle_{\bar{2}}^{6} \\
&= F_3 \left[\sqrt{\tfrac{2}{3}} \left| \begin{smallmatrix} 2 & 0 & \bar{1} \\ & 2 & \bar{1} \\ & & 1 \end{smallmatrix} \right\rangle_{0}^{5} + \sqrt{\tfrac{4}{3}} \left| \begin{smallmatrix} 2 & 0 & \bar{1} \\ & 1 & 0 \\ & & 1 \end{smallmatrix} \right\rangle_{0}^{6} \right] \\
&= \sqrt{\tfrac{1}{2}} \left| \begin{smallmatrix} 1 & 0 & \bar{2} \\ & 1 & 0 \\ & & 1 \end{smallmatrix} \right\rangle_{\bar{2}}^{6},
\end{aligned}$$

$$\begin{aligned}
E_2 F_3 \left| \begin{smallmatrix} 1 & 1 & \bar{1} \\ & 1 & \bar{1} \\ & & 1 \end{smallmatrix} \right\rangle_{1}^{6} &= b_3 \sqrt{2} \left| \begin{smallmatrix} 1 & 0 & \bar{2} \\ & 1 & 0 \\ & & 1 \end{smallmatrix} \right\rangle_{\bar{2}}^{6} \\
&= F_3 \sqrt{2} \left| \begin{smallmatrix} 1 & 1 & \bar{1} \\ & 1 & 0 \\ & & 1 \end{smallmatrix} \right\rangle_{0}^{5} = \sqrt{\tfrac{3}{2}} \left| \begin{smallmatrix} 1 & 0 & \bar{2} \\ & 1 & 0 \\ & & 1 \end{smallmatrix} \right\rangle_{\bar{2}}^{6},
\end{aligned}$$

$$\begin{aligned}
E_3 F_3 \left| \begin{smallmatrix} 2 & 0 & \bar{1} \\ & 1 & \bar{1} \\ & & 1 \end{smallmatrix} \right\rangle_{1}^{6} &= (b_1^2 + b_2^2) \left| \begin{smallmatrix} 2 & 0 & \bar{1} \\ & 1 & \bar{1} \\ & & 1 \end{smallmatrix} \right\rangle_{1}^{6} \\
&\quad + (b_1 b_3 + b_2 b_4) \left| \begin{smallmatrix} 1 & 1 & \bar{1} \\ & 1 & \bar{1} \\ & & 1 \end{smallmatrix} \right\rangle_{1}^{6} \\
&= (F_3 E_3 + H_3) \left| \begin{smallmatrix} 2 & 0 & \bar{1} \\ & 1 & \bar{1} \\ & & 1 \end{smallmatrix} \right\rangle_{1}^{6} = \left| \begin{smallmatrix} 2 & 0 & \bar{1} \\ & 1 & \bar{1} \\ & & 1 \end{smallmatrix} \right\rangle_{1}^{6}.
\end{aligned}$$

从前两式算得 $b_1 = 1/2$, $b_3 = \sqrt{3}/2$, 再从后式算得 $b_2 = \sqrt{3}/2$, $b_4 = -1/2$. 新 A_2 多重态对应表示 $(2,0)$, 包含 6 个状态基 (图 5.4):

$$\left| \begin{smallmatrix} 1 & \bar{1} & \bar{1} \\ & 1 & \bar{1} \\ & & 1 \end{smallmatrix} \right\rangle_{\bar{1}}^{7}, \quad \left| \begin{smallmatrix} 1 & \bar{1} & \bar{1} \\ & 1 & \bar{1} \\ & & 0 \end{smallmatrix} \right\rangle_{\bar{1}}^{8}, \quad \left| \begin{smallmatrix} 1 & \bar{1} & \bar{1} \\ & 1 & \bar{1} \\ & & \bar{1} \end{smallmatrix} \right\rangle_{\bar{1}}^{9},$$

$$\left| \begin{smallmatrix} 1 & \bar{1} & \bar{1} \\ & 0 & \bar{1} \\ & & 0 \end{smallmatrix} \right\rangle_{0}^{9}, \quad \left| \begin{smallmatrix} 1 & 0 & \bar{1} \\ & 0 & \bar{1} \\ & & \bar{1} \end{smallmatrix} \right\rangle_{0}^{10}, \quad \left| \begin{smallmatrix} 1 & \bar{1} & \bar{1} \\ & \bar{1} & \bar{1} \\ & & \bar{1} \end{smallmatrix} \right\rangle_{1}^{11}. \tag{5.48}$$

按平行法则有

$$F_3\left|\begin{matrix}2 & & 0 & & \bar{1}\\ & 1 & & \bar{1} & \\ & & 0 & &\end{matrix}\right\rangle_1^7=\frac{1}{2}\left|\begin{matrix}1 & & 0 & & \bar{2}\\ & 1 & & \bar{1} & \\ & & 0 & &\end{matrix}\right\rangle_{\bar{1}}^8+\frac{\sqrt{3}}{2}\left|\begin{matrix}1 & & \bar{1} & & \bar{1}\\ & 1 & & \bar{1} & \\ & & 0 & &\end{matrix}\right\rangle_{\bar{1}}^8,$$

$$F_3\left|\begin{matrix}1 & & 1 & & \bar{1}\\ & 1 & & \bar{1} & \\ & & 0 & &\end{matrix}\right\rangle_1^7=\frac{\sqrt{3}}{2}\left|\begin{matrix}1 & & 0 & & \bar{2}\\ & 1 & & \bar{1} & \\ & & 0 & &\end{matrix}\right\rangle_{\bar{1}}^8-\frac{1}{2}\left|\begin{matrix}1 & & \bar{1} & & \bar{1}\\ & 1 & & \bar{1} & \\ & & 0 & &\end{matrix}\right\rangle_{\bar{1}}^8,$$

$$F_3\left|\begin{matrix}2 & & 0 & & \bar{1}\\ & 1 & & \bar{1} & \\ & & \bar{1} & &\end{matrix}\right\rangle_1^8=\frac{1}{2}\left|\begin{matrix}1 & & 0 & & \bar{2}\\ & 1 & & \bar{1} & \\ & & \bar{1} & &\end{matrix}\right\rangle_{\bar{1}}^9+\frac{\sqrt{3}}{2}\left|\begin{matrix}1 & & \bar{1} & & \bar{1}\\ & 1 & & \bar{1} & \\ & & \bar{1} & &\end{matrix}\right\rangle_{\bar{1}}^9,$$

$$F_3\left|\begin{matrix}1 & & 1 & & \bar{1}\\ & 1 & & \bar{1} & \\ & & \bar{1} & &\end{matrix}\right\rangle_1^8=\frac{\sqrt{3}}{2}\left|\begin{matrix}1 & & 0 & & \bar{2}\\ & 1 & & \bar{1} & \\ & & \bar{1} & &\end{matrix}\right\rangle_{\bar{1}}^9-\frac{1}{2}\left|\begin{matrix}1 & & \bar{1} & & \bar{1}\\ & 1 & & \bar{1} & \\ & & \bar{1} & &\end{matrix}\right\rangle_{\bar{1}}^9.$$

A_2 15 重态 (表示 $(2,1)$) 的第 11 个状态基和 A_2 3 重态 (表示 $(1,0)$) 的第 3 个状态基互相关联, 用 F_3 作用得

$$F_3\left|\begin{matrix}2 & & 0 & & \bar{1}\\ & 0 & & 0 & \\ & & 0 & &\end{matrix}\right\rangle_1^7=c_1\left|\begin{matrix}1 & & 0 & & \bar{2}\\ & 0 & & 0 & \\ & & 0 & &\end{matrix}\right\rangle_{\bar{1}}^8+c_2\left|\begin{matrix}0 & & 0 & & \bar{1}\\ & 0 & & 0 & \\ & & 0 & &\end{matrix}\right\rangle_{\bar{1}}^8,$$

$$F_3\left|\begin{matrix}1 & & 0 & & 0\\ & 0 & & 0 & \\ & & 0 & &\end{matrix}\right\rangle_1^7=c_3\left|\begin{matrix}1 & & 0 & & \bar{2}\\ & 0 & & 0 & \\ & & 0 & &\end{matrix}\right\rangle_{\bar{1}}^8+c_4\left|\begin{matrix}0 & & 0 & & \bar{1}\\ & 0 & & 0 & \\ & & 0 & &\end{matrix}\right\rangle_{\bar{1}}^8,$$

前一个状态基属 A_2 15* 重态 (表示 $(1,2)$). 后一状态基是新的 A_2 多重态的最高权态, 选择它的相因子使 c_2 是正实数. 由式 (5.31), 用 $E_2F_3=F_3E_2$ 和 $E_3F_3=F_3E_3+H_3$ 作用, 得

$$E_2F_3\left|\begin{matrix}2 & & 0 & & \bar{1}\\ & 0 & & 0 & \\ & & 0 & &\end{matrix}\right\rangle_1^7=c_1\sqrt{2}\left|\begin{matrix}1 & & 0 & & \bar{2}\\ & 1 & & 0 & \\ & & 0 & &\end{matrix}\right\rangle_{\bar{2}}^7$$

$$=F_3\sqrt{3}\left|\begin{matrix}2 & & 0 & & \bar{1}\\ & 1 & & 0 & \\ & & 0 & &\end{matrix}\right\rangle_0^6=\sqrt{\frac{9}{8}}\left|\begin{matrix}1 & & 0 & & \bar{2}\\ & 1 & & 0 & \\ & & 0 & &\end{matrix}\right\rangle_{\bar{2}}^7,$$

$$E_2F_3\left|\begin{matrix}1 & & 0 & & 0\\ & 0 & & 0 & \\ & & 0 & &\end{matrix}\right\rangle_1^7=c_3\sqrt{2}\left|\begin{matrix}1 & & 0 & & \bar{2}\\ & 1 & & 0 & \\ & & 0 & &\end{matrix}\right\rangle_{\bar{2}}^7$$

$$=F_3\left|\begin{matrix}1 & & 0 & & 0\\ & 1 & & 0 & \\ & & 0 & &\end{matrix}\right\rangle_0^6=\sqrt{\frac{7}{8}}\left|\begin{matrix}1 & & 0 & & \bar{2}\\ & 1 & & 0 & \\ & & 0 & &\end{matrix}\right\rangle_{\bar{2}}^7,$$

$$E_3F_3\left|\begin{smallmatrix}2&&0&&\bar{1}\\&0&&0&\\&&0&&\end{smallmatrix}\right\rangle_1^7 = \left(c_1^2+c_2^2\right)\left|\begin{smallmatrix}2&&0&&\bar{1}\\&0&&0&\\&&0&&\end{smallmatrix}\right\rangle_1^7$$

$$+\left(c_1c_3+c_2c_4\right)\left|\begin{smallmatrix}1&&0&&0\\&0&&0&\\&&0&&\end{smallmatrix}\right\rangle_1^7$$

$$=\left(F_3E_3+H_3\right)\left|\begin{smallmatrix}2&&0&&\bar{1}\\&0&&0&\\&&0&&\end{smallmatrix}\right\rangle_1^7 = \left|\begin{smallmatrix}2&&0&&\bar{1}\\&1&&\bar{1}&\\&&1&&\end{smallmatrix}\right\rangle_1^6.$$

从前两式算得 $c_1 = 3/4$, $c_3 = \sqrt{7}/4$, 再从后式算得 $c_2 = \sqrt{7}/4$, $c_4 = -3/4$. 新 A_2 多重态, 对应表示 $(0,1)$, 包含 3 个状态基 (图 5.2):

$$\left|\begin{smallmatrix}0&&0&&\bar{1}\\&0&&0&\\&&0&&\end{smallmatrix}\right\rangle_{\bar{1}}^8, \quad \left|\begin{smallmatrix}0&&0&&\bar{1}\\&0&&\bar{1}&\\&&0&&\end{smallmatrix}\right\rangle_0^9, \quad \left|\begin{smallmatrix}0&&0&&\bar{1}\\&0&&\bar{1}&\\&&\bar{1}&&\end{smallmatrix}\right\rangle_0^{10}. \tag{5.49}$$

A_2 15 重态 (表示 $(2,1)$) 的第 14 个状态基是 A_3 3 重态的最高权态, 用 F_3 作用得

$$F_3\left|\begin{smallmatrix}2&&0&&\bar{1}\\&0&&\bar{1}&\\&&0&&\end{smallmatrix}\right\rangle_2^8$$

$$=d_1\left|\begin{smallmatrix}1&&\bar{1}&&\bar{1}\\&0&&\bar{1}&\\&&0&&\end{smallmatrix}\right\rangle_0^9 + d_2\left|\begin{smallmatrix}1&&0&&\bar{2}\\&0&&\bar{1}&\\&&0&&\end{smallmatrix}\right\rangle_0^9 + d_3\left|\begin{smallmatrix}0&&0&&\bar{1}\\&0&&\bar{1}&\\&&0&&\end{smallmatrix}\right\rangle_0^9.$$

由式 (5.31), 根据 $E_2F_3 = F_3E_2$, 得

$$E_2F_3\left|\begin{smallmatrix}2&&0&&\bar{1}\\&0&&\bar{1}&\\&&0&&\end{smallmatrix}\right\rangle_2^8 = d_1\left|\begin{smallmatrix}1&&\bar{1}&&\bar{1}\\&1&&\bar{1}&\\&&0&&\end{smallmatrix}\right\rangle_{\bar{1}}^8 + d_2\sqrt{\frac{2}{3}}\left|\begin{smallmatrix}1&&0&&\bar{2}\\&1&&\bar{1}&\\&&0&&\end{smallmatrix}\right\rangle_{\bar{1}}^8$$

$$+d_2\sqrt{3}\left|\begin{smallmatrix}1&&0&&\bar{2}\\&0&&0&\\&&0&&\end{smallmatrix}\right\rangle_{\bar{1}}^8 + d_3\left|\begin{smallmatrix}0&&0&&\bar{1}\\&0&&0&\\&&0&&\end{smallmatrix}\right\rangle_{\bar{1}}^8$$

$$=F_3\left[\left|\begin{smallmatrix}2&&0&&\bar{1}\\&1&&\bar{1}&\\&&0&&\end{smallmatrix}\right\rangle_1^7 + \sqrt{2}\left|\begin{smallmatrix}2&&0&&\bar{1}\\&0&&0&\\&&0&&\end{smallmatrix}\right\rangle_1^7\right]$$

$$=\frac{\sqrt{3}}{2}\left|\begin{smallmatrix}1&&\bar{1}&&\bar{1}\\&1&&\bar{1}&\\&&0&&\end{smallmatrix}\right\rangle_{\bar{1}}^8 + \frac{1}{2}\left|\begin{smallmatrix}1&&0&&\bar{2}\\&1&&\bar{1}&\\&&0&&\end{smallmatrix}\right\rangle_{\bar{1}}^8$$

$$+\sqrt{\frac{9}{8}}\left|\begin{smallmatrix}1&&\bar{1}&&\bar{1}\\&0&&0&\\&&0&&\end{smallmatrix}\right\rangle_{\bar{1}}^8 + \sqrt{\frac{7}{8}}\left|\begin{smallmatrix}0&&0&&\bar{1}\\&0&&0&\\&&0&&\end{smallmatrix}\right\rangle_{\bar{1}}^8.$$

算得 $d_1 = \sqrt{3}/2$, $d_2 = \sqrt{3/8}$, $d_3 = \sqrt{7/8}$. 再用 F_3 作用得

$$F_3 \left|\begin{array}{ccccc} 1 & & \bar{1} & & \bar{1} \\ & 0 & & \bar{1} & \\ & & 0 & & \end{array}\right\rangle^9_0 = \frac{\sqrt{3}}{2}\left|\begin{array}{ccccc} 0 & & \bar{1} & & \bar{2} \\ & 0 & & \bar{1} & \\ & & 0 & & \end{array}\right\rangle^{10}_{\bar{2}},$$

$$F_3 \left|\begin{array}{ccccc} 1 & & 0 & & \bar{2} \\ & 0 & & \bar{1} & \\ & & 0 & & \end{array}\right\rangle^9_0 = \sqrt{\frac{3}{8}}\left|\begin{array}{ccccc} 0 & & \bar{1} & & \bar{2} \\ & 0 & & \bar{1} & \\ & & 0 & & \end{array}\right\rangle^{10}_{\bar{2}},$$

$$F_3 \left|\begin{array}{ccccc} 0 & & 0 & & \bar{1} \\ & 0 & & \bar{1} & \\ & & 0 & & \end{array}\right\rangle^9_0 = \sqrt{\frac{7}{8}}\left|\begin{array}{ccccc} 0 & & \bar{1} & & \bar{2} \\ & 0 & & \bar{1} & \\ & & 0 & & \end{array}\right\rangle^{10}_{\bar{2}}.$$

得到的状态基是 A_2 多重态的最高权态, 对应表示 $(1,1)$, 包含的状态基为 (图 5.3)

$$\left|\begin{array}{ccccc} 0 & & \bar{1} & & \bar{2} \\ & 0 & & \bar{1} & \\ & & 0 & & \end{array}\right\rangle^{10}_{\bar{2}}, \quad \left|\begin{array}{ccccc} 0 & & \bar{1} & & \bar{2} \\ & 0 & & \bar{1} & \\ & & \bar{1} & & \end{array}\right\rangle^{11}_{\bar{2}}, \quad \left|\begin{array}{ccccc} 0 & & \bar{1} & & \bar{2} \\ & 0 & & \bar{2} & \\ & & 0 & & \end{array}\right\rangle^{11}_{\bar{1}}, \quad \left|\begin{array}{ccccc} 0 & & \bar{1} & & \bar{2} \\ & 0 & & \bar{2} & \\ & & \bar{1} & & \end{array}\right\rangle^{12}_{\bar{1}},$$

$$\left|\begin{array}{ccccc} 0 & & \bar{1} & & \bar{2} \\ & \bar{1} & & \bar{1} & \\ & & \bar{1} & & \end{array}\right\rangle^{12}_{\bar{1}}, \quad \left|\begin{array}{ccccc} 0 & & \bar{1} & & \bar{2} \\ & 0 & & \bar{2} & \\ & & \bar{2} & & \end{array}\right\rangle^{13}_{\bar{1}}, \quad \left|\begin{array}{ccccc} 0 & & \bar{1} & & \bar{2} \\ & \bar{1} & & \bar{2} & \\ & & \bar{1} & & \end{array}\right\rangle^{13}_{0}, \quad \left|\begin{array}{ccccc} 0 & & \bar{1} & & \bar{2} \\ & \bar{1} & & \bar{2} & \\ & & \bar{2} & & \end{array}\right\rangle^{14}_{0}.$$

$$(5.50)$$

由平行法则得

$$F_3 \left|\begin{array}{ccccc} 2 & & 0 & & \bar{1} \\ & 0 & & \bar{1} & \\ & & \bar{1} & & \end{array}\right\rangle^9_2$$

$$= \frac{\sqrt{3}}{2}\left|\begin{array}{ccccc} 1 & & \bar{1} & & \bar{1} \\ & 0 & & \bar{1} & \\ & & \bar{1} & & \end{array}\right\rangle^{10}_0 + \sqrt{\frac{3}{8}}\left|\begin{array}{ccccc} 1 & & 0 & & \bar{2} \\ & 0 & & \bar{1} & \\ & & \bar{1} & & \end{array}\right\rangle^{10}_0 + \sqrt{\frac{7}{8}}\left|\begin{array}{ccccc} 0 & & 0 & & \bar{1} \\ & 0 & & \bar{1} & \\ & & \bar{1} & & \end{array}\right\rangle^{10}_0,$$

$$F_3 \left|\begin{array}{ccccc} 1 & & \bar{1} & & \bar{1} \\ & 0 & & \bar{1} & \\ & & \bar{1} & & \end{array}\right\rangle^{10}_0 = \frac{\sqrt{3}}{2}\left|\begin{array}{ccccc} 0 & & \bar{1} & & \bar{2} \\ & 0 & & \bar{1} & \\ & & \bar{1} & & \end{array}\right\rangle^{11}_{\bar{2}},$$

$$F_3 \left|\begin{array}{ccccc} 1 & & 0 & & \bar{2} \\ & 0 & & \bar{1} & \\ & & \bar{1} & & \end{array}\right\rangle^{10}_0 = \sqrt{\frac{3}{8}}\left|\begin{array}{ccccc} 0 & & \bar{1} & & \bar{2} \\ & 0 & & \bar{1} & \\ & & \bar{1} & & \end{array}\right\rangle^{11}_{\bar{2}},$$

$$F_3 \left|\begin{array}{ccccc} 0 & & 0 & & \bar{1} \\ & 0 & & \bar{1} & \\ & & \bar{1} & & \end{array}\right\rangle^{10}_0 = \sqrt{\frac{7}{8}}\left|\begin{array}{ccccc} 0 & & \bar{1} & & \bar{2} \\ & 0 & & \bar{1} & \\ & & \bar{1} & & \end{array}\right\rangle^{11}_{\bar{2}}.$$

A_2 15* 重态 (表示 $(1,2)$) 的第 12, 14, 15 个状态基构成 $\mathcal{A}_1$ 3 重态, 它们都是 $\mathcal{A}_3$ 2 重态的最高权态, 在 F_3 作用下得到的状态基属 A_2 8 重态 (表示 $(1,1)$). 按

平行法则有

$$F_3 \left|\begin{array}{ccc} 1 & 0 & \overline{2} \\ & 0 & \overline{2} \\ & & 0 \end{array}\right\rangle_1^{10} = \left|\begin{array}{ccc} 0 & \overline{1} & \overline{2} \\ & 0 & \overline{2} \\ & & 0 \end{array}\right\rangle_{\overline{1}}^{11},$$

$$F_3 \left|\begin{array}{ccc} 1 & 0 & \overline{2} \\ & 0 & \overline{2} \\ & & \overline{1} \end{array}\right\rangle_1^{11} = \left|\begin{array}{ccc} 0 & \overline{1} & \overline{2} \\ & 0 & \overline{2} \\ & & \overline{1} \end{array}\right\rangle_{\overline{1}}^{12},$$

$$F_3 \left|\begin{array}{ccc} 1 & 0 & \overline{2} \\ & 0 & \overline{2} \\ & & \overline{2} \end{array}\right\rangle_1^{12} = \left|\begin{array}{ccc} 0 & \overline{1} & \overline{2} \\ & 0 & \overline{2} \\ & & \overline{2} \end{array}\right\rangle_{\overline{1}}^{13},$$

A_2 6 重态 (表示 $(2,0)$) 的第 6 个状态基是 A_3 2 重态的最高权态, 在 F_3 作用下得到的状态基属 A_2 8 重态 (表示 $(1,1)$):

$$F_3 \left|\begin{array}{ccc} 1 & \overline{1} & \overline{1} \\ & \overline{1} & \overline{1} \\ & & \overline{1} \end{array}\right\rangle_1^{11} = \left|\begin{array}{ccc} 0 & \overline{1} & \overline{2} \\ & \overline{1} & \overline{1} \\ & & \overline{1} \end{array}\right\rangle_{\overline{1}}^{12}.$$

李代数 C_3 最高权表示 $(1,1,0)$ 包含 64 个状态基, 构成 8 个 A_2 多重态, 分别对应表示 $(1,1)$, $(2,1)$, $(0,2)$, $(1,0)$, $(1,2)$, $(2,0)$, $(0,1)$ 和 $(1,1)$.

5.2.6　B_3 李代数的最高权表示

对 B_ℓ 李代数, 在降算符 F_ℓ 作用下产生的子李代数 $A_{\ell-1}$ 多重态的最高权态, **有可能出现 2 重态**. 下面以 B_3 李代数的最高权表示 $M = (0,2,2)$ 为例, 说明这 2 重的 $A_{\ell-1}$ 多重态是如何产生的, 到 5.5 节再来解释 2 重态产生的原因. 因为这表示是 2079 维的, 这里只能画出方块权图中与产生 2 重态有关系的部分, 如图 5.7 所示. B_3 李代数的邓金图和盖尔范德基如下.

$$\left|\begin{array}{ccccccc} \omega_{13} & & \omega_{23} & & \omega_{33} \\ & \omega_{12} & & \omega_{22} & \\ & & \omega_{11} & & \end{array}\right\rangle_{m_3}^{L}$$

所有降算符的作用都使 L 增加 1, 降算符 F_2 的作用使 m_3 增加 2, 降算符 F_3 的作用使 m_3 减少 2 和有一个参数 ω_{a3} 减少 1.

按照推广的盖尔范德方法, 得到

$$F_2 \,|(0,2,2)\rangle = \sqrt{2}\, |(1,0,4)\rangle, \quad F_2 \left|\begin{array}{ccccc} 4 & & 4 & & 2 \\ & 4 & & 4 & \\ & & 4 & & \end{array}\right\rangle_2^1 = \sqrt{2} \left|\begin{array}{ccccc} 4 & & 4 & & 2 \\ & 4 & & 3 & \\ & & 4 & & \end{array}\right\rangle_4^2,$$

$$F_3\ |(0,2,2)\rangle = \sqrt{2}\ |(0,3,0)\rangle, \quad F_3 \left| \begin{array}{ccccc} 4 & & 4 & & 2 \\ & 4 & & 4 & \\ & & 4 & & \end{array} \right\rangle_{2}^{1} = \sqrt{2} \left| \begin{array}{ccccc} 4 & & 4 & & 1 \\ & 4 & & 4 & \\ & & 4 & & \end{array} \right\rangle_{0}^{2},$$

$$F_3\ |(0,3,0)\rangle = \sqrt{2}\ |(0,4,\overline{2})\rangle, \quad F_3 \left| \begin{array}{ccccc} 4 & & 4 & & 1 \\ & 4 & & 4 & \\ & & 4 & & \end{array} \right\rangle_{0}^{2} = \sqrt{2} \left| \begin{array}{ccccc} 4 & & 4 & & 0 \\ & 4 & & 4 & \\ & & 4 & & \end{array} \right\rangle_{\overline{2}}^{3},$$

$$F_2\ |(0,3,0)\rangle = \sqrt{3}\ |(1,1,2)_1\rangle, \quad F_2 \left| \begin{array}{ccccc} 4 & & 4 & & 1 \\ & 4 & & 4 & \\ & & 4 & & \end{array} \right\rangle_{0}^{2} = \sqrt{3} \left| \begin{array}{ccccc} 4 & & 4 & & 1 \\ & 4 & & 3 & \\ & & 4 & & \end{array} \right\rangle_{2}^{3},$$

$$F_2\ |(0,4,\overline{2})\rangle = 2\ |(1,2,0)_1\rangle, \quad F_2 \left| \begin{array}{ccccc} 4 & & 4 & & 0 \\ & 4 & & 4 & \\ & & 4 & & \end{array} \right\rangle_{\overline{2}}^{3} = 2 \left| \begin{array}{ccccc} 4 & & 4 & & 0 \\ & 4 & & 3 & \\ & & 4 & & \end{array} \right\rangle_{0}^{4},$$

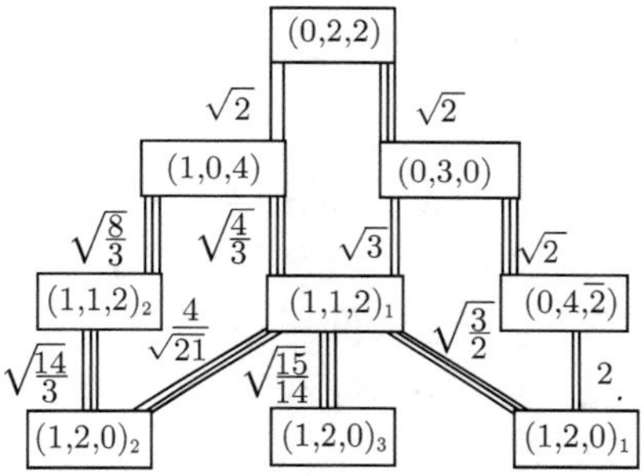

图 5.7 单纯李代数 B_3 最高权表示 $(0,2,2)$ 的部分方块权图

状态基 $|(1,0,4)\rangle$ 是 $\mathcal{A}_3$ 四重态的最高权态, 在 F_3 作用下得

$$F_3\ |(1,0,4)\rangle = a_1\ |(1,1,2)_1\rangle + a_2\ |(1,1,2)_2\rangle,$$

$$F_3 \left| \begin{array}{ccccc} 4 & & 4 & & 2 \\ & 4 & & 3 & \\ & & 4 & & \end{array} \right\rangle_{4}^{2} = a_1 \left| \begin{array}{ccccc} 4 & & 4 & & 1 \\ & 4 & & 3 & \\ & & 4 & & \end{array} \right\rangle_{2}^{3} + a_2 \left| \begin{array}{ccccc} 4 & & 3 & & 2 \\ & 4 & & 3 & \\ & & 4 & & \end{array} \right\rangle_{2}^{3},$$

由式 (5.31) 算得 $a_1 = \sqrt{2} \times \sqrt{2}/\sqrt{3} = \sqrt{4/3}$, $a_2 = \sqrt{4-4/3} = \sqrt{8/3}$. 再用 F_3 作用得

$$F_3\ |(1,1,2)_2\rangle = b_1\ |(1,2,0)_2\rangle, \quad F_3 \left| \begin{array}{ccccc} 4 & & 3 & & 2 \\ & 4 & & 3 & \\ & & 4 & & \end{array} \right\rangle_{2}^{3} = b_1 \left| \begin{array}{ccccc} 4 & & 3 & & 1 \\ & 4 & & 3 & \\ & & 4 & & \end{array} \right\rangle_{0}^{4},$$

$$F_3\ |(1,1,2)_1\rangle = b_2\ |(1,2,0)_1\rangle + b_3\ |(1,2,0)_2\rangle + \ \cdots,$$

$$F_3 \left| \begin{array}{ccccc} 4 & & 4 & & 1 \\ & 4 & & 3 & \\ & & 4 & & \end{array} \right\rangle_{2}^{3} = b_2 \left| \begin{array}{ccccc} 4 & & 4 & & 0 \\ & 4 & & 3 & \\ & & 4 & & \end{array} \right\rangle_{0}^{4} + b_3 \left| \begin{array}{ccccc} 4 & & 3 & & 1 \\ & 4 & & 3 & \\ & & 4 & & \end{array} \right\rangle_{0}^{4} + \cdots.$$

由式 (5.31) 算得 $b_1 = \sqrt{8/3 + 2} = \sqrt{14/3}$, $b_2 = \sqrt{3} \times \sqrt{2}/2 = \sqrt{3/2}$, $b_3 = \sqrt{4/3} \times$
$\sqrt{8/3}/\sqrt{14/3} = 4/\sqrt{21}$, 以及

$$(a_1^2 + 2) - (b_2^2 + b_3^2) = \frac{10}{3} - \frac{3}{2} - \frac{16}{21} = \frac{15}{14}.$$

因此必须引入另一个权为 $(1, 2, 0)$ 的 A_2 多重态的最高权态:

$$F_3\,|(1,1,2)_1\rangle = \sqrt{\frac{3}{2}}\,|(1,2,0)_1\rangle + \frac{4}{\sqrt{21}}\,|(1,2,0)_2\rangle + \sqrt{\frac{15}{14}}\,|(1,2,0)_3\rangle,$$

$$F_3 \left|\begin{array}{ccc} 4 & 4 & 1 \\ & 4 & 3 \\ & & 4 \end{array}\right\rangle_2^3$$

$$= \sqrt{\frac{3}{2}} \left|\begin{array}{cccc} 4 & 4 & & 0 \\ & 4 & 4 & 3 \\ & & 4 & \end{array}\right\rangle_0^4 + \frac{4}{\sqrt{21}} \left|\begin{array}{ccc} 4 & 3 & 1 \\ & 4 & 3 \\ & & 4 \end{array}\right\rangle_0^4 + \sqrt{\frac{15}{14}} \left|\begin{array}{ccc} 4 & 3 & 1 \\ & 4 & 3 \\ & & 4 \end{array}\right\rangle_0^{\prime\,4}.$$

5.2.7　平面权图

对二秩李代数, 权只有两个分量, 可以把不可约表示所包含的权及其重数在一个平面直角坐标系中直观地画出来, 这就是**平面权图**. 在平面权图中, 常选直角坐标系的正交归一的坐标矢量 e_a 作为矢量基. 单纯李代数 $\mathcal{L}$ 中, 秩为 2 的李代数只有三种, A_2, $B_2 \approx C_2$ 和 G_2 李代数. B_2 和 C_2 是局域同构的, 但因分属两个不同系列, 所取素根和基本主权略有不同.

A_2 李代数对应 SU(3) 群, 自身表示生成元取为 (见式 (4.123) 至式 (4.125))

$$H_1 = \sqrt{2}T_3^{(3)} = \sqrt{2}T_8 = 6^{-1/2}\mathrm{diag}\{1,\ 1,\ -2\},$$

$$H_2 = \sqrt{2}T_2^{(3)} = \sqrt{2}T_3 = 2^{-1/2}\mathrm{diag}\{1,\ -1,\ 0\},$$

$$E_{\bm{r}_1} = T_{12}^{(1)} + \mathrm{i}T_{12}^{(2)} = T_1 + \mathrm{i}T_2 = \begin{pmatrix} 0 & 1 & 0 \\ 0 & 0 & 0 \\ 0 & 0 & 0 \end{pmatrix}, \tag{5.51}$$

$$E_{\bm{r}_2} = T_{23}^{(1)} + \mathrm{i}T_{23}^{(2)} = T_6 + \mathrm{i}T_7 = \begin{pmatrix} 0 & 0 & 0 \\ 0 & 0 & 1 \\ 0 & 0 & 0 \end{pmatrix}.$$

按照公式 $[H_\mu,\ E_{\bm{r}_\nu}] = (\bm{r}_\nu)_\mu E_{\bm{r}_\nu}$ 计算得

$$\bm{r}_1 = \sqrt{2}\,\bm{e}_2, \quad \bm{r}_2 = \sqrt{\frac{3}{2}}\,\bm{e}_1 - \frac{1}{\sqrt{2}}\,\bm{e}_2,$$

$$\bm{w}_1 = \frac{1}{3}\,(2\bm{r}_1 + \bm{r}_2) = \frac{1}{\sqrt{6}}\,\bm{e}_1 + \frac{1}{\sqrt{2}}\,\bm{e}_2, \tag{5.52}$$

$$\bm{w}_2 = \frac{1}{3}\,(\bm{r}_1 + 2\bm{r}_2) = \sqrt{\frac{2}{3}}\,\bm{e}_1.$$

按物理上的习惯, 对 SU(3) 群的平面权图, 取 e_1 沿纵轴方向, e_2 沿横轴方向. 若干不可约表示的平面权图如图 5.8 所示. **互为复共轭的表示, 平面权图互为对原点反演**. 表示 $M = (M,0)$ 的平面权图是倒置的正三角形, 所有权的重数都为 1. 它的复共轭表示是 $M = (0,M)$. 其他表示的平面权图是六边形, 外边界的权的重数为 1, 从外边界向原点每走一格, 权的重数增加 1, 直到图形缩成正三角形后, 重数不再增加.

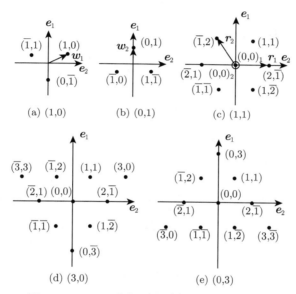

图 5.8 SU(3) 群若干不可约表示的平面权图

B_2 李代数对应 SO(5) 群, 自身表示生成元取为 (见式 (4.129) 至式 (4.132))

$$H_1 = T_{12}, \qquad\qquad H_2 = T_{34},$$

$$E_{\mathbf{r}_1} = \frac{1}{2}\{T_{23} - \mathrm{i}T_{13} - \mathrm{i}T_{24} - T_{14}\}, \quad E_{\mathbf{r}_2} = \sqrt{\frac{1}{2}}\{T_{45} - \mathrm{i}T_{35}\}.$$

素根和基本主权是

$$\mathbf{r}_1 = \mathbf{e}_1 - \mathbf{e}_2, \qquad \mathbf{r}_2 = \mathbf{e}_2,$$
$$\mathbf{w}_1 = \mathbf{r}_1 + \mathbf{r}_2 = \mathbf{e}_1, \quad \mathbf{w}_2 = \frac{1}{2}\mathbf{r}_1 + \mathbf{r}_2 = \frac{1}{2}(\mathbf{e}_1 + \mathbf{e}_2). \tag{5.53}$$

SO(5) 群基本表示 $(1,0)$, $(0,1)$ 和伴随表示 $(0,2)$ 的平面权图如图 5.9 所示.

C_2 李代数对应 USp(4) 群, 素根和基本主权是 (见式 (4.141) 至式 (4.143))

$$\mathbf{r}_1 = \sqrt{1/2}(\mathbf{e}_1 - \mathbf{e}_2), \qquad \mathbf{r}_2 = \sqrt{2}\mathbf{e}_2,$$
$$\mathbf{w}_1 = \mathbf{r}_1 + \frac{1}{2}\mathbf{r}_2 = \frac{1}{\sqrt{2}}\mathbf{e}_1, \quad \mathbf{w}_2 = \mathbf{r}_1 + \mathbf{r}_2 = \frac{1}{\sqrt{2}}(\mathbf{e}_1 + \mathbf{e}_2). \tag{5.54}$$

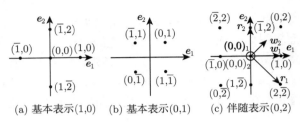

(a) 基本表示(1,0)　(b) 基本表示(0,1)　(c) 伴随表示(0,2)

图 5.9　SO(5) 群若干表示的平面权图

G_2 李代数的素根和基本主权是

$$r_1 = \sqrt{2}\, e_2, \qquad\qquad r_2 = \frac{1}{\sqrt{6}}\, e_1 - \frac{1}{\sqrt{2}}\, e_2,$$
$$w_1 = 2r_1 + 3r_2 = \sqrt{\frac{3}{2}}\, e_1 + \frac{1}{\sqrt{2}}\, e_2, \quad w_2 = r_1 + 2r_2 = \sqrt{\frac{2}{3}}\, e_1. \tag{5.55}$$

G_2 李代数的若干表示的平面权图如图 5.10 所示.

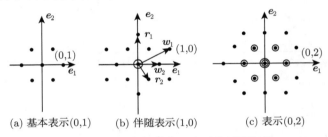

(a) 基本表示(0,1)　(b) 伴随表示(1,0)　(c) 表示(0,2)

图 5.10　G_2 李代数若干表示的平面权图

5.3　直乘表示的约化

单纯李代数两个不可约表示的直乘一般是可约表示, 可分解为若干个不可约表示的直和. 这直和称为克莱布什–戈登级数, 而约化这可约表示的相似变换矩阵的矩阵元素称为克莱布什–戈登系数. 本节将引入主权图方法来计算单纯李代数的克莱布什–戈登级数和克莱布什–戈登系数.

5.3.1　克莱布什 – 戈登系数

在单纯李代数的紧致实形 $\mathcal{L}$ 里, 可取不可约表示为幺正表示, 通过幺正的相似变换 $C^{M^{(1)}M^{(2)}}$ 把两不可约表示的直乘 $D^{M^{(1)}} \times D^{M^{(2)}}$ 约化:

$$\left(C^{M^{(1)}M^{(2)}}\right)^{-1} \left(D^{M^{(1)}} \times D^{M^{(2)}}\right) C^{M^{(1)}M^{(2)}} = \bigoplus_M a_M D^M. \tag{5.56}$$

a_M 是表示 M 在直乘表示约化中的**重数**. 设 $d(M^{(i)})$ 是表示 $M^{(i)}$ 的维数, $i = 1, 2$, 则 $C^{M^{(1)}M^{(2)}}$ 是 $d(M^{(1)})d(M^{(2)})$ 维矩阵, 行指标为 $m^{(1)}, m^{(2)}$, 列指标为 $M, (r), m$, 其中, r 用来区分约化中的重表示. 每个子空间的状态基在生成元作用下满足

$$H_\mu \, |M^{(i)}, \, m^{(i)}\rangle = m_\mu^{(i)} \, |M^{(i)}, \, m^{(i)}\rangle,$$

$$E_\mu \, |M^{(i)}, \, m^{(i)}\rangle = \sum |M^{(i)}, \, m^{(i)} + \mathbf{r}_\mu\rangle \, D^{M^{(i)}}_{(m^{(i)}+r_\mu)m^{(i)}}(E_\mu), \qquad (5.57)$$

$$F_\mu \, |M^{(i)}, \, m^{(i)}\rangle = \sum |M^{(i)}, \, m^{(i)} - \mathbf{r}_\mu\rangle \, D^{M^{(i)}}_{(m^{(i)}-r_\mu)m^{(i)}}(F_\mu),$$

式中对重权态求和. **直乘表示空间的状态基**是参加乘积的两表示空间的状态基的直乘. 通常把标记表示的符号 $M^{(1)}$ 和 $M^{(2)}$ 省略:

$$|M^{(1)}, m^{(1)}\rangle |M^{(2)}, m^{(2)}\rangle = |m^{(1)}\rangle |m^{(2)}\rangle. \qquad (5.58)$$

这是一组互相正交归一的状态基. **约化后的状态基表为**

$$||M, (r), m\rangle = \sum_{m^{(1)}, m^{(2)}} |m^{(1)}\rangle |m^{(2)}\rangle \, C^{M^{(1)}M^{(2)}}_{m^{(1)}, m^{(2)}; M, (r), m}. \qquad (5.59)$$

这是另一组互相正交归一的状态基. **式 (5.59) 是单纯李代数克莱布什 – 戈登系数的最常用的表达方法**. 生成元 I_A 可取谢瓦莱基. 当 I_A 取 H_μ 时, 由式 (5.57) 得

$$\left(m^{(1)} + m^{(2)}\right) C^{M^{(1)}M^{(2)}}_{m^{(1)}, m^{(2)}; M, (r), m} = C^{M^{(1)}M^{(2)}}_{m^{(1)}, m^{(2)}; M, (r), m} m,$$

$$C^{M^{(1)}M^{(2)}}_{m^{(1)}, m^{(2)}; M, (r), m} = 0, \quad 当 \; m \neq m^{(1)} + m^{(2)}, \qquad (5.60)$$

即**组合前后权矢量相加**, $m = m^{(1)} + m^{(2)}$. 对 SU(2) 群, 这就是**磁量子数的相加关系**, 但对单纯李代数, 还要注意可能有重权. 当权满足相加关系时, 不为零的克莱布什–戈登系数可能不止一个. 当 I_A 取 E_μ 或 F_μ 时, 由式 (5.57) 得

$$\sum_{m^{(1)\prime}=m^{(1)}\mp r_j} D^{M^{(1)}}(I_A)_{m^{(1)}m^{(1)\prime}} C^{M^{(1)}M^{(2)}}_{m^{(1)\prime}, m^{(2)}; M, (r), m}$$

$$+ \sum_{m^{(2)\prime}=m^{(2)}\mp r_j} D^{M^{(2)}}(I_A)_{m^{(2)}m^{(2)\prime}} C^{M^{(1)}M^{(2)}}_{m^{(1)}, m^{(2)\prime}; M, (r), m}$$

$$= \sum_{m^\prime=m\pm r_j} C^{M^{(1)}M^{(2)}}_{m^{(1)}, m^{(2)}; M, (r), m^\prime} \, D^M(I_A)_{m^\prime m}, \qquad (5.61)$$

其中, E_μ 对应上面符号, F_μ 对应下面符号. 对 SU(2) 群, E_μ 取 T_+, F_μ 取 I_-, H_μ 取 $2I_3$, 因此在符号上需要作相应变动:

$$J = M/2, \quad j = M^{(1)}/2, \quad k = M^{(2)}/2, \quad \mu = m^{(1)}/2, \quad \nu = m^{(2)}/2. \qquad (5.62)$$

应用公式 (4.73), 式 (5.61) 简化为

$$\Gamma^j_{\pm\mu} C^{jk}_{(\mu\mp1)\nu JM} + \Gamma^k_{\pm\nu} C^{jk}_{\mu(\nu\mp1)JM} = C^{jk}_{\mu\nu J(M\pm1)} \Gamma^J_{\mp M}. \tag{5.63}$$

由此式可以计算出 SU(2) 群克莱布什–戈登系数的解析形式. 但这些系数现在已可由现成的软件来计算, 如采用 Mathematica 软件时,

$$C^{jk}_{\mu\nu, J(\mu+\nu)} = \text{ClebschGordan}[\{j, \mu\}, \{k, \nu\}, \{J, \mu+\nu\}].$$

5.3.2　克莱布什 - 戈登级数

设 M 出现在单纯李代数 $\mathcal{L}$ 两不可约表示 $M^{(1)}$ 和 $M^{(2)}$ 直乘分解的克莱布什–戈登级数中, 它的最高权态展开式为

$$||M, (r), M\rangle = \sum_{m^{(1)}} |m^{(1)}\rangle |M - m^{(1)}\rangle\, C^{(r)}_{m^{(1)}}. \tag{5.64}$$

这是式 (5.59) 的特殊情况. 为了书写简单, 这里简化了克莱布什–戈登系数的符号. 现在先来证明, 展开式 (5.64) 中一定包含 $m^{(1)}$ 等于表示最高权 $M^{(1)}$ 的项. 任取展开式中的一项, 设 $m^{(1)} \neq M^{(1)}$, 则必存在某升算符 E_μ 作用在态 $|m^{(1)}\rangle$ 上不为零, 即

$$E_\mu |m^{(1)}\rangle = a\, |m^{(1)} + r_\mu\rangle + \cdots \neq 0.$$

省略的是重权的态. 因为 E_μ 作用在态 $||M, (r), M\rangle$ 上得零, 所以式 (5.64) 的求和式中必须包含另一项 $|m^{(1)} + r_\mu\rangle |M - m^{(1)} - r_\mu\rangle\, C^{(r)}_{m^{(1)}+r_\mu}$, 其中

$$E_\mu |M - m^{(1)} - r_\mu\rangle = b\, |M - m^{(1)}\rangle + \cdots \neq 0,$$

且满足

$$a\, C^{(r)}_{m^{(1)}} + b\, C^{(r)}_{m^{(1)}+r_\mu} = 0.$$

这权 $m^{(1)}$ 的递升过程要一直继续下去, 直到 $m^{(1)}$ 等于该表示的最高权 $M^{(1)}$. 证完. 这结论说明权 $M - M^{(1)} = m^{(2)}$ 必定在表示 $M^{(2)}$ 中出现. 同理在式 (5.64) 的展开式中也一定包含 $m^{(2)} = M^{(2)}$ 的项. 于是有

$$M = M^{(1)} + m^{(2)} = m^{(1)} + M^{(2)}. \tag{5.65}$$

这是**在克莱布什–戈登级数中出现的不可约表示最高权 M 必须满足的条件**. 对 SU(2) 群, 条件 (5.65) 简化成 $J = j + \nu \geqslant 0$ 或 $J = \mu + k \geqslant 0$. 若 $j \geqslant k$, 则 $J = j + k - n, 0 \leqslant n \leqslant 2k$. 一般有

$$J = j + k, j + k - 1, \cdots, |j - k|. \tag{5.66}$$

在量子力学中这规则称为角动量的矢量相加规则. 因为在 j, k 和 J 三个数值中, 任何一个不大于另两个之和, 不小于另两个之差, 就像三角形的三条边长满足的关系, 因而这规则也称为三角形规则, 记为 $\Delta(j,k,J)$. 当然这里三个指标都只能取整数或半奇数.

在两表示 $M^{(1)}$ 和 $M^{(2)}$ 的直乘空间中, 最高权是单权, 状态基是 $|M^{(1)}\rangle|M^{(2)}\rangle$. 因此, 在克莱布什–戈登级数中一定出现一个重数为 1 的表示 M_1, 它的权等于乘积表示最高权之和:

$$M_1 = M^{(1)} + M^{(2)}, \quad \|M_1, M_1\rangle = |M^{(1)}\rangle|M^{(2)}\rangle. \tag{5.67}$$

5.3.3 主权图方法

研究单纯李代数 $\mathcal{L}$ 两不可约表示直乘分解问题包括三个互相关联的内容. 一是**确定克莱布什–戈登级数**, 用主权图方法计算级数中出现哪些表示和它们的重数. 二是根据最高权态在升算符作用下为零的条件, **计算这些表示最高权态的展开式**. 三是由最高权态的展开式出发, 用降算符作用, **计算其他状态基的展开式**, 也就是计算克莱布什–戈登系数.

首先, 在 $M^{(2)}$ 表示空间中寻找所有满足下面条件的 $m^{(2)}$, 它与 $M^{(1)}$ 相加会得到主权, 记为 M. 换句话说, 就是寻找主权 $M = m^{(2)} + M^{(1)}$. 这些 M 就是有可能在克莱布什–戈登级数中出现的表示的最高权, 满足

$$M_1 - M = \sum_{\mu=1}^{\ell} c_\mu \, r_\mu. \tag{5.68}$$

按和式 $\sum c_\mu$ 自小至大的次序, 给这些可能的最高权 M 分别规定一个序号. 第一个表示 M_1 及其最高权态, 已由式 (5.67) 给出.

用下面方法计算克莱布什–戈登级数 (5.56) 中出现的各最高权表示 M 的重数 a_M. 先在直乘空间数出权为 M 的正交归一状态基 $|m^{(1)}\rangle|M - m^{(1)}\rangle$ 的个数, 记为 b_M. 显然, $a_{M_1} = b_{M_1} = 1$. 由表示 M_1 的最高权态 (5.67) 出发, 通过方块权图方法或 (推广的) 盖尔范德方法, 计算表示 M_1 中包含的上述各主权 M 的重数, 记为 $c_M^{(1)}$, 这重数也可在有关书 (Bremner et al., 1985) 中查到. 序号为 2 的表示 M_2 在克莱布什–戈登级数中的重数 a_{M_2} 等于主权 M_2 在直乘空间的重数 b_{M_2} 和在 M_1 表示空间的重数 $c_{M_2}^{(1)}$ 之差. 若差数为零, 就把表示 M_2 从克莱布什–戈登级数中去掉, 排在级数后面表示的序数各减少一, 继续计算. 算出 a_{M_2} 后, 就用方块权图等方法计算表示 M_2 中包含的各主权 M 的重数, 记为 $c_M^{(2)}$, 然后计算 $a_{M_3} = b_{M_3} - c_{M_3}^{(1)} - a_{M_2}c_{M_3}^{(2)}$. 一般有

$$a_{M_n} = b_{M_n} - \sum_{i=1}^{n-1} a_{M_i} c_{M_n}^{(i)}. \tag{5.69}$$

把各主权在直乘空间和在约化后各表示空间中的重数排列成表, 称为**直乘表示约化的主权图**.

主权图具体画法如下. 把在克莱布什–戈登级数中出现的每一个表示 M_n, 按序数 n 排列, 各占一列, 列出该表示的重数 a_{M_n} 和表示包含的各主权 M. 在表示中这些主权的重数 $c_M^{(n)}$ 以指数形式标在主权 M 的右上角, a_{M_n} 和 $c_M^{(n)}$ 为 1 时省略. 最左面一列列出在表示直乘空间中各主权的重数 b_M 及其外尔轨道长度 $(O.S.)$. 它们的乘积之和就是直乘空间的维数 $d(M^{(1)})d(M^{(2)})$, 表在第一列的最下面. 对每一个表示 M_n, 各主权的重数与外尔轨道长度乘积之和就是该表示的维数, 也列在该表示所在列的最下面, 以检验计算得的克莱布什–戈登级数的正确性.

第二, 对在克莱布什–戈登级数中出现的表示, 把它的最高权态 $||M_n, M_n\rangle$ 按表示直乘空间有相同权的状态基展开 (见式 (5.59)). 根据最高权态的定义式 (5.7), 要求所有升算符 E_μ 作用在展开式上得零. 用这些条件计算展开式系数间的关系, 最后用归一化条件确定系数. **对简单情况也可根据属不等价不可约表示状态基的正交条件来计算.**

如果表示的重数 a_M 大于 1, 计算得到的表示最高权态 $||M_n, M_n\rangle$ 之间允许作线性组合. 即使重数为 1, 最高权态的相因子还可以自由选择. 通常使最高权态展开式中 $m^{(1)} = M^{(1)}$ 的项 (至少是其中的一项) 系数为正实数. 当 $M^{(1)} = M^{(2)}$ 时, 可以通过最高权态的适当组合, 使克莱布什–戈登系数对 $|m^{(1)}\rangle$ 和 $|m^{(2)}\rangle$ **的交换对称或反对称**, 对应表示 M 分别称为对称表示或反对称表示.

第三, 有了最高权态的展开式, 就可通过降算符的作用, 计算这表示其他状态基的展开式. 因为前面的计算错误会直接影响后面的计算, 所以计算过程中每一计算结果都要作检验. 对每一个状态基的展开式 (5.59), 应该检查等式各项权之和 $m^{(1)} + m^{(2)}$ 是否都等于 m, 检查此展开式是否归一, 与已得到的相同权的展开式是否正交, 检查在克莱布什–戈登级数中各表示维数之和是否等于直乘表示的维数 $d(M^{(1)})d(M^{(2)})$. 当 $M^{(1)} = M^{(2)}$ 时, 还要检查克莱布什–戈登级数中对称表示维数之和是否等于 $d(M^{(1)})[d(M^{(1)}) + 1]/2$, 反对称表示维数之和是否等于 $d(M^{(1)})[d(M^{(1)}) - 1]/2$.

SU(2) 群的克莱布什–戈登级数的计算是主权图方法最简单的例子. SU(2) 群的不可约表示中所有非负权都是主权, 而且都是单权. 采用参数替换式 (5.62), 在不可约表示 D^J 中各主权 $J-n$ 都是单权: $c_{J-n}^{(J)} = 1, 0 \leqslant n \leqslant J$. 对直乘表示 $D^j \times D^k$, 不失普遍性假定 $j \geqslant k$, 在表示直乘空间中, 式 (5.66) 给出的各主权 $J = j+k-n$ 的重数很容易数出来: $b_J = n+1$. 由式 (5.69) 递推算出所有重数 $a_J = 1$, 即 **SU(2) 群直乘表示 $D^j \times D^k$ 的克莱布什–戈登级数由式 (5.66) 给出, 每一个表示的重数都为 1**.

再用主权图方法计算 SU(3) 群 (A_2 李代数) 的两个基本表示直乘分解的克莱

布什–戈登级数和系数: $(1,0) \times (0,1)$. 由图 5.2 可知, 在直乘表示空间只有两个主权, $(1,1)$ 和 $(0,0)$. 由平面权图 5.8 数出它们的外尔轨道长度分别是 6 和 1. 主权 $(1,1)$ 是直乘表示空间的最高权, 重数为 1. 主权为 $(0,0)$ 在直乘表示空间的状态基有三个, $b_{(00)} = 3$.

$$|(1,0),(1,0)\rangle|(0,1),(\overline{1},0)\rangle, \quad |(1,0),(\overline{1},1)\rangle|(0,1),(1,\overline{1})\rangle,$$

$$|(1,0),(0,\overline{1})\rangle|(0,1),(0,1)\rangle.$$

因为在表示 $(1,1)$ 中主权 $(0,0)$ 是二重权, 所以在克莱布什–戈登级数中表示 $(0,0)$ 的重数是 $3 - 2 = 1$. 这样, 计算得 SU(3) 群两个基本表示直乘分解的主权图如图 5.11 所示. 方框里的填数是主权, 方框右上角的数字是该主权的重数, 重数为 1 时省略. 最下面一行是表示直乘分解的克莱布什–戈登级数.

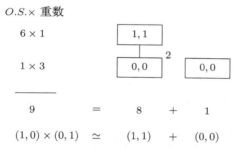

图 5.11 SU(3) 群直乘表示 $(1,0) \times (0,1)$ 分解的主权图

表示 $(1,1)$ 的最高权态展开式为

$$\|(1,1),(1,1)\rangle = |(1,0),(1,0)\rangle|(0,1),(0,1)\rangle.$$

可由方块权图 (图 5.3) 计算其他状态的展开式.

$$\|(1,1),(\overline{1},2)\rangle = F_1 \|(1,1),(1,1)\rangle = |(1,0),(\overline{1},1)\rangle|(0,1),(0,1)\rangle,$$

$$\|(1,1),(2,\overline{1})\rangle = F_2 \|(1,1),(1,1)\rangle = |(1,0),(1,0)\rangle|(0,1),(1,\overline{1})\rangle,$$

$$\|(1,1),(0,0)_1\rangle = \sqrt{1/2} F_1 \|(1,1),(2,\overline{1})\rangle$$

$$= \sqrt{1/2}\left\{|(1,0),(1,0)\rangle|(0,1),(\overline{1},0)\rangle + |(1,0),(\overline{1},1)\rangle|(0,1),(1,\overline{1})\rangle\right\},$$

$$\|(1,1),(0,0)_2\rangle = \sqrt{2/3}\left\{F_2\|(1,1),(\overline{1},2)\rangle - \sqrt{1/2}\|(1,1),(0,0)_1\rangle\right\}$$

$$= \sqrt{2/3}\left\{|(1,0),(\overline{1},1)\rangle|(0,1),(1,\overline{1})\rangle + |(1,0),(0,\overline{1})\rangle|(0,1),(0,1)\rangle\right\}$$

$$\quad - \sqrt{1/6}\left\{|(1,0),(1,0)\rangle|(0,1),(\overline{1},0)\rangle + |(1,0),(\overline{1},1)\rangle|(0,1),(1,\overline{1})\rangle\right\}$$

$$= \sqrt{1/6}\left\{-|(1,0),(1,0)\rangle|(0,1),(\overline{1},0)\rangle + |(1,0),(\overline{1},1)\rangle|(0,1),(1,\overline{1})\rangle\right.$$

$$\left. + 2\,|(1,0),(0,\overline{1})\rangle|(0,1),(0,1)\rangle\right\},$$

$$||(1,1),(\overline{2},1)\rangle = \sqrt{1/2}F_1 \; ||(1,1),(0,0)_1\rangle = |(1,0),(\overline{1},1)\rangle|(0,1),(\overline{1},0)\rangle,$$

$$||(1,1),(1,\overline{2})\rangle = \sqrt{2} \; F_2 \; ||(1,1),(0,0)_1\rangle = |(1,0),(0,\overline{1})\rangle|(0,1),(1,\overline{1})\rangle,$$

$$||(1,1),(\overline{1},\overline{1})\rangle = F_1 \; ||(1,1),(1,\overline{2})\rangle = |(1,0),(0,\overline{1})\rangle|(0,1),(\overline{1},0)\rangle.$$

表示 $(0,0)$ 是一维表示, 状态展开式可根据条件 (5.7) 计算.

$$||(0,0),(0,0)\rangle = c_1|(1,0),(1,0)\rangle|(0,1),(\overline{1},0)\rangle$$
$$+c_2|(1,0),(\overline{1},1)\rangle|(0,1),(1,\overline{1})\rangle + c_3|(1,0),(0,\overline{1})\rangle|(0,1),(0,1)\rangle.$$

要求在升算符作用下得零, 有

$$E_1||(0,0),(0,0)\rangle = c_1|(1,0),(1,0)\rangle|(0,1),(1,\overline{1})\rangle$$
$$+c_2|(1,0),(1,0)\rangle|(0,1),(1,\overline{1})\rangle = 0,$$
$$E_2||(0,0),(0,0)\rangle = c_2|(1,0),(\overline{1},1)\rangle|(0,1),(0,1)\rangle$$
$$+c_3|(1,0),(\overline{1},1)\rangle|(0,1),(0,1)\rangle = 0.$$

解得 $c_1 = -c_2 = c_3 = \sqrt{1/3}$. 注意, 三个权为 $(0,0)$ 的状态基都互相正交.

最后再算 SU(3) 群两个伴随表示 $(1,1)$ 直乘分解的克莱布什–戈登级数和系数. 这在粒子物理中非常有用.

按照图 5.3, 在直乘表示空间出现的主权有 $(2,2)$, $(3,0)$, $(0,3)$, $(1,1)$ 和 $(0,0)$, 它们的重数分别是 1, 2, 2, 6 和 10, 如表 5.1 所示. 因为参加直乘的两个表示是相同的, 表中列举的独立状态基, 省略因 $|m^{(1)}\rangle$ 和 $|m^{(2)}\rangle$ 交换得到的状态基. 这些主权的外尔轨道长度分别是 6, 3, 3, 6 和 1.

表 5.1　　SU(3) 群直乘表示 $(1,1) \times (1,1)$ 的表示空间中各主权的状态基

主权	重数	独立状态基
$(2,2)$	1	$|(1,1)\rangle|(1,1)\rangle$
$(3,0)$	2	$|(1,1)\rangle|(2,\overline{1})\rangle$
$(0,3)$	2	$|(1,1)\rangle|(\overline{1},2)\rangle$
$(1,1)$	6	$|(1,1)\rangle|(0,0)_1\rangle$,　$|(1,1)\rangle|(0,0)_2\rangle$,　$|(\overline{1},2)\rangle|(2,\overline{1})\rangle$
$(0,0)$	10	$|(1,1)\rangle|(\overline{1},\overline{1})\rangle$,　$|(2,\overline{1})\rangle|(\overline{2},1)\rangle$,　$|(\overline{1},2)\rangle|(1,\overline{2})\rangle$,
		$|(0,0)_a\rangle|(0,0)_b\rangle$,　$a,b=1,2$

除 $(2,2)$ 外, 以其他主权作为最高权的不可约表示, 它们的方块权图都已列出在图 5.3 和图 5.5. 表示 $(3,0)$ 包含主权 $(3,0)$, $(1,1)$ 和 $(0,0)$, 重数都是 1, 表示 $(0,3)$ 包含主权 $(0,3)$, $(1,1)$ 和 $(0,0)$, 重数都是 1, 表示 $(1,1)$ 包含重数为 1 的主权 $(1,1)$ 和重数为 2 的主权 $(0,0)$, 表示 $(0,0)$ 只包含一个重数为 1 的主权 $(0,0)$. 对表

示 $(2,2)$, 根据各主权所对应的盖尔范德基, 可以数出它们的重数:

$$(2,2) \longrightarrow \left|\begin{matrix} 4 & & 2 & & 0 \\ & 4 & & 2 & \\ & & 4 & & \end{matrix}\right\rangle, \quad (3,0) \longrightarrow \left|\begin{matrix} 4 & & 2 & & 0 \\ & 4 & & 2 & \\ & & 3 & & \end{matrix}\right\rangle,$$

$$(0,3) \longrightarrow \left|\begin{matrix} 4 & & 2 & & 0 \\ & 4 & & 1 & \\ & & 4 & & \end{matrix}\right\rangle, \quad (1,1) \longrightarrow \left|\begin{matrix} 4 & & 2 & & 0 \\ & 4 & & 1 & \\ & & 3 & & \end{matrix}\right\rangle, \left|\begin{matrix} 4 & & 2 & & 0 \\ & 3 & & 2 & \\ & & 3 & & \end{matrix}\right\rangle,$$

$$(0,0) \longrightarrow \left|\begin{matrix} 4 & & 2 & & 0 \\ & 4 & & 0 & \\ & & 2 & & \end{matrix}\right\rangle, \left|\begin{matrix} 4 & & 2 & & 0 \\ & 3 & & 1 & \\ & & 2 & & \end{matrix}\right\rangle, \left|\begin{matrix} 4 & & 2 & & 0 \\ & 2 & & 2 & \\ & & 2 & & \end{matrix}\right\rangle.$$

因此, 主权 $(2,2)$, $(3,0)$ 和 $(0,3)$ 的重数都是 1, 主权 $(1,1)$ 的重数是 2, 主权 $(0,0)$ 的重数是 3. 由此计算得 SU(3) 群两个伴随表示直乘分解的主权图 (图 5.12). 在表示 $(1,1)$ 所在列最上面的数字 2 标记在克莱布什–戈登级数中表示 $(1,1)$ 的重数. 最下面一行是表示直乘分解的克莱布什–戈登级数, 下标 S 和 A 分别标记对称表示和反对称表示.

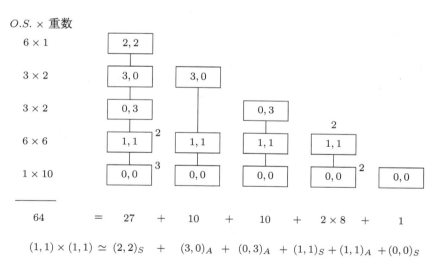

$$(1,1) \times (1,1) \simeq (2,2)_S + (3,0)_A + (0,3)_A + (1,1)_S + (1,1)_A + (0,0)_S$$

图 5.12 SU(3) 群直乘表示 $(1,1) \times (1,1)$ 分解的主权图

下面计算各表示的最高权态展开式. 由式 (5.67) 得表示 $(2,2)$ 最高权态

$$||(2,2),(2,2)\rangle = |(1,1)\rangle|(1,1)\rangle.$$

因此 $(2,2)$ 是对称表示. 在降算符的作用下得

$$||(2,2),(0,3)\rangle = \frac{1}{\sqrt{2}} F_1 ||(2,2),(2,2)\rangle = \frac{1}{\sqrt{2}} \left\{|1,1\rangle \,|\bar{1},2\rangle + |\bar{1},2\rangle \,|1,1\rangle\right\},$$

$$||(2,2),(3,0)\rangle = \frac{1}{\sqrt{2}} F_2 \, ||(2,2),(2,2)\rangle = \frac{1}{\sqrt{2}} \left\{ |1,1\rangle \, |2,\overline{1}\rangle + |2,\overline{1}\rangle \, |1,1\rangle \right\}.$$

表示 $(0,3)$ 和 $(3,0)$ 的最高权态必须和上面相同权的状态基正交, 得

$$||(0,3),(0,3)\rangle = \frac{1}{\sqrt{2}} \left\{ |1,1\rangle \, |\overline{1},2\rangle - |\overline{1},2\rangle \, |1,1\rangle \right\},$$

$$||(3,0),(3,0)\rangle = \frac{1}{\sqrt{2}} \left\{ |1,1\rangle \, |2,\overline{1}\rangle - |2,\overline{1}\rangle \, |1,1\rangle \right\}.$$

因此 $(3,0)$ 和 $(0,3)$ 是反对称表示. 在乘积表示空间权为 $(1,1)$ 的态出现 6 次. 由在 E_1 作用下为零的条件, 得到四个状态组合:

$$|1,1\rangle \, |(0,0)_2\rangle, \quad |1,1\rangle \, |(0,0)_1\rangle - \sqrt{2} \, |\overline{1},2\rangle \, |2,\overline{1}\rangle,$$

$$|(0,0)_2\rangle \, |1,1\rangle, \quad |(0,0)_1\rangle \, |1,1\rangle - \sqrt{2} \, |2,\overline{1}\rangle \, |\overline{1},2\rangle.$$

进一步要求在 E_2 作用下为零, 得到两个独立状态基:

$$-|1,1\rangle|(0,0)_2\rangle + \sqrt{3}|1,1\rangle|(0,0)_1\rangle - \sqrt{6}|\overline{1},2\rangle|2,\overline{1}\rangle + 2|(0,0)_2\rangle|1,1\rangle,$$

$$2|1,1\rangle|(0,0)_2\rangle - \sqrt{6}|2,\overline{1}\rangle|\overline{1},2\rangle + \sqrt{3}|(0,0)_1\rangle|1,1\rangle - |(0,0)_2\rangle|1,1\rangle.$$

这正符合在克莱布什–戈登级数中表示 $(1,1)$ 的重数为 2. 把这两个状态基组合成对称和反对称的形式, 归一化后得到对称表示 $(1,1)_S$ 和反对称表示 $(1,1)_A$ 的最高权态展开式:

$$\begin{aligned} ||(1,1),(1,1)\rangle_S = \sqrt{1/20} \, \Big\{ &\sqrt{3} \, |1,1\rangle \, |(0,0)_1\rangle + |1,1\rangle \, |(0,0)_2\rangle \\ &- \sqrt{6} \, |\overline{1},2\rangle \, |2,\overline{1}\rangle - \sqrt{6} \, |2,\overline{1}\rangle|\overline{1},2\rangle \\ &+ |(0,0)_2\rangle \, |1,1\rangle + \sqrt{3} \, |(0,0)_1\rangle \, |1,1\rangle \Big\}, \end{aligned}$$

$$\begin{aligned} ||(1,1),(1,1)\rangle_A = \sqrt{1/12} \, \Big\{ &|1,1\rangle \, |(0,0)_1\rangle - \sqrt{3} \, |1,1\rangle \, |(0,0)_2\rangle \\ &- \sqrt{2} \, |\overline{1},2\rangle \, |2,\overline{1}\rangle + \sqrt{2} \, |2,\overline{1}\rangle \, |\overline{1},2\rangle \\ &+ \sqrt{3} \, |(0,0)_2\rangle \, |1,1\rangle - |(0,0)_1\rangle \, |1,1\rangle \Big\}. \end{aligned}$$

容易计算, 恒等表示 $(0,0)$ 是对称表示, 它的状态展开式为

$$\begin{aligned} ||(0,0),(0,0)\rangle = \sqrt{1/8} \big\{ &|1,1\rangle \, |\overline{1},\overline{1}\rangle - |\overline{1},2\rangle \, |1,\overline{2}\rangle - |2,\overline{1}\rangle \, |\overline{2},1\rangle \\ &+ |(0,0)_1\rangle \, |(0,0)_1\rangle + |(0,0)_2\rangle \, |(0,0)_2\rangle \\ &- |\overline{2},1\rangle \, |2,\overline{1}\rangle - |1,\overline{2}\rangle \, |\overline{1},2\rangle + |\overline{1},\overline{1}\rangle \, |1,1\rangle \big\}. \end{aligned}$$

5.4 SU(N) 群张量表示的约化

方块权图方法和推广的盖尔范德方法可以计算单纯李代数不可约表示的状态基和生成元在这组状态基里的表示矩阵, 但对状态基的波函数形式没有提供具体信息. 本节研究 SU(N) 群张量空间的约化, 用杨算符方法确定它的不可约张量子空间, 计算这些张量子空间中的独立和完备的张量基, 并与方块权图方法结合起来, 把这些不可约张量基正交归一化, **具体给出 SU(N) 群不可约表示状态基的波函数**.

5.4.1 SU(N) 群张量空间的对称性

SU(N) 群是紧致的单纯李群, 群元素是 $N \times N$ 幺模幺正矩阵, 矩阵作用的空间是 N 维复空间, 这空间的矢量有 N 个复分量, 在 $u \in$SU(N) 变换中按下式变换

$$V_a \xrightarrow{u} V'_a \equiv (O_u V)_a = \sum_{b=1}^{N} u_{ab} V_b. \tag{5.70}$$

SU(N) 群的 n 阶张量 $T_{a_1,\cdots,a_n}$ 有 n 个指标, N^n 个分量, 在 SU(N) 变换中, 每个指标都像矢量指标一样变换

$$T_{a_1 \cdots a_n} \xrightarrow{u} (O_u T)_{a_1 \cdots a_n} = \sum_{b_1 \cdots b_n} u_{a_1 b_1} \cdots u_{a_n b_n} T_{b_1 \cdots b_n}. \tag{5.71}$$

n 阶张量的集合构成 N^n 维张量空间 $\mathcal{T}$, 它是一个线性空间, 满足线性空间矢量相加和矢量与数相乘的一般规则. 张量空间的张量经 SU(N) 变换 u 的作用, 仍属于此张量空间. 因此**张量空间 $\mathcal{T}$ 关于 SU(N) 群的变换是不变的**. 在 SU(N) 变换式 (5.71) 中, 张量的每一个指标都平等地按 u 矩阵元素来组合. 这些 u 矩阵是以矩阵元素的形式出现在式 (5.71) 中的, 它们的乘积次序可以交换, 从而使**张量指标间的对称性质在 SU(N) 变换中保持不变**. 但是, 除全对称张量和全反对称张量的意义已十分明确外, 具有混合对称性的张量的意义就不很明确. 例如, 对三阶张量, 让前两个指标对称, 再让后两个指标反对称, 此时前两个指标的对称性质已被破坏了.

张量指标之间的对称性质由张量指标间的置换变换 R 来描写. 张量 T 经置换 R 的作用变成新张量 $RT \equiv T_R$, 它的分量与原张量的分量间存在一定的联系, 这联系必须满足置换群元素的乘积规则. 由于任何置换都可表为若干对换的乘积, 而对换是自逆的, 张量在对换作用下的变换规则比较容易定义. 设对换 $(j\ k)$ 作用在张量 T 上, 得到新张量 T', 定义

$$[(j\ k)T]_{a_1 \cdots a_j \cdots a_k \cdots a_n} = T'_{a_1 \cdots a_j \cdots a_k \cdots a_n} = T_{a_1 \cdots a_k \cdots a_j \cdots a_n}. \tag{5.72}$$

置换对张量的作用按对张量相继做对换运算来定义. 例如,

$$R = \begin{pmatrix} 1 & 2 & 3 \\ 2 & 3 & 1 \end{pmatrix} = \begin{pmatrix} 3 & 1 & 2 \\ 1 & 2 & 3 \end{pmatrix} = (1\ 2\ 3) = (1\ 2)(2\ 3),$$

$$[(2\ 3)\boldsymbol{T}]_{a_1a_2a_3} = \boldsymbol{T}'_{a_1a_2a_3} = \boldsymbol{T}_{a_1a_3a_2},$$

$$(R\boldsymbol{T})_{a_1a_2a_3} = [(1\ 2)\boldsymbol{T}']_{a_1a_2a_3} = \boldsymbol{T}'_{a_2a_1a_3} = \boldsymbol{T}_{a_2a_3a_1} \neq \boldsymbol{T}_{a_3a_1a_2}.$$

一般说来, 设

$$R = \begin{pmatrix} 1 & 2 & \cdots & n \\ r_1 & r_2 & \cdots & r_n \end{pmatrix} = \begin{pmatrix} \bar{r}_1 & \bar{r}_2 & \cdots & \bar{r}_n \\ 1 & 2 & \cdots & n \end{pmatrix}, \tag{5.73}$$

$$(R\boldsymbol{T})_{a_1\cdots a_n} \equiv (\boldsymbol{T}_R)_{a_1\cdots a_n} = \boldsymbol{T}_{a_{r_1}\cdots a_{r_n}} \neq \boldsymbol{T}_{a_{\bar{r}_1}\cdots a_{\bar{r}_n}}.$$

为了满足群的性质, R 对 $\boldsymbol{T}$ 作用, 并不是把第 j 个指标 a_j 移到第 r_j 位置, 而是把第 r_j 个指标 a_{r_j} 移到第 j 位置. n 阶张量经过置换 R 的作用, 仍是一个 n 阶张量, 因而 **n 阶张量空间 $\mathcal{T}$ 对置换群 $\mathbf{S}_n$ 也是不变的.**

　　一个二阶张量分解为对称张量和反对称张量之和的方法是大家熟知的:

$$\boldsymbol{T}_{ab} = \frac{1}{2}\{\boldsymbol{T}_{ab} + \boldsymbol{T}_{ba}\} + \frac{1}{2}\{\boldsymbol{T}_{ab} - \boldsymbol{T}_{ba}\}.$$

用置换算符的作用来重新理解这一分解过程,

$$\begin{aligned} \boldsymbol{T}_{ab} &= \frac{1}{2}\{E + (1\ 2)\}\boldsymbol{T}_{ab} + \frac{1}{2}\{E - (1\ 2)\}\boldsymbol{T}_{ab} \\ &= \frac{1}{2}\left\{\mathcal{Y}^{[2]} + \mathcal{Y}^{[1,1]}\right\}\boldsymbol{T}_{ab} = E\boldsymbol{T}_{ab}. \end{aligned} \tag{5.74}$$

恒元 E 分解为杨算符的组合. 杨算符是投影算符, 它们把任意二阶张量分别投影成对称张量和反对称张量. 这样的方法很容易推广到任意阶张量. **利用置换群恒元按杨算符的展开式, 可把 n 阶张量分解为用杨算符投影得到的有确定对称性的张量之和:**

$$\boldsymbol{T}_{a_1\cdots a_n} = E\boldsymbol{T}_{a_1\cdots a_n} = \frac{1}{n!}\sum_{[\lambda]} d_{[\lambda]} \sum_\mu \mathcal{Y}_\mu^{[\lambda]} y_\mu^{[\lambda]} \boldsymbol{T}_{a_1\cdots a_n}. \tag{5.75}$$

例如, 一个三阶张量可做如下分解:

$$\boldsymbol{T}_{abc} = \frac{1}{6}\mathcal{Y}^{[3]}\boldsymbol{T}_{abc} + \frac{1}{3}\mathcal{Y}_1^{[2,1]}\boldsymbol{T}_{abc} + \frac{1}{3}\mathcal{Y}_2^{[2,1]}\boldsymbol{T}_{abc} + \frac{1}{6}\mathcal{Y}^{[1,1,1]}\boldsymbol{T}_{abc}. \tag{5.76}$$

三阶张量 $\boldsymbol{T}_{abc}$ 分解为四个张量之和, 第一项是完全对称张量, 第四项是完全反对称张量, 中间两项的张量具有新的对称性质, 称为混合对称张量. 这样, n 阶张量空

间 $\mathcal{T}$ 就可以用杨算符方法分解为若干个张量子空间之和. 由于杨算符的正交性, 这些张量子空间 $\mathcal{T}_\mu^{[\lambda]}$ 没有公共矢量, 是直和的关系:

$$\mathcal{T} = E\mathcal{T} = \frac{1}{n!} \bigoplus_{[\lambda]} d_{[\lambda]} \bigoplus_\mu \mathcal{Y}_\mu^{[\lambda]} y_\mu^{[\lambda]} \mathcal{T} = \bigoplus_{[\lambda]} \bigoplus_\mu \mathcal{T}_\mu^{[\lambda]}. \tag{5.77}$$

下面证明张量子空间 $\mathcal{T}_\mu^{[\lambda]}$ 等于杨算符 $\mathcal{Y}_\mu^{[\lambda]}$ 对张量空间 $\mathcal{T}$ 的投影:

$$\mathcal{T}_\mu^{[\lambda]} = \frac{d_{[\lambda]}}{n!} \mathcal{Y}_\mu^{[\lambda]} y_\mu^{[\lambda]} \mathcal{T} = \mathcal{Y}_\mu^{[\lambda]} y_\mu^{[\lambda]} \mathcal{T} = \mathcal{Y}_\mu^{[\lambda]} \mathcal{T}. \tag{5.78}$$

显然, 作为线性空间, 前面的常系数 $d_{[\lambda]}/n!$ 是不重要的. 要证明式 (5.78) 后一等式, 就是要证明两个空间互为子空间. 因为 $R\mathcal{T} \subset \mathcal{T}$, 有

$$\mathcal{Y}_\mu^{[\lambda]} \left\{ y_\mu^{[\lambda]} \mathcal{T} \right\} \subset \mathcal{Y}_\mu^{[\lambda]} \mathcal{T},$$

$$\mathcal{Y}_\mu^{[\lambda]} \mathcal{T} = \mathcal{Y}_\mu^{[\lambda]} y_\mu^{[\lambda]} \left\{ \frac{d_{[\lambda]}}{n!} \mathcal{Y}_\mu^{[\lambda]} \mathcal{T} \right\} \subset \mathcal{Y}_\mu^{[\lambda]} y_\mu^{[\lambda]} \mathcal{T}.$$

证完. 同样方法可证

$$R\mathcal{T} = \mathcal{T}, \quad R \in \mathrm{S}_n. \tag{5.79}$$

定理 5.4 (外尔互反性 Weyl reciprocity) 张量分量指标间的置换变换 R 和张量的 SU(N) 变换 O_u 作用次序可以交换.

证明 证明的关键在于, 作为矩阵元素, 在式 (5.71) 中 u_{ab} 的乘积次序是可以交换的, 即

$$(O_u R\boldsymbol{T})_{a_1 \cdots a_n} = (O_u \boldsymbol{T}_R)_{a_1 \cdots a_n} = \sum_{b_1 \cdots b_n} u_{a_1 b_1} \cdots u_{a_n b_n} (\boldsymbol{T}_R)_{b_1 \cdots b_n}$$

$$= \sum_{b_1 \cdots b_n} u_{a_{r_1} b_{r_1}} \cdots u_{a_{r_n} b_{r_n}} \boldsymbol{T}_{b_{r_1} \cdots b_{r_n}} = (O_u \boldsymbol{T})_{a_{r_1} \cdots a_{r_n}}$$

$$= (R O_u \boldsymbol{T})_{a_1 \cdots a_n}.$$

证完.

既然杨算符是置换变换的线性组合, 杨算符的投影也可以和张量的 SU(N) 变换交换次序, 因而属于张量子空间 $\mathcal{T}_\mu^{[\lambda]}$ 的张量经 SU(N) 变换后仍属此子空间:

$$O_u \left\{ \mathcal{Y}_\mu^{[\lambda]} \boldsymbol{T} \right\} = \mathcal{Y}_\mu^{[\lambda]} \{ O_u \boldsymbol{T} \} \subset \mathcal{Y}_\mu^{[\lambda]} \mathcal{T} = \mathcal{T}_\mu^{[\lambda]}. \tag{5.80}$$

这就证明了这些**张量子空间** $\mathcal{T}_\mu^{[\lambda]}$ 对 **SU(N) 变换保持不变**.

由于式 (5.79), 在杨算符右面乘置换 R, 不会改变张量子空间 $\mathcal{Y}_\mu^{[\lambda]} \mathcal{T}$, 但在杨算符左面乘置换, 一般会使张量子空间做整体的变换:

$$\mathcal{Y}_\mu^{[\lambda]} R\mathcal{T} = \mathcal{T}_\mu^{[\lambda]}, \quad R_{\nu\mu} \mathcal{T}_\mu^{[\lambda]} = R_{\nu\mu} \mathcal{Y}_\mu^{[\lambda]} \mathcal{T} = \mathcal{Y}_\nu^{[\lambda]} R_{\nu\mu} \mathcal{T} = \mathcal{T}_\nu^{[\lambda]}, \tag{5.81}$$

其中, $R_{\nu\mu}$ **是把正则杨表 $\mathcal{Y}_\mu^{[\lambda]}$ 变成正则杨表 $\mathcal{Y}_\nu^{[\lambda]}$ 的置换**. 式 (5.81) 指出, 左乘置换 $R_{\nu\mu}$ 把不同张量子空间的张量联系起来.

5.4.2　张量子空间 $\mathcal{T}_\mu^{[\lambda]}$ 的张量基

研究张量子空间 $\mathcal{T}_\mu^{[\lambda]}$ 的独立且完备的张量基, 就是为了计算属 SU(N) 群不可约表示的状态波函数. 先复习一下矢量基的概念. 矢量基是一类特殊的矢量, 它只有一个分量不为 0, 而等于 1. 任何矢量可按矢量基展开

$$(\boldsymbol{\Theta}_d)_a = \delta_{da}, \quad \boldsymbol{V} = \sum_{d=1}^N \boldsymbol{\Theta}_d V_d, \quad (\boldsymbol{V})_a = \sum_{d=1}^N (\boldsymbol{\Theta}_d)_a V_d = V_a,$$

$$O_u (\boldsymbol{\Theta}_d)_a = \sum_{b=1}^N u_{ab} (\boldsymbol{\Theta}_d)_b = u_{ad} = \sum_{b=1}^N (\boldsymbol{\Theta}_b)_a u_{bd},$$

$$O_u \boldsymbol{V} = \sum_{d=1}^N [O_u \boldsymbol{\Theta}_d] V_d = \sum_{b=1}^N \boldsymbol{\Theta}_b \left[\sum_{d=1}^N u_{bd} V_d \right].$$

在 SU(N) 变换中, 矢量的变换由矢量基 $\boldsymbol{\Theta}_d$ 来承担, 而系数 V_d 在变换中相当一个标量. 张量基是矢量基的直乘, 它是只有一个分量不为 0 (等于 1) 的张量, 任何张量可按张量基展开:

$$\begin{aligned}
(\boldsymbol{\Theta}_{d_1 \cdots d_n})_{a_1 \cdots a_n} &= \delta_{d_1 a_1} \delta_{d_2 a_2} \cdots \delta_{d_n a_n} \\
&= (\boldsymbol{\Theta}_{d_1})_{a_1} (\boldsymbol{\Theta}_{d_2})_{a_2} \cdots (\boldsymbol{\Theta}_{d_n})_{a_n},
\end{aligned} \tag{5.82}$$

$$\boldsymbol{T}_{a_1 \cdots a_n} = \sum_{d_1 \cdots d_n} (\boldsymbol{\Theta}_{d_1 \cdots d_n})_{a_1 \cdots a_n} T_{d_1 \cdots d_n} = T_{a_1 \cdots a_n}.$$

请注意 $\boldsymbol{T}_{a_1 \cdots a_n}$ 和 $T_{a_1 \cdots a_n}$ 在意义上和变化规律上的不同.

作为一个张量, 在 SU(N) 变换 O_u 和置换变换 R 中张量基服从张量的变换规律式 (5.71) 和式 (5.73):

$$\begin{aligned}
(O_u \boldsymbol{\Theta}_{d_1 \cdots d_n})_{a_1 \cdots a_n} &= \sum_{b_1 \cdots b_n} u_{a_1 b_1} \cdots u_{a_n b_n} (\boldsymbol{\Theta}_{d_1 \cdots d_n})_{b_1 \cdots b_n} \\
&= u_{a_1 d_1} \cdots u_{a_n d_n} = \sum_{b_1 \cdots b_n} (\boldsymbol{\Theta}_{b_1 \cdots b_n})_{a_1 \cdots a_n} u_{b_1 d_1} \cdots u_{b_n d_n},
\end{aligned}$$

$$\begin{aligned}
(R \boldsymbol{\Theta}_{d_1 \cdots d_n})_{a_1 \cdots a_n} &= (\boldsymbol{\Theta}_{d_1 \cdots d_n})_{a_{r_1} \cdots a_{r_n}} = \delta_{d_1 a_{r_1}} \delta_{d_2 a_{r_2}} \cdots \delta_{d_n a_{r_n}} \\
&= \delta_{d_{\bar{r}_1} a_1} \delta_{d_{\bar{r}_2} a_2} \cdots \delta_{d_{\bar{r}_n} a_n} = (\boldsymbol{\Theta}_{d_{\bar{r}_1} \cdots d_{\bar{r}_n}})_{a_1 \cdots a_n}.
\end{aligned}$$

即

$$O_u \boldsymbol{\Theta}_{d_1 \cdots d_n} = \sum_{b_1 \cdots b_n} \boldsymbol{\Theta}_{b_1 \cdots b_n} u_{b_1 d_1} \cdots u_{b_n d_n}. \tag{5.83}$$

$$R \boldsymbol{\Theta}_{d_1 \cdots d_n} = \boldsymbol{\Theta}_{d_{\bar{r}_1} \cdots d_{\bar{r}_n}} \neq \boldsymbol{\Theta}_{d_{r_1} \cdots d_{r_n}}. \tag{5.84}$$

虽然表现形式有所不同, 式 (5.83) 和式 (5.71) 是统一的, 式 (5.84) 和式 (5.73) 是统一的. 特别强调: 经置换 R, 张量基 $\boldsymbol{\Theta}_{d_1 \cdots d_n}$ 变成了另一个张量基 $\boldsymbol{\Theta}_{d_{\bar{r}_1} \cdots d_{\bar{r}_n}}$, 其

中第 j 指标 d_j 移到了第 r_j 位置, 而第 $\bar{r}_j$ 指标 $d_{\bar{r}_j}$ 移到了第 j 位置. 这样的变换才满足群的性质. 例如, $R = (1\ 2\ 3) = (1\ 2)(2\ 3)$,

$$(2\ 3)\Theta_{a_1 a_2 a_3} = \Theta_{a_1 a_3 a_2}, \quad R\Theta_{a_1 a_2 a_3} = (1\ 2)\Theta_{a_1 a_3 a_2} = \Theta_{a_3 a_1 a_2} \neq \Theta_{a_2 a_3 a_1}.$$

$\Theta_{a_1 \cdots a_n}$ 是张量空间 $\mathcal{T}$ 的张量基, 用杨算符投影后, $\mathcal{Y}_\mu^{[\lambda]} \Theta_{a_1 \cdots a_n}$ 是张量子空间 $\mathcal{T}_\mu^{[\lambda]}$ 的张量基. 当然, 由于子空间 $\mathcal{T}_\mu^{[\lambda]}$ 的维数比 $\mathcal{T}$ 小, 张量基 $\mathcal{Y}_\mu^{[\lambda]} \Theta_{a_1 \cdots a_n}$ 中, 有些会线性相关或等于零. 对给定的张量子空间 $\mathcal{T}_\mu^{[\lambda]}$, 要找出哪些张量基是线性无关的, 构成张量子空间 $\mathcal{T}_\mu^{[\lambda]}$ 的完备基.

第一, 讨论杨算符对张量基的投影如何计算和描写. 杨算符可表为横算符和纵算符的乘积. 横算符 $\mathcal{P}$ 是杨表各行数字 (客体) 的全对称算符的乘积, 纵算符 $\mathcal{Q}$ 是杨表各列数字 (客体) 的全反对称算符的乘积. 在计算杨算符对张量基的作用时, 不要把杨算符完全展开, 而是把各个全对称算符和全反对称算符逐个作用到张量基上, 把张量基的有关指标全对称化或全反对称化. 例如, 对应杨表为 $\begin{array}{|c|c|c|}\hline 1 & 2 & 4 \\\hline 3 & 5 \\\cline{1-2}\end{array}$ 的杨算符 $\mathcal{Y}$ 作用在 SU(3) 群五阶张量的张量基 Θ_{11233} 上, 得

$$\begin{aligned}
\mathcal{Y}\Theta_{11233} &= [E + (1\ 2) + (1\ 4) + (2\ 4) + (1\ 2\ 4) + (2\ 1\ 4)]\,[E + (3\ 5)] \\
&\quad \times [E - (1\ 3)]\,[E - (2\ 5)]\,\Theta_{11233} \\
&= [E + (3\ 5)]\,[E + (1\ 2) + (1\ 4) + (2\ 4) + (1\ 2\ 4) + (2\ 1\ 4)] \\
&\quad \times [\Theta_{11233} - \Theta_{13231} - \Theta_{21133} + \Theta_{23131}] \\
&= 2\,[\Theta_{11233} + \Theta_{31213} + \Theta_{13213}] + 2\,[\Theta_{11332} + \Theta_{31312} + \Theta_{13312}] \\
&\quad - 2\,[\Theta_{13231} + \Theta_{31231} + \Theta_{33211}] - 2\,[\Theta_{13132} + \Theta_{31132} + \Theta_{33112}] \\
&\quad - [\Theta_{21133} + \Theta_{12133} + \Theta_{13123} + \Theta_{31123} + \Theta_{23113} + \Theta_{32113}] \\
&\quad - [\Theta_{21331} + \Theta_{12331} + \Theta_{13321} + \Theta_{31321} + \Theta_{23311} + \Theta_{32311}] \\
&\quad + 4\,[\Theta_{23131} + \Theta_{32131} + \Theta_{33121}].
\end{aligned} \tag{5.85}$$

第二, 这样的展开式一般都很长, 为了简化符号, 也为了便于分析此展开式的性质, 采用一个符号来描写式 (5.85) 的张量基展开式. 对张量 $\mathcal{Y}_\mu^{[\lambda]} \Theta_{a_1 \cdots a_n}$, 把数 $a_1 \cdots a_n$ 按照杨表 $\mathcal{Y}_\mu^{[\lambda]}$ 的填数次序填入杨图 $\mathcal{Y}_\mu^{[\lambda]}$ 中, 就是说, **在杨表 $\mathcal{Y}_\mu^{[\lambda]}$ 中填 j 的格子中填上** a_j. 用这样得到的杨表来描写张量 $\mathcal{Y}_\mu^{[\lambda]} \Theta_{a_1 \cdots a_n}$, 称为**张量杨表**. 例如, 式 (5.85) 的张量用张量杨表 $\begin{array}{|c|c|c|}\hline 1 & 1 & 3 \\\hline 2 & 3 \\\cline{1-2}\end{array}$ 描写. 又如, 对正则杨表 $\mathcal{Y}_\mu^{[\lambda]}$:

$$杨表\ \mathcal{Y}_\mu^{[\lambda]} = \begin{array}{|c|c|c|}\hline 1 & 2 & 6 \\\hline 3 & 5 & 7 \\\hline 4 \\\cline{1-1}\end{array},$$

张量 $\mathcal{Y}_\mu^{[\lambda]}\Theta_{a_1\cdots a_7}$ 用如下张量杨表描写:

$$\mathcal{Y}_\mu^{[\lambda]}\Theta_{a_1\cdots a_7} = \begin{array}{|c|c|c|} \hline a_1 & a_2 & a_6 \\ \hline a_3 & a_5 & a_7 \\ \hline a_4 \\ \cline{1-1} \end{array}.$$

张量杨表描写在给定张量子空间中的一个张量, 它是若干张量基 $\Theta_{a_1\cdots a_n}$ 的线性组合. 对于给定的杨图, 在不同的张量子空间 $\mathcal{T}_\mu^{[\lambda]} = \mathcal{Y}_\mu^{[\lambda]}\mathcal{T}$ 中, 同一个张量杨表描写不同的张量. 例如, SU(3) 群的三阶张量子空间 $\mathcal{Y}_1^{[2,1]}\mathcal{T}$ 和 $\mathcal{Y}_2^{[2,1]}\mathcal{T}$ 中, 设

$$\text{杨表 } \mathcal{Y}_1^{[2,1]} = \begin{array}{|c|c|} \hline 1 & 2 \\ \hline 3 \\ \cline{1-1} \end{array}, \quad \text{杨表 } \mathcal{Y}_2^{[2,1]} = \begin{array}{|c|c|} \hline 1 & 3 \\ \hline 2 \\ \cline{1-1} \end{array},$$

同一张量杨表 $\begin{array}{|c|c|} \hline 1 & 2 \\ \hline 3 \\ \cline{1-1} \end{array}$ 描写不同的张量.

$$\mathcal{Y}_1^{[2,1]}\Theta_{123} = \begin{array}{|c|c|} \hline 1 & 2 \\ \hline 3 \\ \cline{1-1} \end{array} = \Theta_{123} - \Theta_{321} + \Theta_{213} - \Theta_{231} \in \mathcal{Y}_1^{[2,1]}\mathcal{T},$$

$$\mathcal{Y}_2^{[2,1]}\Theta_{132} = \begin{array}{|c|c|} \hline 1 & 2 \\ \hline 3 \\ \cline{1-1} \end{array} = \Theta_{132} - \Theta_{312} + \Theta_{231} - \Theta_{213} \in \mathcal{Y}_2^{[2,1]}\mathcal{T}.$$

它们可以通过置换 (2 3) 联系起来

$$(2\ 3)\mathcal{Y}_1^{[2,1]}\Theta_{123} = \mathcal{Y}_2^{[2,1]}(2\ 3)\Theta_{123} = \mathcal{Y}_2^{[2,1]}\Theta_{132}. \tag{5.86}$$

式 (5.86) 只是式 (5.81) 的一个具体例子. **请不要把张量杨表和第 3 章中的杨表发生混淆.**

第三, 由杨算符的对称性质 (3.24) 和福克条件 (3.28),

$$\mathcal{Y}_\mu^{[\lambda]}Q = \delta(Q)\mathcal{Y}_\mu^{[\lambda]}, \quad \mathcal{Y}_\mu^{[\lambda]}\left\{ E - \sum_\mu (c_\mu\ d_\nu) \right\} = 0,$$

可以分别得到同一张量子空间 $\mathcal{T}_\mu^{[\lambda]}$ 中张量杨表间的两个重要关系式. 设 c 和 d 填在杨表 $\mathcal{Y}_\mu^{[\lambda]}$ 的同一列, 则 $Q_0 = (c\ d)$ 是杨表 $\mathcal{Y}_\mu^{[\lambda]}$ 的纵向对换, 它右乘到杨算符 $\mathcal{Y}_\mu^{[\lambda]}$ 上产生负号, 而左乘到张量基上使张量杨表中填入那两个格子的数字对换.

$$\mathcal{Y}_\mu^{[\lambda]}\Theta_{a_1\cdots a_c\cdots a_d\cdots a_n} = -\mathcal{Y}_\mu^{[\lambda]}Q_0\Theta_{a_1\cdots a_n} = -\mathcal{Y}_\mu^{[\lambda]}\Theta_{a_1\cdots a_d\cdots a_c\cdots a_n},$$

$$\begin{array}{|c|c|c|} \hline c & & \\ \hline & & \\ \hline d & & \\ \hline & & \\ \cline{1-1} \end{array} = - \begin{array}{|c|c|c|} \hline d & & \\ \hline & & \\ \hline c & & \\ \hline & & \\ \cline{1-1} \end{array}. \tag{5.87}$$

因此, 张量杨表对填在同一列的数字交换是反对称的, 同一列有重复数字的张量杨表必为零, 张量杨表的行数不能大于 N. 福克条件也给出同一张量子空间 $\mathcal{T}_\mu^{[\lambda]}$ 中张量杨表间一定的关系式. 例如,

$$
\begin{array}{|c|c|}\hline c_1 & d \\\hline c_2 & \\\hline & \\\hline \\\hline c_\tau \\\hline\end{array}
=
\begin{array}{|c|c|}\hline d & c_1 \\\hline c_2 & \\\hline & \\\hline \\\hline c_\tau \\\hline\end{array}
+
\begin{array}{|c|c|}\hline c_1 & c_2 \\\hline d & \\\hline & \\\hline \\\hline c_\tau \\\hline\end{array}
+ \cdots +
\begin{array}{|c|c|}\hline c_1 & c_\tau \\\hline c_2 & \\\hline & \\\hline \\\hline d \\\hline\end{array}
. \tag{5.88}
$$

由左乘置换元素得到的杨算符对称性质, 不会给出同一张量子空间中张量杨表间的关系式.

最后, 研究在一个张量子空间 $\mathcal{T}_\mu^{[\lambda]}$ 中, 哪些张量杨表是线性无关的, 且构成张量子空间的一组完备基. 先举一个简单的例子. 讨论 SU(3) 群的张量子空间 $\mathcal{T}_1^{[2,1]}$, 张量杨表一般形式为

$$
\begin{array}{|c|c|}\hline a & b \\\hline c \\\cline{1-1}\end{array}
= \mathcal{Y}_1^{[2,1]}\boldsymbol{\Theta}_{abc} = \{E - (1\,3) + (1\,2) - (2\,1)(1\,3)\}\boldsymbol{\Theta}_{abc} \tag{5.89}
$$
$$
= \boldsymbol{\Theta}_{abc} - \boldsymbol{\Theta}_{cba} + \boldsymbol{\Theta}_{bac} - \boldsymbol{\Theta}_{bca}.
$$

由于式 (5.87), 当 a, b 和 c 都相等时, 张量杨表显然为零. 有一对数相等的张量杨表有

$$
\mathcal{Y}_1^{[2,1]}\boldsymbol{\Theta}_{112} = \begin{array}{|c|c|}\hline 1 & 1 \\\hline 2 \\\cline{1-1}\end{array} = - \begin{array}{|c|c|}\hline 2 & 1 \\\hline 1 \\\cline{1-1}\end{array} = 2\boldsymbol{\Theta}_{112} - \boldsymbol{\Theta}_{211} - \boldsymbol{\Theta}_{121},
$$

$$
\mathcal{Y}_1^{[2,1]}\boldsymbol{\Theta}_{113} = \begin{array}{|c|c|}\hline 1 & 1 \\\hline 3 \\\cline{1-1}\end{array} = - \begin{array}{|c|c|}\hline 3 & 1 \\\hline 1 \\\cline{1-1}\end{array} = 2\boldsymbol{\Theta}_{113} - \boldsymbol{\Theta}_{311} - \boldsymbol{\Theta}_{131},
$$

$$
\mathcal{Y}_1^{[2,1]}\boldsymbol{\Theta}_{122} = \begin{array}{|c|c|}\hline 1 & 2 \\\hline 2 \\\cline{1-1}\end{array} = - \begin{array}{|c|c|}\hline 2 & 2 \\\hline 1 \\\cline{1-1}\end{array} = \boldsymbol{\Theta}_{122} + \boldsymbol{\Theta}_{212} - 2\boldsymbol{\Theta}_{221},
$$

$$
\mathcal{Y}_1^{[2,1]}\boldsymbol{\Theta}_{133} = \begin{array}{|c|c|}\hline 1 & 3 \\\hline 3 \\\cline{1-1}\end{array} = - \begin{array}{|c|c|}\hline 3 & 3 \\\hline 1 \\\cline{1-1}\end{array} = \boldsymbol{\Theta}_{133} + \boldsymbol{\Theta}_{313} - 2\boldsymbol{\Theta}_{331},
$$

$$
\mathcal{Y}_1^{[2,1]}\boldsymbol{\Theta}_{233} = \begin{array}{|c|c|}\hline 2 & 3 \\\hline 3 \\\cline{1-1}\end{array} = - \begin{array}{|c|c|}\hline 3 & 3 \\\hline 2 \\\cline{1-1}\end{array} = \boldsymbol{\Theta}_{233} + \boldsymbol{\Theta}_{323} - 2\boldsymbol{\Theta}_{332},
$$

$$
\mathcal{Y}_1^{[2,1]}\boldsymbol{\Theta}_{223} = \begin{array}{|c|c|}\hline 2 & 2 \\\hline 3 \\\cline{1-1}\end{array} = - \begin{array}{|c|c|}\hline 3 & 2 \\\hline 2 \\\cline{1-1}\end{array} = 2\boldsymbol{\Theta}_{223} - \boldsymbol{\Theta}_{322} - \boldsymbol{\Theta}_{232}.
$$

三个指标取值都不同的张量杨表有

$$\mathcal{Y}_1^{[2,1]}\mathbf{\Theta}_{123} = \boxed{\begin{matrix}1 & 2\\3 & \end{matrix}} = -\boxed{\begin{matrix}3 & 2\\1 & \end{matrix}} = \mathbf{\Theta}_{123} - \mathbf{\Theta}_{321} + \mathbf{\Theta}_{213} - \mathbf{\Theta}_{231},$$

$$\mathcal{Y}_1^{[2,1]}\mathbf{\Theta}_{132} = \boxed{\begin{matrix}1 & 3\\2 & \end{matrix}} = -\boxed{\begin{matrix}2 & 3\\1 & \end{matrix}} = \mathbf{\Theta}_{132} - \mathbf{\Theta}_{231} + \mathbf{\Theta}_{312} - \mathbf{\Theta}_{321},$$

$$\boxed{\begin{matrix}2 & 1\\3 & \end{matrix}} = -\boxed{\begin{matrix}3 & 1\\2 & \end{matrix}} = \boxed{\begin{matrix}1 & 2\\3 & \end{matrix}} + \boxed{\begin{matrix}2 & 3\\1 & \end{matrix}} = \boxed{\begin{matrix}1 & 2\\3 & \end{matrix}} - \boxed{\begin{matrix}1 & 3\\2 & \end{matrix}}.$$

因此, 张量子空间 $\mathcal{T}_1^{[2,1]}$ 是八维的, 有 8 个线性无关的张量杨表. 这些线性无关的张量杨表有一个共同的特点, 就是**在张量杨表的每一行中, 填在左面的数不大于填在右面的数, 每一列中填在上面的数小于填在下面的数, 这样的张量杨表称为正则张量杨表.**

定理 5.5　正则张量杨表构成张量子空间 $\mathcal{T}_\mu^{[\lambda]}$ 中的一组完备基.

证明　对于任意给出的张量基 $\mathbf{\Theta}_{b_1\cdots b_n}$, 总可以通过某置换 S, 使分量指标按自小至大顺序排列:

$$\mathcal{Y}_\mu^{[\lambda]}\mathbf{\Theta}_{b_1\cdots b_n} = \mathcal{Y}_\mu^{[\lambda]}S\mathbf{\Theta}_{a_1\cdots a_n}, \quad a_1 \leqslant a_2 \leqslant \cdots \leqslant a_n. \tag{5.90}$$

在置换群中, 类似完备基 (3.56) 的证明, 由正则杨算符 $\mathcal{Y}_\mu^{[\lambda]}$ 生成的右理想中, $\mathcal{Y}_\mu^{[\lambda]}R_{\mu\nu}$ 是一组完备基, 所有 $\mathcal{Y}_\mu^{[\lambda]}S$ 都可表为这组基的线性组合. 因此, **张量子空间 $\mathcal{T}_\mu^{[\lambda]}$ 的任何张量杨表都可表为下面张量杨表的线性组合:**

$$\mathcal{Y}_\mu^{[\lambda]}R_{\mu\nu}\mathbf{\Theta}_{a_1\cdots a_n}, \quad a_1 \leqslant a_2 \leqslant \cdots \leqslant a_n. \tag{5.91}$$

由式 (5.87), 同一列有相同填数的张量杨表必定为零. 在式 (5.91) 给出的不为零的张量杨表中, 如果 n 个 a_j 中有一个取值不同, 它们显然是线性无关的, 即使 a_j 的取值都相同, 由于 $\mathcal{Y}_\mu^{[\lambda]}R_{\mu\nu}$ 是线性无关的, 它们仍是线性无关的. 因此, 式 (5.91) 给出的不为零的张量杨表构成张量子空间 $\mathcal{T}_\mu^{[\lambda]}$ 的完备基. **现在要证明它们是正则张量杨表.**

$R_{\mu\nu}$ 是把正则杨表 $\mathcal{Y}_\nu^{[\lambda]}$ 变成正则杨表 $\mathcal{Y}_\mu^{[\lambda]}$ 的置换,

$$\mathcal{Y}_\mu^{[\lambda]}R_{\mu\nu}\mathbf{\Theta}_{a_1\cdots a_n} = R_{\mu\nu}\left\{\mathcal{Y}_\nu^{[\lambda]}\mathbf{\Theta}_{a_1\cdots a_n}\right\}. \tag{5.92}$$

花括号中的张量不属于张量子空间 $\mathcal{T}_\mu^{[\lambda]}$, 而属于另一个张量子空间 $\mathcal{T}_\nu^{[\lambda]}$. 既然 $a_1 \leqslant a_2 \leqslant \cdots \leqslant a_n$, 而且 $\mathcal{Y}_\nu^{[\lambda]}$ 是正则杨表, 根据写张量杨表的规则, 花括号中的张量在张量子空间 $\mathcal{T}_\nu^{[\lambda]}$ 中的张量杨表, 在每一行左面的数不大于右面的数, 在每一列上面

的数不大于下面的数, 由于它不为零, 同一列的填数不会相同, 因而**花括号中的张量是正则张量杨表**.

式 (5.92) 就是式 (5.81) 的张量基形式. 式 (5.86) 是式 (5.92) 的特殊情况, 在那里花括号中的正则张量杨表, 正好和左面的正则张量杨表相同. 定理 5.5 就是要证明这结论是普遍成立的: 式 (5.92) 中用 $R_{\mu\nu}$ 联系起来的两个张量, 在不同的张量子空间中对应相同的张量杨表, 因而都是正则张量杨表. 设

$$R_{\mu\nu} = \begin{pmatrix} s_1 & s_2 & \cdots & s_n \\ 1 & 2 & \cdots & n \end{pmatrix}, \quad R_{\mu\nu}\boldsymbol{\Theta}_{a_1\cdots a_n} = \boldsymbol{\Theta}_{b_1\cdots b_n}, \quad b_j = a_{s_j}.$$

对于杨图中的任意一格, 设在杨表 $\mathcal{Y}_\mu^{[\lambda]}$ 中填 j, 则在杨表 $\mathcal{Y}_\nu^{[\lambda]}$ 中填 s_j. 对这同一个格子, 在张量杨表 $\mathcal{Y}_\nu^{[\lambda]}\boldsymbol{\Theta}_{a_1\cdots a_n}$ 中填 a_{s_j}, 在张量杨表 $\mathcal{Y}_\mu^{[\lambda]}R_{\mu\nu}\boldsymbol{\Theta}_{a_1\cdots a_n}$ 中填 $b_j = a_{s_j}$. 两个张量杨表填数相同. 证完.

5.4.3 SU(N) 群生成元的谢瓦莱基

一般说来, 正则张量杨表不一定正交归一. 根据物理上的需要, **要把这组用正则张量杨表表达的完备基和盖尔范德基联系起来.** 式 (5.25) 给出了单纯李群和单纯李代数的谢瓦莱基的定义. 具体到 SU(N) 群, 按照式 (4.124), SU(N) 群的素根表为

$$(\boldsymbol{r}_\mu)_j = (H_j)_\mu - (H_j)_{\mu+1} = \sqrt{2}\left[\left(T_{N-j+1}^{(3)}\right)_\mu - \left(T_{N-j+1}^{(3)}\right)_{\mu+1}\right]$$

$$= \sqrt{\frac{\mu+1}{\mu}}\delta_{\mu(N-j)} - \sqrt{\frac{\mu-1}{\mu}}\delta_{\mu(N-j+1)}.$$

由于素根长度之半 $d_\mu = 1$, 在自身表示中的谢瓦莱基为

$$\begin{aligned} H_\mu &= \sum_{j=1}^{\ell}(\boldsymbol{r}_\mu)_j H_j = \sqrt{\frac{2(\mu+1)}{\mu}}T_{\mu+1}^{(3)} - \sqrt{\frac{2(\mu-1)}{\mu}}T_\mu^{(3)} \\ &= T_{\mu\mu}^{(1)} - T_{(\mu+1)(\mu+1)}^{(1)}, \quad \left(T_{\mu\mu}^{(1)}\right)_{\nu\rho} = \delta_{\nu\mu}\delta_{\rho\mu}, \\ E_\mu &= F_\mu^\dagger = E_{\boldsymbol{\alpha}_{\mu(\mu+1)}} = T_{\mu(\mu+1)}^{(1)} + \mathrm{i}T_{\mu(\mu+1)}^{(2)}. \end{aligned} \tag{5.93}$$

就是说, H_μ, E_μ 和 F_μ 在自身表示中的矩阵形式, 只有在 μ 和 $\mu+1$ 行列的一个二维子矩阵不为零, 这子矩阵正是 SU(2) 群自身表示的相应生成元矩阵, 因而 H_μ, E_μ 和 F_μ 满足 SU(2) 群生成元的对易关系 (式 (5.27)). 它们对矢量基的作用, 不为零的有

$$\begin{aligned} H_\mu\boldsymbol{\Theta}_\mu &= \boldsymbol{\Theta}_\mu, \quad H_\mu\boldsymbol{\Theta}_{\mu+1} = -\boldsymbol{\Theta}_{\mu+1}, \\ E_\mu\boldsymbol{\Theta}_{\mu+1} &= \boldsymbol{\Theta}_\mu, \quad F_\mu\boldsymbol{\Theta}_\mu = \boldsymbol{\Theta}_{\mu+1}. \end{aligned} \tag{5.94}$$

在 SU(N) 变换中, 张量的每一个指标就像矢量指标一样变换. 生成元对张量基的作用, 是对每个指标作用后相加. 因此, **正则张量杨表正是** H_μ **的共同本征状态, 本征值就是权分量** m_μ, 它等于正则张量杨表中填 μ 的格子数减去填 $\mu+1$ 的格子数. 两个只是填数的排列次序不同的正则张量杨表有相同的权, 对应重权. E_μ 对正则张量杨表的作用得到一系列对应重权的张量杨表之和, 这些张量杨表分别把原来正则张量杨表中一个填 $\mu+1$ 的格子填数换成 μ. F_μ **的作用则是把填** μ **的格子填数换成** $\mu+1$. 这些张量杨表可能不是正则的, 需用式 (5.87) 和式 (5.88) 化为正则张量杨表的组合. 例如, 对 SU(3) 群表示 [2,1] 的张量杨表, 有

$$H_1\,\young(11,3) = 2\,\young(11,3)\,, \quad H_2\,\young(11,3) = -\,\young(11,3)\,,$$

$$E_2\,\young(11,3) = \young(11,2)\,, \quad E_1\,\young(11,3) = F_2\,\young(11,3) = 0\,,$$

$$F_1\,\young(11,3) = \young(12,3) + \young(21,3) = 2\,\young(12,3) + \young(23,1)$$

$$= 2\,\young(12,3) - \young(13,2)\,. \tag{5.95}$$

5.4.4　SU(N) 群的不可约表示

定理 5.6　用正则杨算符 $\mathcal{Y}_\mu^{[\lambda]}$ 投影得到的 SU(N) 群张量子空间 $\mathcal{T}_\mu^{[\lambda]} = \mathcal{Y}_\mu^{[\lambda]}\mathcal{T}$ 对应 SU(N) 群的不可约表示, 表示的最高权 M 为

$$M = \sum_{\nu=1}^{N-1} \boldsymbol{w}_\nu M_\nu, \quad M_\nu = \lambda_\nu - \lambda_{\nu+1}, \tag{5.96}$$

其中, λ_ν 是杨图 [λ] 第 ν 行的格数, $\boldsymbol{w}_\nu$ 是基本主权. 有不同杨图 [λ] 的张量子空间 $\mathcal{T}_\mu^{[\lambda]}$ 不等价. 有相同杨图 [λ] 而不同 μ 的张量子空间 $\mathcal{T}_\mu^{[\lambda]}$ 等价, 而且这些张量子空间 $\mathcal{T}_\mu^{[\lambda]}$ 的相同正则张量杨表又构成置换群 S_n 不可约表示 [λ] 的完备基. 杨图行数大于 N 的张量子空间 $\mathcal{T}_\mu^{[\lambda]}$ 是空集.

证明　在张量子空间 $\mathcal{T}_\mu^{[\lambda]}$ 中存在这样一个正则张量杨表, 它的每一格的填数等于格子所在的行数. 既然升算符 E_ν 对正则张量杨表的作用, 得到的每一项分别把一个填 $\nu+1$ 的格子填数变成 ν, 而由于 $\lambda_{\nu+1} \leqslant \lambda_\nu$, 这格子所在列上面必有填 ν 的格子, 故得到的张量杨表为零. 因此, 这正则张量杨表对应最高权态, 对应的最高权 M 由式 (5.96) 给出.

现在证明张量子空间 $\mathcal{T}_\mu^{[\lambda]}$ 中其他正则张量杨表都不是最高权态, 即至少能找到一个升算符对它的作用不为零. 不失普遍性, 设此正则张量杨表的前 $\nu-1$ 行的

格子都填以行数, 第 ν 行至少有一格填数不为 ν, 设为 $\tau > \nu$. 因为处在此格所在列上面的格子填数分别等于行数, 所以此列没有填 $\tau - 1$ 的格子, 这正则张量杨表在 E_τ 作用下不为零.

既然在张量子空间 $\mathcal{T}_\mu^{[\lambda]}$ 中只有一个正则张量杨表描写最高权态, 这不变子空间对应以最高权 M 标记的不可约表示. 有不同杨图 $[\lambda]$ 的张量子空间 $\mathcal{T}_\mu^{[\lambda]}$ 对应的表示最高权不同, 因而不等价. 有相同杨图 $[\lambda]$ 而不同 μ 的张量子空间 $\mathcal{T}_\mu^{[\lambda]}$ 对应的表示最高权相同, 因而等价. 由于式 (5.96), 这不可约表示既可用最高权 M 描写, 也可用杨图 $[\lambda]$ 描写. 杨图行数大于 N 的张量子空间 $\mathcal{T}_\mu^{[\lambda]}$ 包含的所有正则张量杨表都是零, 因而是零空间.

这些等价的张量子空间 $\mathcal{T}_\mu^{[\lambda]}$ 中的相同正则张量杨表, 由于式 (5.92), 构成置换群 S_n 不可约表示 $[\lambda]$ 的完备基, 对应置换群 S_n 的不可约表示 $[\lambda]$. 证完.

推论 1 用 N 行杨图 $[\lambda]$ 描写的 SU(N) 群不可约表示等价于用小于 N 行的杨图 $[\omega]$ 描写的表示, 其中, $\omega_\mu = \lambda_\mu - \lambda_N$.

事实上, 在正则张量杨表中, 包含 N 行的列填数只有一种, 就是从 1 填至 N. 这些列的存在不影响张量子空间中包含的正则张量杨表数目和张量基在 SU(N) 群变换中的变换规则. 因此, SU(N) **群的不可约表示可以用行数小于 N 的杨图描写**.

对应最低权态的正则张量杨表, 每一列各格的填数自下至上为 N, $N-1$, $N-2$, $\cdots$, 因而降算符作用在此张量杨表上得零. 这样的正则张量杨表中, 填 N 的格子数是 λ_1, 填 $N-1$ 的格子数是 λ_2, 依此类推, 填 ν 的格子数是 $\lambda_{N-\nu+1}$, 因此表示最低权 N 为

$$N = \sum_{\nu=1}^{N-1} w_\nu N_\nu, \quad N_\nu = \lambda_{N-\nu+1} - \lambda_{N-\nu} = -M_{N-\nu}. \tag{5.97}$$

不可约表示 M 的复共轭表示的最高权是 $-N$, 对应杨图 $[\lambda']$, 其中, $\lambda'_{N-1} = -N_{N-1} = \lambda_1 - \lambda_2$, $\lambda'_{N-2} = \lambda'_{N-1} - N_{N-2} = \lambda_1 - \lambda_3$, 依此类推, $\lambda'_\nu = \lambda_1 - \lambda_{N-\nu+1}$. 就是说, 把杨图 $[\lambda']$ 倒转过来底朝上, 和杨图 $[\lambda]$ 拼起来, 正好是一个 $\lambda_1 \times N$ 的长方形.

推论 2 设 SU(N) 群两互为复共轭的不可约表示杨图分别为 $[\lambda]$ 和 $[\lambda']$, 最高权分别为 M 和 M', 则 $\lambda'_\mu = \lambda_1 - \lambda_{N-\mu+1}$ 和 $M'_\mu = M_{N-\mu}$.

定理 5.6 给出了 SU(N) 群不可约表示最高权态的正则张量杨表, 它与最高权态的盖尔范德基对应. 因此, **由最高权态出发, 配合方块权图方法和盖尔范德方法, 用降算符作用, 可以算得 SU(N) 群不可约表示的正交归一状态基, 也就是波函数的张量形式**. 这里状态基的归一化以最高权态为标准, 定义张量基 $\Theta_{a_1 \cdots a_n}$ 是正交归一的. 下面通过 SU(3) 群的具体例子来解释这方法.

SU(3) 群两个基本表示 $(1,0)$ 和 $(0,1)$ 的方块权图和盖尔范德基由图 5.2 给出.

类似式 (5.95), 计算盖尔范德基对应的正则张量杨表, 也就是波函数张量形式.

$$|(1,0),(1,0)\rangle = \left|\begin{matrix} 1 & & 0 & & 0 \\ & 1 & & 0 \\ & & 1 \end{matrix}\right\rangle_{\frac{1}{2}}^{1} = \boxed{1}\,,$$

$$|(1,0),(\overline{1},1)\rangle = \left|\begin{matrix} 1 & & 0 & & 0 \\ & 1 & & 0 \\ & & 0 \end{matrix}\right\rangle_{\overline{\frac{1}{3}}}^{\frac{1}{2}} = F_1|(1,0),(1,0)\rangle = \boxed{2}\,,$$

$$|(1,0),(0,\overline{1})\rangle = \left|\begin{matrix} 1 & & 0 & & 0 \\ & 0 & & 0 \\ & & 0 \end{matrix}\right\rangle_{0}^{\overline{\frac{1}{3}}} = F_2|(1,0),(\overline{1},1)\rangle = \boxed{3}\,.$$

$$|(0,1),(0,1)\rangle = \left|\begin{matrix} 1 & & 1 & & 0 \\ & 1 & & 1 \\ & & 1 \end{matrix}\right\rangle_{0}^{1} = \begin{array}{|c|}\hline 1 \\\hline 2 \\\hline\end{array}\,,$$

$$|(0,1),(1,\overline{1})\rangle = \left|\begin{matrix} 1 & & 1 & & 0 \\ & 1 & & 0 \\ & & 1 \end{matrix}\right\rangle_{\frac{1}{3}}^{2} = F_2|(0,1),(0,1)\rangle = \begin{array}{|c|}\hline 1 \\\hline 3 \\\hline\end{array}\,,$$

$$|(0,1),(1,\overline{1})\rangle = \left|\begin{matrix} 1 & & 1 & & 0 \\ & 1 & & 0 \\ & & 0 \end{matrix}\right\rangle_{1}^{\frac{1}{3}} = F_1|(0,1),(1,\overline{1})\rangle = \begin{array}{|c|}\hline 2 \\\hline 3 \\\hline\end{array}\,.$$

　　SU(3) 群三阶混合对称张量表示的杨图是 $[\lambda] = [2,1]$, 最高权是 $M = (1,1)$, 它是 SU(3) 群的伴随表示. 伴随表示是 8 维表示, 方块权图和盖尔范德基如图 5.3 所示, 三阶混合对称张量的正则张量杨表不是正交归一的. 若取杨算符 $\mathcal{Y}_1^{[2,1]}$, 有

$$\text{杨表}\,\mathcal{Y}_1^{[2,1]}:\quad \begin{array}{|c|c|}\hline 1 & 2 \\\hline 3 \\\cline{1-1}\end{array}\,,\qquad \begin{array}{|c|c|}\hline 1 & 1 \\\hline 2 \\\cline{1-1}\end{array} = 2\Theta_{112} - \Theta_{211} - \Theta_{121},$$

$$\begin{array}{|c|c|}\hline 1 & 2 \\\hline 3 \\\cline{1-1}\end{array} = \Theta_{123} - \Theta_{321} + \Theta_{213} - \Theta_{231},$$

它们的模平方分别是 6 和 4. 计算中特别要注意重权态的计算, 式 (5.95) 给出了降算符对正则张量杨表作用的例子.

$$|(1,1),(1,1)\rangle = \left|\begin{matrix} 2 & & 1 & & 0 \\ & 2 & & 1 \\ & & 2 \end{matrix}\right\rangle_{\frac{1}{2}}^{1} = \begin{array}{|c|c|}\hline 1 & 1 \\\hline 2 \\\cline{1-1}\end{array}\,,$$

$$|(1,1),(\overline{1},2)\rangle = \left|\begin{matrix} 2 & & 1 & & 0 \\ & 2 & & 1 \\ & & 1 \end{matrix}\right\rangle_{\overline{1}}^{\frac{1}{2}} = F_1|(1,1),(1,1)\rangle = \begin{array}{|c|c|}\hline 1 & 2 \\\hline 2 \\\cline{1-1}\end{array}\,,$$

$$|(1,1),(2,\bar{1})\rangle = \begin{vmatrix} 2 & 1 & 0 \\ & 2 & 0 \\ & & 2 \end{vmatrix}^2_2 = F_2|(1,1),(\bar{1},1)\rangle = \young(11,3)\,,$$

$$|(1,1),(0,0)_1\rangle = \begin{vmatrix} 2 & 1 & 0 \\ & 2 & 0 \\ & & 1 \end{vmatrix}^3_0 = \sqrt{\frac{1}{2}}F_1|(1,1),(2,\bar{1})\rangle$$

$$= \sqrt{2}\,\young(12,3) - \sqrt{\frac{1}{2}}\,\young(13,2)\,,$$

$$|(1,1),(\bar{2},1)\rangle = \begin{vmatrix} 2 & 1 & 0 \\ & 2 & 0 \\ & & 0 \end{vmatrix}^4_{\bar{2}} = \sqrt{\frac{1}{2}}F_1|(1,1),(0,0)_1\rangle = \young(22,3)\,,$$

$$|(1,1),(0,0)_2\rangle = \begin{vmatrix} 2 & 1 & 0 \\ & 1 & 1 \\ & & 1 \end{vmatrix}^4_{\bar{2}} = \sqrt{\frac{2}{3}}\left[F_1|(1,1),(\bar{1},2)\rangle - \sqrt{\frac{1}{2}}|(1,1),(0,0)_1\rangle\right]$$

$$= \sqrt{\frac{2}{3}}\left\{F_2\,\young(12,2) - \young(12,3) + \frac{1}{2}\,\young(13,2)\right\} = \sqrt{\frac{3}{2}}\,\young(13,2)\,,$$

$$|(1,1),(1,\bar{2})\rangle = \begin{vmatrix} 2 & 1 & 0 \\ & 1 & 0 \\ & & 1 \end{vmatrix}^4_1 = \sqrt{\frac{2}{3}}F_2|(1,1),(0,0)_2\rangle = \young(13,3)\,,$$

$$|(1,1),(\bar{1},\bar{1})\rangle = \begin{vmatrix} 2 & 1 & 0 \\ & 1 & 0 \\ & & 0 \end{vmatrix}^5_{\bar{1}} = F_1|(1,1),(1,\bar{2})\rangle = \young(23,3)\,.$$

把张量杨表展开成张量基之和, 就可以看出它们确实是正交归一的, 特别是两个对应重权的状态基, 模平方都是 6, 而且互相正交:

$$|(1,1),(0,0)_1\rangle = \sqrt{2}\left\{\Theta_{123} - \Theta_{321} + \Theta_{213} - \Theta_{231}\right\}$$

$$- \sqrt{\frac{1}{2}}\left\{\Theta_{132} - \Theta_{231} + \Theta_{312} - \Theta_{321}\right\}$$

$$= \sqrt{\frac{1}{2}}\left\{2\Theta_{123} - \Theta_{321} + 2\Theta_{213} - \Theta_{231} - \Theta_{132} - \Theta_{312}\right\}\,,$$

$$|(1,1),(0,0)_2\rangle = \sqrt{\frac{3}{2}}\left\{\Theta_{132} - \Theta_{231} + \Theta_{312} - \Theta_{321}\right\}\,.$$

5.4.5 SU(N) 群不可约表示的维数

用杨图 $[\lambda]$ 标记的 SU(N) 群不可约表示的维数等于张量子空间 $\mathcal{T}_\mu^{[\lambda]}$ 中包含的正则张量杨表个数. 这里提供一个计算 SU(N) 群不可约表示 $[\lambda]$ 维数的更方便的方法, 称为钩形 (hook) 规则. 希望读者在阅读本小节前, 先复习一下 3.1.3 节介绍的计算置换群 S_n 不可约表示 $[\lambda]$ 维数的钩形规则.

对杨图的每一格, 定义钩形数 h_{ij} 和容度 m_{ij}. 第 i 行第 j 列格子的钩形数 h_{ij} 等于在第 i 行该格右面的格子数加上在第 j 列该格下面的格子数, 再加 1. 第 i 行第 j 列格子的容度 m_{ij} 等于该格所在列数减去所在行数, $m_{ij} = j - i$. 按照钩形规则, 用杨图 $[\lambda]$ 标记的 $\mathrm{SU}(N)$ 群不可约表示维数表成一个分数:

$$d_{[\lambda]}(\mathrm{SU}(N)) = \prod_{ij} \frac{N + m_{ij}}{h_{ij}} = \frac{Y_A^{[\lambda]}}{Y_h^{[\lambda]}}. \tag{5.98}$$

分母的表 $Y_h^{[\lambda]}$ 是在杨图 $[\lambda]$ 各格填以该格的钩形数 h_{ij}, 分母是表中所填数的乘积. 分子的表 $Y_A^{[\lambda]}$ 是在杨图 $[\lambda]$ 各格填以 N 和该格容度 m_{ij} 之和, $N + j - i$, 分子是表中所填数的乘积.

一行的杨图描写完全对称张量, 维数为

$$d_{[n]}(\mathrm{SU}(N)) = \prod_{j=1}^{n} \frac{N + j - 1}{j} = \frac{(N + n - 1)!}{n!(N - 1)!} = \left(\begin{array}{c} N + n - 1 \\ n \end{array} \right). \tag{5.99}$$

$N = 2$ 时有 $d_{[n]}(\mathrm{SU}(2)) = n + 1$.

计算 $\mathrm{SU}(N)$ 群两行杨图 $[\mu, \nu]$ 对应表示的维数:

$$d_{[\mu,\nu]}(\mathrm{SU}(N)) = \cfrac{\begin{array}{|c|c|c|c|c|c|c|} \hline N & N+1 & \cdots & N+\nu-1 & N+\nu & \cdots & N+\mu-1 \\ \hline N-1 & N & \cdots & N+\nu-2 \\ \hline \end{array}}{\begin{array}{|c|c|c|c|c|c|c|} \hline \mu+1 & \mu & \cdots & \mu-\nu+2 & \mu-\nu & \cdots & 1 \\ \hline \nu & \nu-1 & \cdots & 1 \\ \hline \end{array}}$$

$$= \frac{(N + \mu - 1)!(N + \nu - 2)!(\mu - \nu + 1)}{(N - 1)!(N - 2)!(\mu + 1)!\nu!}. \tag{5.100}$$

$N = 3$ 时有 $d_{[\mu,\nu]}(\mathrm{SU}(3)) = (\mu + 2)(\nu + 1)(\mu - \nu + 1)/2$. 如

$$d_{[1]}(\mathrm{SU}(3)) = d_{[1,1]}(\mathrm{SU}(3)) = 3, \quad d_{[2,1]}(\mathrm{SU}(3)) = 8,$$

$$d_{[3]}(\mathrm{SU}(3)) = d_{[3,3]}(\mathrm{SU}(3)) = 10, \quad d_{[4,2]}(\mathrm{SU}(3)) = 27.$$

5.4.6 n 个电子系统的反对称波函数

电子是费米子, 自旋为 $1/2$, 自旋波函数用 $\mathrm{SU}(2)$ 群的基本旋量来描写, 旋量基记为 χ_σ:

$$\chi_1 = \left(\begin{array}{c} 1 \\ 0 \end{array} \right), \quad \chi_2 = \left(\begin{array}{c} 0 \\ 1 \end{array} \right). \tag{5.101}$$

n 个电子系统的自旋波函数是 n 个基本旋量基的直乘及其组合,

$$\boldsymbol{\Theta}_{\sigma_1, \cdots, \sigma_n} = \chi_{\sigma_1}(1) \chi_{\sigma_2}(2) \cdots \chi_{\sigma_n}(n), \tag{5.102}$$

其中, 乘积次序不能颠倒, $\chi_{\sigma_a}(a)$ 是第 a 个电子的旋量基. 按照物理上的习惯, 这里省略直乘符号. $\Theta_{\sigma_1,\cdots,\sigma_n}$ 就是 SU(2) 群 n 阶张量空间 $\mathcal{T}$ 的张量基. 用杨算符投影后得到的张量子空间 $\mathcal{Y}_\mu^{[n-m,m]}\mathcal{T}$ 对应 SU(2) 群的不可约表示 $[n-m,m] \simeq [n-2m]$, 即表示 $D^j(\mathrm{SU}(2))$, $j = n/2 - m$, 函数基是对应杨图 $[n-m,m]$ 的正则张量杨表.

用物理的语言讲, $W \in \mathcal{Y}_\mu^{[n-m,m]}\mathcal{T}$ 描写 n 个电子系统的自旋波函数, 总自旋为 $S = n/2 - m$. W 取正则张量杨表时, $2S_z$ 等于正则张量杨表中填 1 的格子数减去填 2 的格子数. 例如, 在子空间 $\mathcal{Y}_1^{[n-m,m]}\mathcal{T}$ 中最高权态 $\mathcal{Y}_1^{[n-m,m]}Z_1$ 对应总自旋 $S = S_z = n/2 - m$, 其中杨表 $\mathcal{Y}_1^{[n-m,m]}$ 为

1	2	$\cdots$	m	$m+1$	$\cdots$	$n-m$
$n-m+1$	$n-m+2$	$\cdots$	n			

,

$$Z_1 = \chi_1(1)\chi_1(2)\cdots\chi_1(n-m)\chi_2(n-m+1)\cdots\chi_2(n-1)\chi_2(n). \tag{5.103}$$

在置换群 S_n 元素 R 作用下, $R\mathcal{Y}_1^{[n-m,m]}Z_1$ 架设置换群 S_n 的不可约表示空间, 对应表示仍用杨图 $[n-m,m]$ 标记, 函数基是 $R_{\mu 1}\mathcal{Y}_1^{[n-m,m]}Z_1$, 其中 $R_{\mu 1} \in S_n$ 是把正则杨表 $\mathcal{Y}_1^{[n-m,m]}$ 变成正则杨表 $\mathcal{Y}_\mu^{[n-m,m]}$ 的置换变换.

n 个电子系统的总波函数由空间波函数和自旋波函数的乘积及其组合构成. 由于电子是费米子, 总波函数必须关于每对电子交换反对称. 本小节以有确定总自旋的 n 个电子系统在一维谐振子势场作用下定态波函数的计算为例, 来解释 n 个电子系统反对称波函数的计算方法. 这方法很容易推广到任何有确定自旋的多粒子系统波函数的计算, 包括全对称波函数的计算. 例如, 计算在一维波导管内有无限强接触相互作用的费米子系统精确解 (Guan et al., 2009).

在一维谐振子势场中运动的单电子哈密顿方程是

$$\left[-\frac{\hbar^2}{2M}\frac{d^2}{dx^2} + \frac{M\omega^2 x^2}{2}\right]u_r(x) = E_r u_r(x),$$

其中 M 是电子质量. 第 r 个激发态的定态波函数 $u_r(x)$ 是

$$u_r(x) = \left(\frac{\alpha}{2^r r!\sqrt{\pi}}\right)^{1/2} H_r(\alpha x)e^{-\alpha^2 x^2}, \quad \alpha = \sqrt{\frac{M\omega}{\hbar}}, \tag{5.104}$$

能量为 $E_r = (r+1/2)\hbar\omega$, 其中 $H_r(x)$ 是 r 阶厄米多项式 (Gradshteyn et al., 2007).

n 个电子系统在一维谐振子势场中运动的哈密顿方程是

$$\sum_{a=1}^n \left[-\frac{\hbar^2}{2M}\frac{\partial^2}{\partial x_a^2} + \frac{M\omega^2 x_a^2}{2}\right]\Psi(x_1\cdots x_n) = E\Psi(x_1\cdots x_n). \tag{5.105}$$

设总自旋为 $S = S_z = n/2 - m$, 则自旋波函数必定是 $R_{\mu 1}\mathcal{Y}_1^{[n-m,m]}Z_1$ 的线性组合, 对应置换群 S_n 表示 $[n-m,m]$. 为了构成全反对称波函数, 空间波函数必须属于 S_n 群的表示 $[2^m, 1^{n-2m}]$, 而且满足方程 (5.105).

设 $\psi(x_1 \cdots x_t)$ 描写 t 个电子分别处于由基态至第 $t-1$ 个激发态的全反对称波函数, 它表为波函数乘积的行列式,

$$
\begin{aligned}
\phi(x_1 \cdots x_t) &= \frac{1}{\sqrt{t!}} \det \{u_i(x_j)\}_{j=1,2,\cdots,t}^{i=0,1,\cdots,(t-1)} \\
&= \frac{1}{\sqrt{t!}}
\begin{vmatrix}
u_0(x_1) & u_1(x_1) & \cdots & u_{t-1}(x_1) \\
u_0(x_2) & u_1(x_2) & \cdots & u_{t-1}(x_2) \\
\cdots & \cdots & & \cdots \\
u_0(x_t) & u_1(x_t) & \cdots & u_{t-1}(x_t)
\end{vmatrix},
\end{aligned}
\tag{5.106}
$$

对应能量

$$
E = \sum_{r=0}^{t-1} \left(r + \frac{1}{2} \right) \hbar\omega = \frac{t^2}{2}\,\hbar\omega. \tag{5.107}
$$

设 $\mathrm{H} = \mathrm{S}_{n-m} \times \mathrm{S}_m$ 是关于前 $n-m$ 个电子的置换群和关于后 m 个电子的置换群的直乘. H 是置换群 S_n 的子群, 指数 κ 等于 n 个客体中取 m 个客体的组合数, 左陪集表为 $P_\alpha \mathrm{H}$, P_1 为恒元,

$$
P_\alpha =
\begin{pmatrix}
1 & 2 & \cdots & n-m & n-m+1 & n-m+2 & \cdots & n \\
a_1 & a_2 & \cdots & a_{n-m} & b_1 & b_2 & \cdots & b_m
\end{pmatrix},
$$

$$
a_i \neq b_j, \quad
\begin{aligned}
& 1 \leqslant a_1 < a_2 < \cdots < a_{n-m} \leqslant n, \\
& 1 \leqslant b_1 < b_2 \cdots < b_m \leqslant n.
\end{aligned}
\tag{5.108}
$$

置换群 S_n 完全反对称表示的杨算符 $\mathcal{Y}^{[1^n]}$ 为

$$
\mathcal{Y}^{[1^n]} = \sum_{R \in \mathrm{S}_n} \delta(R) R = \sum_{\alpha=1}^{\kappa} \delta(P_\alpha) P_\alpha \sum_{T \in \mathrm{H}} \delta(T) T. \tag{5.109}
$$

波函数用 $\mathcal{Y}^{[1^n]}$ 投影, 如果不为零, 就对电子交换完全反对称.

自旋波函数 $\mathcal{Y}_1^{[n-m,m]} Z_1$ 在子群 H 的变换中保持不变, 且总自旋为 $S = S_z = n/2 - m$. 空间波函数 $\psi^{n-m,m}(x)$:

$$
\psi^{n-m,m}(x) = \phi(x_1 \cdots x_{n-m}) \phi(x_{n-m+1} \cdots x_n), \tag{5.110}
$$

属子群 H 的完全反对称表示 $[1^{n-m}] \times [1^m]$. 因此, 对 $T \in \mathrm{H}$, 有

$$
T\left[\psi^{n-m,m}(x) \mathcal{Y}_1^{[n-m,m]} Z_1 \right] = \delta(T) \left[\psi^{n-m,m}(x) \mathcal{Y}_1^{[n-m,m]} Z_1 \right].
$$

乘积波函数用 $\mathcal{Y}^{[1^n]}$ 投影, 就是 n 个电子系统在一维谐振子势场作用下的完全反对称定态波函数:

$$
\Psi(x_1 \cdots x_n) = \frac{1}{n!(n-m)!}\, \mathcal{Y}^{[1^n]} \left[\psi^{n-m,m}(x) \mathcal{Y}_1^{[n-m,m]} Z_1 \right]
$$

$$= \sum_{\alpha=1}^{\kappa} \delta(P_\alpha) P_\alpha \left[\psi^{n-m,m}(x) \mathcal{Y}_1^{[n-m,m]} Z_1 \right], \tag{5.111}$$

总自旋为 $S = S_z = n/2 - m$, 能量为

$$E = \left[\frac{(n-m)^2}{2} + \frac{m^2}{2} \right] \hbar\omega. \tag{5.112}$$

顺便指出, 子群 H 的完全反对称表示 $[1^{n-m}] \times [1^m]$ 关于群 S_n 的诱导表示约化后, 有且只有一个表示 $[2^m, 1^{n-2m}]$. 在直乘表示 $[2^m, 1^{n-2m}] \times [n-m, m]$ 约化后, 有且只有一个完全反对称表示 $[1^n]$. 在这个意义上说, 解 (5.111) 是唯一的.

5.4.7 张量的外积

本小节用张量外积的概念讨论 SU(N) 群两个不可约表示的直乘分解问题, 也就是计算 SU(N) 群的克莱布什–戈登级数.

设 $\mathcal{T}^{(n)}$, $\mathcal{T}^{(m)}$ 和 $\mathcal{T}$ 分别是 SU(N) 群的 n 阶、m 阶和 $n+m$ 阶张量空间, 把张量 $\boldsymbol{T}_{a_1 \cdots a_n}^{(n)} \in \mathcal{T}^{(n)}$ 和 $\boldsymbol{T}_{b_1 \cdots b_m}^{(m)} \in \mathcal{T}^{(m)}$ 并在一起是 SU(N) 群的一个 $n+m$ 阶张量, 称为两张量的外积, $\boldsymbol{T}_{a_1 \cdots a_n}^{(n)} \boldsymbol{T}_{b_1 \cdots b_m}^{(m)} \in \mathcal{T}^{(n)} \mathcal{T}^{(m)}$. 用两个杨算符 $\mathcal{Y}^{[\lambda]}$ 和 $\mathcal{Y}^{[\mu]}$ 投影, 得

$$\mathcal{Y}^{[\lambda]} \mathcal{T}^{(n)} \mathcal{Y}^{[\mu]} \mathcal{T}^{(m)} \equiv \mathcal{T}^{[\lambda][\mu]} \subset \mathcal{T}^{(n)} \mathcal{T}^{(m)} \subset \mathcal{T}, \tag{5.113}$$

其中, 杨图 $[\lambda]$ 和 $[\mu]$ 分别是 n 和 m 格的, 行数都不大于 N. 这里为符号简洁起见略去正则杨算符的序指标. **投影后的张量子空间的直积 $\mathcal{T}^{[\lambda][\mu]}$ 仍对 SU(N) 变换保持不变, 对应的表示是 SU(N) 群两不可约表示的直乘** $[\lambda] \times [\mu]$, 它一般是 SU(N) 群的可约表示, 维数是 $d_{[\lambda]}(\mathrm{SU}(N)) d_{[\mu]}(\mathrm{SU}(N))$.

用杨算符 $\mathcal{Y}^{[\omega]}$ 对直乘张量空间 $\mathcal{T}^{(n)} \mathcal{T}^{(m)}$ 投影, 得到对应 SU(N) 群不可约表示 $[\omega]$ 的张量子空间 $\mathcal{T}^{[\omega]}$, 其中, 杨图 $[\omega]$ 的格数为 $n+m$, 且行数不大于 N,

$$\mathcal{Y}^{[\omega]} \mathcal{T}^{(n)} \mathcal{T}^{(m)} \equiv \mathcal{T}^{[\omega]} \subset \mathcal{T}^{(n)} \mathcal{T}^{(m)} \subset \mathcal{T}. \tag{5.114}$$

若

$$\mathcal{Y}^{[\lambda]} \mathcal{Y}^{[\mu]} t_\alpha \mathcal{Y}^{[\omega]} \neq 0, \tag{5.115}$$

其中, t_α 是置换群 S_{n+m} 群代数中的矢量, 则在张量子空间 $\mathcal{T}^{[\lambda][\mu]}$ 中, 包含有对应表示 $[\omega]$ 的张量子空间,

$$\mathcal{Y}^{[\lambda]} \mathcal{Y}^{[\mu]} \left\{ t_\alpha \mathcal{Y}^{[\omega]} \mathcal{T}^{(n)} \mathcal{T}^{(m)} \right\} \subset \mathcal{Y}^{[\lambda]} \mathcal{Y}^{[\mu]} \mathcal{T}^{(n)} \mathcal{T}^{(m)} = \mathcal{T}^{[\lambda][\mu]}. \tag{5.116}$$

一方面, **最左面的杨算符 $\mathcal{Y}^{[\lambda]} \mathcal{Y}^{[\mu]}$ 决定了投影后的张量属张量子空间 $\mathcal{T}^{[\lambda][\mu]}$**, 因为花括号中的量总属于整个张量空间 $\mathcal{T}^{(n)} \mathcal{T}^{(m)}$. 另一方面, 由于外尔互反性, **最右**

面的杨算符 $\mathcal{Y}^{[\omega]}$ 决定了张量子空间中张量在 SU(N) 变换中的变化规律, 即对应
SU(N) 群的表示 $[\omega]$. 在杨算符 $\mathcal{Y}^{[\omega]}$ 的左面乘了置换的线性组合, 只是使这子空间
$\mathcal{Y}^{[\omega]}\mathcal{T}^{(n)}\mathcal{T}^{(m)} = \mathcal{T}^{[\omega]}$ 发生了整体的变动. 式 (5.116) 表明, 只要式 (5.115) 不为零,
在 SU(N) 群不可约表示直乘 $[\lambda] \times [\mu]$ 的约化中, 就包含表示 $[\omega]$. 按照 3.3.2 节的
讨论, 在直乘表示约化中出现的表示及其重数可由李特尔伍德–理查森规则计算:

$$[\lambda] \times [\mu] \simeq \bigoplus_{[\omega]} a^{\omega}_{\lambda\mu}[\omega]. \tag{5.117}$$

与 3.3.2 节中介绍的计算置换群表示外积约化的李特尔伍德 – 理查森规则比
较, **不同在于这里涉及的表示是 SU(N) 群的表示, 不是置换群的表示**. 由此引导
出计算公式有两点不同. 一是表示约化的维数公式 (请与式 (3.76) 比较) 为

$$d_{[\lambda]}(\mathrm{SU}(N))d_{[\mu]}(\mathrm{SU}(N)) = \sum_{[\omega]} a^{\omega}_{\lambda\mu} d_{[\omega]}(\mathrm{SU}(N)). \tag{5.118}$$

二是按李特尔伍德–理查森规则计算出的杨图 $[\omega]$, 若它的行数大于 N 对应零空间,
应把它从克莱布什–戈登级数中删去. 例如, SU(3) 群两表示 $[2,1]$ 的直乘分解, 与
3.3.2 节的例 1 相比, 删去了两个行数大于 3 的杨图:

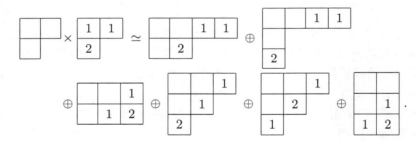

它们的维数公式是

$$8 \times 8 = 27 + 10 + 10^* + 2 \times 8 + 1. \tag{5.119}$$

这里, 加星号的数 10^*, 说明表示 $[3,3]$ 是表示 $[3,0]$ 的复共轭表示.

一个重要的特例是 N 阶完全反对称张量表示 $[1^N]$ 描写恒等表示, 它与任意表
示 $[\lambda]$ 的直乘仍是表示 $[\lambda]$. 按李特尔伍德–理查森规则计算克莱布什–戈登级数时,
只有一个表示的杨图行数不大于 N, 它就是把两个杨图简单地粘起来:

$$[1^N] \times [\lambda] \simeq [\lambda'], \quad \lambda'_j = \lambda_j + 1. \tag{5.120}$$

即杨图 $[\lambda']$ 比起原杨图 $[\lambda]$ 来, 左面多了一列 N 行的格子. 按照定理 5.6 的推论 1,
表示 $[\lambda']$ 等价于表示 $[\lambda]$.

5.4.8 协变张量和逆变张量

SU(N) 群的自身表示与其复共轭表示不等价. 按自身表示变换的矢量称为协变矢量, 按自身表示直乘变换的张量称为协变张量. 按自身表示的复共轭表示变换的矢量称为逆变矢量, 按这复共轭表示直乘变换的张量称为逆变张量. 在 SU(N) 变换中逆变张量按下式变换:

$$
\begin{aligned}
(O_u \boldsymbol{T})^{a_1 \cdots a_m} &= \sum_{b_1 \cdots b_m} \boldsymbol{T}^{b_1 \cdots b_m} \left(u^{-1} \right)_{b_1 a_1} \cdots \left(u^{-1} \right)_{b_m a_m} \\
&= \sum_{b_1 \cdots b_m} u^*_{a_1 b_1} \cdots u^*_{a_m b_m} \boldsymbol{T}^{b_1 \cdots b_m}.
\end{aligned}
\tag{5.121}
$$

逆变张量的基记为 $\boldsymbol{\Theta}^{b_1 \cdots b_m}$, 有

$$
\begin{aligned}
O_u \boldsymbol{\Theta}^{b_1 \cdots b_m} &= \sum_{d_1 \cdots d_m} \left(u^{-1} \right)_{b_1 d_1} \cdots \left(u^{-1} \right)_{b_m d_m} \boldsymbol{\Theta}^{d_1 \cdots d_m} \\
&= \sum_{d_1 \cdots d_m} \boldsymbol{\Theta}^{d_1 \cdots d_m} u^*_{d_1 b_1} \cdots u^*_{d_m b_m}.
\end{aligned}
\tag{5.122}
$$

逆变张量空间记为 $\mathcal{T}^*$, 用杨算符 $\mathcal{Y}^{[\tau]}$ 投影, 得不可约张量子空间 $\mathcal{Y}^{[\tau]}\mathcal{T}^* = \mathcal{T}^{[\tau]*}$, 对应表示用带星号的杨图 $[\tau]^*$ 标记, 子空间的张量基用带星号的正则张量杨表标记. 表示 $[\tau]^*$ 是表示 $[\tau]$ 的复共轭表示, 它们的杨图关系已由定理 5.6 的推论 2 给出. 例如, 完全反对称逆变张量表示 $[1^m]^*$ 等价于完全反对称协变张量表示 $[1^{N-m}]$:

$$
[1^m]^* \simeq [1^{N-m}].
\tag{5.123}
$$

事实上, 表示 $[1^m]^*$ 的张量基记为 $\mathcal{Y}^{[1^m]}\boldsymbol{\Theta}^{b_1 \cdots b_m}$, 用乘 N 阶完全反对称张量 $\epsilon_{a_1 \cdots a_N}$ 的方法, 定义新基 $\boldsymbol{\Phi}_{a_1 \cdots a_{N-m}}$:

$$
\boldsymbol{\Phi}_{a_1 \cdots a_{N-m}} = \frac{1}{m!} \sum_{b_1 \cdots b_m} \epsilon_{a_1 \cdots a_{N-m} b_1 \cdots b_m} \mathcal{Y}^{[1^m]}\boldsymbol{\Theta}^{b_1 \cdots b_m}.
\tag{5.124}
$$

基 $\boldsymbol{\Phi}_{a_1 \cdots a_{N-m}}$ 的指标也是完全反对称的, 而且两组基的个数是相同的:

$$
\begin{pmatrix} N \\ N-m \end{pmatrix} = \begin{pmatrix} N \\ m \end{pmatrix}.
$$

因此基的组合 (5.124) 就是 $[1^m]^*$ 表示空间完备基的一种重新选择, 对应的 SU(N) 群表示与 $[1^m]^*$ 等价. 利用 $\epsilon_{a_1 \cdots a_N}$ 的性质, 容易证明新基 $\boldsymbol{\Phi}_{a_1 \cdots a_{N-m}}$ 又是 SU(N) 变换的 $N-m$ 阶完全反对称协变张量基, 它们架设的空间对应表示 $[1^{N-m}]$. 因此证得式 (5.123).

$$(O_u\boldsymbol{\Phi})_{a_1\cdots a_{N-m}} = \frac{1}{m!}\sum_{b_1\cdots b_m}\epsilon_{a_1\cdots a_{N-m}b_1\cdots b_m}\left(\mathcal{Y}^{[1^m]}O_u\boldsymbol{\Theta}\right)^{b_1\cdots b_m}$$

$$= \frac{1}{m!}\sum_{b_1\cdots b_m}\sum_{d_1\cdots d_{N-m}}\sum_{c_1\cdots c_{N-m}}\epsilon_{d_1\cdots d_{N-m}b_1\cdots b_m}\left(u^*_{c_1d_1}u_{c_1a_1}\right)\cdots$$

$$\times\left(u^*_{c_{N-m}d_{N-m}}u_{c_{N-m}a_{N-m}}\right)\sum_{t_1\cdots t_m}\mathcal{Y}^{[1^m]}\boldsymbol{\Theta}^{t_1\cdots t_m}u^*_{t_1b_1}\cdots u^*_{t_mb_m}$$

$$= \frac{1}{m!}\sum_{c_1\cdots c_{N-m}}\sum_{t_1\cdots t_m}\mathcal{Y}^{[1^m]}\boldsymbol{\Theta}^{t_1\cdots t_m}u_{c_1a_1}\cdots u_{c_{N-m}a_{N-m}}$$

$$\times\left\{\sum_{d_1\cdots d_{N-m}}\sum_{b_1\cdots b_m}u^*_{c_1d_1}\cdots u^*_{c_{N-m}d_{N-m}}u^*_{t_1b_1}\cdots u^*_{t_mb_m}\epsilon_{d_1\cdots d_{N-m}b_1\cdots b_m}\right\}$$

$$= \frac{1}{m!}\sum_{c_1\cdots c_{N-m}}\sum_{t_1\cdots t_m}\epsilon_{c_1\cdots c_{N-m}t_1\cdots t_m}\mathcal{Y}^{[1^m]}\boldsymbol{\Theta}^{t_1\cdots t_m}u_{c_1a_1}\cdots u_{c_{N-m}a_{N-m}}$$

$$= \sum_{c_1\cdots c_{N-m}}\boldsymbol{\Phi}_{c_1\cdots c_{N-m}}u_{c_1a_1}\cdots u_{c_{N-m}a_{N-m}}. \tag{5.125}$$

5.4.4 节中计算得的表示 $(0,1)$ 的正则张量杨表换成逆变张量基是

$$\boxed{\begin{smallmatrix}1\\2\end{smallmatrix}} = \boxed{3}^*, \quad \boxed{\begin{smallmatrix}1\\3\end{smallmatrix}} = -\boxed{2}^*, \quad \boxed{\begin{smallmatrix}2\\3\end{smallmatrix}} = \boxed{1}^*. \tag{5.126}$$

进一步, 有 n 个协变指标和 m 个逆变指标, 在 SU(N) 变换中按下面规律变换的量称为 (n,m) 阶混合张量,

$$(O_u\boldsymbol{T})^{b_1\cdots b_m}_{a_1\cdots a_n} = \sum_{(a')(b')}u_{a_1a_1'}\cdots u_{a_na_n'}\boldsymbol{T}^{b_1'\cdots b_m'}_{a_1'\cdots a_n'}\left(u^{-1}\right)_{b_1'b_1}\cdots\left(u^{-1}\right)_{b_m'b_m}$$

$$= \sum_{(a')(b')}u_{a_1a_1'}\cdots u_{a_na_n'}u^*_{b_1b_1'}\cdots u^*_{b_mb_m'}\boldsymbol{T}^{b_1'\cdots b_m'}_{a_1'\cdots a_n'}. \tag{5.127}$$

一个协变张量和一个逆变张量的直积就是一个混合张量的典型例子. 可用两个杨算符 $\mathcal{Y}^{[\lambda]}_\rho$ 和 $\mathcal{Y}^{[\mu]}_\tau$ 分别对协变张量部分和逆变张量部分投影, 把混合张量空间分解为混合张量子空间, 对应 SU(N) 群两表示的直积, $[\lambda]\times[\mu]^*$. 这样的张量子空间是否还存在对 SU(N) 变换不变的更小的子空间呢?

混合张量的一对协变和逆变指标取相同值并求和, 这对指标在 SU(N) 变换中保持不变:

$$\sum_{c=1}^{N}(O_u\boldsymbol{T})^{cb_1\cdots}_{ca_1\cdots} = \sum_{cdd'}u_{cd}u^*_{cd'}\sum_{(a')(b')}u_{a_1a_1'}\cdots u^*_{b_1b_1'}\cdots\boldsymbol{T}^{d'b_1'\cdots}_{da_1'\cdots}$$

$$= \sum_{(a')(b')}u_{a_1a_1'}\cdots u^*_{b_1b_1'}\cdots\left(\sum_d\boldsymbol{T}^{db_1'\cdots}_{da_1'\cdots}\right) \tag{5.128}$$

这样的张量称为原来张量的 **迹张量**. 一对协变和逆变指标取迹的运算称为张量指标的收缩, (n, m) 阶张量的一对指标收缩后, 它的变换性质等同于 $(n-1, m-1)$ 阶张量. 迹张量的集合构成一个对 SU(N) 变换不变的张量子空间, 这对指标无迹的张量构成的无迹张量子空间, 也对 SU(N) 变换保持不变.

有一个典型的关于 SU(N) 变换不变的 $(1,1)$ 阶混合张量 $\boldsymbol{D}$, 它的分量等于克罗内克 (Kronecker) δ 函数.

$$\boldsymbol{D}_a^b = \delta_a^b = \begin{cases} 1, & a = b, \\ 0, & a \neq b, \end{cases}$$
$$(O_u \boldsymbol{D})_a^b = \sum_{a'b'} u_{aa'} u_{bb'}^* \boldsymbol{D}_{a'}^{b'} = \sum_{a'b'} u_{aa'} u_{bb'}^* \delta_{a'}^{b'} = \delta_a^b = \boldsymbol{D}_a^b. \tag{5.129}$$

$(1,1)$ 阶混合张量 $\boldsymbol{D}$ 构成一维张量空间, 对应恒等表示. 不变张量 $\boldsymbol{D}$ 在混合张量空间的分解中起着重要作用. 例如,

$$\boldsymbol{T}_a^b = \left\{ \boldsymbol{T}_a^b - \boldsymbol{D}_a^b \left(\frac{1}{N} \sum_c \boldsymbol{T}_c^c \right) \right\} + \boldsymbol{D}_a^b \left(\frac{1}{N} \sum_c \boldsymbol{T}_c^c \right). \tag{5.130}$$

第一项是 $(1,1)$ 阶无迹混合张量, 而第二项括号里的量是迹张量, 它是零阶张量 (标量), 原来的张量性质由 $\boldsymbol{D}$ 承担. 用 SU(N) 群表示直乘分解的语言, 有

$$[1] \times [1]^* \simeq [1] \times [1^{N-1}] \simeq [2, 1^{N-2}] \oplus [1^N]. \tag{5.131}$$

这符合李特尔伍德–理查森规则.

在混合张量空间中分解出无迹张量子空间的问题, 原则上是一个简单的代数问题, 但实际计算起来可能很繁琐. 例如, 从 $(2,1)$ 阶混合张量 $\boldsymbol{T}_{ab}^d$ 中分解出无迹张量 $\boldsymbol{\Phi}_{ab}^d$ 就相当繁琐,

$$\boldsymbol{\Phi}_{ab}^d = \boldsymbol{T}_{ab}^d + \boldsymbol{D}_a^d \sum_{p=1}^N \left\{ c_1 \boldsymbol{T}_{bp}^p + c_2 \boldsymbol{T}_{pb}^p \right\} + \boldsymbol{D}_b^d \sum_{p=1}^N \left\{ c_3 \boldsymbol{T}_{ap}^p + c_4 \boldsymbol{T}_{pa}^p \right\}.$$

则根据无迹条件 $\sum_a \boldsymbol{\Phi}_{ab}^a = 0$ 和 $\sum_b \boldsymbol{\Phi}_{ab}^b = 0$, 得

$$1 + Nc_2 + c_4 = 0, \quad Nc_1 + c_3 = 0,$$
$$1 + c_1 + Nc_3 = 0, \quad c_2 + Nc_4 = 0.$$

解得

$$c_2 = c_3 = -N/(N^2 - 1), \quad c_1 = c_4 = 1/(N^2 - 1),$$

$$\Phi_{ab}^d = T_{ab}^d + \frac{1}{N^2-1} \left\{ D_a^d \sum_{p=1}^{N} \left(T_{bp}^p - NT_{pb}^p \right) + D_b^d \sum_{p=1}^{N} \left(T_{pa}^p - NT_{ap}^p \right) \right\}.$$

尽管计算比较繁琐, 但原则上混合张量空间可以分解为一系列无迹张量子空间的直和, 这些无迹张量的指标成对地减少. 在实际物理问题中并不做这样的分解, 而是直接定义混合张量是无迹的.

用两个杨算符 $\mathcal{Y}_p^{[\lambda]}$ 和 $\mathcal{Y}_\tau^{[\mu]}$ 对**无迹混合张量投影**, 得到的表示用杨图标记为 $[\lambda]\backslash[\tau]^*$. 现在来证明, 用杨图 $[\lambda]\backslash[\tau]^*$ 标记的**无迹混合张量空间为非零空间的充要条件是杨图 $[\lambda]$ 和 $[\tau]^*$ 的第一列格数之和不大于** N, 也就是要证明在此条件下, 不同的正则张量杨表数目大于无迹条件的数目.

设杨图 $[\lambda]$ 和杨图 $[\tau]^*$ 的第一列格数分别为 n 和 m. 在此张量子空间中任取一对正则张量杨表, 设它们的第一列格子中有 ℓ 对填数相重. 变动这 ℓ 对填数相同的格子的填数值, 固定所有其他格子的填数, 得到互不相同的张量杨表的对数为

$$\binom{N-(n+m-2\ell)}{\ell}.$$

由于张量是无迹的, 这些张量杨表间存在着无迹条件. 固定 $\ell-1$ 对相重的填数, 余下的一对数取迹, 得到一个无迹条件. 无迹条件数目等于这 $\ell-1$ 对相重数所有可能的不同取值数目, 即无迹条件数为

$$\binom{N-(n+m-2\ell)}{\ell-1}.$$

张量子空间为非零空间的充要条件是无迹条件的数目小于不相同的正则张量杨表对数, 即

$$\ell \leqslant \frac{1}{2}\{N-(n+m-2\ell)\}, \quad n+m \leqslant N. \tag{5.132}$$

证完.

用**杨图 $[\lambda]\backslash[\tau]^*$ 标记的表示是不可约表示**, 它不再存在对 SU(N) 变换不变的更小的非零张量子空间. 例如, $(1,1)$ 阶无迹混合张量空间对应不可约表示 $[1]\backslash[1]^*$. 比较式 (5.131) 知

$$[1]\backslash[1]^* \simeq [2,1^{N-2}]. \tag{5.133}$$

这就是 SU(N) 群的伴随表示. 采用类似式 (5.125) 的方法, 可以把式 (5.133) 推广. **对 m 行的杨图 $[\tau]$, $m \leqslant N$, 有**

$$[\lambda]\backslash[\tau]^* \simeq [\lambda']\backslash[\tau']^*, \quad \begin{aligned} &\tau_j' = \tau_j - 1, \quad 1 \leqslant j \leqslant m, \\ &\lambda_k' = \lambda_k + 1, \quad 1 \leqslant k \leqslant N-m. \end{aligned} \tag{5.134}$$

多次运用式 (5.134), 可以把无迹混合张量表示 $[\lambda]\backslash[\tau]^*$ 化为用一个杨图标记的不可约协变张量表示或不可约逆变张量表示, 而且可以重新得到定理 5.6 的推论 2. 例如, 对 SU(5) 群, 有

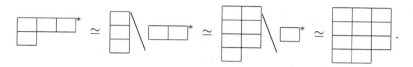

5.5 SO(N) 群的不可约表示

SO(N) 群有两类表示. 张量表示是 SO(N) 群的单值表示, 旋量表示是 SO(N) 群的双值表示.

5.5.1 SO(N) 群的张量

与 SU(N) 群的张量和张量基的概念类似, SO(N) 群的 n 阶张量 $\boldsymbol{T}_{a_1\cdots a_n}$ 有 n 个指标, N^n 个分量, 在 SO(N) 变换 R 中按下式变换:

$$\boldsymbol{T}_{a_1\cdots a_n} \xrightarrow{R} (O_R\boldsymbol{T})_{a_1\cdots a_n} = \sum_{b_1\cdots b_n} R_{a_1b_1}\cdots R_{a_nb_n}\boldsymbol{T}_{b_1\cdots b_n}. \tag{5.135}$$

张量基 $\boldsymbol{\Theta}_{d_1\cdots d_n}$ 是一组特殊的张量, 每个张量基都只有一个分量不为 0, 而等于 1. 任何张量可按张量基展开:

$$(\boldsymbol{\Theta}_{d_1\cdots d_n})_{a_1\cdots a_n} = \delta_{d_1a_1}\delta_{d_2a_2}\cdots\delta_{d_na_n} = (\boldsymbol{\Theta}_{d_1})_{a_1}\cdots(\boldsymbol{\Theta}_{d_n})_{a_n}. \tag{5.136}$$

$$\boldsymbol{T}_{a_1\cdots a_n} = \sum_{d_1\cdots d_n} T_{d_1\cdots d_n}(\boldsymbol{\Theta}_{d_1\cdots d_n})_{a_1\cdots a_n} = T_{a_1\cdots a_n}. \tag{5.137}$$

在 SO(N) 变换中张量基做如下变换:

$$O_R\boldsymbol{\Theta}_{d_1\cdots d_n} = \sum_{b_1\cdots b_n} \boldsymbol{\Theta}_{b_1\cdots b_n}R_{b_1d_1}\cdots R_{a_nd_n}. \tag{5.138}$$

在置换变换中, 张量和张量基也按式 (5.73) 和式 (5.84) 变换. SO(N) 群的 n 阶张量的集合构成 N^n 维张量空间, 它是一个线性空间, 并对 **SO(N) 变换和张量指标间的置换变换保持不变**. 对 SO(N) 群张量, 外尔互反性也同样成立, 即置换变换和 **SO(N) 变换的次序可以交换**, 因而张量空间也可以用杨算符投影的方法, 分解为对 SO(N) 变换不变的张量子空间的直和.

与 SU(N) 变换不同之处在于, 现在的变换矩阵 $R \in$ SO(N) 是实正交矩阵, 这使 SO(N) 群张量具有若干新的性质.

(1) 在 SO(N) 变换中, 张量分量的实部和虚部都独立地按照式 (5.135) 做变换, 分别都是 SO(N) 群的张量, 因而对 SO(N) 群可以只研究实张量.

(2) 由于 R 是实矩阵, SO(N) 群的协变张量和逆变张量完全相同. 以前在两类张量指标之间的取迹运算 (收缩), 现在在同类张量指标间进行. 因此, 为了找对 SO(N) 变换不变的子空间, 先要把张量空间分解为一系列无迹张量子空间的直和, 然后才用杨算符投影的方法分解这些无迹张量子空间.

(3) 设 $\mathcal{T}$ 是 SO(N) 群的 n 阶无迹张量空间, 用杨算符投影后得到的无迹张量子空间是 $\mathcal{Y}_\mu^{[\lambda]} \mathcal{T} = \mathcal{T}_\mu^{[\lambda]}$. 如果杨图 $[\lambda]$ 前两列格数之和大于 N, 由于无迹条件数目大于独立张量分量的数目, 无迹张量子空间 $\mathcal{T}_\mu^{[\lambda]}$ 是空集 (参看式 (5.132) 的证明).

(4) 当杨图第一列格数 τ 虽小于 N 但大于 $N/2$ 时, 类似式 (5.123), 可以证明表示等价于行数为 $N - \tau$ 杨图的表示:

$$[\lambda'] \simeq [\lambda], \quad \lambda'_j = \begin{cases} \lambda_j, & j \leqslant N - \tau, \\ 0, & j > N - \tau, \end{cases} \quad N/2 < \tau < N. \tag{5.139}$$

对 SO(N) 群, 这样两个杨图称为对偶杨图. 为了简化符号, 以完全反对称张量为例来解释对偶张量基. 设 $[\lambda] = [1^\tau]$ 是一列的杨图, 张量基 $\mathcal{Y}^{[1^\tau]}\Theta_{a_1 \cdots a_\tau}$ 的对偶张量基定义为

$$*\left[\mathcal{Y}^{[1^\tau]}\Theta\right]_{a_1 \cdots a_{N-\tau}} = \frac{1}{\tau!} \sum_{a_{N-\tau+1} \cdots a_N} \epsilon_{a_1 \cdots a_{N-\tau} a_{N-\tau+1} \cdots a_N} \mathcal{Y}^{[1^\tau]}\Theta_{a_N \cdots a_{N-\tau+1}}. \tag{5.140}$$

逆变换有

$$\frac{1}{(N-\tau)!} \sum_{a_{\tau+1} \cdots a_N} \epsilon_{b_1 \cdots b_\tau a_{\tau+1} \cdots a_N} *\left[\mathcal{Y}^{[1^\tau]}\Theta\right]_{a_N \cdots a_{\tau+1}}$$

$$= \frac{1}{\tau!(N-\tau)!} \sum_{a_1 \cdots a_N} \epsilon_{b_1 \cdots b_\tau a_{\tau+1} \cdots a_N} \epsilon_{a_N \cdots a_{\tau+1} a_\tau \cdots a_1} \mathcal{Y}^{[1^\tau]}\Theta_{a_1 \cdots a_\tau}$$

$$= (-1)^{N(N-1)/2} \mathcal{Y}^{[1^\tau]}\Theta_{b_1 \cdots b_\tau}. \tag{5.141}$$

式中, 两个 N 阶完全反对称张量相乘时, 先把第二个完全反对称张量的指标逆序排列, 产生因子 $(-1)^{N(N-1)/2}$, 然后指标求和, 消去前面的分母, 并产生 $N - \tau$ 个 δ 函数的乘积之和, 得到最后结果. 实际上, 把因反对称指标求和产生的重复项与 $\tau!$ 消去后, 式 (5.140) 的求和中只包含一项不为零. 除符号外, 两组张量基只是排列次序上的不同, 对应简单相似变换, 因而对应的表示是等价的. 另一方面, 由式 (5.140) 给出的新基是按照反对称表示 $[1^{N-\tau}]$ 变换的, 因此 $[1^\tau] \simeq [1^{N-\tau}]$. 由于无迹条件, 这等价关系可以推广到任意 τ 行杨图 $[\lambda]$ 的情况, 即式 (5.139).

(5) 当 N 是偶数时, 若杨图 $[\lambda]$ 的行数等于 $\ell = N/2$, 则杨图 $[\lambda]$ 与其对偶杨图完全相同, 称为自对偶杨图. 为了使张量基在取两次对偶后恢复原状, 在对偶关系

式 (5.140) 中引入因子 $(-\mathrm{i})^\ell$, 以消去式 (5.141) 中的因子 $(-1)^{N(N-1)/2} = (-1)^\ell$:

$$
\begin{aligned}
{}^*\!\left[\mathcal{Y}^{[\lambda]}\Theta\right]_{a_1\cdots a_\ell b\cdots} &= \frac{(-\mathrm{i})^\ell}{\ell!} \sum_{a_{\ell+1}\cdots a_{2\ell}} \epsilon_{a_1\cdots a_\ell a_{\ell+1}\cdots a_{2\ell}} \mathcal{Y}^{[\lambda]}\Theta_{a_{2\ell}\cdots a_{\ell+1}b\cdots}, \\
\mathcal{Y}^{[\lambda]}\Theta_{a_1\cdots a_\ell b\cdots} &= \frac{(-\mathrm{i})^\ell}{\ell!} \sum_{a_{\ell+1}\cdots a_{2\ell}} \epsilon_{a_1\cdots a_\ell a_{\ell+1}\cdots a_{2\ell}} {}^*\!\left[\mathcal{Y}^{[\lambda]}\Theta\right]_{a_{2\ell}\cdots a_{\ell+1}b\cdots}.
\end{aligned}
\tag{5.142}
$$

式中张量杨表, 指标 a_j 填在第一列. 把两组基相加或相减, 得

$$
\Psi^{\pm}_{a_1\cdots a_\ell b\cdots} = \frac{1}{2}\left\{ \mathcal{Y}^{[\lambda]}\Theta_{a_1\cdots a_\ell b\cdots} \pm {}^*\!\left[\mathcal{Y}^{[\lambda]}\Theta\right]_{a_1\cdots a_\ell b\cdots} \right\}.
\tag{5.143}
$$

$\Psi^{+}_{a_1\cdots a_\ell b\cdots}$ 在对偶运算中保持不变, 称为自对偶张量基, $\Psi^{-}_{a_1\cdots a_\ell b\cdots}$ 在对偶运算中只改变符号, 称为反自对偶张量基. 例如,

$$
\Psi^{\pm}_{1\cdots\ell} = \frac{1}{2}\left\{ \mathcal{Y}^{[1^\ell]}\Theta_{1\cdots\ell} \pm (-\mathrm{i})^\ell \mathcal{Y}^{[1^\ell]}\Theta_{(2\ell)\cdots(\ell+1)} \right\}.
\tag{5.144}
$$

为了给读者一个直观的概念, 下面取 $N=4$ $(\ell=2)$, 把对偶和反对偶张量基具体写出来:

$$
\begin{aligned}
\Psi^{\pm}_{12} &= \pm\Psi^{\pm}_{34} = \frac{1}{2}\left\{ \mathcal{Y}^{[1,1]}\Theta_{12} \pm \mathcal{Y}^{[1,1]}\Theta_{34} \right\}, \\
\Psi^{\pm}_{13} &= \pm\Psi^{\pm}_{42} = \frac{1}{2}\left\{ \mathcal{Y}^{[1,1]}\Theta_{13} \pm \mathcal{Y}^{[1,1]}\Theta_{42} \right\}, \\
\Psi^{\pm}_{14} &= \pm\Psi^{\pm}_{23} = \frac{1}{2}\left\{ \mathcal{Y}^{[1,1]}\Theta_{14} \pm \mathcal{Y}^{[1,1]}\Theta_{23} \right\}.
\end{aligned}
\tag{5.145}
$$

张量的自对偶性质在 SO(N) 变换中保持不变. 因此, 当 $N=2\ell$ 和杨图 $[\lambda]$ 行数为 ℓ 时, $[\lambda]$ 是自对偶杨图, 无迹张量空间 $\mathcal{Y}^{[\lambda]}\mathcal{T}$ 分解为两个维数相同的不变张量子空间的直和, 分别对应 SO(N) 群两个不等价的不可约表示, 记为 $[(S)\lambda]$ 和 $[(A)\lambda]$. 两个张量子空间分别称为**自对偶和反自对偶张量子空间**. 注意, 杨算符对张量基的组合, 式 (5.140) 的对偶张量基的组合, 都是实组合, 式 (5.143) 引入的对偶张量基的组合, 当 N 能被 4 除尽时也是实组合, **唯有当 $N=4m+2$ 时, 式 (5.143) 引入的对偶张量基的组合是复组合.**

总之, 首先把 SO(N) 群的 n 阶张量空间, 分解为一系列无迹张量子空间的直和. 然后对无迹张量空间用杨算符投影, 得到张量指标有确定对称性的无迹张量子空间, 对应的表示用杨图标记. 当杨图前两列格数之和大于 N 时, 这子空间是零空间. 当杨图行数小于 $N/2$ 时, 这表示是不可约实表示. 当杨图行数小于 N 但大于 $N/2$ 时, 这表示等价于对偶杨图标记的表示 [见式 (5.139)]. 对 SO(2ℓ) 群, 当杨图 $[\lambda]$ 行数等于 ℓ 时, 这张量空间又分解为自对偶和反自对偶两个张量子空间的直和, 分别对应自对偶表示 $[(S)\lambda]$ 和反自对偶表示 $[(A)\lambda]$. 当 $N=4m+2$ 时, $[(S)\lambda]$ 和 $[(A)\lambda]$ 是互为复共轭的不等价不可约表示. 当 $N=4m$ 时, $[(S)\lambda]$ 和 $[(A)\lambda]$ 是两个

互不等价的不可约实表示. 所有张量表示都是 SO(N) 群的单值表示. 关于表示的
等价性和不可约性的结论将在 5.5.2 和 5.5.3 节证明.

　　计算 SO(N) 群的不可约张量基有三个困难. 一是这样的正则张量杨表不是谢
瓦莱基 H_μ 的共同本征张量. 二是张量基的无迹化虽不是原则性的困难, 但是计算
很麻烦, 而且不好写成统一的形式. 三是用杨算符对无迹张量基投影后得到的正则
张量杨表不一定线性无关. 解决的方法是重新定义一组正交归一的矢量基, 称为**球
谐基**, 它们是谢瓦莱基 H_μ 的共同本征张量, 而且用降算符作用在最高权态的方法,
可以计算出互相正交归一的无迹状态基.

　　根据 4.6.2 节的讨论知, SO(N) 群自身表示中的生成元取为 T_{ab}, 满足对易关
系:

$$(T_{ab})_{cd} = -\mathrm{i}\left\{\delta_{ac}\delta_{bd} - \delta_{ad}\delta_{bc}\right\},$$

$$[T_{ab},\, T_{cd}] = -\mathrm{i}\left\{\delta_{bc}T_{ad} + \delta_{ad}T_{bc} - \delta_{bd}T_{ac} - \delta_{ac}T_{bd}\right\}. \tag{5.146}$$

嘉当子代数的基 H_j 为

$$H_j = T_{(2j-1)(2j)}, \quad 1 \leqslant j \leqslant \ell. \tag{5.147}$$

下面将分别就 N 为奇数和偶数两种情况来讨论.

5.5.2　SO($2\ell + 1$) 群生成元的谢瓦莱基

　　SO($2\ell + 1$) 群对应 B$_\ell$ 李代数, 素根为

$$\boldsymbol{r}_\mu = \boldsymbol{e}_\mu - \boldsymbol{e}_{\mu+1}, \quad 1 \leqslant \mu < \ell, \quad \boldsymbol{r}_\ell = \boldsymbol{e}_\ell. \tag{5.148}$$

$\boldsymbol{r}_\ell$ 是短根, $d_\ell = 1/2$, 其他素根 $\boldsymbol{r}_\mu$ 是长根, $d_\mu = 1$. 按照谢瓦莱基的定义式 (5.25),
SO($2\ell + 1$) 群自身表示生成元的谢瓦莱基为

$$\begin{aligned}
&H_\mu = T_{(2\mu-1)(2\mu)} - T_{(2\mu+1)(2\mu+2)}, \quad H_\ell = 2T_{(2\ell-1)(2\ell)}, \\
&E_\mu = F_\mu^\dagger = \frac{1}{2}\left\{T_{(2\mu)(2\mu+1)} - \mathrm{i}T_{(2\mu-1)(2\mu+1)} - \mathrm{i}T_{(2\mu)(2\mu+2)} - T_{(2\mu-1)(2\mu+2)}\right\}, \\
&E_\ell = F_\ell^\dagger = T_{(2\ell)(2\ell+1)} - \mathrm{i}T_{(2\ell-1)(2\ell+1)},
\end{aligned} \tag{5.149}$$

其中, $1 \leqslant \mu \leqslant \ell - 1$. 矢量基 $\boldsymbol{\Theta}_a$ 不是 H_μ 的共同本征矢量. 把 4.4.4 节 SO(3) 群的
球谐多项式推广, 引入 SO($2\ell + 1$) 群的球谐基 $\boldsymbol{\Phi}_\alpha$, $1 \leqslant \alpha \leqslant 2\ell + 1$,

$$\boldsymbol{\Phi}_\alpha = \begin{cases}
(-1)^{\ell-\alpha+1}\sqrt{1/2}\left(\boldsymbol{\Theta}_{2\alpha-1} + \mathrm{i}\boldsymbol{\Theta}_{2\alpha}\right), & 1 \leqslant \alpha \leqslant \ell, \\
\boldsymbol{\Theta}_{2\ell+1}, & \alpha = \ell + 1, \\
\sqrt{1/2}\left(\boldsymbol{\Theta}_{4\ell-2\alpha+3} - \mathrm{i}\boldsymbol{\Theta}_{4\ell-2\alpha+4}\right), & \ell + 2 \leqslant \alpha \leqslant 2\ell + 1.
\end{cases} \tag{5.150}$$

在球谐基 $\boldsymbol{\Phi}_\alpha$ 中谢瓦莱基的非零矩阵元为

$$H_\mu \Phi_\mu = \Phi_\mu, \qquad H_\mu \Phi_{\mu+1} = -\Phi_{\mu+1}$$
$$H_\mu \Phi_{2\ell-\mu+1} = \Phi_{2\ell-\mu+1}, \qquad H_\mu \Phi_{2\ell-\mu+2} = -\Phi_{2\ell-\mu+2},$$
$$H_\ell \Phi_\ell = 2\Phi_\ell, \qquad H_\ell \Phi_{\ell+2} = -2\Phi_{\ell+2},$$
$$E_\mu \Phi_{\mu+1} = \Phi_\mu, \qquad E_\mu \Phi_{2\ell-\mu+2} = \Phi_{2\ell-\mu+1}, \qquad (5.151)$$
$$E_\ell \Phi_{\ell+1} = \sqrt{2}\Phi_\ell, \qquad E_\ell \Phi_{\ell+2} = \sqrt{2}\Phi_{\ell+1},$$
$$F_\mu \Phi_\mu = \Phi_{\mu+1}, \qquad F_\mu \Phi_{2\ell-\mu+1} = \Phi_{2\ell-\mu+2},$$
$$F_\ell \Phi_\ell = \sqrt{2}\Phi_{\ell+1}, \qquad F_\ell \Phi_{\ell+1} = \sqrt{2}\Phi_{\ell+2},$$

其中, $1 \leqslant \mu \leqslant \ell - 1$. 为了直观, 明显写出 H_ν 在球谐基中的矩阵形式

$$H_\mu = \mathrm{diag}\{\underbrace{0,\cdots,0}_{\mu-1},1,-1,\underbrace{0,\cdots,0}_{2\ell-2\mu-1},1,-1,\underbrace{0,\cdots,0}_{\mu-1}\},$$
$$H_\ell = \mathrm{diag}\{\underbrace{0,\cdots,0}_{\ell-1},\,2,0,-2,\underbrace{0,\cdots,0}_{\ell-1}\}.$$

球谐基 Φ_α 的直乘得到 n 阶张量的球谐基 $\Phi_{\alpha_1\cdots\alpha_n} = \Phi_{\alpha_1}\cdots\Phi_{\alpha_n}$. 采用球谐基后, SO($2\ell+1$) 群的张量杨表又变成 H_μ 的共同本征状态, 本征值就是权分量 m_μ, 它等于正则张量杨表中填 μ 和填 $2\ell-\mu+1$ 的格数之和, 减去填 $\mu+1$ 和填 $2\ell-\mu+2$ 的格数之和. 当 $\mu = \ell$ 时, 本征值 m_ℓ 等于正则张量杨表中填 ℓ 的格数减去填 $\ell+2$ 的格数, 再乘 2. E_μ 对正则张量杨表的作用得到若干张量杨表之和, 其中每一个都是由原来的正则张量杨表, 把其中一个填数 $\mu+1$ 换成 μ, 或把一个填数 $2\ell-\mu+2$ 换成 $2\ell-\mu+1$. E_ℓ 对正则张量杨表的作用则把其中一个填数 $\ell+1$ 换成 ℓ, 或把一个填数 $\ell+2$ 换成 $\ell+1$, 并再乘 $\sqrt{2}$. F_μ 和 F_ℓ 对正则张量杨表的作用正好做相反的替换. 这样得到的张量杨表, 有些可能不是正则的, 它们可通过式 (5.87) 和式 (5.88) 化为正则张量杨表的线性组合. 根据在升算符 E_ν 作用下得零的要求, **表示 $[\lambda]$ 最高权态对应的正则张量杨表 $\mathcal{Y}_\rho^{[\lambda]}\Phi_{\alpha_1\cdots\alpha_n}$, 所有格子都填以该格子所在行数**. 根据球谐基的具体形式, 这样的正则张量杨表不包含 $\alpha > \ell$ 的球谐基 Φ_α, 因而是无迹的. 例如, $\Theta_1\Theta_1$ 是有迹的, 但 $\Phi_1\Phi_1$ 是无迹的. 与 SU(N) 群的证明一样, 可证在用杨图 $[\lambda]$ 标记的无迹张量子空间中, 只有这一个正则张量杨表在所有升算符作用下为零, 可见这张量子空间对应不可约表示. 由式 (5.151), **SO($2\ell+1$) 群杨图 $[\lambda]$ 和最高权 M 的关系为**

$$M_\mu = \lambda_\mu - \lambda_{\mu+1}, \quad 1 \leqslant \mu < \ell, \quad M_\ell = 2\lambda_\ell. \qquad (5.152)$$

SO($2\ell + 1$) 群表示 $[\lambda]$ 中的其他正交归一的状态基可按照方块权图和推广的盖尔范德方法, 由最高权态用降算符作用得到. 升算符或降算符的作用只是使状态基在不可约张量子空间内变化. **由于最高权态是无迹的, 由最高权降下来的所有状态基也一定是无迹的, 而且是正交归一的**. 式 (5.152) 指出, 对于行数不大于 ℓ 的杨

图, 不同杨图描写不等价的不可约表示. **SO($2\ell+1$) 群张量表示最高权的特点是最后一个分量 M_ℓ 是偶数**. 以后会看到, M_ℓ 为奇数的表示是双值表示, 称为旋量表示.

现在再来解释图 5.7 所显示的现象, 就是为什么对 B_ℓ 李代数, 在 F_ℓ 作用下得到新的子李代数 $A_{\ell-1}$ 多重态的最高权态会出现 2 重态. 理由如下. 式 (5.151) 指出, **F_ℓ 作用在态 Φ_ℓ 和 $\Phi_{\ell+1}$ 上分别得到态 $\Phi_{\ell+1}$ 和 $\Phi_{\ell+2}$, $\Phi_{\ell+1}$ 和 $\Phi_{\ell+2}$ 都在子李代数 $A_{\ell-1}$ 的升算符作用下得零, 因此都可以构成 $A_{\ell-1}$ 的最高权态**. 这里还是用图 5.7 的例子, 计算 B_3 李代数最高权表示 $M = (0, 2, 2)$ (杨图 [3, 3, 1]) 中, 子李代数 A_2 新最高权表示 $M' = (1, 2)$ (杨图 [3, 2]) 的最高权态为什么会有 2 重态. 换言之, 具体计算 B_3 李代数最高权表示 $(0, 2, 2)$ 中权为 $(1, 2, 0)$ 的状态基, 发现此权重数为 3, 其中后两个状态基是子李代数 A_2 多重态的最高权态. 因为状态基是无迹张量, 表达成正则张量杨表时形式比较复杂.

$$|(0,2,2)\rangle = \begin{array}{|c|c|c|} \hline 1 & 1 & 1 \\ \hline 2 & 2 & 2 \\ \hline 3 \\ \cline{1-1} \end{array}\ ,$$

$$|(1,0,4)\rangle = \sqrt{\tfrac{1}{2}}F_2\,|(0,2,2)\rangle = \sqrt{2}\ \begin{array}{|c|c|c|} \hline 1 & 1 & 1 \\ \hline 2 & 2 & 3 \\ \hline 3 \\ \cline{1-1} \end{array}\ ,$$

$$|(0,3,0)\rangle = \sqrt{\tfrac{1}{2}}F_3\,|(0,2,2)\rangle = \begin{array}{|c|c|c|} \hline 1 & 1 & 1 \\ \hline 2 & 2 & 2 \\ \hline 4 \\ \cline{1-1} \end{array}\ ,$$

$$|(0,4,\overline{2})\rangle = \sqrt{\tfrac{1}{2}}F_3\,|(0,3,0)\rangle = \begin{array}{|c|c|c|} \hline 1 & 1 & 1 \\ \hline 2 & 2 & 2 \\ \hline 5 \\ \cline{1-1} \end{array}\ ,$$

$$|(1,1,2)_1\rangle = \sqrt{\tfrac{1}{3}}F_2\,|(0,3,0)\rangle = \sqrt{3}\ \begin{array}{|c|c|c|} \hline 1 & 1 & 1 \\ \hline 2 & 2 & 3 \\ \hline 4 \\ \cline{1-1} \end{array} - \sqrt{\tfrac{1}{3}}\ \begin{array}{|c|c|c|} \hline 1 & 1 & 1 \\ \hline 2 & 2 & 4 \\ \hline 3 \\ \cline{1-1} \end{array}\ ,$$

$$|(1,1,2)_2\rangle = \sqrt{\tfrac{3}{8}}\left\{ F_3\,|(1,0,4)\rangle - \sqrt{\tfrac{4}{3}}\,|(1,1,2)_1\rangle \right\}$$

$$= \sqrt{\tfrac{3}{4}}F_3 \begin{array}{|c|c|c|} \hline 1 & 1 & 1 \\ \hline 2 & 2 & 3 \\ \hline 3 \\ \cline{1-1} \end{array} - \sqrt{\tfrac{3}{2}}\ \begin{array}{|c|c|c|} \hline 1 & 1 & 1 \\ \hline 2 & 2 & 3 \\ \hline 4 \\ \cline{1-1} \end{array} + \sqrt{\tfrac{1}{6}}\ \begin{array}{|c|c|c|} \hline 1 & 1 & 1 \\ \hline 2 & 2 & 4 \\ \hline 3 \\ \cline{1-1} \end{array}$$

$$= \sqrt{\tfrac{8}{3}}\ \begin{array}{|c|c|c|} \hline 1 & 1 & 1 \\ \hline 2 & 2 & 4 \\ \hline 3 \\ \cline{1-1} \end{array}\ ,$$

$$|(1,2,0)_1\rangle = \tfrac{1}{2}F_2\,|(0,4,\overline{2})\rangle = \tfrac{1}{2}\ \begin{array}{|c|c|c|} \hline 1 & 1 & 1 \\ \hline 2 & 2 & 2 \\ \hline 6 \\ \cline{1-1} \end{array} + \tfrac{3}{2}\ \begin{array}{|c|c|c|} \hline 1 & 1 & 1 \\ \hline 2 & 2 & 3 \\ \hline 5 \\ \cline{1-1} \end{array} - \tfrac{1}{2}\ \begin{array}{|c|c|c|} \hline 1 & 1 & 1 \\ \hline 2 & 2 & 5 \\ \hline 3 \\ \cline{1-1} \end{array}\ ,$$

$$|(1,2,0)_2\rangle = \sqrt{\frac{3}{14}}\, F_3\, |(1,1,2)_2\rangle = \sqrt{\frac{8}{7}}\left\{ \begin{array}{|c|c|c|}\hline 1 & 1 & 1 \\\hline 2 & 2 & 4 \\\hline 4 \\\cline{1-1}\end{array} + \begin{array}{|c|c|c|}\hline 1 & 1 & 1 \\\hline 2 & 2 & 5 \\\hline 3 \\\cline{1-1}\end{array}\right\},$$

$$|(1,2,0)_3\rangle = \sqrt{\frac{14}{15}}\left\{ F_3\, |(1,1,2)_1\rangle - \sqrt{\frac{3}{2}}\, |(1,2,0)_1\rangle - \sqrt{\frac{16}{21}}\, |(1,2,0)_2\rangle \right\}$$

$$= \frac{4}{\sqrt{35}} \begin{array}{|c|c|c|}\hline 1 & 1 & 1 \\\hline 2 & 2 & 4 \\\hline 4 \\\cline{1-1}\end{array} + \frac{1}{2}\sqrt{\frac{7}{5}} \begin{array}{|c|c|c|}\hline 1 & 1 & 1 \\\hline 2 & 2 & 3 \\\hline 5 \\\cline{1-1}\end{array}$$

$$- \frac{13}{2\sqrt{35}} \begin{array}{|c|c|c|}\hline 1 & 1 & 1 \\\hline 2 & 2 & 5 \\\hline 3 \\\cline{1-1}\end{array} - \frac{1}{2}\sqrt{\frac{7}{5}} \begin{array}{|c|c|c|}\hline 1 & 1 & 1 \\\hline 2 & 2 & 2 \\\hline 6 \\\cline{1-1}\end{array}.$$

5.5.3 SO(2ℓ) 群生成元的谢瓦莱基

SO(2ℓ) 群对应李代数 D$_\ell$, 素根为

$$\boldsymbol{r}_\mu = \boldsymbol{e}_\mu - \boldsymbol{e}_{\mu+1}, \quad 1 \leqslant \mu < \ell, \quad \boldsymbol{r}_\ell = \boldsymbol{e}_{\ell-1} + \boldsymbol{e}_\ell. \tag{5.153}$$

全部素根长度相同, $d_\mu = 1$. 按照谢瓦莱基的定义式 (5.25), SO(2ℓ) 群自身表示生成元的谢瓦莱基, 当 $1 \leqslant \mu < \ell$ 时与 SO($2\ell+1$) 群相同, 仍由式 (5.149) 给出, 但当 $\mu = \ell$ 时, 有

$$\begin{aligned} H_\ell &= T_{(2\ell-3)(2\ell-2)} + T_{(2\ell-1)(2\ell)}, \\ E_\ell &= F_\ell^\dagger = \frac{1}{2}\left\{ T_{(2\ell-2)(2\ell-1)} - \mathrm{i}T_{(2\ell-3)(2\ell-1)} + \mathrm{i}T_{(2\ell-2)(2\ell)} + T_{(2\ell-3)(2\ell)} \right\}. \end{aligned} \tag{5.154}$$

原来的正则张量杨表也不是谢瓦莱基 H_ν 的共同本征张量. 定义 SO(2ℓ) 群的球谐基 $\boldsymbol{\Phi}_\alpha$:

$$\boldsymbol{\Phi}_\alpha = \begin{cases} (-1)^{\ell-\alpha}\sqrt{1/2}\,(\boldsymbol{\Theta}_{2\alpha-1} + \mathrm{i}\boldsymbol{\Theta}_{2\alpha}), & 1 \leqslant \alpha \leqslant \ell, \\ \sqrt{1/2}\,(\boldsymbol{\Theta}_{4\ell-2\alpha+1} - \mathrm{i}\boldsymbol{\Theta}_{4\ell-2\alpha+2}), & \ell+1 \leqslant \alpha \leqslant 2\ell. \end{cases} \tag{5.155}$$

在球谐基 $\boldsymbol{\Phi}_\alpha$ 中谢瓦莱基的非零矩阵元为

$$\begin{aligned} H_\mu \boldsymbol{\Phi}_\mu &= \boldsymbol{\Phi}_\mu, & H_\mu \boldsymbol{\Phi}_{\mu+1} &= -\boldsymbol{\Phi}_{\mu+1}, \\ H_\mu \boldsymbol{\Phi}_{2\ell-\mu} &= \boldsymbol{\Phi}_{2\ell-\mu}, & H_\mu \boldsymbol{\Phi}_{2\ell-\mu+1} &= -\boldsymbol{\Phi}_{2\ell-\mu+1}, \\ H_\ell \boldsymbol{\Phi}_{\ell-1} &= \boldsymbol{\Phi}_{\ell-1}, & H_\ell \boldsymbol{\Phi}_\ell &= \boldsymbol{\Phi}_\ell, \\ H_\ell \boldsymbol{\Phi}_{\ell+1} &= -\boldsymbol{\Phi}_{\ell+1}, & H_\ell \boldsymbol{\Phi}_{\ell+2} &= -\boldsymbol{\Phi}_{\ell+2}, \\ E_\mu \boldsymbol{\Phi}_{\mu+1} &= \boldsymbol{\Phi}_\mu, & E_\mu \boldsymbol{\Phi}_{2\ell-\mu+1} &= \boldsymbol{\Phi}_{2\ell-\mu}, \\ E_\ell \boldsymbol{\Phi}_{\ell+1} &= \boldsymbol{\Phi}_{\ell-1}, & E_\ell \boldsymbol{\Phi}_{\ell+2} &= \boldsymbol{\Phi}_\ell, \\ F_\mu \boldsymbol{\Phi}_\mu &= \boldsymbol{\Phi}_{\mu+1}, & F_\mu \boldsymbol{\Phi}_{2\ell-\mu} &= \boldsymbol{\Phi}_{2\ell-\mu+1}, \\ F_\ell \boldsymbol{\Phi}_{\ell-1} &= \boldsymbol{\Phi}_{\ell+1}, & F_\ell \boldsymbol{\Phi}_\ell &= \boldsymbol{\Phi}_{\ell+2}, \end{aligned} \tag{5.156}$$

其中, $1 \leqslant \mu \leqslant \ell - 1$. 为了直观, 明显写出 H_ν 在球谐基中的矩阵形式:

$$H_\mu = \mathrm{diag}\{\underbrace{0, \cdots, 0}_{\mu-1}, 1, -1, \underbrace{0, \cdots, 0}_{2\ell-2\mu-2}, 1, -1, \underbrace{0, \cdots, 0}_{\mu-1}\},$$

$$H_\ell = \mathrm{diag}\{\underbrace{0, \cdots, 0}_{\ell-2}, 1, 1, -1, -1, \underbrace{0, \cdots, 0}_{\ell-2}\}.$$

n 阶张量的张量基 $\Phi_{\alpha_1 \cdots \alpha_n}$ 是 Φ_α 的直乘 $\Phi_{\alpha_1} \cdots \Phi_{\alpha_n}$. 采用球谐基后, SO($2\ell$) 群的张量杨表又变成 H_μ 的共同本征状态, 本征值是权分量 m_μ, 它等于正则张量杨表中填 μ 和填 $2\ell - \mu$ 的格数之和, 减去填 $\mu+1$ 和填 $2\ell-\mu+1$ 的格数之和. 当 $\mu = \ell$ 时, 本征值 m_ℓ 等于正则张量杨表中填 $\ell - 1$ 和填 ℓ 的格数之和, 减去填 $\ell + 1$ 和填 $\ell + 2$ 的格数之和. E_μ 对正则张量杨表的作用得到若干张量杨表之和, 其中每一个都是由原来的正则张量杨表, 把其中一个填数 $\mu+1$ 换成 μ, 或把一个填数 $2\ell-\mu+1$ 换成 $2\ell - \mu$. E_ℓ 对正则张量杨表的作用则把其中一个填数 $\ell + 1$ 换成 $\ell - 1$, 或把一个填数 $\ell + 2$ 换成 ℓ. F_μ 和 F_ℓ 对正则张量杨表的作用正好做相反的替换. 这样得到的张量杨表, 有些可能不是正则的, 它们可通过式 (5.87) 和 (5.88) 化为正则张量杨表的线性组合. 根据在升算符 E_ν 作用下得零的要求, 表示 $[\lambda]$ 最高权态对应的正则张量杨表 $\mathcal{Y}_\rho^{[\lambda]} \Phi_{\alpha_1 \cdots \alpha_n}$ 仍是各行格子填所在行数, 但当杨图行数等于 ℓ 时, 第 ℓ 行的格子都填 ℓ 的正则张量杨表对应自对偶表示 $[(S)\lambda]$, 都填 $\ell + 1$ 的正则张量杨表对应反自对偶表示 $[(A)\lambda]$. 第 ℓ 行部分格子填 ℓ, 其余格子填 $\ell + 1$ 的正则张量杨表是有迹张量.

由式 (5.156) 可以确认这些对应最高权态的正则张量杨表在每一个升算符 E_ν 作用下都得零, 而且由于不同时包含因子 Φ_α 和 $\Phi_{2\ell-\alpha+1}$, 它们确是无迹张量. 可证在用杨图 $[\lambda]$ 标记的无迹张量子空间中, 只有这一个正则张量杨表在所有升算符作用下为零, 可见这张量子空间对应不可约表示. SO(2ℓ) 群杨图 $[\lambda]$ 和最高权 M 的关系为

$$
\begin{aligned}
M_\mu &= \lambda_\mu - \lambda_{\mu+1}, & &\text{当 } 1 \leqslant \mu < \ell - 1, \\
M_{\ell-1} &= M_\ell = \lambda_{\ell-1}, & &\text{当 } \lambda_\ell = 0, \\
M_{\ell-1} &= \lambda_{\ell-1} - \lambda_\ell, M_\ell = \lambda_{\ell-1} + \lambda_\ell, & &\text{对 } [(S)\lambda] \text{ 表示}, \\
M_{\ell-1} &= \lambda_{\ell-1} + \lambda_\ell, \quad M_\ell = \lambda_{\ell-1} - \lambda_\ell, & &\text{对 } [(A)\lambda] \text{ 表示}.
\end{aligned}
\tag{5.157}
$$

这里给出的自对偶表示 $[(S)\lambda]$ 和反自对偶表示 $[(A)\lambda]$ 的定义与式 (5.143) 的定义是一致的.

SO(2ℓ) 群表示 $[\lambda]$ 中的其他正交归一的状态基可按照方块权图方法和推广的盖尔范德方法, 由最高权态用降算符作用得到, 这样算得的状态基一定是无迹的, 而且是正交归一的. **SO(2ℓ) 群张量表示最高权的特点是最后两个分量之和 $M_{\ell-1} + M_\ell$ 是偶数**. 以后会看到, $M_{\ell-1} + M_\ell$ **为奇数的表示是双值表示, 称为旋量表示**.

5.5.4 SO(N) 群不可约张量表示的维数

这里推广 SU(N) 群和置换群的钩形规则, 利用杨图计算 SO(N) 群不可约张量表示 [λ] 的维数, 其中杨图 [λ] 行数不大于 $N/2$. 在钩形规则中, 表示的维数表为一个分数, 分子和分母分别是给定杨图 [λ] 的一定表中所有填数的乘积. **分母的表 $Y_h^{[\lambda]}$ 还是在杨图 [λ] 各格填以该格的钩形数** h_{ij}. 若 [λ] 是一列的杨图, 则因为没有取迹的问题, SO(N) 群张量表示和 SU(N) 群张量表示维数一样. 对其他情况, SO(N) 群张量表示的钩形规则中, 作为分子的表的计算要比 SU(N) 群和置换群的钩形规则更复杂. 当杨图 [λ] 行数等于 $N/2$ 时, 由于 SO(N) 群张量表示分解为自对偶和反自对偶两个表示的直和, 表示维数还要再除以 2.

$$d_{[\lambda]}(\mathrm{SO}(N)) = \begin{cases} \dfrac{Y_T^{[\lambda]}}{Y_h^{[\lambda]}}, & [\lambda] \text{ 的行数小于 } N/2, \\ \dfrac{Y_T^{[\lambda]}}{2Y_h^{[\lambda]}}, & [\lambda] \text{ 的行数等于 } N/2. \end{cases} \tag{5.158}$$

为了说清楚分子表 $Y_T^{[\lambda]}$ 的填数方法, 先定义杨图 [λ] 的钩形路径 (i, j), 它是一条钩形通道, 由杨图 [λ] 第 i 行最右面格子处进入杨图, 向左走到第 i 行第 j 列处向下转弯, 在第 j 列最下面格子处离开杨图. 而逆钩形路径 $\overline{(i, j)}$ 与钩形路径 (i, j) 形状相同, 只是走向相反. 两条钩形路径在杨图中经过的格子数就是第 i 行第 j 列格子的钩形数 h_{ij}. 对列数大于 1 的杨图 [λ], 按下面规则相继定义一系列的表 $Y_{T_a}^{[\lambda]}$, **这些表 $Y_{T_a}^{[\lambda]}$ 中对应格子填数之和, 构成分子表 $Y_T^{[\lambda]}$ 相应格子的填数**.

(1) 表 $Y_{T_0}^{[\lambda]}$ 是在杨图 [λ] 各格填以 N 和容度 $m_{ij} = j - i$ 之和, 即第 i 行第 j 列格子填以 $N + j - i$.

(2) 设 [$\lambda^{(1)}$] = [λ]. 由 [$\lambda^{(1)}$] 开始, 相继定义一系列杨图 [$\lambda^{(a)}$], 其中 [$\lambda^{(a)}$] 是由 [$\lambda^{(a-1)}$] 移去第一行和第一列得到. 这过程一直进行到最后一个杨图 [$\lambda^{(a)}$] 只有 1 行或只有 2 列为止.

(3) 当 $a > 0$ 时, 根据 (2) [$\lambda^{(a)}$] 的列数当然大于 1, 设杨图 [$\lambda^{(a)}$] 含 r 行, 则按下法定义表 $Y_{T_a}^{[\lambda]}$. 在杨图 [λ] 前 $a-1$ 行和前 $a-1$ 列都填以零, 余下部分构成杨图 [$\lambda^{(a)}$]. 在杨图 [$\lambda^{(a)}$] 中的钩形路径 $(1, 1)$ 前 r 格, 逐格填以 $(\lambda_1^{(a)} - 1)$, $(\lambda_2^{(a)} - 1), \cdots, (\lambda_r^{(a)} - 1)$, 在杨图 [$\lambda^{(a)}$] 每个逆钩形路径 $\overline{(i, 1)}$, $1 \leqslant i \leqslant r$, 前 $(\lambda_i^{(a)} - 1)$ 格填以 -1. 如果几个 -1 填在同一格, 则填数相加. 其余格子都填零. 在杨图 [$\lambda^{(a)}$] 中所有填数之和为零.

下面举些例子来说明维数公式 (5.158) 的用法.

例 1 SO(N) 群一行杨图 [n] 对应张量表示的维数.

$$d_{[n]}(\mathrm{SO}(N)) = \frac{\boxed{N}\,\boxed{N+1}\,\cdots\,\boxed{N+n-1} + \boxed{-1}\,\cdots\,\boxed{-1}\,\boxed{n-1}}{\boxed{n}\,\boxed{n-1}\,\cdots\,\boxed{1}}$$

$$= \boxed{N-1 \mid N \mid \cdots \mid N+n-3 \mid N+2n-2} \; /n!$$

$$= \frac{(N+n-3)!(N+2n-2)}{(N-2)!n!}.$$

由此公式得 $d_{[n]}(\mathrm{SO}(3)) = 2n+1$, $d_{[n]}(\mathrm{SO}(4)) = (n+1)^2$, $d_{[n]}(\mathrm{SO}(5)) = (n+1) \times (n+2)(2n+3)/6$.

例 2　$\mathrm{SO}(N)$ 群两行杨图 $[n,m]$ 对应张量表示的维数.

$$d_{[n,m]}(\mathrm{SO}(N)) = \frac{(n-m+1)(N+n-4)!(N+m-5)!}{(n+1)!m!(N-2)!(N-4)!}$$
$$\times (N+n+m-3)(N+2n-2)(N+2m-4).$$

按此公式和式 (5.158) 得 $d_{[n,m]}(\mathrm{SO}(4)) = (n-m+1)(n+m+1)$, $d_{[n,m]}(\mathrm{SO}(5)) = (n-m+1)(n+m+2)(2n+3)(2m+1)/6$.

例 3　$\mathrm{SO}(7)$ 群的张量表示 $[3,3,3]$ 的维数.

$$d_{[3,3,3]}(\mathrm{SO}(7)) = \cdots = 11 \times 9 \times 7 \times 2 = 1386.$$

5.5.5 Γ 矩阵群

狄拉克 (Dirac) 引入了满足反对易关系的 4 个 γ_a 矩阵, 找到了描写自旋为 1/2 粒子的相对论波动方程. 用群论的语言说, 狄拉克找到了洛伦兹群的旋量表示. γ_a 矩阵是泡利矩阵的推广, 再进一步推广, 就可以用来研究 SO(N) 群的旋量表示. γ_a 矩阵乘积的集合构成 Γ 矩阵群, 它的群代数称为克利福德 (Clifford) 代数. 用群论方法研究 Γ 矩阵群, 是有限群表示理论应用的一个典型例子.

对于 $N > 1$, 定义 N 个矩阵 γ_a, 它们满足反对易关系:

$$\{\gamma_a,\ \gamma_b\} = \gamma_a\gamma_b + \gamma_b\gamma_a = 2\delta_{ab}\mathbf{1}, \quad a,\ b \leqslant N. \tag{5.159}$$

这关系指出, **下标不相同的 γ_a 矩阵互相反对易, γ_a 矩阵的自乘等于单位矩阵**. 因此 γ_a 矩阵乘积的逆矩阵等于它们逆序相乘. 所有 γ_a 矩阵乘积的集合 Γ_N, 按照矩阵乘积规则, 满足群的四个条件, 因而构成群, 称为 Γ_N 矩阵群. 在 γ_a 矩阵乘积中, 相同下标的 γ_a 矩阵, 可以通过反对易关系 (5.159), 移到一起并消去, 因此 Γ_N 矩阵群是有限群, 而且**群元素以互差负号的方式成对出现**. 在每一对元素中, 取一个元素作为代表, 这样构成的集合记为 Γ_N'. 由于这集合不满足元素乘积的封闭性, 它不是群, 它包含元素数目等于 Γ_N 群阶数 $g^{(N)}$ 的一半.

除反对易关系 (5.159) 外, 还没有定义 γ_a 矩阵的具体形式. 既然 γ_a 矩阵的乘积集合构成有限群 Γ_N, 可以选取 Γ_N 群的一个真实的不可约幺正表示作为 γ_a 矩阵自身形式的定义. 因此 γ_a 矩阵既是幺正矩阵, 又是厄米矩阵,

$$\gamma_a^\dagger = \gamma_a^{-1} = \gamma_a. \tag{5.160}$$

这里强调真实表示就是要求 γ_a 矩阵满足反对易关系 (5.159). N 个 γ_a 矩阵顺序相乘, 记为 $\gamma_\chi^{(N)}$,

$$\gamma_\chi^{(N)} = \gamma_1\gamma_2\cdots\gamma_N, \quad \left(\gamma_\chi^{(N)}\right)^2 = (-1)^{N(N-1)/2}\,\mathbf{1}. \tag{5.161}$$

当 N 是奇数时, $\gamma_\chi^{(N)}$ 可与每个 γ_a 矩阵对易, 由舒尔定理, 它是常数矩阵:

$$\gamma_\chi^{(N)} = \begin{cases} \pm\mathbf{1}, & N = 4m+1, \\ \pm\mathrm{i}\mathbf{1}, & N = 4m-1. \end{cases} \tag{5.162}$$

这样, 当 $N = 4m + 1$ 时, $\gamma_\chi^{(N)}$ 不是一个新元素, 因为 $\mathbf{1} = \gamma_1^2$, $-\mathbf{1} = \gamma_1\gamma_2\gamma_1\gamma_2$. $\gamma_\chi^{(N)}$ 等于 $\mathbf{1}$ 和等于 $-\mathbf{1}$ 的两个矩阵群明显是同构的, 如可取如下元素对应关系:

$$\gamma_a \longleftrightarrow \gamma_a', \quad a < N, \quad \gamma_N \longleftrightarrow -\gamma_N'.$$

进一步, 对于给定的 $\gamma_\chi^{(4m+1)}$, 矩阵 γ_{4m+1} 可以表达成其余 γ_a 矩阵的乘积. 于是 Γ_{4m+1} 群和 Γ_{4m} 群同构, 因为它们的所有元素都可表达成 $4m$ 个 γ_a 矩阵的乘积.

当 $N = 4m - 1$ 时, $\gamma_\chi^{(N)}$ 是一个新元素, 在不可约的真实表示中, 它等于恒元 **1** 和常数 i 或 $-$i 的乘积, 而不同正负号的两个矩阵群是互相同构的. 如果把 i 作为一个群元素引入, 则 Γ_{4m-1} 群的元素都可表成 Γ_{4m-2} 群的元素及其与元素 i 的乘积, 即

$$\Gamma_{4m+1} \approx \Gamma_{4m}, \quad \Gamma_{4m-1} \approx \{\Gamma_{4m-2}, \mathrm{i}\Gamma_{4m-2}\} \tag{5.163}$$

下面研究 N 是偶数的情况, 只在适当地方解释 N 是奇数时的区别.

首先, **计算 $\Gamma_{2\ell}$ 矩阵群的元素数目** $g^{(2\ell)}$. 设 S_n 是 n 个不同下标的 γ_a 矩阵的乘积, 这样的元素数目为

$$2 \begin{pmatrix} 2\ell \\ n \end{pmatrix} = 2\, \frac{(2\ell)!}{n!(2\ell - n)!}.$$

前面的因子 2 来自每一种乘积都有正负成对的两个元素. n 的取值范围由零至 2ℓ, 零个 γ_a 矩阵乘积就是恒元, 2ℓ 个 γ_a 矩阵乘积就是 $\gamma_\chi^{(2\ell)}$, 因而 $\Gamma_{2\ell}$ 矩阵群的阶为

$$g^{(2\ell)} = 2 \sum_{n=0}^{2\ell} \begin{pmatrix} 2\ell \\ n \end{pmatrix} = 2(1 + 1)^{2\ell} = 2^{2\ell+1}. \tag{5.164}$$

第二, 根据元素自身表示的特征标来**确定 γ_a 矩阵的维数** $d^{(2\ell)}$. 除 $\pm\mathbf{1}$ 外, $\Gamma_{2\ell}$ 矩阵群中任一元素 S_n, 都能找到另一个元素与它反对易. 事实上, 当 n 是偶数时, 参与 S_n 乘积的每一个 γ_a 矩阵都与 S_n 反对易, 当 n 是奇数时, 必定存在不参与 S_n 乘积的 γ_a 矩阵, 它与 S_n 反对易. 现设 γ_a 矩阵与 S_n 矩阵反对易, 则

$$\mathrm{Tr}\, S_n = \mathrm{Tr}\left(\gamma_a^2 S_n\right) = -\mathrm{Tr}\left(\gamma_a S_n \gamma_a\right) = -\mathrm{Tr}\, S_n = 0.$$

因此 $\Gamma_{2\ell}$ 矩阵群中元素 S 在自身表示中的特征标为

$$\chi(S) = \begin{cases} \pm d^{(2\ell)}, & S = \pm 1, \\ 0, & S \neq \pm 1. \end{cases} \tag{5.165}$$

由于自身表示是不可约表示,

$$2\left(d^{(2\ell)}\right)^2 = \sum_{S \in \Gamma_{2\ell}} |\chi(S)|^2 = g^{(2\ell)} = 2^{2\ell+1}, \quad d^{(2\ell)} = 2^\ell. \tag{5.166}$$

要说明 Γ_N 矩阵群这样的不可约真实表示确实存在, 最简单的方法就是选取具体表象, 把 γ_a 矩阵明显写出来. 一个常用的表象是把 γ_a 矩阵写成 ℓ 个泡利矩阵 σ_a 或二维单位矩阵 **1** 的乘积,

$$\begin{aligned}
\gamma_{2n-1} &= \underbrace{\mathbf{1} \times \ldots \times \mathbf{1}}_{n-1} \times \sigma_1 \times \underbrace{\sigma_3 \times \ldots \times \sigma_3}_{\ell - n}, \\
\gamma_{2n} &= \underbrace{\mathbf{1} \times \ldots \times \mathbf{1}}_{n-1} \times \sigma_2 \times \underbrace{\sigma_3 \times \ldots \times \sigma_3}_{\ell - n},
\end{aligned} \qquad 1 \leqslant n \leqslant \ell. \tag{5.167}$$

显然这组 γ_a 矩阵满足反对易关系 (5.159), 它们的乘积集合构成 $\Gamma_{2\ell}$ 矩阵群的不可约幺正真实表示, 维数是 $d^{(2\ell)} = 2^\ell$. 这组 γ_a 矩阵, 以及与此等价的任一组 γ_a 矩阵, 都常称为不可约 γ_a 矩阵.

定理 5.7 (等价定理) N 为偶数时, 满足反对易关系式 (5.159) 的 $d^{(2\ell)}$ 维 γ_a 矩阵必等价:

$$\overline{\gamma}_a = X^{-1}\gamma_a X, \quad 1 \leqslant a \leqslant N = 2\ell. \tag{5.168}$$

证明 由 γ_a 矩阵满足反对易关系 (5.159), 可导出特征标满足式 (5.165), 因而它们构成的 $\Gamma_{2\ell}$ 矩阵群表示互相等价. 证完.

推论 两组 $d^{(2\ell)}$ 维不可约 γ_a 矩阵间的相似变换矩阵, 精确到一个常系数, 是唯一的.

证明 设另有相似变换 Y, 满足 $\overline{\gamma}_a = Y^{-1}\gamma_a Y$. 与式 (5.168) 比较知, YX^{-1} 可与每一 γ_a 矩阵对易, 因而是常数矩阵, $Y = cX$. 证完. **如果限制相似变换矩阵的行列式为 1, 则此常系数只能取 $d^{(2\ell)}$ 个数:**

$$\exp\{-\mathrm{i}2n\pi/d^{(2\ell)}\}, \quad 0 \leqslant n < d^{(2\ell)}. \tag{5.169}$$

第三, $\gamma_\chi^{(2\ell)}$ 矩阵可与每一 γ_a 矩阵反对易, 如果再乘一个适当的系数, 可使它也变成自逆的, 从而与其他 γ_a 矩阵处于平等地位. 引入 $\gamma_f^{(2\ell)}$ 矩阵:

$$\gamma_f^{(2\ell)} = (-\mathrm{i})^\ell \gamma_\chi^{(2\ell)} = (-\mathrm{i})^\ell \gamma_1 \gamma_2 \cdots \gamma_{2\ell} = \underbrace{\sigma_3 \times \ldots \times \sigma_3}_{\ell}. \tag{5.170}$$

最后的表达式是在式 (5.167) 表象中写出的. 在此表象中, $\gamma_f^{(2\ell)}$ 矩阵是对角化的, 对角元只能取 ± 1, 但 1 和 -1 混杂排列, 没有完全分开. **如果把这 $\gamma_f^{(2\ell)}$ 矩阵定义为 $\Gamma_{2\ell+1}$ 矩阵群中的 $\gamma_{2\ell+1}$ 矩阵, 连同式 (5.167), 就给出了 $\Gamma_{2\ell+1}$ 矩阵群的自身表示.**

第四, **集合 $\Gamma'_{2\ell}$ 中的矩阵都是线性无关的**. 用反证法. 设对 $S \in \Gamma'_{2\ell}$, 存在线性关系 $\sum_S C(S)S = 0$. 乘 $S^{-1}/d^{(2\ell)}$ 后取迹, 得 $C(S) = 0$, 即所有系数为零. 证完.

既然集合 $\Gamma'_{2\ell}$ 包含了 $2^{2\ell}$ 个线性无关的 $d^{(2\ell)} = 2^\ell$ 维矩阵, 因而它们构成完备基, 任何 $d^{(2\ell)}$ 维矩阵 M 都可按 $S \in \Gamma'_{2\ell}$ 展开:

$$M = \sum_{S \in \Gamma'_{2\ell}} C(S)S, \quad C(S) = \frac{1}{d^{(2\ell)}} \mathrm{Tr}\left(S^{-1}M\right). \tag{5.171}$$

第五, 由式 (5.159), $\pm S$ 两个元素构成一类, 1 和 -1 分别构成一类, $\Gamma_{2\ell}$ 矩阵群有 $2^{2\ell} + 1$ 个类, 因而有 $2^{2\ell} + 1$ 个不等价不可约表示. 既然有一个真实不可约表示是 $d^{(2\ell)} = 2^\ell$ 维的, 其他 $2^{2\ell}$ 个不可约表示都只能是一维表示. 这些一维表示很容易构造. 让 n 个 γ_a 矩阵对应 1, 其余 $2\ell - n$ 个 γ_b 矩阵对应 -1, 就得到一个一维表示. 这不同取法的 n 个 γ_a 矩阵对应表示不等价. n 的取值范围由零至 2ℓ. 这样的一维不等价表示的个数正好是 $2^{2\ell}$. 一维表示一定是非真实表示, 因为它们的乘积是对易的, 元素 $-\mathbf{1} = \gamma_1\gamma_2\gamma_1\gamma_2$ 的表示矩阵是 1.

最后指出, γ_a 矩阵是无迹厄米兼幺正矩阵, 故本征值只能取 ± 1, 且两种本征值数目相等, 于是当 $N > 2$ 时 $\det\gamma_a = 1$.

作为定理 5.7 的一个应用, 讨论电荷共轭变换矩阵. 对 $N = 2\ell$ 个不可约 γ_a 矩阵, 定义

$$\overline{\gamma}_a = -\left(\gamma_a\right)^T. \tag{5.172}$$

其中, 上标 T 表矩阵取转置, 显然 $\overline{\gamma}_a$ 也满足反对易关系 (5.159), 则 $\overline{\gamma}_a$ 和 γ_a 等价, 它们可通过幺模幺正相似变换 $C^{(2\ell)}$ 相联系,

$$\left(C^{(2\ell)}\right)^{-1}\gamma_a C^{(2\ell)} = -\left(\gamma_a\right)^T, \tag{5.173}$$

$$\left(C^{(2\ell)}\right)^{-1}\gamma_f^{(2\ell)} C^{(2\ell)} = (-\mathrm{i})^\ell \left(\gamma_1\right)^T\left(\gamma_2\right)^T\cdots\left(\gamma_{2\ell}\right)^T = (-1)^\ell\left(\gamma_f^{(2\ell)}\right)^T. \tag{5.174}$$

式 (5.173) 取转置, 有

$$\gamma_a = -\left(C^{(2\ell)}\right)^T \gamma_a^T \left[\left(C^{(2\ell)}\right)^{-1}\right]^T$$
$$= \left[\left(C^{(2\ell)}\right)^T\left(C^{(2\ell)}\right)^{-1}\right]\gamma_a\left[\left(C^{(2\ell)}\right)^T\left(C^{(2\ell)}\right)^{-1}\right]^{-1},$$

即 $\left(C^{(2\ell)}\right)^T\left(C^{(2\ell)}\right)^{-1} = \lambda^{(2\ell)}\mathbf{1}$, $\left(C^{(2\ell)}\right)^T = \lambda^{(2\ell)}C^{(2\ell)}$, 因而

$$C^{(2\ell)} = \lambda^{(2\ell)}\left(C^{(2\ell)}\right)^T = \left(\lambda^{(2\ell)}\right)^2 C^{(2\ell)}, \quad \lambda^{(2\ell)} = \pm 1.$$

为了确定此参数 $\lambda^{(2\ell)}$, 取 n 个不同的 γ_a 矩阵的乘积 S_n, 得

$$\left(S_n C^{(2\ell)}\right)^T = \lambda^{(2\ell)}C^{(2\ell)}\left(S_n\right)^T = \lambda^{(2\ell)}(-1)^{n(n+1)/2}\left(S_n C^{(2\ell)}\right). \tag{5.175}$$

$S_n C^{(2\ell)}$ 是对称或反对称矩阵. 由于集合 $\Gamma'_{2\ell}$ 中的矩阵构成 $d^{(2\ell)}$ 维矩阵的完备基, 这些元素乘 $C^{(2\ell)}$ 后仍是完备基. 因为这样的矩阵 $S_n C^{(2\ell)}$ 的个数是 2ℓ 个数中取 n 个数的组合数, 随 n 增加, 它先增加后减少. 根据对称矩阵必须多于反对称矩阵的条件, 在 $n = \ell = N/2$ 时 $S_n C^{(2\ell)}$ 必须是对称矩阵, 即

$$\left(C^{(2\ell)}\right)^T = (-1)^{\ell(\ell+1)/2}C^{(2\ell)}. \tag{5.176}$$

去掉式 (5.172) 中的负号, 相似变换 $C^{(2\ell)}$ 改成 $B^{(2\ell)}$

$$B^{(2\ell)} = \gamma_f^{(2\ell)}C^{(2\ell)}, \quad \left(B^{(2\ell)}\right)^T = (-1)^{\ell(\ell-1)}B^{(2\ell)}. \tag{5.177}$$

在相对论量子力学中, $C^{(2\ell)}$ 和电荷共轭变换相联系, 称为电荷共轭变换矩阵, 而 $B^{(2\ell)}$ 与时空反演变换相联系:

$$\left(C^{(2\ell)}\right)^{-1}\gamma_a C^{(2\ell)} = -\left(\gamma_a\right)^T, \quad \left(B^{(2\ell)}\right)^{-1}\gamma_a B^{(2\ell)} = (\gamma_a)^T, \tag{5.178}$$

在式 (5.167) 给出的表象中,

$$C^{(4m)} = \underbrace{(\sigma_1\times\sigma_2)\times\cdots\times(\sigma_1\times\sigma_2)}_{m}, \quad C^{(4m+2)} = \sigma_2\times C^{(4m)}. \tag{5.179}$$

现在讨论 $N = 2\ell+1$ 为奇数的情况. 式 (5.170) 定义的 $\gamma_{2\ell+1}$ 矩阵, 加上 $\Gamma_{2\ell}$ 矩阵群中的 2ℓ 个 γ_a 矩阵, 它们一起满足反对易关系式 (5.159), 可以作为 $\Gamma_{2\ell+1}$ 矩阵群的 $2\ell+1$ 个 γ_a 矩阵的定义:

$$\gamma_{2\ell+1} = \gamma_f^{(2\ell)} = (-\mathrm{i})^\ell\gamma_\chi^{(2\ell)}, \quad \gamma_\chi^{(2\ell+1)} = \gamma_1\cdots\gamma_{2\ell+1} = (\mathrm{i})^\ell\mathbf{1}. \tag{5.180}$$

按照这一定义, $\gamma_\chi^{(2\ell+1)}$ 矩阵的符号已经选定, 而且 $\Gamma_{2\ell+1}$ 与 $\Gamma_{2\ell}$ 矩阵群的矩阵维数相同,

$$d^{(2\ell+1)} = d^{(2\ell)} = 2^\ell, \tag{5.181}$$

由于式 (5.163), Γ_{4m-1} 群与 Γ_{4m-2} 群相比, 元素增加一倍, 类数增加一倍, 因而不等价不可约表示个数也增加一倍. 因为式 (5.162) 是元素乘积规则的一部分, 改变式 (5.162) 的符号就是改变元素 "i" 表示矩阵的符号. 这表示矩阵是常数矩阵, 改变符号就得到不等价的不可约表示. Γ_{4m+1} 群与 Γ_{4m} 群是同构的, 改变式 (5.162) 的符号就是改变元素 "1" 表示矩阵的符号, 作为表示这是不允许的.

当 N 是奇数时, 在等价定理 5.7 的条件中, 除条件 (5.159), 还应加上 $\gamma_\chi^{(4m\pm1)}$ 和 $\overline{\gamma}_\chi^{(4m\pm1)}$ 相等的条件, 否则相似变换式 (5.168) 就不成立. 在按式 (5.178) 定义 $C^{(N)}$ 矩阵时, 必须先检验 $\gamma_\chi^{(2\ell+1)}$ 和 $\overline{\gamma}_\chi^{(2\ell+1)}$ 是否相等. 按式 (5.172):

$$\begin{aligned}\overline{\gamma}_\chi^{(2\ell+1)} &= \overline{\gamma}_1\cdots\overline{\gamma}_{2\ell+1} = -\left\{\gamma_{2\ell+1}\cdots\gamma_1\right\}^T \\ &= (-1)^{\ell+1}\left\{\gamma_\chi^{(2\ell+1)}\right\}^T = (-1)^{\ell+1}\gamma_\chi^{(2\ell+1)}.\end{aligned} \tag{5.182}$$

可见满足式 (5.178) 的 $C^{(4m-1)}$ 是存在的, 而 $C^{(4m+1)}$ 不存在, 同理, 满足式 (5.178) 的 $B^{(4m-1)}$ 不存在, 而 $B^{(4m+1)}$ 是存在的.

$$\begin{aligned}C^{(4m-1)} &= C^{(4m-2)}, \quad \left(C^{(4m-1)}\right)^T = (-1)^m C^{(4m-1)}, \\ B^{(4m+1)} &= B^{(4m)}, \quad \left(B^{(4m+1)}\right)^T = (-1)^m B^{(4m+1)}.\end{aligned} \tag{5.183}$$

5.5.6 SO(N) 群基本旋量表示及其不可约性

作为定理 5.7 的另一个应用, 研究 SO(N) 群的旋量表示. 对满足式 (5.159) 的 N 个不可约幺正 γ_a 矩阵, 定义

$$\overline{\gamma}_a = \sum_{b=1}^{N} R_{ab}\gamma_b, \quad R \in \mathrm{SO}(N). \tag{5.184}$$

由于 R 是行列式为 1 的实正交矩阵, $\overline{\gamma}_a$ 满足

$$\overline{\gamma}_a\overline{\gamma}_b + \overline{\gamma}_b\overline{\gamma}_a = \sum_{cd} R_{ac}R_{bd}\{\gamma_c\gamma_d + \gamma_d\gamma_c\} = 2\sum_c R_{ac}R_{bc}\mathbf{1} = 2\delta_{ab}\mathbf{1},$$

$$\overline{\gamma}_1\overline{\gamma}_2\cdots\overline{\gamma}_N = \sum_{a_1\cdots a_N} R_{1a_1}\cdots R_{Na_N}\gamma_{a_1}\gamma_{a_2}\cdots\gamma_{a_N}.$$

在第二式的求和中, 当 $j \neq k$ 时, $a_j = a_k$ 的项没有贡献:

$$\sum_{a_ja_k} R_{ja_j}R_{ka_k}\gamma_{a_j}\gamma_{a_k}\delta_{a_ja_k} = 0.$$

于是,

$$\overline{\gamma}_1\overline{\gamma}_2\cdots\overline{\gamma}_N = \sum_{a_1\cdots a_N} R_{1a_1}\cdots R_{Na_N}\epsilon_{a_1\cdots a_N}\gamma_1\gamma_2\cdots\gamma_N$$
$$= (\det R)\gamma_1\gamma_2\cdots\gamma_N = \gamma_1\gamma_2\cdots\gamma_N.$$

根据定理 5.7, $\overline{\gamma}_a$ 和 γ_a 可通过幺模幺正相似变换相联系. 这相似变换依赖于 R, 记为 $D(R)$, $D(R)^\dagger D(R) = \mathbf{1}$, $\det D(R) = 1$,

$$D(R)^{-1}\gamma_a D(R) = \sum_{b=1}^{N} R_{ab}\gamma_b. \tag{5.185}$$

$D(R)$ 矩阵还允许相差常系数

$$\exp\left(-\mathrm{i}2n\pi/d^{(N)}\right), \quad 0 \leqslant n < d^{(N)}. \tag{5.186}$$

满足式 (5.185) 的 $D(R)$ 矩阵的集合, 按照矩阵乘积规则, 满足群的四个条件, 构成群 G'_N. SO(N) 群元素 R, 通过相似变换关系 (5.185), 与幺模幺正矩阵 $D(R)$ 有 $1 : d^{(N)}$ 的对应关系, 而且这种对应关系对元素乘积保持不变, 因而 SO(N) 群与 G'_N 同态. 既然 SO(N) 群的群空间是双连通的, 它与覆盖群的同态关系应该是 $1 : 2$ 的对应关系, 可见 G'_N 群一定是混合李群, 群空间是不连通的. **群空间中包含恒元的那一连续片构成它的不变子群 G_N. G_N 群是简单李群, 它才是 SO(N) 群的覆盖群.** 因此要找出一个不连续的条件, 把 G_N 群从 G'_N 群中区分出来. 找这条件的最好办法就是利用 G_N 群的连通性, 也就是利用 G_N 群的无穷小元素及其生成元.

设 R 是无穷小元素, R 和 $D(R)$ 矩阵可按无穷小参数 ω_{ab} 展开:

$$R_{ab} = \delta_{ab} - \mathrm{i} \sum_{c<d} \omega_{cd} \left(T_{cd}\right)_{ab} = \delta_{ab} - \omega_{ab},$$
$$D(R) = \mathbf{1} - \mathrm{i} \sum_{c<d} \omega_{cd} S_{cd}, \tag{5.187}$$

其中, T_{cd} 是 SO(N) 群自身表示的生成元 (式 (5.146)). S_{cd} 是幺正表示 $D(R)$ 的生成元, 是厄米矩阵. 代入式 (5.185) 得

$$-\mathrm{i} \sum_{c<d} \omega_{cd} \left[\gamma_a,\ S_{cd}\right] = -\sum_{d} \omega_{ad} \gamma_d$$
$$= -\sum_{d>a} \omega_{ad}\gamma_d + \sum_{d<a} \omega_{da}\gamma_d = -\sum_{c<d} \omega_{cd} \left\{\delta_{ac}\gamma_d - \delta_{ad}\gamma_c\right\},$$

即 S_{cd} 满足

$$\left[\gamma_a,\ S_{cd}\right] = -\mathrm{i} \left\{\delta_{ac}\gamma_d - \delta_{ad}\gamma_c\right\}. \tag{5.188}$$

按照式 (5.171) 把 S_{cd} 展开成 S_n 的线性组合. S_n 是 n 个不同的 γ_a 矩阵的乘积, 只有 S_2 才能满足式 (5.188), 然后做简单运算, 可解得厄米矩阵 S_{ab}:

$$S_{ab} = \frac{1}{4\mathrm{i}} \left(\gamma_a\gamma_b - \gamma_b\gamma_a\right). \tag{5.189}$$

为了书写的符号统一, 定义

$$C = \begin{cases} B^{(N)}, & N = 4m+1, \\ C^{(N)}, & N \neq 4m+1, \end{cases} \tag{5.190}$$

则 $C^{-1}S_{ab}C = -\left(S_{ab}\right)^T = -S_{ab}^*$,

$$C^{-1}D(R)C = \left\{D(R^{-1})\right\}^T = D(R)^*. \tag{5.191}$$

不连续的条件式 (5.191) 限制了 $D(R)$ 矩阵前的可乘因子 (见式 (5.186)), 从而使 SO(N) 群元素 R, 通过式 (5.185) 和式 (5.191), 与 $\pm D(R)$ 两个幺模幺正矩阵有一二对应的关系, 且这对应关系对元素乘积保持不变, 即 G_N 群是 SO(N) 群的覆盖群:

$$\mathrm{SO}(N) \sim \mathrm{G}_N. \tag{5.192}$$

G_N 记为 $D^{[s]}(\mathrm{SO}(N))$, 称为 **SO(N) 群的基本旋量表示**, S_{ab} 称为自旋角动量算符. 显然, 当 $N = 3$ 时, G_3 群就是 SU(2) 群. **SO(N) 群的不可约张量表示是 SO(N) 群的单值表示, 是 G_N 群的非真实表示. G_N 群的真实表示是 SO(N) 群的双值表示, 称为旋量表示.**

研究基本旋量表示的不可约性, 就是找能与所有生成元 S_{ab} 对易的非常数矩阵. 既然 γ_a 矩阵的乘积 S_n 构成 $d^{(N)}$ 维矩阵的完备基, 逐个检验 S_n, 就能发现, 除常数矩阵外, 只有 $\gamma_\chi^{(N)}$ 矩阵才能与所有 S_{ab} 对易. 当 $N = 2\ell + 1$ 是奇数时, $\gamma_\chi^{(2\ell+1)}$ 是常数矩阵, 因而 $D^{[s]}(\mathrm{SO}(2\ell+1))$ **是不可约表示**. 由式 (5.191) 和式 (5.183) 知, 奇数 N 的基本旋量表示是自共轭表示, 当 $N = 8k \pm 1$ 时基本旋量表示是实表示. 当 $N = 2\ell$ 是偶数时, $\gamma_\chi^{(2\ell)}$ 不是常数矩阵, $D^{[s]}(\mathrm{SO}(2\ell))$ **是可约表示**. 由于所选用的表象式 (5.167), $\gamma_f^{(2\ell)}$ 表为 ℓ 个 σ_3 矩阵的乘积, 它是对角矩阵, 对角元为 ± 1. 可通过简单相似变换 X 把相同本征值排在一起:

$$X^{-1}\gamma_f^{(2\ell)}X = \sigma_3 \times \mathbf{1},$$

$$X^{-1}D^{[s]}(R)X = \begin{pmatrix} D^{[+s]}(R) & 0 \\ 0 & D^{[-s]}(R) \end{pmatrix}. \tag{5.193}$$

因此, $D^{[s]}(\mathrm{SO}(2\ell))$ 约化为两个不可约表示的直和. 用反证法证明**这两个子不可约表示** $D^{[\pm s]}(R)$ **是不等价的**. 设存在相似变换 $Y = \mathbf{1} \oplus Z$, 满足 $Z^{-1}D^{[-s]}(R)Z = D^{[+s]}(R)$, 于是所有 $(XY)^{-1}S_{ab}XY$ 可与 $\sigma_1 \times \mathbf{1}$ 对易, 但它们的乘积却不能与之对易:

$$2^\ell (XY)^{-1} \left(S_{12}S_{34} \cdots S_{(2\ell-1)(2\ell)} \right) XY = Y^{-1} \left[X^{-1}\gamma_f^{(2\ell)}X \right] Y = \sigma_3 \times \mathbf{1}.$$

显然矛盾. 证完. 这两个旋量表示 $D^{[\pm s]}$ 常称为**不可约基本旋量表示**.

引入投影算符 $P_\pm = \left(\mathbf{1} \pm \gamma_f^{(2\ell)} \right) / 2$,

$$X^{-1}P_+X = \begin{pmatrix} \mathbf{1} & 0 \\ 0 & 0 \end{pmatrix}, \quad X^{-1}P_-X = \begin{pmatrix} 0 & 0 \\ 0 & \mathbf{1} \end{pmatrix}, \tag{5.194}$$

有

$$X^{-1}P_+D^{[s]}(R)X = X^{-1}D^{[s]}(R)P_+X = \begin{pmatrix} D^{[+s]}(R) & 0 \\ 0 & 0 \end{pmatrix},$$

$$X^{-1}P_-D^{[s]}(R)X = X^{-1}D^{[s]}(R)P_-X = \begin{pmatrix} 0 & 0 \\ 0 & D^{[-s]}(R) \end{pmatrix}. \tag{5.195}$$

根据式 (5.174)、式 (5.176) 和式 (5.191), 得

$$C^{-1}D^{[s]}(R)P_\pm C = \begin{cases} D^{[s]}(R)^* P_\pm, & N = 4m, \\ D^{[s]}(R)^* P_\mp, & N = 4m + 2. \end{cases} \tag{5.196}$$

当 $N = 4m + 2$ 时, $D^{[\pm s]}(R)$ 互为复共轭表示, 当 $N = 4m$ 时, $D^{[\pm s]}(R)$ 是自共轭表示, 当 $N = 8k$ 时, $D^{[\pm s]}(R)$ 是实表示. $\mathrm{SO}(N)$ 群不可约基本旋量表示的维数为

$$d_{[s]}[\mathrm{SO}(2\ell+1)] = 2^\ell, \quad d_{[\pm s]}[\mathrm{SO}(2\ell)] = 2^{\ell-1}. \tag{5.197}$$

5.5.7 SO(N) 群的基本旋量

有 $d^{(N)}$ 个分量, 在 SO(N) 变换中按下述规律变换的量 Ψ_μ, 称为 SO(N) 群的基本旋量, 简称旋量.

$$(O_R\Psi)_\mu = \sum_\nu D^{[s]}_{\mu\nu}(R)\Psi_\nu, \quad O_R\Psi = D^{[s]}(R)\Psi. \tag{5.198}$$

由于所选用的表象 (5.167), 当 $N = 2\ell$ 或 $2\ell+1$ 时, γ_a 矩阵表为 ℓ 个 σ 矩阵或二维单位矩阵的直乘, SO(N) 群基本旋量 Ψ 的基 W 最好也表为 ℓ 个二维旋量 $\chi(\alpha)$ 的直乘, 但物理上常省略直乘符号,

$$W(\alpha_1,\alpha_2,\cdots,\alpha_\ell) = \chi_{\alpha_1}(1)\chi_{\alpha_2}(2)\cdots\chi_{\alpha_\ell}(\ell),$$
$$\chi_1 = \begin{pmatrix} 1 \\ 0 \end{pmatrix}, \quad \chi_2 = \begin{pmatrix} 0 \\ 1 \end{pmatrix}. \tag{5.199}$$

$\chi_{\alpha_a}(a)$ 的乘积次序不能颠倒. 当 $N = 2\ell$ 时, P_+ 投影得到的子空间是 $D^{[+s]}$ 的表示空间, 旋量基包含偶数个 χ_2 因子, 而 P_- 投影得到的子空间是 $D^{[-s]}$ 的表示空间, 旋量基包含奇数个 χ_2 因子.

在生成元的谢瓦莱基式 (5.149) 和式 (5.154) 中, 把 T_{ab} 换成 S_{ab}, 就得到自旋角动量的谢瓦莱基 $H_\mu(S)$, $E_\mu(S)$ 和 $F_\mu(S)$. 经过直接计算, 有

$$H_\mu(S) = \underbrace{\mathbf{1}\times\cdots\times\mathbf{1}}_{\mu-1}\times\frac{1}{2}\{\sigma_3\times\mathbf{1}-\mathbf{1}\times\sigma_3\}\times\underbrace{\mathbf{1}\times\cdots\times\mathbf{1}}_{\ell-\mu-1},$$
$$E_\mu(S) = F_\mu(S)^\dagger = \underbrace{\mathbf{1}\times\cdots\times\mathbf{1}}_{\mu-1}\times\{\sigma_+\times\sigma_-\}\times\underbrace{\mathbf{1}\times\cdots\times\mathbf{1}}_{\ell-\mu-1},$$
$$H_\ell(S) = \begin{cases} \underbrace{\mathbf{1}\times\cdots\times\mathbf{1}}_{\ell-2}\times\frac{1}{2}\{\sigma_3\times\mathbf{1}+\mathbf{1}\times\sigma_3\}, & \mathrm{SO}(2\ell), \\ \underbrace{\mathbf{1}\times\cdots\times\mathbf{1}}_{\ell-1}\times\sigma_3, & \mathrm{SO}(2\ell+1), \end{cases} \tag{5.200}$$
$$E_\ell(S) = F_\ell(S)^\dagger = \begin{cases} -\underbrace{\mathbf{1}\times\cdots\times\mathbf{1}}_{\ell-2}\times\{\sigma_+\times\sigma_+\}, & \mathrm{SO}(2\ell), \\ \underbrace{\sigma_3\times\cdots\times\sigma_3}_{\ell-1}\times\sigma_+, & \mathrm{SO}(2\ell+1), \end{cases}$$

其中, $1\leqslant\mu<\ell$. 各不可约基本旋量表示的最高权态及其最高权 $\boldsymbol{M}$ 分别为

$$D^{[s]}(\mathrm{SO}(2\ell+1)), \quad \chi_1(1)\cdots\chi_1(\ell-1)\chi_1(\ell), \quad \boldsymbol{M} = (\underbrace{0,\cdots,0}_{\ell-1},1),$$
$$D^{[+s]}(\mathrm{SO}(2\ell)), \quad \chi_1(1)\cdots\chi_1(\ell-1)\chi_1(\ell), \quad \boldsymbol{M} = (\underbrace{0,\cdots,0}_{\ell-2},0,1),$$

$$D^{[-s]}(\mathrm{SO}(2\ell)), \quad \chi_1(1)\cdots\chi_1(\ell-1)\chi_2(\ell), \quad \boldsymbol{M}=(\underbrace{0,\cdots,0}_{\ell-2},1,0). \tag{5.201}$$

表示中的其他正交归一状态基可用降算符 $F_\nu(S)$ 作用得到.

因为旋量表示是幺正的,

$$O_R\Psi=D^{[s]}(R)\Psi^\dagger, \quad O_R\Psi^\dagger=\Psi^\dagger D^{[s]}(R)^{-1},$$

$$\begin{aligned}O_R\left(\Psi^\dagger\gamma_{a_1}\cdots\gamma_{a_n}\Psi\right)&=\Psi^\dagger D^{[s]}(R)^{-1}\gamma_{a_1}\cdots\gamma_{a_n}D^{[s]}(R)\Psi\\&=\sum_{b_1\cdots b_n}R_{a_1b_1}\cdots R_{a_nb_n}\Psi^\dagger\gamma_{b_1}\cdots\gamma_{b_n}\Psi.\end{aligned} \tag{5.202}$$

所以由旋量乘积构成 $\mathrm{SO}(N)$ 群的 n 阶反对称张量, 对应杨图 $[1^n]$. n 显然不大于 N, 否则必有重复的 γ 矩阵, 它们可以移到一起并消去, 不构成新的张量. 当 $N=2\ell+1$ 是奇数时, 由于 $\gamma_f^{(2\ell+1)}$ 是常数矩阵, n 个 γ 矩阵的乘积可以化为 $N-n$ 个 γ 矩阵的乘积, 有

$$[s]^*\times[s]\simeq[s]\times[s]\simeq[0]\oplus[1]\oplus[1^2]\oplus\cdots\oplus[1^\ell]. \tag{5.203}$$

当 $N=2\ell$ 是偶数时, 应用投影算符 $P_\pm$ 的性质:

$$\begin{aligned}&P_+P_-=P_-P_+=0, \quad P_\pm P_\pm=P_\pm, \quad \gamma_f^{(2\ell)}P_\pm=\pm P_\pm,\\&P_\mp\gamma_{a_1}\cdots\gamma_{a_{2n}}P_\pm=0, \quad P_\pm\gamma_{a_1}\cdots\gamma_{a_{2n+1}}P_\pm=0.\end{aligned} \tag{5.204}$$

虽然 $\gamma_f^{(2\ell)}$ 矩阵不是常数矩阵, 但它乘在 $P_\pm$ 上只相当一个正负号. 对 ℓ 个 γ 矩阵的乘积, 比较式 (5.144) 知, 它们分别对应自对偶和反自对偶组合,

$$\begin{aligned}&\gamma_1\gamma_2\cdots\gamma_\ell=\mathrm{i}^\ell\gamma_f^{(2\ell)}\gamma_{2\ell}\gamma_{2\ell-1}\cdots\gamma_{\ell+1}=(-\mathrm{i})^\ell\gamma_{2\ell}\gamma_{2\ell-1}\cdots\gamma_{\ell+1}\gamma_f^{(2\ell)},\\&\gamma_1\gamma_2\cdots\gamma_\ell P_\pm=\frac{1}{2}\left\{\gamma_1\gamma_2\cdots\gamma_\ell\pm(-\mathrm{i})^\ell\gamma_{2\ell}\gamma_{2\ell-1}\cdots\gamma_{\ell+1}\right\}P_\pm.\end{aligned} \tag{5.205}$$

因此, 当 $N=4m$ 时, $[\pm s]^*\simeq[\pm s]$,

$$[\pm s]^*\times[\pm s]\simeq[0]\oplus[1^2]\oplus[1^4]\oplus\cdots\oplus\begin{cases}[(S)1^{2m}],\\[(A)1^{2m}],\end{cases} \tag{5.206}$$

$$[\mp s]^*\times[\pm s]\simeq[1]\oplus[1^3]\oplus[1^5]\oplus\cdots\oplus[1^{2m-1}].$$

而当 $N=4m+2$ 时, $[\pm s]^*\simeq[\mp s]$,

$$[\pm s]^*\times[\pm s]\simeq[0]\oplus[1^2]\oplus[1^4]\oplus\cdots\oplus[1^{2m}],$$

$$[\mp s]^*\times[\pm s]\simeq[1]\oplus[1^3]\oplus[1^5]\oplus\cdots\oplus\begin{cases}[(S)1^{2m+1}],\\[(A)1^{2m+1}].\end{cases} \tag{5.207}$$

分解式中最后一个表示的最高权也是直乘空间中状态的最高权.

5.5.8 SO(N) 群无迹旋张量表示的维数

设旋量带有张量指标 $\boldsymbol{\Psi}_{a_1 \cdots a_n}$, 它在 SO($N$) 变换中按下式变换:

$$(O_R \boldsymbol{\Psi})_{a_1 \cdots a_n} = \sum_{b_1 \cdots b_n} R_{a_1 b_1} \cdots R_{a_n b_n} D^{[s]}(R) \boldsymbol{\Psi}_{b_1 \cdots b_n}. \tag{5.208}$$

这样的量称为旋张量. 旋张量空间是可约的, 存在对 SO(N) 群的不变的子空间. 旋张量的张量部分, 用去迹和杨算符投影的办法, 选出以行数不大于 $N/2$ 的杨图 $[\lambda]$ 标记的无迹张量空间. 这样的旋张量空间对应的表示是旋量表示 $[s]$ 和张量表示 $[\lambda]$ 的直乘. 它一般还是可约表示. 由于式 (5.197), 表示空间存在第二类迹旋张量空间, 构成关于 SO(N) 变换的不变子空间.

$$\boldsymbol{\Phi}_{a_1 \cdots a_{i-1} a_{i+1} \cdots a_n} = \sum_{b=1}^{N} \gamma_b \boldsymbol{\Psi}_{a_1 \cdots a_{i-1} b a_{i+1} \cdots a_n},$$

$$\begin{aligned}
(O_R \boldsymbol{\Phi})_{a_1 \cdots a_{i-1} a_{i+1} \cdots a_n} &= \sum_{b_1 \cdots b_n b'} R_{a_1 b_1} \cdots R_{a_n b_n} \left[\sum_b \gamma_b R_{bb'} \right] \\
&\quad \times D^{[s]}(R) \boldsymbol{\Psi}_{b_1 \cdots b_{i-1} b' b_{i+1} \cdots b_n} \\
&= \sum_{b_1 \cdots b_n} R_{a_1 b_1} \cdots R_{a_n b_n} D^{[s]}(R) \left[\sum_{b'} \gamma_{b'} \boldsymbol{\Psi}_{b_1 \cdots b_{i-1} b' b_{i+1} \cdots b_n} \right] \\
&= \sum_{b_1 \cdots b_n} R_{a_1 b_1} \cdots R_{a_n b_n} D^{[s]}(R) \boldsymbol{\Phi}_{b_1 \cdots b_{i-1} b_{i+1} \cdots b_n}.
\end{aligned}$$

因此存在旋张量的第二类无迹条件:

$$\sum_{b=1}^{N} \gamma_b \boldsymbol{\Psi}_{a_1 \cdots a_{i-1} b a_{i+1} \cdots a_n} = 0. \tag{5.209}$$

旋张量可以按照两类无迹条件, 分解为无迹旋张量和迹旋张量之和, 分别对 SO(N) 变换保持不变. 从表示角度看, 直乘表示 $[s] \times [\lambda]$ 可分解为不可约表示的直和. **直乘表示空间中状态的最高权 M 等于基本旋量表示和无迹张量表示最高权之和, 对应旋张量的所有张量指标满足两类无迹条件**, 对应的最高权表示用如下带 s 标记的杨图描写, 它们的最高权 M 为

$$\begin{aligned}
& D^{[s(\lambda)]}(\mathrm{SO}(2\ell+1)) \equiv [s(\lambda)], \\
& \quad \boldsymbol{M} = [(\lambda_1 - \lambda_2), (\lambda_2 - \lambda_3), \cdots, (\lambda_{\ell-1} - \lambda_\ell), (2\lambda_\ell + 1)], \\
& D^{[+s(\lambda)]}(\mathrm{SO}(2\ell)) \equiv [+s(\lambda)], \\
& \quad \boldsymbol{M} = [(\lambda_1 - \lambda_2), (\lambda_2 - \lambda_3), \cdots, (\lambda_{\ell-1} - \lambda_\ell), (\lambda_{\ell-1} + \lambda_\ell + 1)], \\
& D^{[-s(\lambda)]}(\mathrm{SO}(2\ell)) \equiv [-s(\lambda)], \\
& \quad \boldsymbol{M} = [(\lambda_1 - \lambda_2), (\lambda_2 - \lambda_3), \cdots, (\lambda_{\ell-1} - \lambda_\ell + 1), (\lambda_{\ell-1} + \lambda_\ell)].
\end{aligned} \tag{5.210}$$

有

$$\text{SO}(2\ell+1) \text{ 群}: [s] \times [\lambda] \simeq [s(\lambda)] \oplus \cdots,$$

$$\text{SO}(2\ell+1) \text{ 群}: [\pm s] \times [\lambda] \simeq [\pm s(\lambda)] \oplus \cdots, \quad \lambda_\ell = 0,$$

$$[+s] \times [(S)\lambda] \simeq [+s(\lambda)] \oplus \cdots,$$

$$[-s] \times [(A)\lambda] \simeq [-s(\lambda)] \oplus \cdots, \tag{5.211}$$

$$[+s] \times [(A)\lambda] \simeq [-s(\lambda')] \oplus \cdots,$$

$$[-s] \times [(S)\lambda] \simeq [+s(\lambda')] \oplus \cdots,$$

其中, $[\lambda'] = [\lambda_1, \lambda_2, \cdots, \lambda_{\ell-1}, \lambda_\ell - 1]$.

现在进一步推广钩形规则, 利用杨图来计算 $\text{SO}(N)$ 群无迹旋张量表示 $[s(\lambda)]$ 和 $[\pm s(\lambda)]$ 的维数, 其中杨图 $[\lambda]$ 行数不大于 $N/2$, **杨图行数大于 $N/2$ 的无迹旋张量表示空间是零空间**. 在这推广的钩形规则中, 表示维数表为不可约基本旋量表示的维数和一个分数的乘积, 这分数的分子和分母分别表为该杨图 $[\lambda]$ 的一定表中所有填数的乘积:

$$d_{[s(\lambda)]}[\text{SO}(2\ell+1)] = d_{[s]}[\text{SO}(2\ell+1)] \, \frac{Y_S^{[\lambda]}}{Y_h^{[\lambda]}},$$

$$d_{[\pm s(\lambda)]}[\text{SO}(2\ell)] = d_{[\pm s]}[\text{SO}(2\ell)] \, \frac{Y_S^{[\lambda]}}{Y_h^{[\lambda]}}, \tag{5.212}$$

$$d_{[s]}[\text{SO}(2\ell+1)] = 2^\ell, \quad d_{[\pm s]}[\text{SO}(2\ell)] = 2^{\ell-1}.$$

分母的表 $Y_h^{[\lambda]}$ 还是在杨图 $[\lambda]$ 各格填以该格的钩形数 h_{ij}. 为了说清楚分子表 $Y_S^{[\lambda]}$ 的填数方法, 仍沿用以前关于钩形路径和逆钩形路径的定义 (见 5.5.4 节). 对行数大于 1 的杨图 $[\lambda]$, 按下面规则相继定义一系列的表 $Y_{S_a}^{[\lambda]}$, 这些表 $Y_{S_a}^{[\lambda]}$ 中对应格子填数之和, 构成分子表 $Y_S^{[\lambda]}$ 相应格子的填数. 表 $Y_{S_a}^{[\lambda]}$ 由下面规则定义:

(1) 表 $Y_{S_0}^{[\lambda]}$ 是在杨图 $[\lambda]$ 各格填以 $N-1$ 和容度 $m_{ij} = j-i$ 之和, 即第 i 行第 j 列格子填以 $N-1+j-i$. 对一行的杨图 $[\lambda]$, 分子表 $Y_S^{[\lambda]}$ 等于 $Y_{S_0}^{[\lambda]}$.

(2) 设 $[\lambda^{(1)}] = [\lambda]$. 由 $[\lambda^{(1)}]$ 开始, 相继定义一系列杨图 $[\lambda^{(a)}]$, 其中 $[\lambda^{(a)}]$ 是由 $[\lambda^{(a-1)}]$ 移去第一行和第一列得到. 这过程一直进行到最后一个杨图 $[\lambda^{(a)}]$ 只有 1 列或只有 2 行为止.

(3) 当 $a > 0$ 时, 根据 (2) $[\lambda^{(a)}]$ 的行数当然大于 1, 设杨图 $[\lambda^{(a)}]$ 含 r 行, 则按下法定义表 $Y_{S_a}^{[\lambda]}$. 在杨图 $[\lambda]$ 前 $a-1$ 行和前 $a-1$ 列都填以零, 余下部分构成杨图 $[\lambda^{(a)}]$. 在杨图 $[\lambda^{(a)}]$ 中的钩形路径 $(1, 1)$ 前 $r-1$ 格, 逐格填以 $\lambda_2^{(a)}, \lambda_3^{(a)}, \cdots, \lambda_r^{(a)}$, 在杨图 $[\lambda^{(a)}]$ 每个逆钩形路径 $\overline{(i, 1)}$, $2 \leqslant i \leqslant r$, 前 $\lambda_i^{(a)}$ 格填以 -1. 如果几个 -1 填在同一格, 则填数相加. 其余格子都填零. 在杨图 $[\lambda^{(a)}]$ 中所有填数之和为零.

下面举些例子来说明维数公式 (5.212) 的用法.

例 1 SO$(2\ell+1)$ 群一行杨图 $[s(n)]$ 对应无迹旋张量表示的维数.

$$d_{[s(n)]}(\mathrm{SO}(2\ell+1)) = d_{[s]}(\mathrm{SO}(2\ell+1)) \frac{\boxed{N-1}\ \boxed{N}\ \cdots\ \boxed{N+n-2}}{\boxed{n}\ \boxed{n-1}\ \cdots\ \boxed{1}} \tag{5.213}$$

$$= 2^\ell \binom{N+n-2}{n}.$$

对 SO(2ℓ) 群, $d_{[s]}(\mathrm{SO}(2\ell+1))$ 改成 $d_{[\pm s]}(\mathrm{SO}(2\ell)) = 2^{\ell-1}$. 式 (5.214) 也相同.

例 2 SO$(2\ell+1)$ 群一列杨图 $[s(1^n)]$ 对应无迹旋张量表示的维数.

$$Y_S^{[1^n]} = \begin{array}{|c|} \hline N-1 \\ \hline N-2 \\ \hline \vdots \\ \hline N-n+1 \\ \hline N-n \\ \hline \end{array} + \begin{array}{|c|} \hline 1 \\ \hline 1 \\ \hline \vdots \\ \hline 1 \\ \hline -n+1 \\ \hline \end{array} = \begin{array}{|c|} \hline N \\ \hline N-1 \\ \hline \vdots \\ \hline N-n+2 \\ \hline N-2n+1 \\ \hline \end{array},$$

$$d_{[s(1^n)]}(\mathrm{SO}(2\ell+1)) = 2^\ell \frac{N!(N-2n+1)}{n!(N-n+1)}. \tag{5.214}$$

例 3 SO(8) 群的表示 $[+s(3,3,3)]$ 的维数.

$$Y_S^{[3,3,3]} = \begin{array}{|c|c|c|} \hline 7 & 8 & 9 \\ \hline 6 & 7 & 8 \\ \hline 5 & 6 & 7 \\ \hline \end{array} + \begin{array}{|c|c|c|} \hline & 3 & 3 \\ \hline -1 & -1 & \\ \hline -2 & -1 & -1 \\ \hline \end{array} + \begin{array}{|c|c|c|} \hline & & \\ \hline & & 2 \\ \hline & -1 & -1 \\ \hline \end{array},$$

$$d_{[+s(3,3,3)]}(\mathrm{SO}(8)) = \left\{ d_{[+s]}[\mathrm{SO}(8)] \begin{array}{|c|c|c|} \hline 7 & 11 & 12 \\ \hline 5 & 6 & 10 \\ \hline 3 & 4 & 5 \\ \hline \end{array} \right\} \div \left\{ \begin{array}{|c|c|c|} \hline 5 & 4 & 3 \\ \hline 4 & 3 & 2 \\ \hline 3 & 2 & 1 \\ \hline \end{array} \right\}$$

$$= 2^3 \times 11 \times 7 \times 5^2 = 15400.$$

5.6 SO(4) 群和洛伦兹群

洛伦兹群是物理学中一个十分重要的对称变换群, 它是一个非紧致李群. SO(4) 群是紧致李群, 而且与洛伦兹群很 "接近", 它们只是在参数的实数性条件上有所不同. 本节介绍通过 SO(4) 群的不等价不可约表示, 计算洛伦兹群的不等价不可约表示的方法. 这方法对研究非紧致李群的不等价不可约表示有普遍意义, 因而它在数学中也很重要.

5.6.1　SO(4) 群不可约表示及其生成元

从邓金图可以看到, SO(4) 群的李代数 D_2 可分解为 $A_1 \oplus A_1$, 因而 SO(4) 群与两个 SU(2) 群直乘有同态关系. 经过适当组合, SO(4) 群自身表示生成元可以化为两个 SU(2) 群直乘的生成元. 利用此关系, 可以把 SO(4) 群的群元素明显地表为两个 SU(2) 群元素的直乘, 从而给出两个群间的一比二同态关系. 根据这对应关系, 重新选择群参数, 由 SU(2) 群的不可约表示, 找出 SO(4) 群的所有不等价不可约表示解析形式.

式 (4.128) 给出了 SO(4) 群自身表示的六个生成元 T_{ab}. 作适当组合得

$$T_1^{(\pm)} = \frac{1}{2}\left(T_{23} \pm T_{14}\right) = \frac{1}{2}\begin{pmatrix} 0 & 0 & 0 & \mp\mathrm{i} \\ 0 & 0 & -\mathrm{i} & 0 \\ 0 & \mathrm{i} & 0 & 0 \\ \pm\mathrm{i} & 0 & 0 & 0 \end{pmatrix}, \tag{5.215}$$

及其 1, 2, 3 循环. 式 (5.215) 可表成二维矩阵的直乘形式:

$$T_1^{(+)} = \frac{1}{2}\sigma_2 \times \sigma_1, \quad T_2^{(+)} = \frac{-1}{2}\sigma_2 \times \sigma_3, \quad T_3^{(+)} = \frac{1}{2}\mathbf{1}_2 \times \sigma_2,$$

$$T_1^{(-)} = \frac{-1}{2}\sigma_1 \times \sigma_2, \quad T_2^{(-)} = \frac{-1}{2}\sigma_2 \times \mathbf{1}_2, \quad T_3^{(-)} = \frac{1}{2}\sigma_3 \times \sigma_2.$$

它们分成两组生成元, 分别满足 SU(2) 群生成元的对易关系:

$$\left[T_a^{(\pm)}, \ T_b^{(\pm)}\right] = \mathrm{i}\sum_{c=1}^{3} \epsilon_{abc} T_c^{(\pm)}, \quad \left[T_a^{(+)}, \ T_b^{(-)}\right] = 0. \tag{5.216}$$

作相似变换 N 后, 这分解可看得更清楚.

$$N^{-1} T_a^{(+)} N = (\sigma_a/2) \times \mathbf{1}_2, \quad N^{-1} T_a^{(-)} N = \mathbf{1}_2 \times (\sigma_a/2),$$

$$N = \frac{1}{\sqrt{2}}\begin{pmatrix} -1 & 0 & 0 & 1 \\ -\mathrm{i} & 0 & 0 & -\mathrm{i} \\ 0 & 1 & 1 & 0 \\ 0 & \mathrm{i} & -\mathrm{i} & 0 \end{pmatrix}. \tag{5.217}$$

请注意式 (5.155) 是式 (5.217) 的推广. 由此, SO(4) 群任意元素 R 可表为

$$R = \exp\left(-\mathrm{i}\sum_{a<b}^{4} \omega_{ab} T_{ab}\right)$$

$$= \exp\left\{-\mathrm{i}\sum_{a=1}^{3}\left(\omega_a^{(+)} T_a^{(+)} + \omega_a^{(-)} T_a^{(-)}\right)\right\}$$

$$= \exp\left\{-\mathrm{i}\omega^{(+)}\hat{\boldsymbol{n}}^{(+)}\cdot\vec{T}^{(+)}\right\}\exp\left\{-\mathrm{i}\omega^{(-)}\hat{\boldsymbol{n}}^{(-)}\cdot\vec{T}^{(-)}\right\}$$
$$= N\left\{u(\hat{\boldsymbol{n}}^{(+)},\omega^{(+)})\times u(\hat{\boldsymbol{n}}^{(-)},\omega^{(-)})\right\}N^{-1}. \tag{5.218}$$

$$\begin{aligned}\omega_1^{(\pm)} &= \omega_{23}\pm\omega_{14} = \omega^{(\pm)}n_1^{(\pm)},\\ \omega_2^{(\pm)} &= \omega_{31}\pm\omega_{24} = \omega^{(\pm)}n_2^{(\pm)}, \qquad \omega^{(\pm)} = \left\{\sum_{a=1}^{3}\left(\omega_a^{(\pm)}\right)^2\right\}^{1/2}\\ \omega_3^{(\pm)} &= \omega_{12}\pm\omega_{34} = \omega^{(\pm)}n_3^{(\pm)},\end{aligned} \tag{5.219}$$

这样, R 矩阵明显地表达成两个二维幺模幺正矩阵 u 的直乘. 两个 u 矩阵同时改变符号时, R 矩阵保持不变. 因此, 式 (5.218) 给出 SO(4) 群元素和两个 SU(2) 直乘的群元素间一二对应关系, 而且这种对应关系对群元素乘积保持不变, 故有

$$\mathrm{SO}(4) \sim \mathrm{SU}(2)\otimes\mathrm{SU}(2)'. \tag{5.220}$$

可以就选这两个 SU(2) 群的参数作为 SO(4) 群的群参数. 为了在测度不为零的区域内, 使群空间的参数与群元素有一一对应的关系, SO(4) 群的群空间是两个 SU(2) 群空间的直乘, 但其中一个 SU(2)′ 群的群空间缩小一半, 即规定 SO(4) 群的群参数的变化区域如下:

$$\begin{aligned}0\leqslant\omega^{(+)}\leqslant 2\pi, &\quad 0\leqslant\omega^{(-)}\leqslant\pi,\\ 0\leqslant\theta^{(\pm)}\leqslant\pi, &\quad -\pi\leqslant\varphi^{(\pm)}\leqslant\pi,\end{aligned} \tag{5.221}$$

其中, $\theta^{(\pm)}$ 和 $\varphi^{(\pm)}$ 是 $\hat{\boldsymbol{n}}^{(\pm)}$ 方向的极角和方位角. 由于一个 SU(2)′ 群的群空间缩小了一半, 就类似于 SO(3) 群的群空间, 在群空间的边界上直径两端的点对应同一个群元素, 这决定了 SO(4) 群的群空间是双连通的. 双连通性反映了 R 矩阵在两个 u 矩阵同时改号时保持不变:

$$\begin{aligned}R(\hat{\boldsymbol{n}}^{(+)},\omega^{(+)};\hat{\boldsymbol{n}}^{(-)},\omega^{(-)}) &= R(-\hat{\boldsymbol{n}}^{(+)},(2\pi-\omega^{(+)});-\hat{\boldsymbol{n}}^{(-)},(2\pi-\omega^{(-)})),\\ R(\hat{\boldsymbol{n}}^{(+)},\omega^{(+)};\hat{\boldsymbol{n}}^{(-)},\pi) &= R(-\hat{\boldsymbol{n}}^{(+)},(2\pi-\omega^{(+)});-\hat{\boldsymbol{n}}^{(-)},\pi).\end{aligned} \tag{5.222}$$

SO(4) 群的覆盖群是 SU(2)⊗SU(2)′ 群. 选择这组参数后, SO(4) 群的群上积分的密度函数为

$$\begin{aligned}\mathrm{d}R = &\frac{1}{8\pi^4}\sin^2\left(\omega^{(+)}/2\right)\sin^2\left(\omega^{(-)}/2\right)\sin\theta^{(+)}\sin\theta^{(-)}\\ &\times\mathrm{d}\omega^{(+)}\mathrm{d}\omega^{(-)}\mathrm{d}\theta^{(+)}\mathrm{d}\theta^{(-)}\mathrm{d}\varphi^{(+)}\mathrm{d}\varphi^{(-)}.\end{aligned} \tag{5.223}$$

SO(4) 群的不等价不可约表示都可表成两个 SU(2) 群不等价不可约表示的直乘, 记为 D^{jk}:

$$D^{jk}(\mathrm{SO}(4)) = D^j(\mathrm{SU}(2))\times D^k(\mathrm{SU}(2)'),$$

$$D^{jk}\left(\hat{\boldsymbol{n}}^{(+)}, \omega^{(+)}; \hat{\boldsymbol{n}}^{(-)}, \omega^{(-)}\right) = D^j\left(\hat{\boldsymbol{n}}^{(+)}, \omega^{(+)}\right) \times D^k\left(\hat{\boldsymbol{n}}^{(-)}, \omega^{(-)}\right). \quad (5.224)$$

D^{jk} 是 $(2j+1)(2k+1)$ 维的, 它的行 (列) 指标用两个字母 $(\mu\nu)$ 共同标记, 它的生成元 I_{ab}^{jk} 可由 SU(2) 群相应表示生成元 I_c^j 表出:

$$
\begin{aligned}
I_a^{jk(+)} &= I_a^j \times \mathbf{1}_{2k+1}, & I_a^{jk(-)} &= \mathbf{1}_{2j+1} \times I_a^k, \\
I_{ab}^{jk} &= \sum_{c=1}^3 \epsilon_{abc}\left(I_c^{jk(+)} + I_c^{jk(-)}\right), & I_{a4}^{jk} &= I_a^{jk(+)} - I_a^{jk(-)}.
\end{aligned}
\quad (5.225)
$$

D^{jk} 表示的直乘分解, 可以借用 SU(2) 群表示的性质来计算:

$$D^{j_1 k_1}(R) \times D^{j_2 k_2}(R) \simeq \bigoplus_{J=|j_1-j_2|}^{j_1+j_2} \bigoplus_{K=|k_1-k_2|}^{k_1+k_2} D^{JK}(R). \quad (5.226)$$

事实上, $I_a^{jk(\pm)}$ 与谢瓦莱基有直接的联系:

$$
\begin{aligned}
H_1 &= 2I_3^{jk(-)}, & H_2 &= 2I_3^{jk(+)}, \\
E_1 &= I_1^{jk(-)} + \mathrm{i}I_2^{jk(-)}, & E_2 &= I_1^{jk(+)} + \mathrm{i}I_2^{jk(+)}.
\end{aligned}
\quad (5.227)
$$

因此 D^{jk} 表示对应的最高权为 $\boldsymbol{M} = (2k, 2j)$, 相应的杨图标记为

$$
\begin{aligned}
&\text{当 } j = k, & D^{jj} &\simeq [2j, 0], \\
&\text{当 } j - k \text{ 是正整数}, & D^{jk} &\simeq [(S)(j+k), (j-k)] \text{ 是自对偶表示}, \\
&\text{当 } k - j \text{ 是正整数}, & D^{jk} &\simeq [(A)(j+k), (k-j)] \text{ 是反自对偶表示}, \\
&\text{当 } j - k - 1/2 \text{ 是正整数}, & D^{jk} &\simeq [+s(j+k-1/2, \, j-k-1/2)], \\
&\text{当 } k - j - 1/2 \text{ 是正整数}, & D^{jk} &\simeq [-s(j+k-1/2, \, k-j-1/2)].
\end{aligned}
\quad (5.228)
$$

采用式 (5.167) 的 γ_a 矩阵形式, SO(4) 群的基本旋量表示生成元为

$$
\begin{aligned}
S_{23} &= (\sigma_2 \times \sigma_2)/2, & S_{14} &= -(\sigma_1 \times \sigma_1)/2, \\
S_{31} &= -(\sigma_1 \times \sigma_2)/2, & S_{24} &= -(\sigma_2 \times \sigma_1)/2, \\
S_{12} &= (\sigma_3 \times \mathbf{1})/2, & S_{34} &= (\mathbf{1} \times \sigma_3)/2.
\end{aligned}
\quad (5.229)
$$

经过类似式 (5.215) 的组合后, 它们化成两组互相对易的生成元, 分别满足 SU(2) 群生成元的对易关系, 再经过相似变换 X,

$$X = \begin{pmatrix} 1 & 0 & 0 & 0 \\ 0 & 0 & 1 & 0 \\ 0 & 0 & 0 & 1 \\ 0 & -1 & 0 & 0 \end{pmatrix}.$$

可把 $S_a^\pm$ 分别化成基本旋量表示 $D^{\frac{1}{2}0}$ 和 $D^{0\frac{1}{2}}$ 的生成元:

$$S_a^\pm = X^{-1}P_\pm X \times \sigma_a/2, \quad X^{-1}P_+X = \begin{pmatrix} 1 & 0 \\ 0 & 0 \end{pmatrix}, \quad X^{-1}P_-X = \begin{pmatrix} 0 & 0 \\ 0 & 1 \end{pmatrix}. \tag{5.230}$$

即 SO(4) 群的旋量表示等价于 $D^{\frac{1}{2}0} \oplus D^{0\frac{1}{2}}$. SO(4) 群的恒等表示是 D^{00}, 自身表示等价于 $D^{\frac{1}{2}\frac{1}{2}}$.

5.6.2 洛伦兹群的性质

四维时空两个惯性系间的坐标变换称为洛伦兹变换. 对洛伦兹变换, 物理中通常采取坐标系变换的观点, 但为了本书前后统一起见, 我们仍采用系统变换的观点, 两者互差逆变换. 物理中对四维时空有两种常用的坐标及其度规. 一种是取虚坐标 $x_4 = ict$ 和欧几里得度规 (单位矩阵), 其中 t 是时间, c 是光速, 而洛伦兹变换矩阵 A 是四维正交矩阵,

$$A^T A = AA^T = \mathbf{1}. \tag{5.231}$$

A 矩阵元素满足如下实数性条件:

$$A_{ab} \text{ 和 } A_{44} \text{ 是实数}, \quad A_{a4} \text{ 和 } A_{4a} \text{ 是虚数}, \quad a \text{ 和 } b = 1, 2, 3. \tag{5.232}$$

这实数性条件在 A 矩阵乘积中保持不变. 所有这样的正交矩阵 A 的集合, 按矩阵乘积规则, 满足群的四个条件, 构成群, 称为齐次洛伦兹群, 记为 L_h. 另一种是取实坐标和闵可夫斯基度规 η, $x_0 = ct$, 行 (列) 指标按 0, 1, 2, 3 排列, 洛伦兹变换矩阵 $\mathcal{A}$ 是实的赝正交矩阵,

$$\mathcal{A}^T \eta \mathcal{A} = \eta, \quad \eta = \text{diag}\{1, -1, -1, -1\} \tag{5.233}$$

所有这样的实赝正交矩阵 $\mathcal{A}$ 的集合, 按矩阵乘积规则, 满足群的四个条件, 构成群 O(3,1), 它当然与 L_h 群同构, 因为两类洛伦兹变换矩阵可通过相似变换 M 相联系,

$$M^{-1}\mathcal{A}M = A, \quad M = \begin{pmatrix} 0 & 0 & 0 & -i \\ 1 & 0 & 0 & 0 \\ 0 & 1 & 0 & 0 \\ 0 & 0 & 1 & 0 \end{pmatrix}, \quad M^{-1} = \begin{pmatrix} 0 & 1 & 0 & 0 \\ 0 & 0 & 1 & 0 \\ 0 & 0 & 0 & 1 \\ i & 0 & 0 & 0 \end{pmatrix}. \tag{5.234}$$

一个典型的例子是沿第三轴方向相对速度为 v 的洛伦兹变换:

$$A = \begin{pmatrix} 1 & 0 & 0 & 0 \\ 0 & 1 & 0 & 0 \\ 0 & 0 & \cosh\omega & -\mathrm{i}\sinh\omega \\ 0 & 0 & \mathrm{i}\sinh\omega & \cosh\omega \end{pmatrix}, \quad \mathcal{A} = \begin{pmatrix} \cosh\omega & 0 & 0 & \sinh\omega \\ 0 & 1 & 0 & 0 \\ 0 & 0 & 1 & 0 \\ \sinh\omega & 0 & 0 & \cosh\omega \end{pmatrix},$$

$$(5.235)$$

其中, $v = c\tanh\omega$. 本书采用虚坐标 $x_4 = \mathrm{i}ct$ 和欧几里得度规.

由正交条件 (5.231) 得两个不连续条件:

$$\det A = \pm 1, \quad A_{44}^2 = 1 + \sum_{a=1}^{3} |A_{a4}|^2 \geqslant 1. \tag{5.236}$$

它们把 L_h 群的群空间分成不相连接的四片, 包含恒元的那片满足

$$\det A = 1, \quad A_{44} \geqslant 1. \tag{5.237}$$

满足此条件的元素集合构成简单李群, 称为固有 (proper) 洛伦兹群, 记为 $\mathrm{L}_p = \mathrm{L}_+^\uparrow$. 由于 A_{44} 的绝对值没有上限, L_p 群的群空间是欧氏空间的一个开区域, L_p 群是非紧致李群. 在 L_p 群的三个陪集中各选一个对角矩阵作为代表元素, 即空间反演变换 σ, 时间反演变换 τ 和全反演变换 ρ:

$$\begin{aligned} \sigma &= \mathrm{diag}\{-1, -1, -1, 1\}, \\ \tau &= \mathrm{diag}\{1, 1, 1, -1\}, \\ \rho &= \mathrm{diag}\{-1, -1, -1, -1\}. \end{aligned} \tag{5.238}$$

这三个元素, 加上恒元, 构成四阶反演群 V_4. 齐次洛伦兹群的四个连续片分别用如下符号标记: $\mathrm{L}_-^\uparrow = \sigma\mathrm{L}_p$, $\mathrm{L}_-^\downarrow = \tau\mathrm{L}_p$ 和 $\mathrm{L}_+^\downarrow = \rho\mathrm{L}_p$, 其中箭头代表时间轴取向, 即 A_{44} 的符号, 下标标记行列式的符号. L_p 和 $\mathrm{L}_-^\uparrow$ 合在一起, 构成正时洛伦兹群, 也称完全 (full) 洛伦兹群, 记为 L_f.

5.6.3 固有洛伦兹群的群参数和不可约表示

讨论 L_p 群自身表示的生成元. 设 A 是无穷小元素, $A = \mathbf{1} - \mathrm{i}\alpha X$,

$$\mathbf{1} = A^T A = \mathbf{1} - \mathrm{i}\alpha\left(X + X^T\right), \quad X^T = -X,$$
$$1 = \det A = 1 - \mathrm{i}\alpha\mathrm{Tr}X, \qquad \mathrm{Tr}X = 0.$$

因此 X 是无迹反对称矩阵, 可以按照 SO(4) 群自身表示生成元展开,

$$A = \mathbf{1} - \mathrm{i}\sum_{a<b}^{3} \omega_{ab}T_{ab} - \mathrm{i}\sum_{a=1}^{3} \omega_{a4}T_{a4}$$

$$= \mathbf{1} - \mathrm{i} \sum_{a=1}^{3} \left(\omega_a^{(+)} T_a^{(+)} + \omega_a^{(-)} T_a^{(-)} \right). \tag{5.239}$$

由于实数性条件式 (5.232),

$$\omega_1^{(\pm)} = \omega_{23} \pm \omega_{14}, \quad \omega_2^{(\pm)} = \omega_{31} \pm \omega_{24}, \quad \omega_3^{(\pm)} = \omega_{12} \pm \omega_{34},$$
$$\omega_{ab} \ \text{是实数}, \qquad \omega_{a4} \ \text{是虚数}, \qquad \omega_a^{(+)} = \left(\omega_a^{(-)} \right)^*. \tag{5.240}$$

固有洛伦兹群的群参数是复矢量 $\vec{\omega}^{(+)}$ 的三个实分量和三个虚分量. 如果允许采用虚参数, 则除参数的实数性条件不一样外, SO(4) 群和 L_p 群自身表示生成元相同, 结构常数相同, 两群在对应不可约表示中的生成元也相同. 这就是说, 两群的不等价不可约表示是一一对应的. L_p 群的有限维不等价不可约表示都可表为 $D^{jk}(L_p)$, 生成元为

$$I_{ab}^{jk} = \sum_{c=1}^{3} \epsilon_{abc} \left\{ I_c^{jk(+)} + I_c^{jk(-)} \right\}, \quad I_{a4}^{jk} = I_a^{jk(+)} - I_a^{jk(-)},$$
$$I_a^{jk(+)} = I_a^j \times \mathbf{1}_{2k+1}, \qquad I_a^{jk(-)} = \mathbf{1}_{2j+1} \times I_a^k, \tag{5.241}$$

其中, a, b 和 c 都取 1, 2, 3, I_a^j 和 I_a^k 是 SU(2) 群相应表示的生成元. 由此, 表示的维数、表示的单值性和表示直乘的约化公式, 对 SO(4) 群和 L_p 群都一样. 但因参数实数性条件不同, 两群的整体性质很不一样, L_p 群有限维不可约表示 D^{jk}, 除恒等表示外, 都不是幺正表示. L_p 群可以有无限维幺正表示, 本书不做讨论.

SO(3) 群常采用两组群参数. 一组群参数是 $\vec{\omega}$, 在恒元附近这组群参数和群元素有一一对应关系, 因此理论研究比较方便. L_p 群的群参数 $\vec{\omega}^{(+)}$ 是这组群参数的推广. 另一组群参数是欧拉角, 优点是 SO(3) 群任一元素可以表为三个绕坐标轴方向转动的乘积, 缺点是在恒元附近参数和群元素有多一对应关系. 现在要**推广欧拉角参数, 把任意固有洛伦兹变换表成六个转动变换和惯性系的变换的乘积**.

与 T_{ab} 相联系的变换显然是转动变换, 属于子群 SO(3), 但现在写成四维矩阵. 例如, 绕 z 轴的转动表为

$$R(\vec{e}_3, \varphi) = \begin{pmatrix} \cos\varphi & -\sin\varphi & 0 & 0 \\ \sin\varphi & \cos\varphi & 0 & 0 \\ 0 & 0 & 1 & 0 \\ 0 & 0 & 0 & 1 \end{pmatrix}. \tag{5.242}$$

与 T_{a4} 相联系的变换, 参数是纯虚数 ω_{a4}. 例如, 相对速度沿 z 轴方向的惯性系变换, 参数为 $\omega_{34} = \mathrm{i}\omega$, 变换矩阵 $A(\vec{e}_3, \mathrm{i}\omega) = \exp\{-\mathrm{i}(\mathrm{i}\omega)T_{34}\}$ 正是式 (5.235) 给出的矩阵 A. 注意我们采用系统变换的观点, 与坐标系变换的观点相差逆变换.

　　现在讨论计算洛伦兹群的新参数的方法. 对于任意给定的固有洛伦兹变换 A, $\det A = 1$, $A_{44} \geqslant 1$. 令 $A_{44} = \cosh \omega$, 定出 ω 值. 从 A_{a4} 中提出因子 $-\mathrm{i} \sinh \omega$, 余下的部分看成三维空间单位矢量 $\hat{n}(\theta, \varphi)$,

$$A_{44} = \cosh \omega, \qquad\qquad \mathrm{i} A_{14} / \sinh \omega = \sin \theta \cos \varphi, \\ \mathrm{i} A_{24} / \sinh \omega = \sin \theta \sin \varphi, \quad \mathrm{i} A_{34} / \sinh \omega = \cos \theta. \tag{5.243}$$

由此定出 θ 和 φ 值. 令

$$A(\varphi, \theta, \omega, 0, 0, 0) = R(\vec{e}_3, \varphi) R(\vec{e}_2, \theta) A(\vec{e}_3, \mathrm{i}\omega). \tag{5.244}$$

有

$$A(\varphi, \theta, \omega, 0, 0, 0) \begin{pmatrix} 0 \\ 0 \\ 0 \\ 1 \end{pmatrix} = \begin{pmatrix} A_{14} \\ A_{24} \\ A_{34} \\ A_{44} \end{pmatrix},$$

则 $A(\varphi, \theta, \omega, 0, 0, 0)^{-1} A$ 是个纯粹的转动, 记为 $R(\alpha, \beta, \gamma)$. 由此可确定三个参数 α, β, γ. 把这六个参数标在元素 A 上, 得

$$A = A(\varphi, \theta, \omega, \alpha, \beta, \gamma) = R(\varphi, \theta, 0) A(\vec{e}_3, \mathrm{i}\omega) R(\alpha, \beta, \gamma). \tag{5.245}$$

这六个参数的取值范围是

$$0 \leqslant \omega < \infty, \quad 0 \leqslant \theta \leqslant \pi, \quad 0 \leqslant \beta \leqslant \pi, \\ -\pi \leqslant \varphi \leqslant \pi, \quad -\pi \leqslant \alpha \leqslant \pi, \quad -\pi \leqslant \gamma \leqslant \pi. \tag{5.246}$$

这分解的几何意义是十分清楚的. 设 K 是惯性坐标系, K' 是固定在系统上的惯性坐标系, A 把 K' 系由与 K 系重合的位置变换到现在位置, 则 A 是 K' 系相对 K 系的洛伦兹变换. 设 K' 系相对 K 系沿 $\hat{n}$ 方向以速度 $\boldsymbol{v}$ 运动. A 的分解式 (5.245) 表明, $R(\varphi, \theta, 0)$ 把 K 系的 x_3 轴转到 $\hat{n}$ 方向, $R(0, \beta, \gamma)^{-1}$ 把 K' 系的 x'_3 轴转到 $\hat{n}$ 方向, 这样两个新的惯性系的第三轴互相平行, 都沿 $\hat{n}$ 方向, $R(\vec{e}_3, \alpha)$ 使上述两系的第一轴和第二轴也分别互相平行, 最后, 洛伦兹变换 $A(\vec{e}_3, \mathrm{i}\omega)$ 把这两个惯性系联系起来.

　　根据式 (5.240) 和式 (5.241) 可以具体写出洛伦兹变换 $A(\varphi, \theta, \omega, \alpha, \beta, \gamma)$ 在表示 $D^{jk}(\mathrm{L}_p)$ 中的表示矩阵. 对转动变换 $R(\alpha, \beta, \gamma)$ 和沿 x_3 方向的洛伦兹变换 $A(\vec{e}_3, \mathrm{i}\omega)$ 有

$$D^{jk}(\alpha, \beta, \gamma) = D^j(\alpha, \beta, \gamma) \times D^k(\alpha, \beta, \gamma), \\ D^{jk}(\vec{e}_3, \mathrm{i}\omega) = \exp(\omega I_3^j) \times \exp(-\omega I_3^k), \tag{5.247}$$

其中, I_3^j 和 I_3^k 是对角矩阵. 合起来, 写成矩阵元素形式为

$$D_{\mu\nu,\mu'\nu'}^{jk}(\varphi,\theta,\omega,\alpha,\beta,\gamma) = \sum_{\rho\tau} \mathrm{e}^{-\mathrm{i}(\mu+\nu)\varphi} d_{\mu\rho}^j(\theta) d_{\nu\tau}^k(\theta) \mathrm{e}^{(\rho-\tau)\omega}$$
$$\times \mathrm{e}^{-\mathrm{i}(\rho+\tau)\alpha} d_{\rho\mu'}^j(\beta) d_{\tau\nu'}^k(\beta) \mathrm{e}^{-\mathrm{i}(\mu'+\nu')\gamma}. \qquad (5.248)$$

5.6.4 固有洛伦兹群的覆盖群

式 (5.218) 指出: SO(4) 群的自身表示通过相似变换 N 化为两个 SU(2) 群元素的直乘, 也就是化为表示 $D^{\frac{1}{2}\frac{1}{2}}$ 的形式. 固有洛伦兹群 L_p 和 SO(4) 群有相同的生成元, 只是参数的实数性条件不同 (见式 (5.232)). 因为

$$u(\vec{e}_a,\omega) = \mathrm{e}^{-\mathrm{i}\omega\sigma_a/2}, \quad u(\vec{e}_3,\mathrm{i}\omega) = \mathrm{e}^{\omega\sigma_3/2},$$
$$D^{1/2}(\alpha,\beta,\gamma) = u(\alpha,\beta,\gamma) = \mathrm{e}^{-\mathrm{i}\alpha\sigma_3/2}\mathrm{e}^{-\mathrm{i}\beta\sigma_2/2}\mathrm{e}^{-\mathrm{i}\gamma\sigma_3/2}, \qquad (5.249)$$

所以由式 (5.218)、式 (5.245) 和式 (5.247) 可以计算出在相似变换 N 中转动变换 $R(\alpha,\beta,\gamma)$ 和沿 x_3 方向的洛伦兹变换 $A(\vec{e}_3,\mathrm{i}\omega)$ 的变换规律, 从而

$$\begin{aligned} A &= A(\varphi,\theta,\omega,\alpha,\beta,\gamma) \\ &= N\{u(\varphi,\theta,0) \times u(\varphi,\theta,0)\}\{\exp(\omega\sigma_3/2) \times \exp(-\omega\sigma_3/2)\} \\ &\quad \times \{u(\alpha,\beta,\gamma) \times u(\alpha,\beta,\gamma)\} N^{-1} \\ &= N\{M \times (\sigma_2 M^*\sigma_2)\} N^{-1}, \end{aligned} \qquad (5.250)$$

$$M = u(\varphi,\theta,0)\exp(\omega\sigma_3/2)u(\alpha,\beta,\gamma) \in \mathrm{SL}(2,C). \qquad (5.251)$$

M 的行列式为 1, 因而属于二维幺模复矩阵群 $\mathrm{SL}(2,C)$. 设群 $\mathrm{SL}(2,C)$ 有两个不同元素 M 和 M', 通过式 (5.250) 对应 L_p 群同一个元素 A, 则

$$\mathbf{1} = N^{-1}\left(AA^{-1}\right)N = MM'^{-1} \times \sigma_2\left(MM'^{-1}\right)^*\sigma_2, \quad MM'^{-1} = \mathrm{e}^{\mathrm{i}\phi}.$$

由于矩阵 M 和 M' 的行列式是 1, 得 $M' = \pm M$. 因此每个 $A \in \mathrm{L}_p$ 元素通过式 (5.250) 对应 $\pm M \in \mathrm{SL}(2,C)$ 两个元素, 而且这种对应关系对元素乘积保持不变, 即 **$\mathrm{SL}(2,C)$ 群是固有洛伦茨群 L_p 的覆盖群**:

$$\mathrm{L}_p \sim \mathrm{SL}(2,C). \qquad (5.252)$$

这里还需要证明 $\mathrm{SL}(2,C)$ 群的每一对矩阵 $\pm M$ 都能通过式 (5.250) 对应固有洛伦兹群的矩阵 A.

若 M 的两个本征值不相等, 则它可通过幺模相似变换 Y 对角化. 由于 M 的行列式为 1, 对角元互为倒数,

$$Y^{-1}MY = \begin{pmatrix} \mathrm{e}^{-\mathrm{i}\tau} & 0 \\ 0 & \mathrm{e}^{\mathrm{i}\tau} \end{pmatrix} = \exp\left\{-\mathrm{i}\begin{pmatrix} \tau & 0 \\ 0 & -\tau \end{pmatrix}\right\}. \qquad (5.253)$$

选择 Y 使 τ 的虚部大于零. 当 M 的两个本征值相等时, 本征值只能是 ± 1. 既然把 $\pm M$ 代入式 (5.250) 右边的结果是相同的, 可取本征值都为 1. 这样的 M 矩阵可通过幺模相似变换 Y 化为阶梯矩阵:

$$Y^{-1}MY = \begin{pmatrix} 1 & a \\ 0 & 1 \end{pmatrix} = \exp\left\{ \begin{pmatrix} 0 & a \\ 0 & 0 \end{pmatrix} \right\}. \tag{5.254}$$

当 $a=0$ 时 M 是单位矩阵. 当 $a \neq 0$ 时, 可选择 Y 使 $a=-2$.

因此, 略去可能的负号后, M 一般地可表为 $\exp(-\mathrm{i}B)$ 形式, B 是无迹复矩阵, 可按泡利矩阵展开, 展开系数是复数,

$$M = \exp\left(-\mathrm{i}\vec{\Omega} \cdot \vec{\sigma}/2 \right). \tag{5.255}$$

代入式 (5.250), 得

$$N\left\{ \exp\left(-\mathrm{i}\vec{\Omega} \cdot \vec{\sigma}/2 \right) \times \exp\left(-\mathrm{i}\vec{\Omega}^* \cdot \vec{\sigma}/2 \right) \right\} N^{-1}$$
$$= \exp\left(-\mathrm{i}\vec{\Omega} \cdot \vec{T}^{(+)} \right) \exp\left(-\mathrm{i}\vec{\Omega}^* \cdot \vec{T}^{(-)} \right)$$
$$= \exp\left\{ -\mathrm{i}\sum_{a=1}^{3} \left(\vec{\Omega}_a \vec{T}_a^{(+)} + \vec{\Omega}_a^* \vec{T}_a^{(-)} \right) \right\}$$
$$= \exp\left\{ -\mathrm{i}\sum_{a<b} \omega_{ab}T_{ab} - \mathrm{i}\sum_{a=1}^{3} \omega_{a4}T_{a4} \right\} = A, \tag{5.256}$$

其中, $\omega_{ab} = \sum_c \epsilon_{abc}(\Omega_c + \Omega_c^*)/2$ 是实数, $\omega_{a4} = (\Omega_a - \Omega_a^*)/2$ 是纯虚数, A 满足洛伦兹变换矩阵的实数性条件 (5.232). 对无穷小元素, 式 (5.256) 回到式 (5.239). A 显然是正交矩阵. 因此, $A \in \mathrm{L}_p$. 证完.

式 (5.250) 和式 (5.256) 提供了两组参数 $(\varphi, \theta, \omega, \alpha, \beta, \gamma)$ 和 $\vec{\Omega}$ 之间的互换方法. 参数 $\vec{\Omega}$, 主要供理论研究用, 实际计算不太方便. 选用这组参数时, A 在表示 D^{jk} 中的表示矩阵是

$$D^{jk}(A) = \exp\left\{ -\mathrm{i}\sum_{a=1}^{3} \Omega_a I_a^j \right\} \times \exp\left\{ -\mathrm{i}\sum_{a=1}^{3} \Omega_a^* I_a^k \right\}. \tag{5.257}$$

5.6.5　固有洛伦兹群的类

由于 L_p 群和 $\mathrm{SL}(2,C)$ 群同态, 可以通过 $\mathrm{SL}(2,C)$ 群的类来研究 L_p 群的类. 当 $\mathrm{SL}(2,C)$ 群的任意元素 M 的两个本征值不相等时, 由式 (5.253), M 共轭于对角矩阵, 其中 τ 的虚部为正. τ 增加 π 对应 M 改符号. 用 τ 描写 M 矩阵所属的类, 也描写了 L_p 群对应元素所属的类. 代表元素的参数由式 (5.255) 定出: $\Omega_3 = 2\tau$ 和

$$\omega_{12} = \varphi = \tau + \tau^*, \quad \omega_{34} = \mathrm{i}\omega = \tau - \tau^*, \quad \text{其余参数为零}. \tag{5.258}$$

L_p 群的类中代表元素为 $A(\varphi, 0, \omega, 0, 0, 0)$,

$$A = \begin{pmatrix} \cos\varphi & -\sin\varphi & 0 & 0 \\ \sin\varphi & \cos\varphi & 0 & 0 \\ 0 & 0 & \cosh\omega & -\mathrm{i}\sinh\omega \\ 0 & 0 & \mathrm{i}\sinh\omega & \cosh\omega \end{pmatrix}, \quad \begin{matrix} -\pi \leqslant \varphi \leqslant \pi, \\[1mm] 0 \leqslant \omega < \infty. \end{matrix} \tag{5.259}$$

当 $M \in \mathrm{SL}(2,C)$ 的两个本征值相等时, 本征值只能是 ± 1. 若 M 是对角矩阵, $M = \pm\mathbf{1}$, 在 $\mathrm{SL}(2,C)$ 群构成两类, 对应 L_p 群中一个类, 即恒元构成的类, 这类已经包含在式 (5.259) 中, 即 $\varphi = \omega = 0$. 若 M 不是对角矩阵, 在 $\mathrm{SL}(2,C)$ 群也构成两类, 对应 L_p 群中一个类, 代表元素由式 (5.254) 给出. 因为

$$u(-\pi, \pi/4, 0) \begin{pmatrix} \sqrt{2}+1 & 0 \\ 0 & \sqrt{2}-1 \end{pmatrix} u(\pi, 3\pi/4, 0) = \begin{pmatrix} 1 & -2 \\ 0 & 1 \end{pmatrix}$$

$$= \exp\left\{ \begin{pmatrix} 0 & -2 \\ 0 & 0 \end{pmatrix} \right\} = \exp\{-\sigma_1 - \mathrm{i}\sigma_2\} = \exp\left\{ -\mathrm{i}\sum_{a=1}^{3} \varOmega_a \sigma_a / 2 \right\},$$

得代表元素的参数为 $A(-\pi, \pi/4, \omega, \pi, 3\pi/4, 0)$, 其中 $\cosh\omega = 3$, 或记为 $\varOmega_1 = -2\mathrm{i}$, $\varOmega_2 = 2$, $\varOmega_3 = 0$,

$$A = \begin{pmatrix} 1 & 0 & 2 & 2\mathrm{i} \\ 0 & 1 & 0 & 0 \\ -2 & 0 & -1 & -2\mathrm{i} \\ -2\mathrm{i} & 0 & -2\mathrm{i} & 3 \end{pmatrix} = \mathrm{e}^{-\mathrm{i}2T_{31}-2T_{14}}. \tag{5.260}$$

这固有洛伦兹变换矩阵 A 的四个本征值都是 1, 但只有两个线性无关的本征矢量, 可通过相似变换 Z 化成若尔当 (Jordan) 标准型

$$Z = \begin{pmatrix} 0 & 0 & 2 & -1 \\ 1 & 0 & 0 & 0 \\ 0 & -4 & 0 & 1 \\ 0 & -4\mathrm{i} & 0 & 0 \end{pmatrix}, \quad Z^{-1}AZ = \begin{pmatrix} 1 & 0 & 0 & 0 \\ 0 & 1 & 1 & 0 \\ 0 & 0 & 1 & 1 \\ 0 & 0 & 0 & 1 \end{pmatrix}. \tag{5.261}$$

5.6.6 狄拉克旋量表示

对于四个满足反对易关系的 γ_μ 矩阵, 引入

$$\overline{\gamma}_\mu = \sum_{\nu=1}^{4} A_{\mu\nu}\gamma_\nu.$$

这里为区别起见, 指标 μ 取 1 至 4, 而指标 a 取 1 至 3. 由于洛伦兹变换矩阵 A 是正交矩阵, $\bar{\gamma}_\mu$ 也满足反对易关系. 因此由 γ 矩阵的等价定理知, 存在幺模相似变换 $D(A)$,

$$D(A)^{-1}\gamma_\mu D(A) = \sum_{\nu=1}^{4} A_{\mu\nu}\gamma_\nu, \quad \det D(A) = 1. \tag{5.262}$$

$D(A)$ 的集合构成 L_h 群的多值表示, 生成元为

$$I_{\mu\nu} = \frac{-\mathrm{i}}{4}\left(\gamma_\mu\gamma_\nu - \gamma_\nu\gamma_\mu\right). \tag{5.263}$$

引入电荷共轭变换矩阵 C:

$$C^{-1}\gamma_\mu C = -\gamma_\mu^T, \quad C^\dagger C = \mathbf{1}, \quad C^T = -C, \quad \det C = 1. \tag{5.264}$$

有

$$C^{-1}I_{\mu\nu}C = -I_{\mu\nu}^T.$$

对 L_p 群, 用下面条件选择表示矩阵 $D(A)$,

$$C^{-1}D(A)C = \left\{D(A^{-1})\right\}^T, \quad A \in \mathrm{L}_p. \tag{5.265}$$

得到 L_p 群的双值的基本旋量表示. 注意, 式 (5.265) 的右面不再能表为 $D(A)^*$. 对 L_h 群, 通常用下式来规定群空间各连续片的代表元素:

$$C^{-1}D(A)C = \frac{A_{44}}{|A_{44}|}\left\{D(A^{-1})\right\}^T, \quad A \in \mathrm{L}_h. \tag{5.266}$$

解得

$$D(\sigma) = \pm\mathrm{i}\gamma_4, \quad D(\tau) = \pm\gamma_4\gamma_5, \quad D(\rho) = \pm\mathrm{i}\gamma_5. \tag{5.267}$$

从而使矩阵集合 $D(A)$ 与 L_h 群有二一对应的同态关系, 称为狄拉克旋量表示. 狄拉克旋量表示是 L_h 群的覆盖群. 对 L_p 群而言, 狄拉克旋量表示约化为两个二维不等价的不可约表示, 都是覆盖群 $\mathrm{SL}(2,C)$ 群的真实表示.

狄拉克旋量表示不是幺正表示. 下面计算表示矩阵的共轭矩阵的性质. 将式 (5.262) 两边取共轭,

$$D(A)^\dagger\gamma_a D(A^{-1})^\dagger = \sum_{b=1}^{3} A_{ab}\gamma_b - A_{a4}\gamma_4,$$

$$D(A)^\dagger\gamma_4 D(A^{-1})^\dagger = -\sum_{b=1}^{3} A_{4b}\gamma_b + A_{44}\gamma_4.$$

为把上式写成统一的形式, 做 γ_4 相似变换,

$$\left\{\gamma_4 D(A)^\dagger \gamma_4\right\} \gamma_\mu \left\{\gamma_4 D(A)^\dagger \gamma_4\right\}^{-1} = \sum_{\nu=1}^{4} A_{\mu\nu}\gamma_\nu.$$

由 γ 矩阵的等价定理知

$$\gamma_4 D(A)^\dagger \gamma_4 = c D(A)^{-1}.$$

用式 (5.267) 代入, 不难确定此常数,

$$\gamma_4 D(A)^\dagger \gamma_4 = \frac{A_{44}}{|A_{44}|} D(A)^{-1}. \tag{5.268}$$

这就是量子场论中, 用旋量场构造洛伦兹变换的不变量时, 必须插入一个 γ_4 矩阵的原因,

$$\overline{\Psi}\Psi = \Psi^\dagger \gamma_4 \Psi. \tag{5.269}$$

5.7 辛群的不可约表示

近年来辛几何和辛算法在物理上得到广泛应用, 这些方法都与辛群及其李代数 C_ℓ 相联系. 本节用杨算符方法研究辛群不可约表示状态基的波函数.

5.7.1 酉辛群生成元的谢瓦莱基

4.6 节已经讨论过 $USp(2\ell)$ 群的生成元及其对易关系. 在自身表示中 $USp(2\ell)$ 群的生成元已由式 (4.140) 给出, 嘉当子代数的生成元是

$$H_j = T_{jj}^{(1)} \times \sigma_3/\sqrt{2}, \quad 1 \leqslant j \leqslant \ell, \tag{5.270}$$

素根和基本主权为

$$\boldsymbol{r}_\mu = \sqrt{1/2}\,(\boldsymbol{e}_\mu - \boldsymbol{e}_{\mu+1}), \quad 1 \leqslant \mu \leqslant \ell-1, \quad \boldsymbol{r}_\ell = \sqrt{2}\boldsymbol{e}_\ell,$$
$$\boldsymbol{w}_\mu = \sqrt{1/2}\sum_{\nu=1}^{\mu} \boldsymbol{e}_\nu, \quad 1 \leqslant \mu \leqslant \ell. \tag{5.271}$$

素根对应的生成元为

$$E_{\pm \boldsymbol{r}_\mu} = \left\{T_{\mu(\mu+1)}^{(1)} \times \sigma_3 \pm \mathrm{i}T_{\mu(\mu+1)}^{(2)} \times \mathbf{1}_2\right\}/\sqrt{2}, \quad 1 \leqslant \mu < \ell,$$
$$E_{\pm \boldsymbol{r}_\ell} = T_{\mu\mu}^{(1)} \times (\sigma_1 \pm \mathrm{i}\sigma_2)/2, (T_{\mu\mu}^{(1)})_{\rho\mu} = \delta_{\mu\rho}\delta_{\mu\lambda}. \tag{5.272}$$

前 $\ell-1$ 个素根是较短根, $d_\mu = 1/2$, 第 ℓ 个素根是较长根, $d_\ell = 1$, 因而对应李代数是 C_ℓ.

把酉辛群元素 $u \in \mathrm{USp}(2\ell)$ 看成 2ℓ 维复空间中的坐标变换矩阵, 则 $\mathrm{USp}(2\ell)$ 群的 n 阶张量和张量基按下式变换:

$$
\begin{aligned}
\boldsymbol{T}_{a_1 \cdots a_n} \xrightarrow{u} (O_u \boldsymbol{T})_{a_1 \cdots a_n} &= \sum_{b_1 \cdots b_n} u_{a_1 b_1} \cdots u_{a_n b_n} \boldsymbol{T}_{b_1 \cdots b_n}, \\
\boldsymbol{\Theta}_{a_1 \cdots a_n} \xrightarrow{u} O_u \boldsymbol{\Theta}_{a_1 \cdots a_n} &= \sum_{b_1 \cdots b_n} \boldsymbol{\Theta}_{b_1 \cdots b_n} u_{b_1 a_1} \cdots u_{b_n a_n}.
\end{aligned} \tag{5.273}
$$

外尔互反性对 $\mathrm{USp}(2\ell)$ 群的张量同样成立, 张量空间可以用杨算符约化. 同时, 与 $\mathrm{SO}(N)$ 变换类似, 对 $\mathrm{USp}(2\ell)$ 变换也有两个不变张量, 一个是二阶反对称张量 J_{ab}, 另一个是 2ℓ 阶完全反对称张量 $\epsilon_{a_1 \cdots a_{2\ell}}$. 先讨论二阶反对称不变张量 J_{ab}.

$$
(O_u J)_{ab} = \sum_{cd} u_{ac} u_{bd} J_{cd} = \left(u J u^T \right)_{ab} = J_{ab}. \tag{5.274}
$$

它使张量 $\sum_{a_r a_s} J_{a_r a_s} \boldsymbol{T}_{a_1 \cdots a_{r-1} a_r a_{r+1} \cdots a_{s-1} a_s a_{s+1} \cdots}$ 在 $\mathrm{USp}(2\ell)$ 变换中就像没有指标 a_r 和 a_s 一样:

$$
\begin{aligned}
&\sum_{a_r a_s} (O_u J_{a_r a_s} \boldsymbol{T})_{a_1 \cdots a_{r-1} a_r a_{r+1} \cdots a_{s-1} a_s a_{s+1} \cdots a_n} \\
={}& \sum_{a_r a_s b_1 \cdots b_n} J_{a_r a_s} u_{a_1 b_1} \cdots u_{a_n b_n} \boldsymbol{T}_{b_1 \cdots b_n} \\
={}& \sum_{b_1 \cdots b_n} u_{a_1 b_1} \cdots u_{a_{r-1} b_{r-1}} u_{a_{r+1} b_{r+1}} \cdots u_{a_{s-1} b_{s-1}} u_{a_{s+1} b_{s+1}} \cdots u_{a_n b_n} \\
&\times \left(J_{b_r b_s} \boldsymbol{T}_{b_1 \cdots b_{r-1} b_r b_{r+1} \cdots b_{s-1} b_s b_{s+1} \cdots} \right).
\end{aligned} \tag{5.275}
$$

这是关于酉辛群张量指标的收缩, 或称取迹, 只是现在的收缩是在反对称指标间进行. 要把酉辛群张量空间约化, 首先要把张量空间分解为一系列无迹张量子空间的直和, 其中无迹条件为

$$
\sum_{ab} J_{ab} \boldsymbol{T}_{\cdots a \cdots b \cdots} = 0. \tag{5.276}
$$

分解后得到的无迹张量子空间 $\mathcal{T}$, 再用杨算符 $\mathcal{Y}_\mu^{[\lambda]}$ 投影, 得到**用杨图 $[\lambda]$ 标记的对 $\mathrm{USp}(2\ell)$ 群不变的无迹张量子空间** $\mathcal{Y}_\mu^{[\lambda]} \mathcal{T} = \mathcal{T}_\mu^{[\lambda]}$, 对应的表示也用杨图 $[\lambda]$ 标记, 以后会证明它是不可约的. 张量子空间 $\mathcal{T}_\mu^{[\lambda]}$ 的基是满足无迹条件的正则张量杨表及其线性组合. 可以证明, 对 $\mathrm{USp}(2\ell)$ 群, **用行数大于 ℓ 的杨图标记的无迹张量子空间是零空间**. 证明方法是比较独立张量数目是不是小于取迹条件数. 因为证明过程与杨图后面列的指标无关, 所以为简明起见, 可以就一列的杨图来证明.

设一列的杨图有 n 格, 在正则张量杨表中每格填充的指标是反对称的, 因而互不相同. 设有 m 对指标成对地取 j 和 $\bar{j}$ 值, 这些成对的指标需要加无迹条件. 把不成对的 $n - 2m$ 个指标固定起来, 计算这样的张量数目和无迹条件数. 线性无关的

张量数目等于成对指标的所有可能取值数, 它等于在 $\ell - (n - 2m)$ 个数中取 m 个数的组合数. 而无迹条件是把 $m - 1$ 对数固定, 一对数取迹, 因而无迹条件个数等于在 $\ell - (n - 2m)$ 个数中取 $m - 1$ 个数的组合数. 因为在 p 个数中取 q 个数的组合数, 在 $q = p/2$ 时达最大值, 所以要求张量子空间非空的条件是 m 不大于 $\ell - (n - 2m)$ 的一半, 即

$$m \leqslant [\ell - (n - 2m)]/2, \quad 得 \quad n \leqslant \ell. \tag{5.277}$$

证完.

再讨论 2ℓ 阶完全反对称张量 $\epsilon_{a_1 \cdots a_{2\ell}}$, 它关于 USp$(2\ell)$ 变换不变是因为 u 的行列式为 1. 类似 SU(N) 群情况, 它可以从协变张量基诱导出逆变张量基. 但 USp(2ℓ) 群的自身表示是自共轭表示, 没有必要再研究逆变张量, 因而这完全反对称张量对研究 USp(2ℓ) 群表示的作用不大. 这里不再讨论.

为了研究用杨图 $[\lambda]$ 标记的表示的性质, 先根据式 (5.25), 在酉辛群自身表示中计算生成元的谢瓦莱基:

$$
\begin{aligned}
E_\mu &= F_\mu^\dagger = T_{\mu(\mu+1)}^{(1)} \times \sigma_3 + \mathrm{i} T_{\mu(\mu+1)}^{(2)} \times \mathbf{1}_2, \\
E_\ell &= F_\ell^\dagger = T_{\ell\ell}^{(1)} \times (\sigma_1 + \mathrm{i}\sigma_2)/2, \\
H_\mu &= \left\{ T_{\mu\mu}^{(1)} - T_{(\mu+1)(\mu+1)}^{(1)} \right\} \times \sigma_3, \quad H_\ell = T_{\ell\ell}^{(1)} \times \sigma_3.
\end{aligned}
\tag{5.278}
$$

其中, $1 \leqslant \mu \leqslant (\ell - 1)$. 矢量基 $\mathbf{\Theta}_a$ 是 H_ν 的共同本征矢量, 但在升降算符的作用下它们的排列次序使用起来不方便, 重新排列后引进新的矢量基 $\mathbf{\Phi}_\alpha$,

$$\mathbf{\Phi}_\mu = \mathbf{\Theta}_\mu, \quad \mathbf{\Phi}_{\ell+\mu} = \mathbf{\Theta}_{\overline{\ell-\mu+1}}, \quad 1 \leqslant \mu \leqslant \ell. \tag{5.279}$$

原来基 $\mathbf{\Theta}_\mu$ 的排列次序 (式 (4.134)) 改成如下排列次序:

$$1, \quad 2, \quad \cdots, \quad \ell, \quad \bar{\ell}, \quad \overline{\ell-1}, \quad \cdots, \quad \bar{2}, \quad \bar{1}.$$

谢瓦莱基对新矢量基的非零作用为

$$
\begin{aligned}
H_\mu \mathbf{\Phi}_\mu &= \mathbf{\Phi}_\mu, & H_\mu \mathbf{\Phi}_{\mu+1} &= -\mathbf{\Phi}_{\mu+1}, \\
H_\mu \mathbf{\Phi}_{2\ell-\mu} &= \mathbf{\Phi}_{2\ell-\mu}, & H_\mu \mathbf{\Phi}_{2\ell-\mu+1} &= -\mathbf{\Phi}_{2\ell-\mu+1}, \\
H_\ell \mathbf{\Phi}_\ell &= \mathbf{\Phi}_\ell, & H_\ell \mathbf{\Phi}_{\ell+1} &= -\mathbf{\Phi}_{\ell+1}, \\
E_\mu \mathbf{\Phi}_{\mu+1} &= \mathbf{\Phi}_\mu, & E_\mu \mathbf{\Phi}_{2\ell-\mu+1} &= -\mathbf{\Phi}_{2\ell-\mu}, \\
F_\mu \mathbf{\Phi}_\mu &= \mathbf{\Phi}_{\mu+1}, & F_\mu \mathbf{\Phi}_{2\ell-\mu} &= -\mathbf{\Phi}_{2\ell-\mu+1}, \\
E_\ell \mathbf{\Phi}_{\ell+1} &= \mathbf{\Phi}_\ell, & F_\ell \mathbf{\Phi}_\ell &= \mathbf{\Phi}_{\ell+1},
\end{aligned}
\tag{5.280}
$$

其中, $1 \leqslant \mu \leqslant \ell - 1$.

　　张量基 $\Phi_{\alpha_1\cdots\alpha_n}$ 是矢量基 Φ_α 的直乘, 生成元对张量基的作用等于对每个矢量基分别作用后相加, 得到若干张量基的线性组合. 张量杨表是杨算符对张量基 $\Phi_{\alpha_1\cdots\alpha_n}$ 的投影. 由于外尔互反性, 生成元可以直接作用在张量基上, 然后再用杨算符投影, 得到若干张量杨表的线性组合. 正则张量杨表是 H_ν 的共同本征张量, H_μ 的本征值是正则张量杨表中填 μ 和填 $2\ell - \mu$ 的格数之和, 减去填 $\mu+1$ 和填 $2\ell - \mu + 1$ 的格数之和, H_ℓ 的本征值是正则张量杨表中填 ℓ 的格数减去填 $\ell+1$ 的格数. E_μ 对正则张量杨表的作用得到若干张量杨表的代数和, 其中每一个都是由原来的正则张量杨表, 把其中一个填数 $\mu + 1$ 换成 μ, 或把一个填数 $2\ell - \mu + 1$ 换成 $2\ell - \mu$, 在后一替换得到的张量杨表前要加负号. F_μ 对正则张量杨表的作用正好做相反的替换. 这样得到的张量杨表, 有些可能不是正则的, 它们可通过式 (5.87) 和式 (5.88) 化为正则张量杨表的线性组合.

　　与 SU(N) 群和 SO(N) 群正交归一的不可约张量基的计算方法类似, 对给定的张量子空间 $\mathcal{T}_\mu^{[\lambda]}$, 关键要计算最高权态的正则张量杨表, 它必须在升算符 E_μ 作用下为零, 而且是无迹的. 然后把降算符作用在作为最高权态的正则张量杨表上, 就得到其他状态基关于正则张量杨表的展开式, 它们自然是无迹的和正交归一的.

　　设杨图 $[\lambda]$ 的行数不大于 ℓ, $[\lambda] = [\lambda_1, \lambda_2, \cdots, \lambda_\ell]$. 在张量子空间 $\mathcal{T}_\mu^{[\lambda]}$ 中最高权态对应的正则张量杨表, 它的每一格都填以该格所在的行数, 显然任一升算符 E_μ 对它的作用都为零. 这正则张量杨表不同时包含填数为 μ 和 $2\ell - \mu + 1$ 的格子, 即不包含乘积 $\Theta_\mu\Theta_{\overline{\mu}}$, 因而是无迹的. 和 SU($N$) 群的情况类似, 容易证明, 对其他正则张量杨表, 至少能找到一个升算符作用不为零. 因此这子空间对应 USp(2ℓ) 群的不可约表示, 不可约表示的最高权 M 为

$$M_\mu = \lambda_\mu - \lambda_{\mu+1}, \quad M_\ell = \lambda_\ell, \quad 1 \leqslant \mu < \ell. \tag{5.281}$$

这就得到了 USp(2ℓ) 群的全部有限维的不等价不可约表示, 它们都是自共轭表示. 可结合方块权图方法和推广的盖尔范德方法, 从最高权态出发, 用降算符作用, 计算盖尔范德基对应的正则张量杨表的展开式.

　　以 USp(6) 群 (C_3 李代数) 的二阶无迹反对称张量表示为例来计算各状态基的张量杨表形式, 此表示最高权为 $M = (0, 1, 0)$, 杨图为 $[1, 1, 0]$ (见图 5.13). 用新基 Φ_μ 表出的正则张量杨表为

$$\boxed{\begin{array}{c} \text{a} \\ \hline \text{b} \end{array}} = \mathcal{Y}^{[1,1,0]}\Phi_{ab} = \Phi_{ab} - \Phi_{ba}, \quad a < b.$$

由正则张量杨表构成的迹张量为

$$\boxed{\begin{array}{c}1\\\hline 6\end{array}} + \boxed{\begin{array}{c}2\\\hline 5\end{array}} + \boxed{\begin{array}{c}3\\\hline 4\end{array}} = \sum_{ab} \Theta_a J_{ab} \Theta_b$$

$$= \Theta_1\Theta_{\bar1} - \Theta_{\bar1}\Theta_1 + \Theta_2\Theta_{\bar2} - \Theta_{\bar2}\Theta_2 + \Theta_3\Theta_{\bar3} - \Theta_{\bar3}\Theta_3.$$

重权对应的状态基确实是无迹的和正交的:

$$|(0,0,0)_1\rangle = \left|\begin{array}{ccc}1 & 0 & \bar1\\ & 1 & \bar1\\ & 0 & \end{array}\right\rangle_0^5 = \sqrt{1/2}\left\{\boxed{\begin{array}{c}1\\\hline 6\end{array}} - \boxed{\begin{array}{c}2\\\hline 5\end{array}}\right\}$$

$$= \sqrt{1/2}\left\{\Theta_1\Theta_{\bar1} - \Theta_{\bar1}\Theta_1 - \Theta_2\Theta_{\bar2} + \Theta_{\bar2}\Theta_2\right\},$$

$$|(0,0,0)_2\rangle = \left|\begin{array}{ccc}1 & 0 & \bar1\\ & 0 & 0\\ & 0 & \end{array}\right\rangle_0^5 = \sqrt{1/6}\left\{-\boxed{\begin{array}{c}1\\\hline 6\end{array}} - \boxed{\begin{array}{c}2\\\hline 5\end{array}} + 2\boxed{\begin{array}{c}3\\\hline 4\end{array}}\right\}$$

$$= \sqrt{1/6}\left\{-\Theta_1\Theta_{\bar1} + \Theta_{\bar1}\Theta_1 - \Theta_2\Theta_{\bar2} + \Theta_{\bar2}\Theta_2 + 2\Theta_3\Theta_{\bar3} - 2\Theta_{\bar3}\Theta_3\right\}.$$

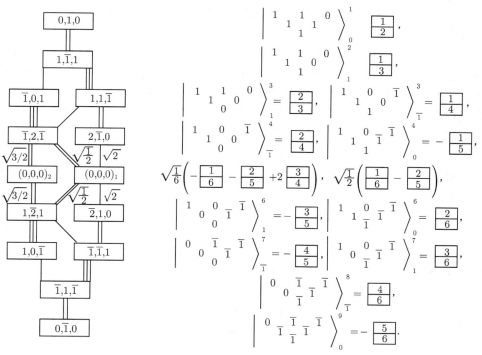

图 5.13 USp(6) 群表示 $(0,1,0)$ 的方块权图和正则张量杨表

5.7.2　辛群不可约表示的维数

USp(2ℓ) 群表示 $[\lambda]$ 的维数 $d_{[\lambda]}$ (USp(2ℓ)), 可用下面的钩形规则来计算. 这规则在一定程度上与计算 SO(N) 群旋量表示维数的规则类似. 实辛群 Sp$(2\ell, R)$ 和酉辛群 USp(2ℓ) 的不可约表示维数是对应相同的. 在这钩形规则中, 表示维数表为一个分数, **分子和分母分别为该杨图 $[\lambda]$ 的一定表中所有填数的乘积**:

$$d_{[\lambda]}[\text{USp}(2\ell)] = \frac{Y_{Sp}^{[\lambda]}}{Y_h^{[\lambda]}} . \tag{5.282}$$

仍沿用以前关于钩形路径和逆钩形路径的定义. 分母的表 $Y_h^{[\lambda]}$ 是在杨图 $[\lambda]$ 各格填以该格的钩形数 h_{ij}. 对行数大于 1 的杨图 $[\lambda]$, 按下面规则相继定义一系列的表 $Y_{Sp_a}^{[\lambda]}$, 这些表 $Y_{Sp_a}^{[\lambda]}$ 中对应格子填数之和, 构成分子表 $Y_{Sp}^{[\lambda]}$ 相应格子的填数. 表 $Y_{Sp_a}^{[\lambda]}$ 由下面规则定义.

(1) 表 $Y_{Sp_0}^{[\lambda]}$ 是在杨图 $[\lambda]$ 各格填以 2ℓ 和容度 $m_{ij} = j - i$ 之和, 即第 i 行第 j 列格子填以 $2\ell + j - i$. 对一行的杨图 $[\lambda]$, 分子表 $Y_{Sp}^{[\lambda]}$ 等于 $Y_{Sp_0}^{[\lambda]}$.

(2) 设 $[\lambda^{(1)}] = [\lambda]$. 由 $[\lambda^{(1)}]$ 开始, 相继定义一系列杨图 $[\lambda^{(a)}]$, 其中 $[\lambda^{(a)}]$ 是由 $[\lambda^{(a-1)}]$ 移去第一行和第一列得到. 这过程一直进行到最后一个杨图 $[\lambda^{(a)}]$ 只有 1 列或只有 2 行为止.

(3) 当 $a > 0$ 时, 根据 (2) $[\lambda^{(a)}]$ 的行数当然大于 1, 设杨图 $[\lambda^{(a)}]$ 含 r 行, 则按下法定义表 $Y_{Sp_a}^{[\lambda]}$. 在杨图 $[\lambda]$ 前 $a-1$ 行和前 $a-1$ 列都填以零, 余下部分构成杨图 $[\lambda^{(a)}]$. 在杨图 $[\lambda^{(a)}]$ 中的钩形路径 $(1, 1)$ 前 $r-1$ 格, 逐格填以 $\lambda_2^{(a)}, \lambda_3^{(a)}, \cdots, \lambda_r^{(a)}$, 在杨图 $[\lambda^{(a)}]$ 每个逆钩形路径 $\overline{(i, 1)}$, $2 \leqslant i \leqslant r$, 前 $\lambda_i^{(a)}$ 格填以 -1. 如果几个 -1 填在同一格, 则填数相加. 其余格子都填零. 在杨图 $[\lambda^{(a)}]$ 中所有填数之和为零.

下面举些例子来说明维数公式 (5.282) 的用法.

例 1　对只有一行杨图 $[n]$ 的表示空间, 不存在无迹条件. USp(2ℓ) 群一行杨图 $[n]$ 对应表示的维数为

$$d_{[n]}[\text{USp}(2\ell)] = d_{[n]}[\text{SU}(2\ell)] = \begin{pmatrix} 2\ell + n - 1 \\ n \end{pmatrix} . \tag{5.283}$$

例 2　USp(2ℓ) 群一列杨图 $[1^n]$ 对应表示的维数为

$$Y_{\text{Sp}}^{[1^n]} = \begin{array}{|c|} \hline 2\ell \\ \hline 2\ell - 1 \\ \hline \vdots \\ \hline 2\ell - n + 2 \\ \hline 2\ell - n + 1 \\ \hline \end{array} + \begin{array}{|c|} \hline 1 \\ \hline 1 \\ \hline \vdots \\ \hline 1 \\ \hline -n + 1 \\ \hline \end{array} = \begin{array}{|c|} \hline 2\ell + 1 \\ \hline 2\ell \\ \hline \vdots \\ \hline 2\ell - n + 3 \\ \hline 2\ell - 2n + 2. \\ \hline \end{array}$$

$$d_{[1^n]}[\text{USp}(2\ell)] = \frac{(2\ell+1)!(2\ell-2n+2)}{n!(2\ell-n+2)!}. \tag{5.284}$$

例 3 USp(2ℓ) 群两行杨图 $[n,m]$ 对应表示的维数为

$$Y_{\text{Sp}}^{[n,m]} = \boxed{\begin{array}{|c|c|c|c|c|c|c|} \hline 2\ell & \cdots & 2\ell+m-1 & 2\ell+m & \cdots & 2\ell+n-2 & 2\ell+n-1 \\ \hline 2\ell-1 & \cdots & 2\ell+m-2 & & & & \\ \hline \end{array}}$$

$$+ \boxed{\begin{array}{|c|c|c|c|c|c|} \hline 0 & \cdots & 0 & \cdots & 0 & m \\ \hline -1 & \cdots & -1 & & & \\ \hline \end{array}}$$

$$= \boxed{\begin{array}{|c|c|c|c|c|c|} \hline 2\ell & \cdots & 2\ell+m-1 & \cdots & 2\ell+n-2 & 2\ell+n+m-1 \\ \hline 2\ell-2 & \cdots & 2\ell+m-3 & & & \\ \hline \end{array}},$$

$$Y_h^{[n,m]} = \boxed{\begin{array}{|c|c|c|c|c|c|} \hline n+1 & \cdots & n-m+2 & n-m & \cdots & 1 \\ \hline m & \cdots & 1 & & & \\ \hline \end{array}},$$

$$d_{[n,m]}[\text{USp}(2\ell)] = \frac{(n-m+1)(2\ell+n+m-1)(2\ell+n-2)!(2\ell+m-3)!}{(n+1)!m!(2\ell-1)!(2\ell-3)!}. \tag{5.285}$$

对 USp(4) 群和 USp(6) 群有

$$d_{[n,m]}[\text{USp}(4)] = (n-m+1)(n+m+3)(n+2)(m+1)/6,$$

$$\begin{aligned} d_{[n,m]}[\text{USp}(6)] = {} & (n-m+1)(n+m+5)(n+4)(n+3)(n+2) \\ & \times (m+3)(m+2)(m+1)/720. \end{aligned} \tag{5.286}$$

例 4 USp(6) 群的表示 $[3,3,3]$ 的维数为

$$Y_{\text{Sp}}^{[3,3,3]} = \boxed{\begin{array}{|c|c|c|} \hline 6 & 7 & 8 \\ \hline 5 & 6 & 7 \\ \hline 4 & 5 & 6 \\ \hline \end{array}} + \boxed{\begin{array}{|c|c|c|} \hline & 3 & 3 \\ \hline -1 & -1 & \\ \hline -2 & -1 & -1 \\ \hline \end{array}} + \boxed{\begin{array}{|c|c|c|} \hline & & \\ \hline & & 2 \\ \hline & -1 & -1 \\ \hline \end{array}} = \boxed{\begin{array}{|c|c|c|} \hline 6 & 10 & 11 \\ \hline 4 & 5 & 9 \\ \hline 2 & 3 & 4 \\ \hline \end{array}}.$$

$$d_{[3,3,3]}[\text{USp}(6)] = \frac{\boxed{\begin{array}{|c|c|c|} \hline 6 & 10 & 11 \\ \hline 4 & 5 & 9 \\ \hline 2 & 3 & 4 \\ \hline \end{array}}}{\boxed{\begin{array}{|c|c|c|} \hline 5 & 4 & 3 \\ \hline 4 & 3 & 2 \\ \hline 3 & 2 & 1 \\ \hline \end{array}}} = 11 \times 5 \times 3 \times 2 = 330.$$

习　题　5

1. 证明由单纯李代数的根 $\boldsymbol{\alpha}$ 和 $\boldsymbol{\beta}$ 组成的根链长度 $p+q+1$ 不大于 4, 其中 $\boldsymbol{\alpha}+n\boldsymbol{\beta}$ 是根, $-q\leqslant n\leqslant p$, 而 $\boldsymbol{\alpha}+(p+1)\boldsymbol{\beta}$ 和 $\boldsymbol{\alpha}-(q+1)\boldsymbol{\beta}$ 不是根.

2. 利用式 (5.23) 分别计算 SO(N) 群如下各最高权表示 $\boldsymbol{M}=\sum\limits_{\mu=1}^{\ell}M_\mu\boldsymbol{w}_\mu$ 的二阶卡西米尔不变量 $\mathrm{C}_2(\boldsymbol{M})$:

(1) $N=2\ell+1$ 和 $\boldsymbol{M}=\sum\limits_{\mu=1}^{\ell-1}\left(\lambda_\mu-\lambda_{\mu+1}\right)\boldsymbol{w}_\mu+2\lambda_\ell\boldsymbol{w}_\ell$;

(2) $N=2\ell+1$ 和 $\boldsymbol{M}=\lambda_1\boldsymbol{w}_1+\boldsymbol{w}_\ell$;

(3) $N=2\ell$ 和 $\boldsymbol{M}=\sum\limits_{\mu=1}^{\ell-1}\left(\lambda_\mu-\lambda_{\mu+1}\right)\boldsymbol{w}_\mu+\left(\lambda_{\ell-1}+\lambda_\ell\right)\boldsymbol{w}_\ell$;

(4) $N=2\ell$ 和 $\boldsymbol{M}=\lambda_1\boldsymbol{w}_1+\boldsymbol{w}_\ell$.

3. 画出 SU(3) 群的不可约表示 [4] 的方块权图和平面权图, 并计算表示空间包含的盖尔范德基和生成元非零表示矩阵元.

4. 画出 SU(3) 群的不可约表示 [3, 1] 的方块权图和平面权图, 并计算表示空间包含的盖尔范德基、生成元非零表示矩阵元和正则张量杨表.

5. 计算 C_3 李代数基本表示 $(0,0,1)$ 的表示空间包含的盖尔范德基和生成元非零表示矩阵元.

6. 画出 C_2 李代数伴随表示 $(2,0)$ 的方块权图和平面权图, 并计算表示空间包含的盖尔范德基和生成元非零表示矩阵元.

7. 计算 B_3 李代数的三个基本表示 $(1,0,0)$, $(0,1,0)$ 和 $(0,0,1)$ 包含的盖尔范德基和生成元非零表示矩阵元.

8. 计算 G_2 李代数的两个基本表示 $(1,0)$ 和 $(0,1)$ 包含的盖尔范德基和生成元非零表示矩阵元.

9. 计算 SU(3) 群直乘表示 $[2]\times[1]$ 分解的克莱布什 – 戈登级数和克莱布什 – 戈登系数.

10. 计算 C_2 李代数直乘表示 $(1,0)\times(1,0)$ 分解的克莱布什–戈登级数和克莱布什–戈登系数.

11. 计算 C_2 李代数直乘表示 $(0,1)\times(0,1)$ 分解的克莱布什–戈登级数和克莱布什–戈登系数.

12. 计算 C_3 李代数直乘表示 $(0,2,0)\times(1,0,0)$ 分解的克莱布什–戈登级数, 其中各有关表示维数、外尔轨道长度 ($O.S.$) 和包含各主权重数列于下表:

表示	维数	O.S.	(1,0,0)	(0,0,1)	(1,1,0)	(3,0,0)	(0,1,1)	(2,0,1)	(1,2,0)
(1,0,0)	6	6	1						
(0,0,1)	14	8	1	1					
(1,1,0)	64	24	4	2	1				
(3,0,0)	56	6	3	1	1	1			
(0,1,1)	126	24	5	3	2	0	1		
(2,0,1)	216	24	7	6	3	1	1	1	
(1,2,0)	350	24	11	7	5	2	2	1	1

13. 计算 G_2 李代数直乘表示 $(1,0) \times (1,0)$ 和 $(1,0) \times (0,1)$ 分解的克莱布什–戈登级数和级数中出现的各表示最高权态的展开式, 其中各有关表示维数、外尔轨道长度 (O.S.) 和包含各主权重数列于下表.

表示	维数	O.S.	(0,0)	(0,1)	(1,0)	(0,2)	(1,1)	(0,3)	(2,0)
(0,0)	1	1	1						
(0,1)	7	6	1	1					
(1,0)	14	6	2	1	1				
(0,2)	27	6	3	2	1	1			
(1,1)	64	12	4	4	2	2	1		
(0,3)	77	6	5	4	3	2	1	1	
(2,0)	77	6	5	3	3	2	1	1	1

14. 计算 F_4 李代数直乘表示 $(0,0,0,1) \times (0,0,0,1)$ 分解的克莱布什–戈登级数和级数中出现的各表示最高权态的展开式, 其中各有关表示维数、外尔轨道长度 (O.S.) 和包含各主权重数列于下表.

表示	维数	O.S.	(0,0,0,0)	(0,0,0,1)	(1,0,0,0)	(0,0,1,0)	(0,0,0,2)
(0,0,0,0)	1	1	1				
(0,0,0,1)	26	24	2	1			
(1,0,0,0)	52	24	4	1	1		
(0,0,1,0)	273	96	9	5	2	1	
(0,0,0,2)	324	24	12	5	3	1	1

15. 计算 SU(3) 群和 SU(6) 群用下列杨图标记的不可约表示的维数: [3], [2,1], [3,3], [4,2], [5,1].

16. 对 SU(3) 群和 SU(6) 群, 分别计算下列表示直乘分解的克莱布什–戈登级数, 并用维数公式检验: ① [2,1] × [3,0]; ② [3,0] × [3,0]; ③ [3,0] × [3,3]; ④ [4,2] × [2,1].

17. 把下面 SU(6) 群的无迹混合张量表示变换成协变张量表示, 并计算这些表示的维数: ① $[3,2,1]^*$; ② $[3,2,1]\backslash[3,3]^*$; ③ $[4,3,1]\backslash[3,2]^*$.

18. 按下列步骤证明

$$\sum_{A=1}^{N^2-1} (T_A)_{ac} (T_A)_{bd} = \frac{1}{2}\delta_a^d\delta_b^c - \frac{1}{2N}\delta_a^c\delta_b^d.$$

其中, $(T_A)_{ac}$ 是 SU(N) 群自身表示的生成元.

(1) SU(N) 群不变的 (2 2) 阶混合张量 T_{ab}^{cd} 只能是 $\delta_a^c\delta_b^d$ 和 $\delta_a^d\delta_b^c$ 的线性组合.

(2) 定义 SU(N) 群 (2 2) 阶混合张量

$$T_{ab}^{cd} \equiv \sum_{A=1}^{N^2-1} (T_A)_{ac} (T_A)_{bd}.$$

证明它在 SU(N) 变换中保持不变.

(3) 把 T_{ab}^{cd} 按 δ 函数展开, 确定组合系数, 最后证明上式.

19. 计算下列杨图标记的 SO(6) 群不可约表示的维数:

(1) [4, 2];　(2) [3, 2];　(3) [4, 4];　(4) [3, 1, 1];　(5) [3, 3, 1].

20. 计算下列杨图标记的 SO(6) 群不可约旋量表示的维数:

(1) $[+s(4, 2)]$;　(2) $[+s(3, 2)]$;　(3) $[+s(4, 4)]$;　(4) $[+s(3, 1, 1)]$;　(5) $[+s(3, 3, 1)]$.

21. 结合方块权图方法, 用二阶旋量 $\chi(\alpha)$ 的直乘形式, 分别表出 SO(7) 群和 SO(8) 群基本旋量表示空间包含的各正交归一的状态基 $W(\alpha_1, \alpha_2, \cdots)$ (见式 (5.199)), 并指出它们的权 m.

22. 讨论 SO(4) 群的类并计算它们在不可约表示 D^{jk} 中的特征标.

23. 计算下面固有洛伦兹变换 A 的六个参数

$$A(\varphi, \theta, \omega, \alpha, \beta, \gamma) = \begin{pmatrix} 1 & 0 & 0 & 0 \\ 0 & \sqrt{3}/2 & (\cosh\omega)/2 & -\mathrm{i}(\sinh\omega)/2 \\ 0 & -1/2 & \sqrt{3}(\cosh\omega)/2 & -\mathrm{i}\sqrt{3}(\sinh\omega)/2 \\ 0 & 0 & \mathrm{i}\sinh\omega & \cosh\omega \end{pmatrix}.$$

24. 用钩形规则计算 USp(6) 群和 USp(8) 群用下列杨图标记的不可约表示维数: [3], $[1^3]$, [3, 3, 2], [3, 2, 1], [4, 3, 2, 1].

25. 用钩形规则计算 USp(2ℓ) 群, $\ell \geqslant 3$, 用三行杨图 $[n, m, p]$ 标记的不可约表示维数.

参 考 文 献

陈金全. 1984. 群表示论的新途径. 上海: 上海科学技术出版社.

戴安英. 1983. 计算 SO(N) 群不可约旋量表示维数的一种图形规则. 兰州大学学报 (自然科学版), 19(2): 33.

丁培柱, 王毅. 1990. 群及其表示. 北京: 高等教育出版社.

高崇寿. 1992. 群论及其在粒子物理学中的应用. 北京: 高等教育出版社.

韩其智, 孙洪洲. 1987. 群论. 北京: 北京大学出版社.

侯伯元, 侯伯宇. 1990. 物理学家用微分几何. 2 版. 北京: 科学出版社 (2004).

李世雄. 1981. 代数方程与置换群, 上海: 上海教育出版社.

马中骐, 戴安英. 1982. 计算 SO(N) 群不可约张量表示维数的一种图形规则. 兰州大学学报 (自然科学版), 18(2): 97.

马中骐, 戴安英. 1988. 群论及其在物理中的应用. 北京: 北京理工大学出版社.

马中骐. 2002. 群论习题精解. 北京: 科学出版社.

马中骐. 2006. 物理学中的群论. 2 版. 北京: 科学出版社.

马中骐. 1993. 杨–巴克斯特方程和量子包络代数. 北京: 科学出版社.

斯米尔诺夫. 1954. 高等数学教程. (第三卷第一分册). 北京大学数学力学系代数教研室, 译. 北京: 高等教育出版社.

孙洪洲, 韩其智. 1999. 李代数李超代数及在物理中的应用. 北京: 北京大学出版社.

陶瑞宝. 2011. 物理学中的群论. 北京: 高等教育出版社.

万哲先. 1964. 李代数. 北京: 科学出版社.

王仁卉, 郭可信. 1990. 晶体学中的对称群. 北京: 科学出版社.

亚历山大洛夫, 等. 1984. 数学 —— 它的内容、方法和意义 (第三卷). 王元, 万哲先, 裘光明, 等译. 北京: 科学出版社.

严志达, 许以超. 1985. Lie 群及其 Lie 代数. 北京: 高等教育出版社.

余文海. 1991. 晶体结构的对称群. 合肥: 中国科学技术大学出版社.

邹鹏程, 黄永畅. 1995. "不可约性假设" 的证明及其应用. 高能物理与核物理, 19: 796, 英文版: 19: 375.

邹鹏程. 2003. 量子力学. 2 版. 北京: 高等教育出版社.

Akutsu Y, Wadati M. 1987. Exactly solvable models and new link polynomials. I. N-state vertex models. J. Phys. Soc. Jpn., 56(9): 3039-3051.

Akutsu Y, Wadati M. 1987. Knot invariants and the critical statistical systems. J. Phys. Soc. Jpn., 56: 839-842.

Alexander J. 1928. Topological invariants of knots and links. Trans. Am. Math. Soc., 30: 275.

Andrews G E. 1976. The Theory of Partitions//Rota G C, ed. Encyclopedia of Mathematics and its Applications. Boston: Addison-Wesley.

Bayman B F. 1960. Some Lectures on Groups and Their Applications to Spectroscopy. Nordita.
(中译本: 贝衣曼 B F. 1963. 群论及其在核谱学中的应用. 石生明, 译. 上海: 上海科学技术出版社出版)

Berenson R, Birman J L. 1975. Clebsch-Gordan coefficients for crystal space group. J. Math. Phys., 16: 227.

Biedenharn L C, Giovannini A, Louck J D. 1970. Canonical definition of Wigner coefficients in $U(n)$. J. Math. Phys., 11: 2368.

Biedenharn L C, Louck J D. 1981. Angular Momentum in Quantum Physics, Theory and application// Rota G C, ed. Encyclopedia of Mathematics and its Application. Massachusetts: Addison-Wesley.

Biedenharn L C, Louck J D. 1981. The Racah-Wigner algebra in Quantum Theory, Encyclopedia of Mathematics and its Application. Massachusetts: Addison-Wesley.

Birman J, Wenzl H. 1989. Braids, link polynomials and a new algebra. Trans. Amer. Math. Soc., 313: 249.

Birman J. 1985. On the Jones polynomial of closed 3-braids. Invent. Math., 81: 287.

Bjorken J D, Drell S D. 1964. Relativistic Quantum Mechanics. New York: McGraw-Hill Book Co..

Boerner H. 1963. Representations of Groups. Amsterdam: North-Holland.

Bourbaki N. 1989. Elements of Mathematics, Lie Groups and Lie Algebras. New York: Springer-Verlag.

Bradley C J, Cracknell A P. 1972. The Mathematical Theory of Symmetry in Solids. Oxford: Clarendon Press.

Bremner M R, Moody R V, Patera J. 1985. Tables of Dominant Weight Multiplicities for Representations of Simple Lie Algebras. Pure and Applied Mathematics, A Series of Monographs and Textbooks 90. New York: Marcel Dehker.

Burns G, Glazer A M. 1978. Space Groups for Solid State Scientists. New York: Academic Press.

Chen J Q, Wang P N, Lu Z M, Wu X B. 1987. Tables of the Clebsch-Gordan, Racah and Subduction Coefficients of SU(n) Groups. Singapore: World Scientific.

Chen J Q, Ping J L, Wang F. 2002. Group Representation Theory for Physicsts. 2nd ed. Singapore: World Scientific.

ChenJ Q, Ping J L. 1997. Algebraic expressions for irreducible bases of icosahedral group, J. Math. Phys., 38: 387.

Cotton F A. 1971. Chemical Applications of Group Theory. New York: Wiley.
(中译本: 科顿 F A. 1987. 群论在化学中的应用. 刘春万, 游效曾, 赖伍江, 译. 北京: 科学出版社).

de Swart J J. 1963. The octet model and its Clebsch-Gordan coefficients. Rev. Mod. Phys., 35: 916.

Deng Y F, Yang C N. 1992. Eigenvalues and eigenfunctions of the Hückel Hamiltonian for carbon-60. Phys. Lett., A170: 116.

Dirac P A M. 1958. The Principle of Quantum Mechanics. Oxford: Clarendon Press.
(中译本: 狄拉克 PAM. 1979. 量子力学原理. 陈咸亨, 译. 北京: 科学出版社).

Dong S H, Hou X W, Ma Z Q. 1998. Irreducible bases and correlations of spin states for double point groups. Inter. J. Theor. Phys., 37: 841.

Dong S H, Xie M, Ma Z Q. 1998. Irreducible bases in icosahedral group space, Inter. J. Theor. Phys., 37: 2135.

Dynkin E B. 1947. The structure of semisimple algebras, Usp. Mat. Nauk. (N. S.), 2: 59. Transl. in Am. Math. Soc. Transl. (I), 1962, 9: 308.
(中译本: 邓金. 1954. 半单纯李氏代数的结构. 曾肯成, 译. 北京: 科学出版社).

Edmonds A R. 1957. Angular Momentum in Quantum Mechanics. Princeton: Princeton University Press.

Elliott J P, Dawber P G. 1979. Symmetry in Physics. London: McMillan Press.
(中译本: 艾立阿特, 道伯尔. 1986. 物理学中的对称性. 仝道荣, 译. 北京: 科学出版社).

Feng Kang. 1991. The Hamiltonian way for computing Hamiltonian dynamics//Spigler R, ed. Applied and Industrial Mathematics. Kluwer: Academic Publishers.

Fronsdal C. 1962. Group theory and applications to particle physics. Brandies Lectures, K W Ford ed. New York: Benjamin. 1963. 1: 427.

Gel'fand I M, Minlos R A, Ya Shapiro Z. 1963. Representations of the Rotation and Lorentz Groups and Their Applications. translated from Russian by Cummins G, Boddington T. New York: Pergamon Press.

Gel'fand I M, Zetlin M L. 1950. Matrix elements for the unitary groups. Dokl. Akad. Nauk., 71: 825.

Gell-Mann M, Ne'eman Y. 1964. The Eightfold Way. New York: Benjamin.

Georgi H. 1982. Lie Algebras in Particle Physics. New York: Benjamin.

Gilmore R. 1974. Lie Groups, Lie Algebras and Some of Their Applications. New York: Wiley.

Gradshteyn I S, Ryzhik I M. 2007. Table of Integrals, Series, and Products, 7th Ed., Ed. A Jeffrey and D Zwillinger. New York: Academic Press.

Gu C H, Yang C N. 1989. A one-dimensional N fermion problem with factorized S matrix. Commun. Math. Phys., 122: 105.

Gu X Y, Duan B, Ma Z Q. 2001. Conservation of angular momentum and separation of global rotation in a quantum N-body system, Phys. Lett., A281: 168.

Gu X Y, Duan B, Ma Z Q. 2001. Independent eigenstates of angular momentum in a quantum N-body system. Phys. Rev., A64: 042108(1-14).

Gu X Y, Ma Z Q, Dong S H. 2002. Exact solutions to the Dirac equation for a Coulomb potential in $D + 1$ dimensions. Inter. J. Mod. Phys. E., 11: 335.

Gu X Y, Ma Z Q, Dong S H. 2003. The Levinson theorem for the Dirac equation in $D + 1$ dimensions. Phys. Rev., A67: 062715(1-12).

Gu X Y, Ma Z Q, Sun J Q. 2003. Quantum four-body system in D dimensions. J. Math. Phys., 44: 3763.

Gyoja A. 1986. A q-analogue of Young symmetrizer. Osaka J. Math., 23: 841.

Guan L M, Chen S, Wang Y P, Ma Z Q. 2009. Exact solution of infinitely strongly interacting Fermi gases in tight waveguides. Phys. Rev. Lett., 102: 160402.

Hamermesh M. 1962. Group Theory and its Application to Physical Problems. Massachusetts: Addison-Wesley.

Heine V. 1960. Group Theory in Quantum Mechanics. London: Pergamon Press.

Hou B Y, Hou B Y, Ma Z Q. 1990. Clebsch-Gordan coefficients, Racah coefficients and braiding fusion of quantum $s\ell(2)$ enveloping algebra I. Commun. Theor. Phys., 13: 181.

Hou B Y, Hou B Y, Ma Z Q. 1990. Clebsch-Gordan coefficients, Racah coefficients and braiding fusion of quantum $s\ell(2)$ enveloping algebra II. Commun. Theor. Phys., 13: 341.

Hou, B Y, Hou B Y. 1997. Differential Geometry for Physicists. Singapore: World Scientific.

Huang K S. 1963. Statistical Mechanics. New York: Wiley.

Itzykson C, Nauenberg M. 1966. Unitary groups: Representations and decompositions. Rev. Mod. Phys., 38: 95.

Joshi A W. 1977. Elements of Group Theory for Physicists. New York: Wiley.
(中译本: 约什 A W. 1985. 物理学中的群论基础. 王锡绂, 刘秉正, 赵展岳, 吴兆颜, 译. 北京: 科学出版社).

Koster G F. 1957. Space Groups and Their Representations in Solid State Physics. ed. by F. Seitz and D. Turnbull. New York: Academic Press. 5: 174.

Kovalev O V. 1961. Irreducible Representations of Space Groups. Gross A M, translat. Reading: Gordon & Breach.

Lipkin H J. 1965. Lie Groups for Pedestrians. Amsterdam: North-Holland.

Littlewood D E. 1958. The Theory of Group Characters. Oxford: Oxford University Press.

Liu F, Ping J L, Chen J Q. 1990. Application of the eigenfunction method to the icosahedral group. J. Math. Phys., 31: 1065.

Ma Z Q, Gu X Y. 2004. Problems and Solutions in Group Theory for Physicists. Singapore: World Scientific.

Ma Z Q, Tong D M, Zhou B. 1992. Finite dimensional representations of braid groups. Commun. Theor. Phys., 18: 369.

Ma Z Q. 1993. Yang-Baxter Equation and Quantum Enveloping Algebras. Singapore: World Scientific.

Ma Z Q, Yang C N. 2009. Ground state energy for Fermions in a 1D harmonic trap with delta function interaction. Chin. Phys. Lett., 26: 120505.

Ma Z Q, Yang C N. 2009. Spinless Bosons in a 1D harmonic trap with repulsive delta function interparticle interaction I: General theory. Chin. Phys. Lett., 26: 120506.

Ma Z Q, Yang C N. 2010. Spinless Bosons in a 1D harmonic trap with repulsive delta function interparticle interaction II: - Numerical Solutions. Chin. Phys. Lett., 27: 020506.

Ma Z Q, Yang C N. 2010. Spin 1/2 Fermions in 1D Harmonic Trap with Repulsive Delta Function Interparticle Interaction. Chin. Phys. Lett., 27: 080501.

Ma Z Q, Yang C N. 2010. Bosons or Fermions in 1D power potential trap with repulsive delta function interaction. Chin. Phys. Lett. 27: 090503.

Marshak R E, Riazuddin, Ryan C P. 1969. Theory of Weak Interactions in Particle Physics. New York: Wiley.

Miller Jr W. 1972. Symmetry Groups and Their Applications. New York: Academic Press.
(中译本: 密勒 W. 1981. 对称性群及其应用. 栾德怀, 冯承天, 张民生, 译. 北京: 科学出版社).

Racah G. 1951. Group Theory and Spectroscopy. Lecture Notes in Princeton.
(中译本: 拉卡 G. 1959. 群论和核谱. 梅向明, 译. 北京: 高等教育出版社).

Ren S Y. 2002. Two types of electronic states in one-dimensional crystals of finite length. Ann. Phys., 301: 22.

Ren S Y. 2006. Electronic States in Crystals of Finite Size, Quantum confinement of Bloch waves. New York: Springer.

Rolfsen D. 1976. Knots and Links. Mathematics Lecture Series, Publish or Perish, Berkeley.

Roman P. 1964. Theory of Elementary Particles. Amsterdam: North-Holland.
(中译本: 罗曼 P. 1966. 基本粒子理论. 蔡建华, 龚昌德, 孙景李, 译. 上海: 上海科学技术出版社).

Rose M E. 1957. Elementary Theory of Angular Momentum, New York: Wiley.
(中译本: 洛斯 M E. 1963. 角动量理论. 万乙, 译. 上海: 上海科学技术出版社).

Salam A. 1963. The formalism of Lie groups//Salam A, direct. Theoretical Physics. International Atomic Energy Agency, Vienna. 173.
(中译本: 1964. 李群概论. 王佩, 译. 物理译丛, 核物理和理论物理, (12): 78).

Schiff L I. 1968. Quantum Mechanics. 3rd ed. New York: McGraw-Hill.
(中译本: 席夫 L I. 1982. 量子力学. 李淑娴, 陈崇光, 译. 北京: 人民教育出版社).

Serre J P. 1965. Lie Algebras and Lie Groups. New York: Benjamin.

Tinkham M. 1964. Group Theory and Quantum Mechanics. New York: McGraw-Hill.

Tong D M, Yang S D, Ma Z Q. 1996. A new class of representations of braid groups. Commun. Theor. Phys., 26: 483.

Tong D M, Zhu C J, Ma Z Q. 1992. Irreducible representations of braid groups. J. Math. Phys., 33: 2660.

Tung W K. 1985. Group Theory in Physics. Singapore: World Scientific.

Wadati M, Akutsu Y. 1988. From solitons to knots and links. Progr. Theor. Phys. Supp. 94: 1.

Wadati M, Yamada Y, Deguchi T. 1989. Knot theory and conformal field theory: reduction relations for braid generators. J. Phys. Soc Jpn., 58: 1153.

Weyl H. 1931. The Theory of Groups and Quantum Mechanics. Roberston H P. translat. Dover Publications.

Weyl H. 1946. The Classical Groups. Princeton: Princeton University Press.

Wigner E P. 1959. Group Theory and its Applications to the Quantum Mechanics of Atomic Spectra. New York: Academic Press.

Wybourne B G. 1974. Classical Groups for Physicists. New York: Wiley.
(中译本: 怀邦 B G. 1982. 典型群及其在物理学上的应用. 冯承天, 金元望, 张民生, 栾德怀, 译. 北京: 科学出版社).

Yamanouchi T. 1937. On the construction of unitary irreducible representation of the symmetric group. Proc. Phys. Math. Soc. Japan, 19: 436.

Yamanouchi T. 1937. On the construction of unitary irreducible representation of the symmetric group. Proc. Phys. Math. Soc. Jpn., 19: 436.

Yang C N. 1967. Some exact results for the many-body problem in one dimension with repulsive delta-function interaction. Phys. Rev. Lett., 19: 1312.

Zachariasen W H. 1951. Theory of X Ray Diffraction in Crystals. New York: Wiley.

Zhu C J, Chen J Q. 1983. A new approach to permutation group representations II. J. Math. Phys., 24: 2266.

索　引

索　引　　　　　　　　　　　　　　　　　　　　　　　　　　· 263 ·

《现代物理基础丛书》已出版书目

(按出版时间排序)